NATUR-
GESCHICHTE
DES
UNIVERSUMS

COLIN A. RONAN

NATUR-
GESCHICHTE
DES
UNIVERSUMS

VOM URKNALL
BIS ZUM ENDE DER ZEIT

NATUR BUCH VERLAG

INHALT

Der Autor:
Colin A. Ronan, Mitglied und ehemaliger
Präsident der British Astronomical Association,
Mitglied der Internationalen Union für Astro-
nomie und der British Society for History and
Science. Der Asteroid 4042 wurde ehrenhalber
nach ihm benannt.

Titel der englischen Originalausgabe:
The Natural History of the Universe. From the
Big Bang to the End of Time
Konzeption, Entwicklung und Gestaltung:
Marshall Editions, 170 Piccadilly, London
W1V 9DD
Beratung: Iain Nicolson, Dozent, Division of
Physical Sciences, Hatfield Poytecnic; Dr. Andy
Lawrence, Department of Physics, Queen Mary
and Westfield College, University of London
© Marshall Editions Developments Limited,
1991
Text © Colin A. Ronan, 1991

Die Deutsche Bibliothek –
CIP Einheitsaufnahme
Naturgeschichte des Universums : Vom Urknall
bis zum Ende der Zeit / Colin A. Ronan. –
Augsburg : Naturbuch Verl.,1992
    Einheitsacht.: The natural history of the
    universe < dt. >
    ISBN 3-89440-092-7
NE: Ronan, Colin A.; EST

Naturbuch Verlag
© Deutsche Ausgabe 1992
Weltbild Verlag GmbH, Augsburg
Alle Rechte vorbehalten
Produktion: topic Verlag GmbH,
Karlsfeld bei München
Übersetzung: Susanne Deyerler, Hans-Georg
Schmidt
Umschlaggestaltung: Peter Engel, Grünwald

Printed in Germany

ISBN 3-89440-092-7

Titelbild: *Die Spiralgalaxie M83 in einer Entfernung von 12 Millionen Lichtjahren.*

Titelseite: *Teil des riesigen Nebels im Sternbild Carina am Südhimmel.*

Links: *Io, der mit Schwefel bedeckte vulkanische Jupitermond.*

Oben: *Die Feinstruktur der Saturnringe tritt in einer Falschfarben-Aufnahme deutlich hervor.*

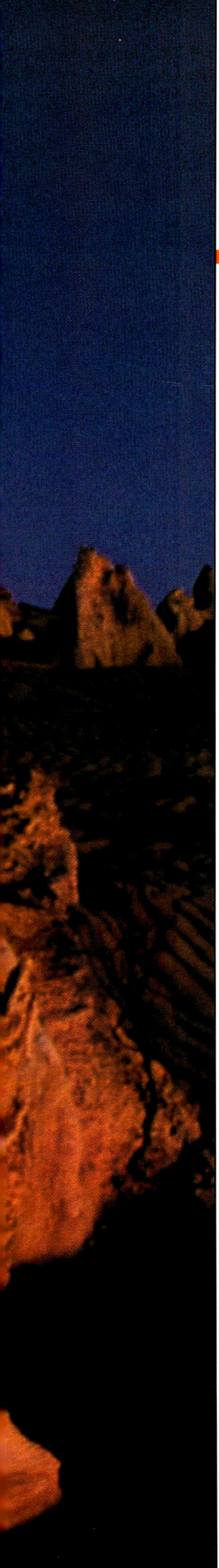

EINFÜHRUNG

Seit undenklichen Zeiten weckt der Himmel die Neugier der Menschen auf der Erde. Der prachtvolle Anblick der auf- und untergehenden Sonne, die wechselnden Mondphasen und die stille Prozession der Sterne über das dunkle Himmelsgewölbe bieten seit jeher beides, ein Schauspiel und ein Rätsel. Das Schauspiel inspirierte Künstler, Musiker und Dichter; das Rätsel gab Philosophen und Wissenschaftlern faszinierende Fragen auf. Warum ist alles so, wie es ist, und wie ist es entstanden?

In den ältesten Kulturen galt der Himmel als eine Art Kuppel. An ihr waren die Sterne in Mustern befestigt, in denen man vertraute Gegenstände und Gestalten aus Mythos und Legende zu erkennen glaubte. Im Laufe der Zeit richtete sich jedoch das Interesse vieler Astronomen auf die Frage, warum einige dieser Sterne inmitten der übrigen eigene Bahnen zogen. Die Bewegungen dieser „Planeten" wurden zuerst in Mesopotamien erforscht.

Später, im antiken Griechenland, kam man zu einer neuartigen Sicht des Universums. Nach den Erkenntnissen der Ästhetik und der Mathematik weitete man es von einer Kuppel zu einer Sphäre aus. Hiermit vollzogen die Griechen den ersten Schritt hin zu der Erkenntnis, daß das Universum größer ist, als es erscheint. Dazu entwickelten sie eine ausgeklügelte mathematische Methode, um die zyklischen Bewegungen von Mond und Planeten um die Erde zu beschreiben, die für sie im Zentrum des Weltalls festzustehen schien. Ihr Modell war so einleuchtend, daß es mehr als 2 000 Jahre Philosophen und Astronomen gute Dienste leistete. Erst Mitte des 16. Jahrhunderts führten mathematische Beweise zu einem geistigen Wendepunkt.

Man stellte die Sonne und nicht die Erde ins Zentrum des Universums, setzte die Planeten auf Umlaufbahnen um die Sonne und stieß die Menschen von ihrem Thron im Zentrum der gesamten Schöpfung. Mit seinen Berechnungen der Planetenbewegungen legte Isaac Newton später den Grundstein für ein neues wissenschaftliches Weltbild: ein Weltall, dessen Grenzen unendlich zu sein schienen.

Seit der Zeit Newtons ist die Wissenschaft immer zügiger vorangeprescht. Dank ihrer stetigen Fortschritte stehen uns heute, mehr als drei Jahrhunderte später, Möglichkeiten der Beobachtung des Alls zur Verfügung, die frühere Astronomen verblüfft hätten. Doch dies ist nicht alles. Wir haben unser Verständnis von der Natur der Dinge enorm erweitert und uns neuartige theoretische Werkzeuge geschmiedet. Die Mathematik wurde bis zu einem erstaunlichen Grad weiterentwickelt, und unsere Kenntnis der Physik ist in einer Weise vorangeeilt, die früheren Generationen den Atem geraubt hätte.

Der Ideenreichtum der Wissenschaft des 20. Jahrhunderts zeigt sich darin, daß sie die fortschrittlichsten Konzepte der Quantentheorie benutzte, um die kleinsten Partikel der materiellen Welt zu beschreiben, aus denen alles im Universum besteht. Zusammen mit den Lehrsätzen der Relativitätstheorie und den Beobachtungen, die man im Raum selbst machte, liegen uns erstaunliche Befunde vor.

Das verblüffende Bild, das sich ergibt, soll in der folgenden Darstellung umrissen werden. Sie betrachtet das Universum von seinen ersten Anfängen bis zu seinem Endstadium und lotet den Standort der Menschheit im heutigen Schema von Raum und Zeit aus.

Der Vollmond scheint auf bleiche Felszacken in der Australischen Wüste. Im Vergleich zur Unermeß-lichkeit des Kosmos, wie er der modernen Astronomie bekannt ist, liegt die Welt des Erdtrabanten nur einen Schritt weit entfernt.

DIE ERSCHAFFUNG DES UNIVERSUMS

Das Universum begann mit einer kolossalen Explosion, in der Energie, Raum, Zeit und Materie erschaffen wurden. Daran besteht kaum Zweifel unter den Wissenschaftlern. Der Befund, der sie so sicher sein läßt, daß diese Geschichte zutrifft, stammt aus den Entdeckungen der Astronomie und der subatomaren Physik sowie der Relativitäts- und Quantentheorie, also den beiden revolutionären Theorien, die das Kernstück der modernen Physik bilden. Mit ihrer Hilfe können Theoretiker die Geschichte des Universums bis zu einem Bruchteil einer Sekunde nach dem Anfang zurückverfolgen.

Über den Zeitpunkt, wann genau der Urknall stattfand, hat man nach wie vor Zweifel. Er liegt mindestens 15 Milliarden Jahre zurück. Die extremen Bedingungen des Urknalls bestehen heute nicht mehr, doch bietet das Universum in astronomischen und subatomaren Maßstäben einige merkwürdige Erscheinungen. So enthält es mit Sicherheit schwarze Löcher, deren Inneres vom Kosmos abgekapselt bleibt. Es gibt Sterne, die pro Sekunde mehrere hundertmal rotieren und aus Materie bestehen, die die 35milliardenfache Dichte von Blei aufweist. Man kennt Sterne, ja Galaxien, die explodieren.

Was die Teilchen im Herzen eines Atoms anbetrifft, so sind sie zusammengesetzt aus noch viel kleineren Partikeln, den Quarks; diese zeigen derartig seltsame Eigenschaften, daß unsere Sprache bei ihrer Beschreibung einen Bedeutungswandel erfährt. Wörter wie „Farbe" und „Charme" werden mit neuer Sinngebung herangezogen.

Unter den astronomischen Beobachtungen, die die Theorie vom Urknall stützen, sind drei als Beweisstücke besonders wichtig. Das erste besteht darin, daß die Galaxien – riesige Systeme, in denen sich Sterne, Gas und Staub zusammenfinden – alle voneinander wegstreben. Wir stellen fest, daß wir in einem expandierenden Universum leben. Ein frühzeitlicher Urknall vermag dies zu erklären.

Der zweite auf Beobachtung beruhende Beleg ist die Entdeckung einer Strahlung, die uns aus allen Richtungen des Universums erreicht. Diese Strahlung weist in jedem Himmelsausschnitt die gleiche Intensität auf. Das paßt zu der Vorstellung von einem heißen Urknall; was wir beobachten, ist noch die Glut des uranfänglichen Universums. Gegenwärtig, nach etwa 15 Milliarden Jahren, hat sich diese Strahlung auf wenige Grad über dem absoluten Nullpunkt abgekühlt. Das ist genau die Temperatur, die heute vorhanden sein muß, wenn der Ursprung der Strahlung ein heißer Urknall war.

Der dritte Beleg für den Urknall kommt aus der Kernphysik. Untersuchungen, wie die chemischen Elemente nach einem Urknall reagieren würden, legen nahe, daß wir im heutigen Weltall ein ganz bestimmtes Mengenverhältnis von Deuterium (einer Variante des Wasserstoffs) und Helium finden müßten. Die Astrophysiker bestätigen, daß das tatsächliche Mengenverhältnis mit der theoretischen Vorhersage übereinstimmt.

Die Hypothese einer urzeitlichen Explosion ist somit gut untermauert. Es gibt indes Abwandlungen dieser Theorie und Alternativen, die am Ende dieses Buches betrachtet werden. Wie auch immer diese Theorien in Zukunft beurteilt werden, die Theorie vom Urknall wird eine der großartigsten Konstruktionen der Wissenschaft des 20. Jahrhunderts bleiben.

Die Spuren subatomarer Teilchen bilden in einer mit flüssigem Wasserstoff gefüllten Blasenkammer ein verschlungenes Muster. Die von modernen Teilchenbeschleunigern ausgelösten Reaktionen ahmen Vorgänge nach, die im ersten Sekundenbruchteil des Universums abgelaufen sind.

DER MASS-STAB DES WELTALLS

● *Vom Quark zum Superhaufen*

Das Universum erstreckt sich von den Abgründen des intergalaktischen Raumes bis ins Innere des Atoms. Die größten Einheiten sind die sogenannten „Superhaufen" – Anhäufungen von Galaxienhaufen. Als kleinste Einheiten gelten die grundlegenden subatomaren Teilchen, die Quarks.

Um die ungeheure Spannweite der Größenordnungen zu umreißen, ist hier ein fortlaufend anwachsender Längenmaßstab dargestellt. Jedes seiner Intervalle steht für eine Entfernung, die zehnmal größer ist als die vorhergehende. Wissenschaftler nennen eine solche zehnfache Zu- oder Abnahme eine Veränderung im Rahmen einer „Größenord-

nung". Der Maßstab erstreckt sich über mehr als 40 Größenordnungen. Atome, Moleküle und die kleinsten lebendigen Ganzheiten, die Viren, sind kleiner als eine Lichtwellenlänge und deshalb unsichtbar. Menschliche Wesen sind mehr als zehnmillionenmal oder um sieben Intervalle größer.

Die Relation eines Virus zur Größe des menschlichen Körpers entspricht genau der des Gasriesen, des größten Planeten im Sonnensystem, zum menschlichen Körper. Wiederum etwa im gleichen Verhältnis dazu stehen die planetarischen Nebel. Und ungefähr in der gleichen Relation zu diesen liegen schließlich die Galaxienhaufen.

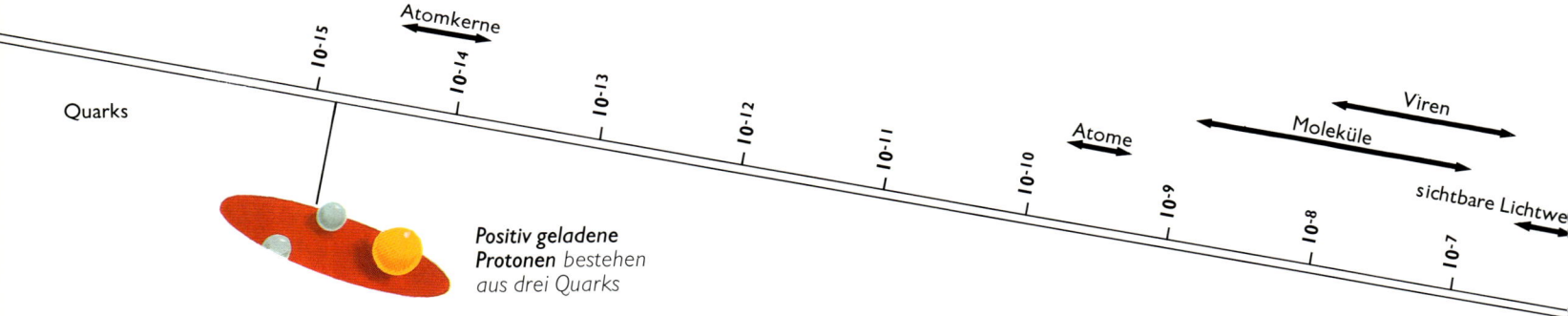

Quarks · Atomkerne · 10^{-15} · 10^{-14} · 10^{-13} · 10^{-12} · 10^{-11} · 10^{-10} · Atome · 10^{-9} · Moleküle · 10^{-8} · Viren · 10^{-7} · sichtbare Lichtwe

Positiv geladene Protonen bestehen aus drei Quarks

Zahlen-Kurzschrift

Der Maßstab, der sich über diese und die folgenden beiden Seiten erstreckt, ist logarithmisch – das heißt, jede Unterteilung steht für eine zehnfache Größenzunahme im Vergleich zur vorigen. Diese Darstellung macht es möglich, Größen vom subatomaren bis zum kosmischen Bereich auf kleinem Raum unterzubringen.

Entsprechend erlaubt uns eine einfache Schreibweise, sehr große und sehr kleine Zahlen in einer kompakten Weise niederzuschreiben. Da $1000 = 10 \times 10 \times 10$ ergibt, kann man dafür 10^3 schreiben. Eine Milliarde Milliarden, das Ergebnis der Multiplikation von 18 Zeh-

nern, wird normalerweise als eine 1 mit 18 Nullen dargestellt, verkürzt schreibt man 10^{18}.

Sehr kleine Zahlen werden analog geschrieben. 10^{-6} steht für ein Millionstel (das Ergebnis der Division einer 1 durch 10^6). Die sehr kurze Zeitspanne, die man als die „Planck-Zeit" bezeichnet, beträgt 10^{-43} Sekunden – dies ist eine Sekunde geteilt durch 10^{43}.

Sehr leicht vergißt man jedoch den gewaltigen Unterschied, der dem einfachen Schritt von zum Beispiel 10^2 auf 10^4 Lichtjahre entspricht. Wissenschaftler halten aber diese sogenannte exponentielle oder Zehnerpotenzen-Schreibweise für unverzichtbar.

Wie man Zahlen handlich macht. Auf der Skala werden immer größere Entfernungen auf eine konstante Länge zusammengeschoben: Längen von 10 und 100 Einheiten (rechts) werden z.B. zu einer Distanz gefaltet, die einer Einheitslänge entspricht (oben). So kann man das Gefühl für den Größenunterschied beeinflussen (unten).

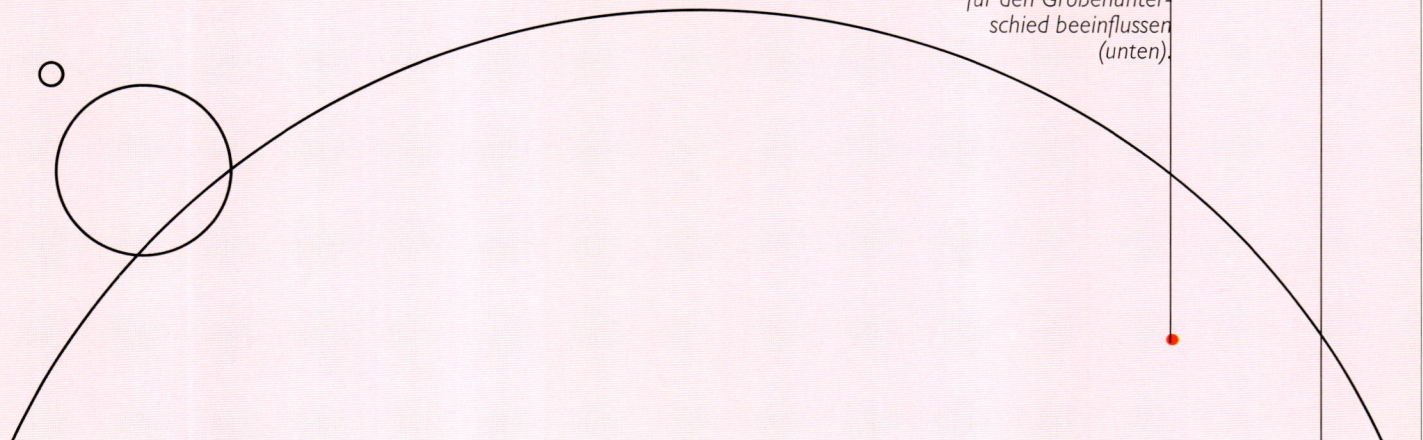

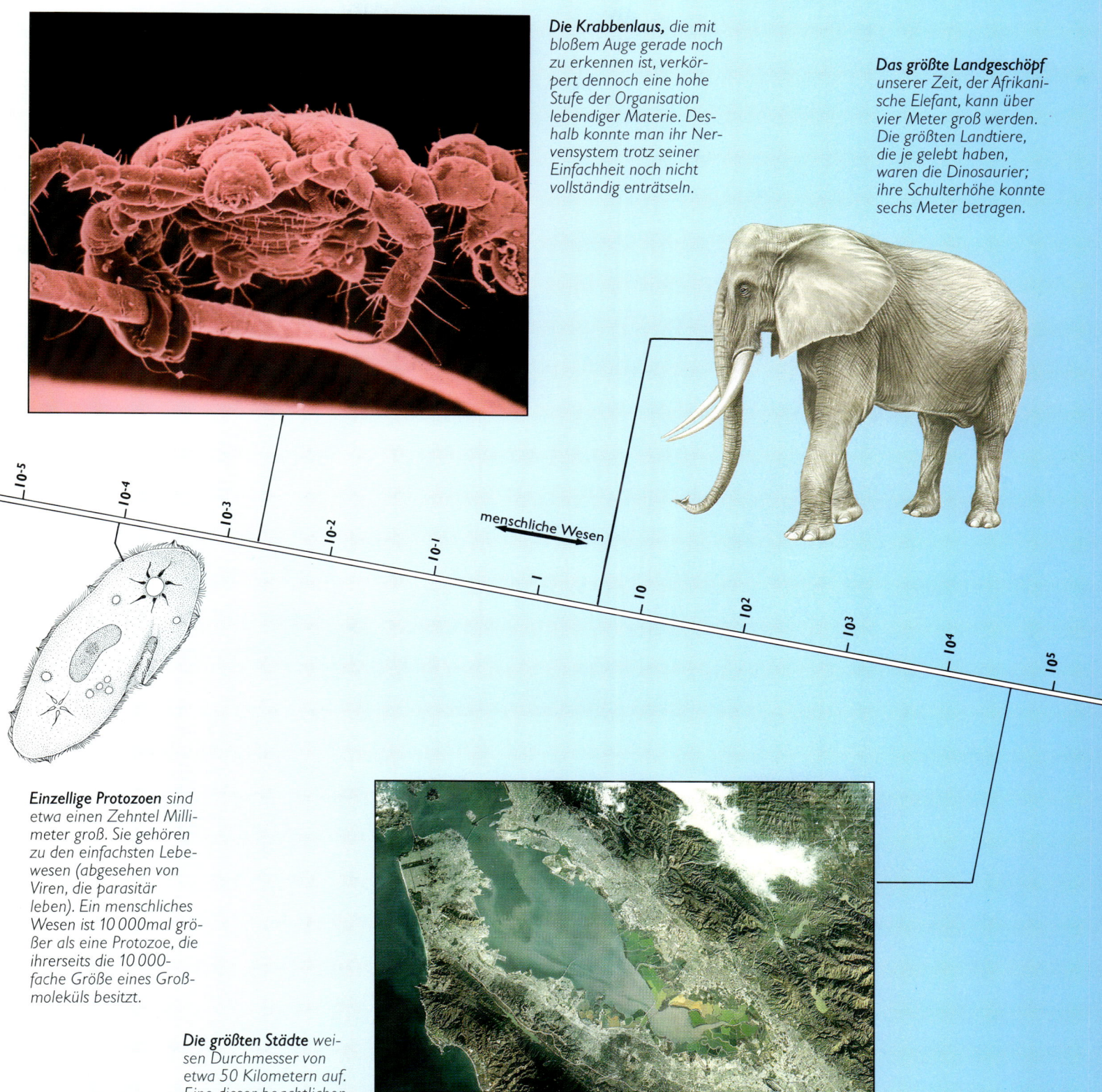

Die Krabbenlaus, die mit bloßem Auge gerade noch zu erkennen ist, verkörpert dennoch eine hohe Stufe der Organisation lebendiger Materie. Deshalb konnte man ihr Nervensystem trotz seiner Einfachheit noch nicht vollständig enträtseln.

Das größte Landgeschöpf unserer Zeit, der Afrikanische Elefant, kann über vier Meter groß werden. Die größten Landtiere, die je gelebt haben, waren die Dinosaurier; ihre Schulterhöhe konnte sechs Meter betragen.

menschliche Wesen

Einzellige Protozoen sind etwa einen Zehntel Millimeter groß. Sie gehören zu den einfachsten Lebewesen (abgesehen von Viren, die parasitär leben). Ein menschliches Wesen ist 10 000mal größer als eine Protozoe, die ihrerseits die 10 000-fache Größe eines Großmoleküls besitzt.

Die größten Städte weisen Durchmesser von etwa 50 Kilometern auf. Eine dieser beachtlichen Ansammlungen menschlicher Wesen kommt also einem halben Prozent des Erddurchmessers nahe.

11

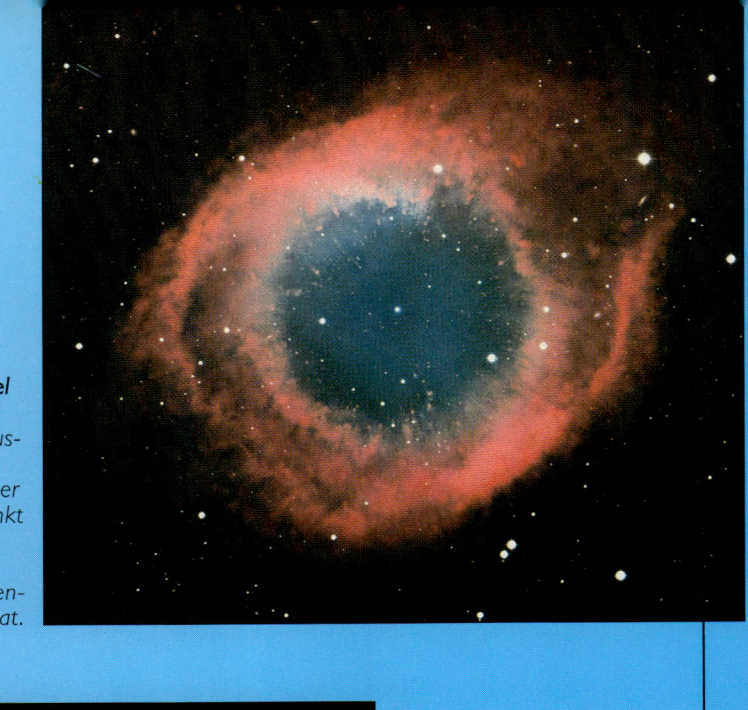

Ein planetarischer Nebel erscheint im Fernrohr infolge seiner großen Ausdehnung als Scheibe, während ein Stern immer nur ein kleiner Lichtpunkt bleibt. Diese Nebelgattung besteht aus einer Gaskugel, die ein sterbender Stern abgestoßen hat.

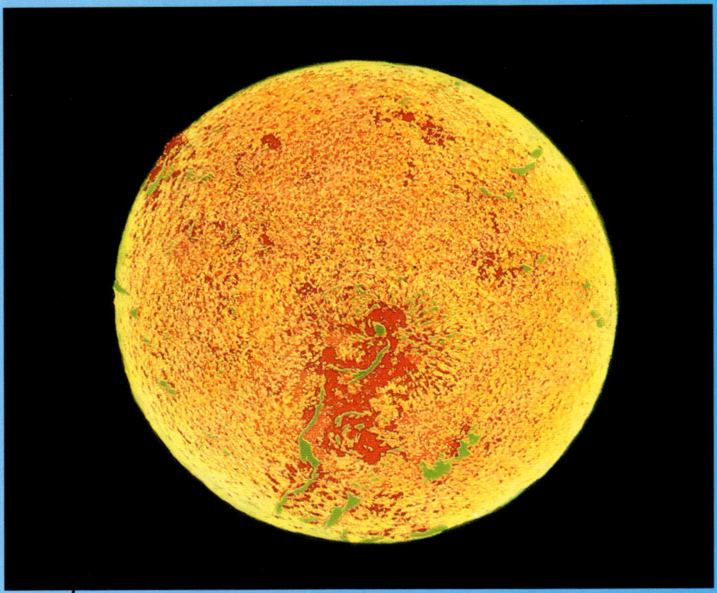

Die Sonne beherrscht das Sonnensystem, ihr Durchmesser ist hundertmal größer als derjenige der Erde. Die Sonne gilt als gewöhnlicher Stern – viele andere Sterne weisen Durchmesser auf, die noch mehrere hundertmal darüber liegen.

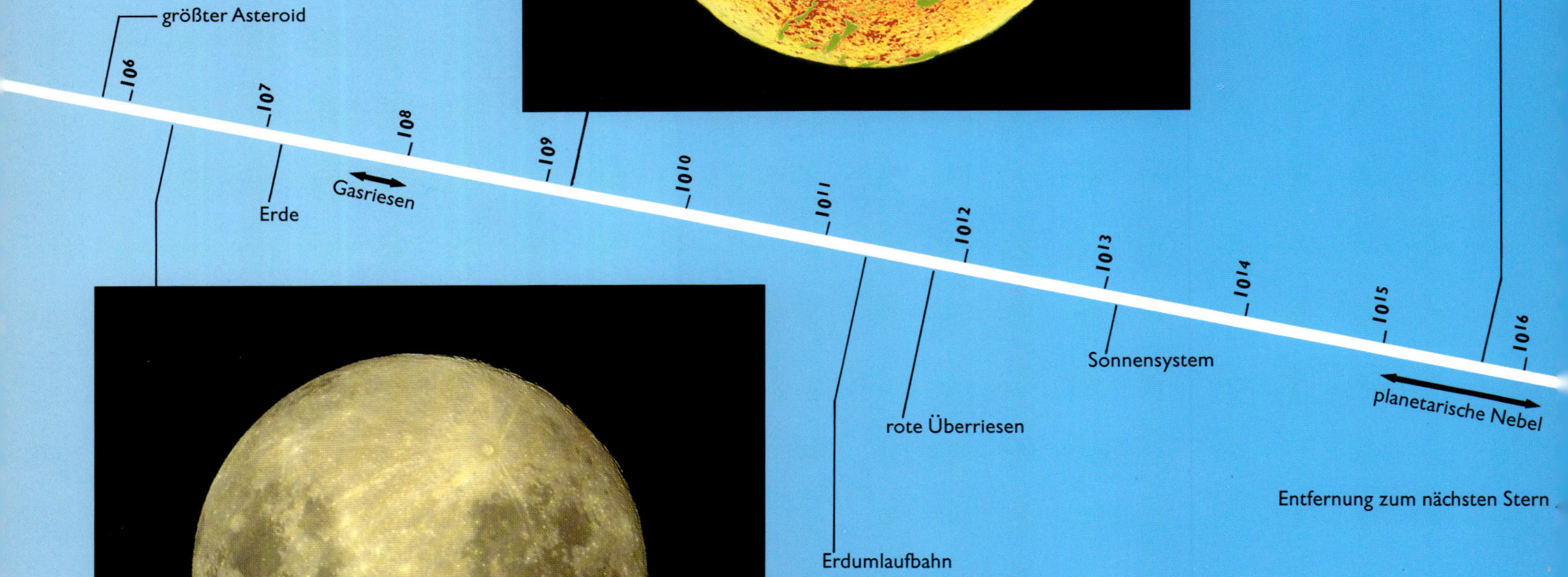

größter Asteroid

10^6

10^7

Erde

$\longleftrightarrow$ Gasriesen

10^8

10^9

10^{10}

10^{11}

10^{12}

10^{13}

10^{14}

10^{15}

10^{16}

Sonnensystem

$\longleftrightarrow$ planetarische Nebel

rote Überriesen

Entfernung zum nächsten Stern

Erdumlaufbahn

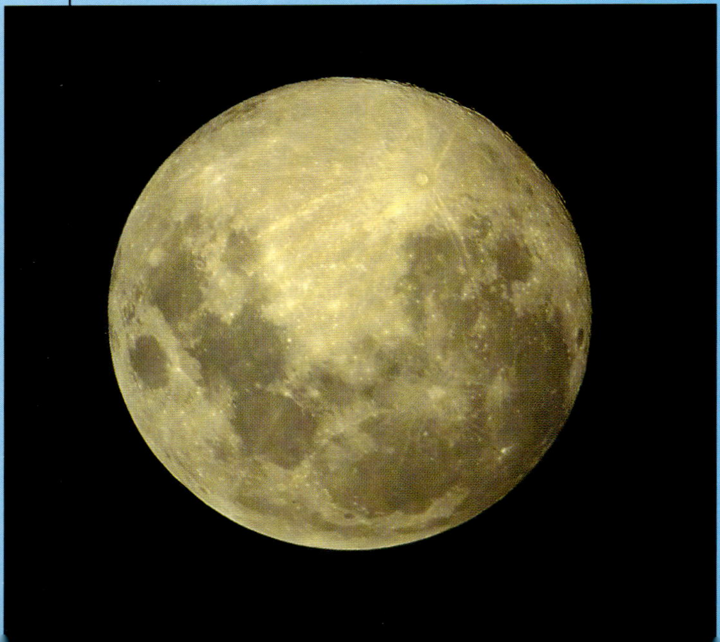

Der Mond, ein Begleiter der Erde, hat einen Durchmesser von 3 476 km. Er ist einer der größten Satelliten im Sonnensystem, größer als der Planet Pluto.

Galaxien sind riesige Anhäufungen von Sternen, Gas und Staub, die von der Schwerkraft zusammengehalten werden. Etliche haben Durchmesser von 100 000 Lichtjahren. Eine Galaxie steht in derselben Relation zur Erdumlaufbahn wie der menschliche Körper zu einem Atom.

Die diffusen Nebel gelten mit einem Durchmesser von Dutzenden von Lichtjahren als Geburtsstätten der Sterne. Diese Ansammlungen von Wasserstoffgas und Staubkörnchen sind weitaus stärker verdünnt als manch ein Vakuum in einem irdischen Labor.

Galaxienhaufen können viele Millionen Objekte umschließen. Dennoch sind sie nicht die größte Einheit, zu der sich Materie zusammenfindet: Haufen bilden Superhaufen, die sich oft über Hunderte von Millionen Lichtjahre erstrecken.

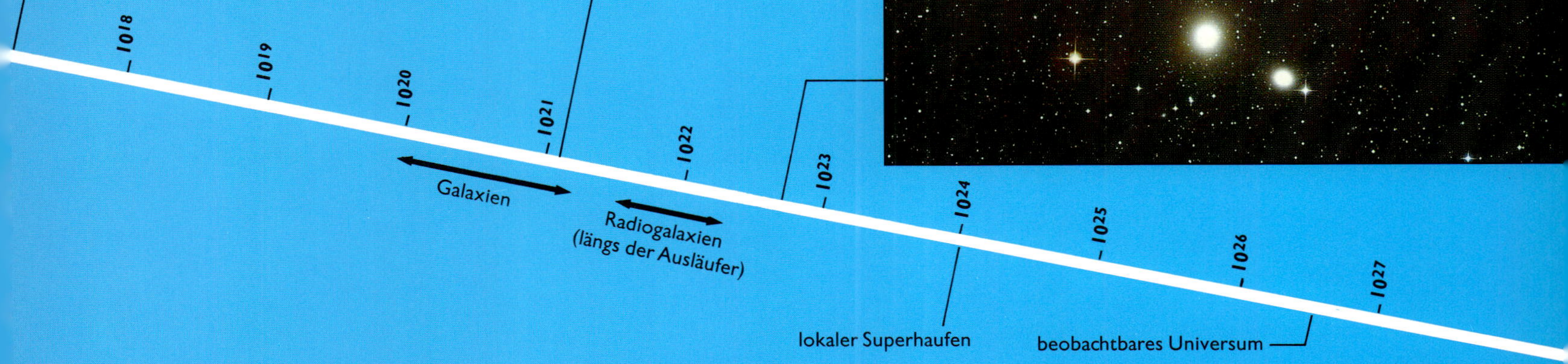

10^{18} 10^{19} 10^{20} 10^{21} 10^{22} 10^{23} 10^{24} 10^{25} 10^{26} 10^{27}

Galaxien

Radiogalaxien (längs der Ausläufer)

lokaler Superhaufen

beobachtbares Universum

MATHEMATIK UND REALITÄT

● *Einblick durch Symbole*

Die Theorie vom Urknall wird durch zahlreiche Belege gestützt, die auf Beobachtungen beruhen. Das Studium des Universums hat jedoch noch eine andere Seite. Oft befähigt die Mathematik Kosmologen und andere Forscher, theoretisch zu erarbeiten, wie die Natur aussehen müßte, bevor Experimente und Beobachtungen bestätigen, daß dies zutrifft.

Die einzige Möglichkeit, die Grundlagen zu erfassen, die sich hinter der sinnlich wahrnehmbaren Welt verbergen, bietet die mathematische Beweisführung. Mit der Mathematik als Sprache können Ideen präzise formuliert werden. Unglücklicherweise leiden viele Menschen unter einer psychischen Sperre, sobald sie eine Gleichung sehen; sie halten sogar eine so einfache und grundlegende Gleichung wie $E = mc^2$ für unbegreiflich. Was bedeutet diese Gleichung?

Die Beziehung wurde von Albert Einstein zu Beginn dieses Jahrhunderts in Verbindung mit seiner Relativitätstheorie abgeleitet (S. 16-17). Sie betrifft die Energie, die nach seinen Berechnungen bei der vollständigen Zerstrahlung einer bestimmten Materiemenge freigesetzt wird. In der Gleichung steht m für die Masse des Materials, E bezieht sich auf die Energie und c ist die Lichtgeschwindigkeit. Diese ist eine ungeheure Größe – 300 000 Kilometer in der Sekunde. Die Gleichung macht geltend, daß die Energie, in geeigneten Maßeinheiten gerechnet, gleich dieser Masse multipliziert mit c^2 ist – bei c^2 wird c mit sich selbst multipliziert.

Die Gleichung legt somit präzise die Energiemenge fest, die einer gegebenen Masse entspricht. Da c eine so große Zahl ist, besagt sie, daß die freigesetzte Energie enorm hoch liegt. Das erklärt auch, warum die Atombombe eine so furchtbare Explosion auslöst und warum die Sonne so intensive Strahlen aussendet – denn Sonne und Sterne leuchten aufgrund der Umformung von Masse in Energie.

Kleidet man die Bedeutung von $E = mc^2$ in Worte, so ist das wesentlich umständlicher als die Darstellung in Form einer Gleichung. Außerdem läßt sich die Bedeutung der Gleichung, hat man erst einmal die Symbole verstanden, weitaus schneller erfassen als eine verbale Wiedergabe.

Mit Hilfe der gewöhnlichen Algebra dürfen wir eine neue Gleichung der Form $m = E/c^2$ aufstellen. Sie zeigt uns, wieviel Masse einem vorgegebenen Energiebetrag äquivalent ist, und gibt überdies Grund zu der Annahme, daß sich Masse aus Energie erschaffen läßt. Kosmologen können daraus folgern, daß die gesamte Materie des Universums aus der Energie des Urknalls entstand.

Ein klassisches Beispiel für die Kraft der Symbole bieten die Gleichungen, die der schottische Physiker James Clerk Maxwell im 19. Jahrhundert ableitete. Die Forschungen auf dem Gebiet der Elektrizität, die der brillante Autodidakt Michael Faraday anstellte, hatten sein Interesse geweckt. Faraday war kein Mathematiker, und Maxwell stellte sich die Aufgabe, die Zusammenhänge, die Faraday experimentell entdeckt hatte, mathematisch auszudrücken.

Faraday hatte den Begriff der „Felder" eingeführt, um zu erklären, wie elektrische und magnetische Wirkungen jenseits einer gewissen Entfernung entdeckt werden können. Ein Feld galt als Muster eines elektrischen und magnetischen Einflusses, der den Raum im Bereich eines magnetischen oder elektrisch geladenen Objekts erfüllt. Man stellte das Feld dar, indem man Linien zeichnete, die der Richtung der elektrischen oder magnetischen Kraft an jedem Punkt des Raumes entsprachen. Maxwell vermochte Gleichungen herzuleiten, die die beobachteten Effekte ausdrückten, und brachte sie in Beziehung zu den Eigenschaften der Magnete und elektrischen Ströme.

Bei der Überprüfung dieser Gleichungen erkannte Maxwell, daß die Ergebnisse genau dieselbe Formel ergaben, die auch die Wellenbewegungen in einer Flüssigkeit beschreibt. Daraufhin zog er den Schluß, daß es in elektrischen und magnetischen Feldern Wellen gibt. Aus den bekannten Werten

bestimmter Größen, die in Laborexperimenten gemessen worden waren, konnte Maxwell die Geschwindigkeit der Wellen berechnen. Es ergab sich ein Betrag von 300 000 Kilometern pro Sekunde, die Lichtgeschwindigkeit.

Maxwell folgerte, daß Licht aus elektrischen und magnetischen Wellen besteht und daß es darüber hinaus einen umfassenden Bereich solcher Wellen geben müsse, einige länger, andere kürzer als die Wellen des sichtbaren, infraroten und ultravioletten Lichts.

Etwa 30 Jahre später stellte Heinrich Hertz in Deutschland mit Erfolg elektromagnetische Wellen einer Länge von etwa 30 Zentimetern her. Hertz wies nach, daß sich diese Radiowellen, wie wir sie heute nennen, genauso verhielten, wie es die Gleichungen Maxwells

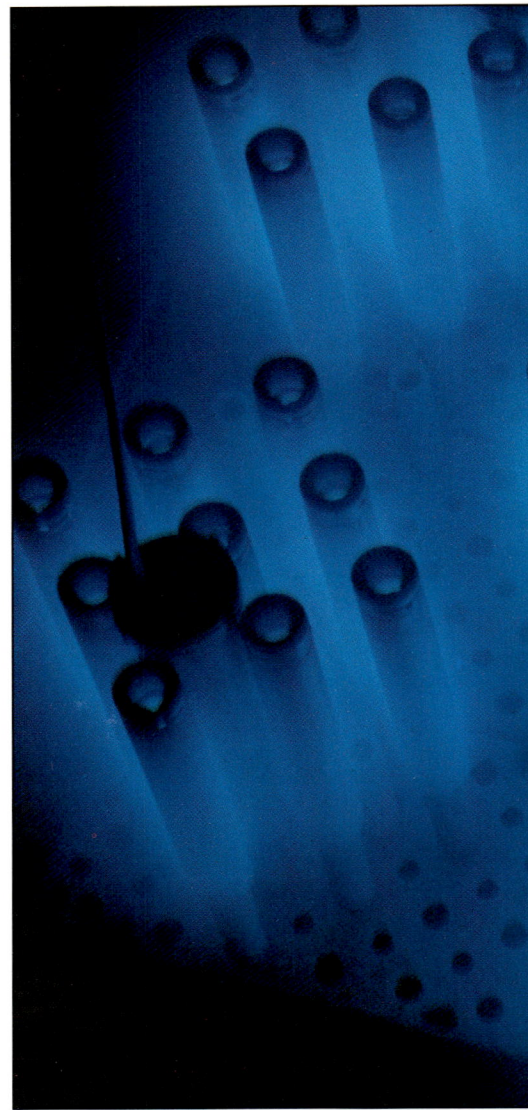

vorhergesagt hatten; sie eilten mit Lichtgeschwindigkeit dahin und wurden wie gewöhnliche Lichtwellen reflektiert oder gebrochen.

Somit zeigte die Mathematik, deren Aufgabe zunächst darin bestanden hatte, bereits existierende Versuchsergebnisse auszudrücken, den Weg zu völlig neuartigen Experimenten und Entdeckungen. Dazu kommt, daß Maxwell seine Gleichungen, sobald er sie formuliert hatte, weiter bearbeitete, um sie schlüssiger, eleganter und symmetrischer zu machen. Er führte einen zusätzlichen Begriff ein, den wir heute als „Verschiebungsstrom" kennen; dieser spielt beim An- und Abschwellen eines Magnetfeldes, das mit einem veränderlichen elektrischen Feld in Beziehung steht, ein Rolle.

Ein bläulicher Schimmer weist darauf hin, daß die nuklearen Brennstäbe, die unter Wasser aufbewahrt werden, Energie freisetzen (unten). Die Energie wird abgestrahlt, wenn die schweren Atome des Urans oder Plutoniums in kleinere Atome zerfallen. Die Masse der Zerfallsprodukte ist kleiner als die Masse des ursprünglichen Atoms. Der fehlende Masseanteil wird nach der Gleichung Einsteins $E = mc^2$ in Energie umgeformt.

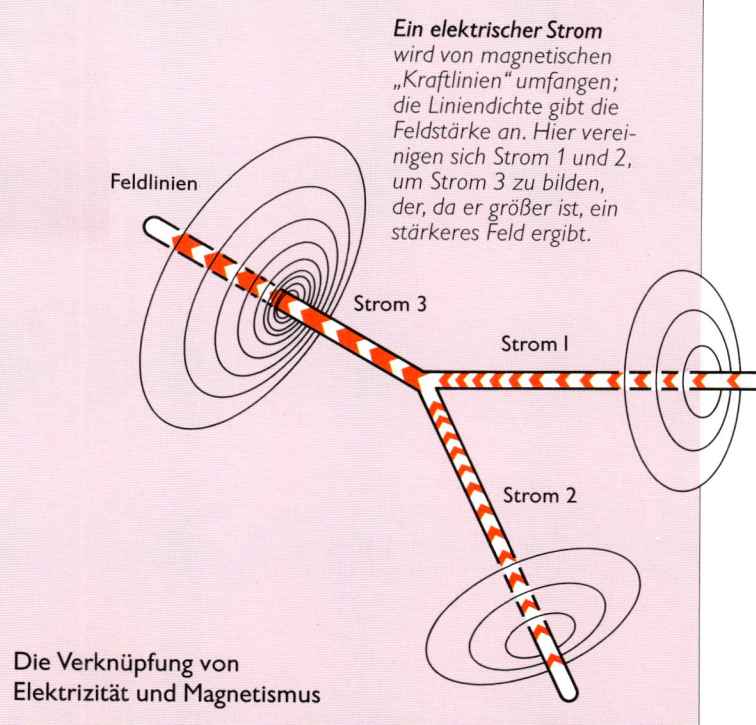

Ein elektrischer Strom wird von magnetischen „Kraftlinien" umfangen; die Liniendichte gibt die Feldstärke an. Hier vereinigen sich Strom 1 und 2, um Strom 3 zu bilden, der, da er größer ist, ein stärkeres Feld ergibt.

Feldlinien

Strom 3

Strom 1

Strom 2

Die Verknüpfung von Elektrizität und Magnetismus

Was Maxwell mit Hilfe der Mathematik erreichte, läßt sich am Beispiel der ersten beiden seiner vier Gleichungen veranschaulichen. Die erste Gleichung lautet:

$$\text{curl } E = -\frac{\partial \mathbf{B}}{\delta t}$$

Sie ist in der modernen Vektorschreibweise wiedergegeben. Wie die Geschwindigkeit oder die Kraft beschreibt der Vektor eine Größe, die gleichzeitig einen Betrag und eine Richtung aufweist. Der Vektor **B** steht für das Magnetfeld, **E** für das elektrische Feld. Das Symbol *t* gibt die Zeit an, und

$$\frac{\partial \mathbf{B}}{\delta t}$$

bedeutet „Veränderungsrate von **B**". Die Gleichung sagt aus, daß **„curl E"** – eine bestimmte Eigenschaft von **E**, die als ihre „Rotation" bezeichnet werden kann – der Rate proportional ist, mit der sich **B** verändert.

Die zweite Maxwellsche Gleichung lautet:

$$\text{curl } H = J + \frac{\partial \mathbf{D}}{\partial t}$$

Hier wird ausgesagt, daß die „Rotation" eines Magnetfeldes **H** einen elektrischen Strom **J** verursacht – und umgekehrt. Der Ausdruck

$$\frac{\partial \mathbf{D}}{\delta t}$$

brachte eine gewisse Symmetrie mit sich, die in der ersten Gleichung fehlte. Die Formel zeigt, daß das Magnetfeld nicht nur vom Strom **J** abhängt, sondern auch von der Veränderungsrate eines bis dahin unbemerkten „Verschiebungsstroms" **D**, der sich im Raum ausbreitet. Das ließ die Verbreitung des Elektromagnetismus im gesamten Raum erwarten. Spätere Versuche gaben Maxwell recht.

RAUM UND ZEIT

● *Die Bedeutung der Relativität*

Die von James Clerk Maxwell formulierten Gesetze sollten in der wissenschaftlichen Revolution, die zu Beginn des 20. Jahrhunderts mit der Arbeit Albert Einsteins ihren Höhepunkt fand, eine Schlüsselrolle spielen. Die klassische Physik, die sich aus der Arbeit Isaac Newtons entwickelt hatte, war davon ausgegangen, daß alle Ereignisse eine universell gültige Zeit und einen absoluten, universellen Raum gemeinsam hatten. Doch nun zeigte sich, daß Masse, Entfernung, Energie und selbst der Ablauf der Zeit in Abhängigkeit von der Bewegung des Beobachters veränderlich sein mußten.

Als Einstein diese Ideen zunächst überprüfte, zog er nur Beobachter in Betracht, die sich mit gleichbleibender Geschwindigkeit relativ zueinander bewegten – mit konstanter Geschwindigkeit entlang geraden Linien. Diese erste Version seiner Theorie, die „spezielle Relativitätstheorie", wurde im Jahre 1905 veröffentlicht. Sie beruhte auf dem Postulat, die physikalischen Gesetze müßten für jeden Beobachter, der sich auf diese Weise bewegt, identisch sein – identisch für jedes Bezugssystem oder jeden Standort, von dem aus Messungen durchgeführt werden.

Insbesondere die Maxwellschen Gesetze des Elektromagnetismus (S. 14-15) mußten in allen Bezugssystemen gleichermaßen gelten. Da die Lichtgeschwindigkeit (wie sie im Vakuum gemessen wird) durch diese Gleichungen festgelegt ist, muß sie auch für alle Beobachter gleich sein.

Diese Behauptung erscheint zwar paradox, doch sie war durch Experimente abgesichert; es konnte noch nie eine Veränderung der Lichtgeschwindigkeit festgestellt werden. Beispielsweise wird das Licht von Doppelsternen, die einander umkreisen, weder verzögert noch beschleunigt, wenn sich die Strahlungsquellen annähern oder zurückweichen. Wenn das so wäre, müßten wir manchmal solche Sterne gleichzeitig an mehreren Orten sehen können. Ein klassischer Versuch, den Albert Abraham Michelson zusammen mit Edward Williams Morley

durchführte, zielte darauf ab, die Geschwindigkeit der Erde durch den Raum mit Hilfe ihrer Auswirkung auf die Lichtwellen zu messen. Dabei konnte keiner der erwarteten Effekte beobachtet werden.

Die Folgerungen, die Einstein aus den Prinzipien der relativen Bewegung und der konstanten Lichtgeschwindigkeit ableitete, waren verblüffend. Zunächst wies er nach, daß die Länge eines Körpers von dem Bezugssystem abhängig ist, in dem die Messung erfolgt.

Daneben ist auch die Masse eines Körpers in Hinblick auf ein bestimmtes Bezugssystem relativ. (Masse ist die „Materiemenge" in einem Körper: je größer seine Masse, desto stärker sein Widerstand gegen Veränderungen seiner Bewegung.) Sobald sich ein Körper schneller bewegt, nimmt seine Masse relativ zu einem ruhenden Beobachter zu. Wenn er sich der Lichtgeschwindigkeit annähert, wird immer mehr Energie benötigt, um seine Geschwindigkeit weiter zu steigern; das hat zur Folge, daß kein materieller Körper je Lichtgeschwindigkeit erreichen kann.

Erstaunlicher war die Entdeckung, daß auch die Zeit relativ ist. Bei einem Objekt, das sich relativ zum Beobachter rasch bewegt, scheint sie langsamer zu verstreichen. Es gibt keine universelle Standardzeit. Unsere Zeit vergeht nicht mit derselben Geschwindigkeit wie die eines anderen Beobachters in einem anderen Bezugssystem.

Im Jahr 1915 hatte Einstein seine Allgemeine Relativitätstheorie fertiggestellt, die mit veränderlichen Geschwindigkeiten umzugehen vermochte – mit Bezugssystemen in beschleunigter Bewegung. Da die Schwerkraft Körper beschleunigt, war diese neue Theorie auch eine Theorie der Schwerkraft, eine Gravitationstheorie. Die neue Theorie zeigte, daß Bewegungen von Körpern als Bewegungen durch die Raumzeit angesehen werden müssen: eine vierdimensionale Verschmelzung der drei Raumdimensionen mit der einzigen Dimension der Zeit. Die Berechnungen ergaben, daß die Raumzeit im Bereich einer jeden

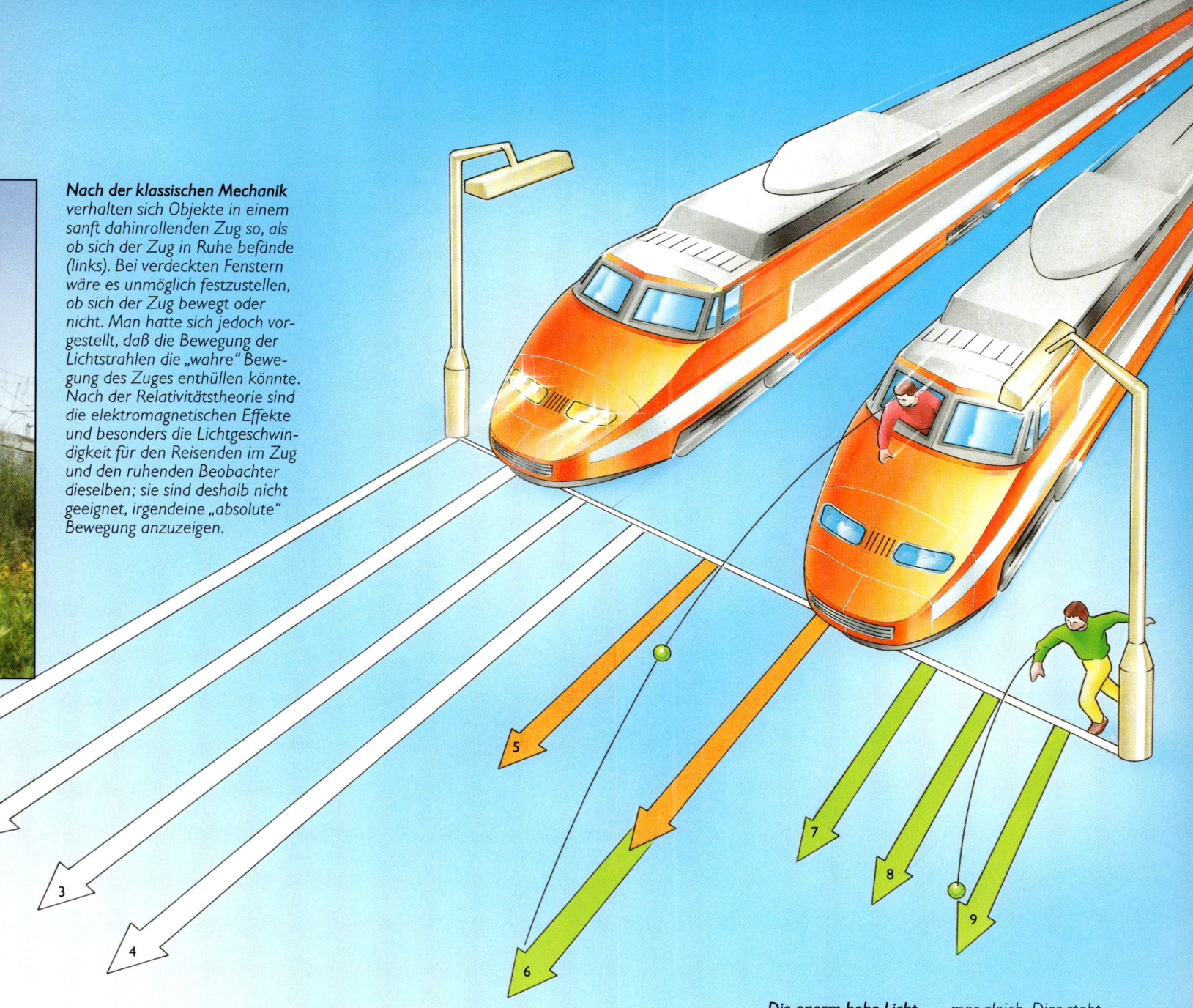

Nach der klassischen Mechanik verhalten sich Objekte in einem sanft dahinrollenden Zug so, als ob sich der Zug in Ruhe befände (links). Bei verdeckten Fenstern wäre es unmöglich festzustellen, ob sich der Zug bewegt oder nicht. Man hatte sich jedoch vorgestellt, daß die Bewegung der Lichtstrahlen die „wahre" Bewegung des Zuges enthüllen könnte. Nach der Relativitätstheorie sind die elektromagnetischen Effekte und besonders die Lichtgeschwindigkeit für den Reisenden im Zug und den ruhenden Beobachter dieselben; sie sind deshalb nicht geeignet, irgendeine „absolute" Bewegung anzuzeigen.

Masse verzerrt – gekrümmt – ist, eine Verformung, die andere Körper zwingt, gekrümmten Bahnen zu folgen. Die Gravitationskraft wird durch die Krümmung der Raumzeit ersetzt.

Einstein griff eine Aussage der Gravitationstheorie Newtons auf. Es gibt zwei Methoden, eine Masse zu bestimmen: mit Hilfe ihrer „Trägheit" – ihrem Widerstand, den sie einer Beschleunigung entgegensetzt – oder mit Hilfe ihres Gewichts. Die träge Masse zeigt sich stets proportional zur gravitatorischen Masse, daher fallen schwere Körper genauso schnell wie leichte: Wiegt ein Körper doppelt so viel wie ein anderer, besitzt er auch die doppelte Trägheit. Einsteins Theorie ließ ganz natürlich erscheinen, daß ein schweres und ein leichtes Objekt in einem Gravitationsfeld gemeinsam dahinziehen; die Bewegung eines Körpers hängt einzig von der örtlichen Raumkrümmung ab, nicht von seiner Masse.

Die berühmteste Entdeckung Einsteins ging aus der Speziellen Relativitätstheorie hervor. Man kennt sie als Äquivalenz, als Austauschbarkeit von Masse und Energie, dargestellt mit der Gleichung $E = mc^2$ (S. 14-15).

Die enorm hohe Lichtgeschwindigkeit bleibt, wenn die Lichtquelle feststeht, für den ruhenden Beobachter stets gleich (1), während die Geschwindigkeit eines Gegenstandes, zum Beispiel eines Balles, veränderlich ist (9). Die Lichtgeschwindigkeit einer beweglichen Quelle, zum Beispiel eines Zuges, bleibt für einen ruhenden Beobachter (2), für einen Beobachter im Zug (3) und für einen Beobachter, der sich relativ zum Zug bewegt (4), immer gleich. Dies steht deutlich im Gegensatz zu der beobachteten Geschwindigkeit des Balls. Wird er vom Zug aus geworfen, ergibt sich seine Geschwindigkeit in bezug zu einem ortsfesten Beobachter (6) als Summe der Geschwindigkeiten des Zuges (5) und des Objektes relativ zum Zug (7). Letztere ist wiederum gleich der Geschwindigkeit des Objektes, die in bezug zur Person, die den Ball geworfen hat, gemessen wird (8).

GEKRÜMMTE RAUMZEIT

● *Die Geometrie der Relativität*

Die Allgemeine Relativitätstheorie ist eine Theorie der Schwerkraft, die als Verzerrung des Raums und der Zeit in der Umgebung eines Körpers angesehen wird. In diesem Sinne erweist sich die Relativitätstheorie auch als geometrische Theorie, denn die mathematische Untersuchung des Raumes, sei er nun gekrümmt oder eben, ist Geometrie.

Die Gattung der Geometrie, die den meisten Menschen vertraut ist, heißt „euklidische Geometrie"; sie trägt den Namen des griechischen Philosophen Euklid, der etwa 290 v. Chr. lebte. Euklid faßte das gesamte geometrische Wissen seiner Zeit in einem Buch, das

heute unter dem Titel „Elemente" bekannt ist, zusammen. Es blieb bis zum ausgehenden 19. Jahrhundert der unantastbare Prüfstein für alle geometrischen Kenntnisse.

Erst 1823 verlor die euklidische Geometrie allmählich ihre einzigartige Position. In diesem Jahr entdeckte der ungarische Mathematiker János Bolyai, daß es in sich völlig schlüssige Geometrien geben könne, die sich von der euklidischen unterscheiden. Eine von ihnen war, wie sich später zeigte, eng verwandt mit der Allgemeinen Relativitätstheorie.

In der nichteuklidischen Geometrie wird die Vorstellung von einer Geraden durch eine allgemeinere Idee von einer geodätischen Linie ersetzt, einer Linie, die der kürzesten Entfernung zwischen zwei Punkten folgt. Auf der gekrümmten Erdoberfläche ist jeder Abschnitt des Äquators oder eines Längenkreises eine geodätische Linie. In der euklidischen Geometrie – der Geometrie ebener Flächen – werden die geodätischen Linien durch Geraden gebildet.

Stellen Sie sich eine dreiseitige Figur vor, deren Begrenzungen aus geodätischen Linien bestehen. In der euklidischen Geometrie ist dies ein Dreieck, dessen Innenwinkel immer eine Summe von 180° ergeben. Doch in der „hyperbolischen Geometrie", die von Bolyai – sowie unabhängig von ihm durch den Russen Nikolai Lobaschewski – entdeckt wurde, ergibt die Summe der Innenwinkel weniger als 180°. Je kleiner ein Dreieck wird, desto näher kommt die Summe an 180° heran; ein sehr großes Dreieck kann jedoch sehr kleine Innenwinkel haben.

Die zweite Alternative zur euklidischen Geometrie wurde in den fünfziger Jahren des 19. Jahrhunderts von dem Schweizer Mathematiker Ludwig Schläfli und dem Deutschen Bernhard Riemann ausgearbeitet. In der „Riemannschen Geometrie" summieren sich, wie man inzwischen weiß, die Innenwinkel eines Dreiecks auf mehr als 180°. Der 180° übersteigende Betrag nimmt wiederum mit der Größe des Dreiecks zu.

Um diese neue Geometrie zu veranschaulichen, beschrieb sie Schläfli als Geometrie der Oberfläche einer Hypersphäre – der Entsprechung einer Kugel in vierdimensionaler Darstellung. Die geodätischen Linien erscheinen dann tatsächlich wieder als Geraden.

Zur Veranschaulichung der hyperbolischen und der Riemannschen Geometrie dient eine einfache Analogie: Man betrachtet beide in nur zwei Dimensionen, konzentriert sich also nur noch auf die Oberflächen fester Körper. Die hyperbolische Geometrie wird dann zur Geometrie einer sattelförmigen Oberfläche, während die Riemannsche Geometrie in einer sphärischen Oberfläche ihre Entsprechung findet. Im letzten Fall werden die Winkel eines Dreiecks beispielsweise eindeutig größer, wenn der Umfang des Dreiecks zunimmt.

Die Riemannsche Geometrie erweitert unsere Vorstellungen vom Raum. Es gibt tatsächlich einige auffällige Unterschiede zum vertrauten Raum des Euklid; eine geodätische Linie kann sozusagen in sich zurücklaufen. Der Riemannsche Raum kann volumenmäßig endlich sein und doch nirgendwo eine Grenze haben. (Das läßt sich mit Hilfe der Analogie einer Kugeloberfläche erläutern, die zwar endlich, aber ohne Grenzen ist.) Der Raum dehnt sich grenzenlos aus; wir werden niemals an eine Grenze stoßen. Trotzdem ist das Volumen dieses Raumes endlich.

Einstein behauptete, nicht nur Materie, sondern auch das Licht folge einem gekrümmten Weg durch die Raumzeit, die durch das Vorhandensein von Materie deformiert wird. Diese Vorhersage einer schwerkraftbedingten Lichtablenkung wurde in triumphaler Weise durch die Beobachtung einer Sonnenfinsternis im Jahr 1919 bestätigt. Die Theorie erklärte auch die Anomalien in der Bewegung des Planeten Merkur.

Die meisten Menschen haben große Schwierigkeiten, die Vorstellung von einem Anfang des Universums zu

Im Riemannschen Raum hat ein Kreis mit dem Einheitsradius 1 eine kleinere Fläche als der entsprechende Kreis im euklidischen Raum.

Im euklidischen Raum ist die Kreisfläche proportional zum Quadrat seines Radius. Eine Verdopplung der Größe des Kreises bewirkt eine Vervierfachung seiner Fläche.

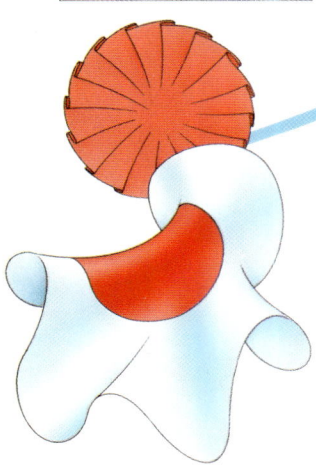

Im hyperbolischen Raum ist die Fläche eines Kreises größer als die eines euklidischen Kreises mit demselben Radius. Je größer der Kreis wird, desto mehr nimmt auch die Disparität zu. Astronomische Beobachtungen können enthüllen, ob die Geometrie unseres Weltalls hyperbolisch ist oder den Modellen Riemanns oder Euklids entspricht.

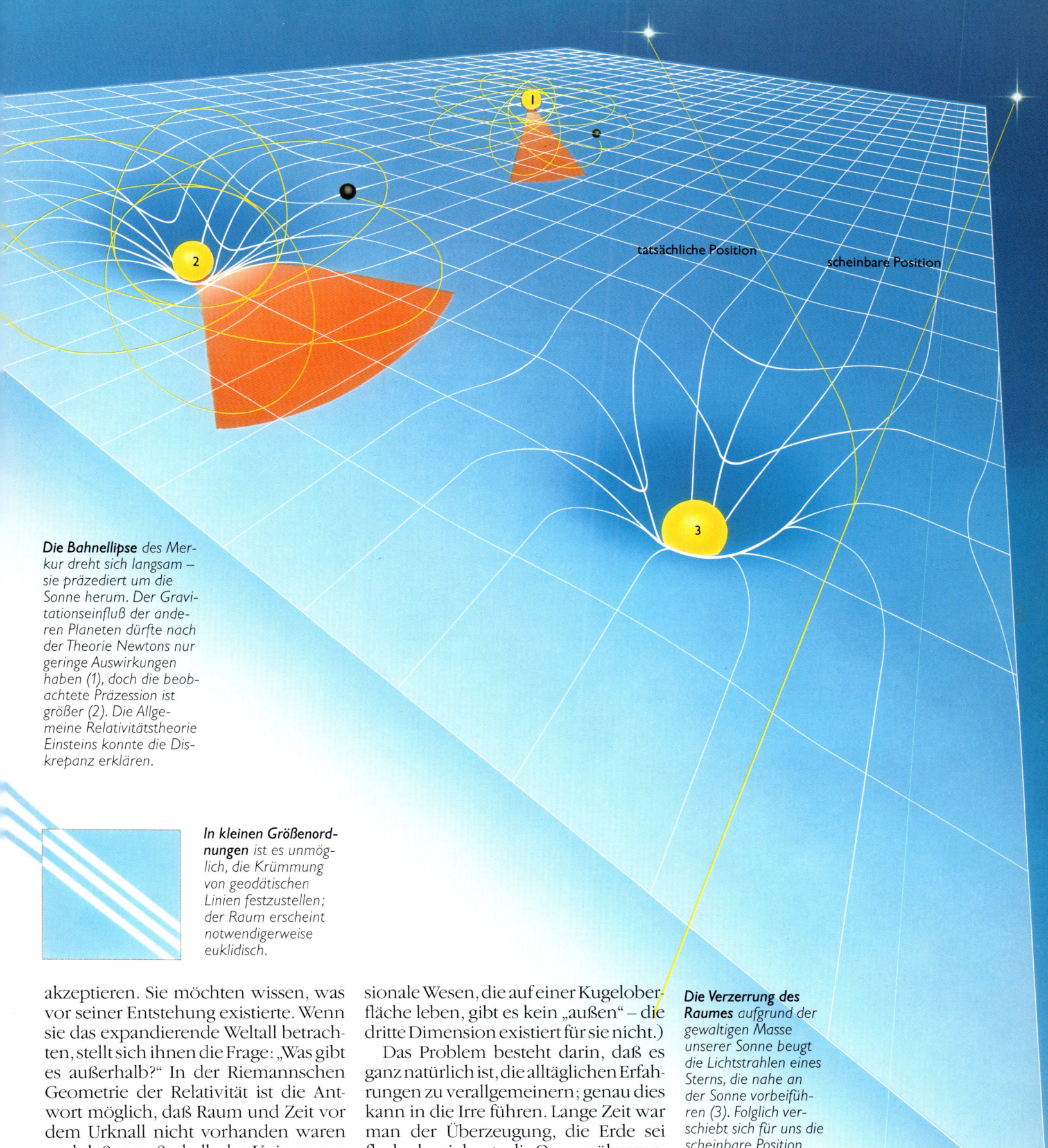

tatsächliche Position

scheinbare Position

Die Bahnellipse *des Mer-kur dreht sich langsam – sie präzediert um die Sonne herum. Der Gravi-tationseinfluß der ande-ren Planeten dürfte nach der Theorie Newtons nur geringe Auswirkungen haben (1), doch die beob-achtete Präzession ist größer (2). Die Allge-meine Relativitätstheorie Einsteins konnte die Dis-krepanz erklären.*

In kleinen Größenord-nungen *ist es unmög-lich, die Krümmung von geodätischen Linien festzustellen; der Raum erscheint notwendigerweise euklidisch.*

akzeptieren. Sie möchten wissen, was vor seiner Entstehung existierte. Wenn sie das expandierende Weltall betrach-ten, stellt sich ihnen die Frage: „Was gibt es außerhalb?" In der Riemannschen Geometrie der Relativität ist die Ant-wort möglich, daß Raum und Zeit vor dem Urknall nicht vorhanden waren und daß es außerhalb des Universums nichts gibt, weil es kein „außerhalb" gibt. Wir leben in einer vierdimensio-nalen Hypersphäre. (Für zweidimen-

sionale Wesen, die auf einer Kugelober-fläche leben, gibt es kein „außen" – die dritte Dimension existiert für sie nicht.)

Das Problem besteht darin, daß es ganz natürlich ist, die alltäglichen Erfah-rungen zu verallgemeinern; genau dies kann in die Irre führen. Lange Zeit war man der Überzeugung, die Erde sei flach; da wir heute die Ozeane überque-ren und durch die Luft fliegen, ist es von praktischer Bedeutung, die Erdkrüm-mung in Betracht zu ziehen.

Die Verzerrung des Raumes *aufgrund der gewaltigen Masse unserer Sonne beugt die Lichtstrahlen eines Sterns, die nahe an der Sonne vorbeifüh-ren (3). Folglich ver-schiebt sich für uns die scheinbare Position des Sterns, da wir annehmen, daß das Licht sich in gerader Linie ausbreitet.*

19

BEOBACHTETE RELATIVITÄT

● *Die Überprüfung der Theorie*

Die kühnen Thesen Einsteins über die Krümmung von Raum und Zeit sowie die Relativität von Masse, Energie und Länge wurden sehr strengen Prüfungen unterzogen.

Am 29. Mai 1919 überprüften zwei britische Expeditionen die Behauptung Einsteins, Licht werde in einem Gravitationsfeld abgelenkt. Sie photographierten vor der Küste Westafrikas und in Brasilien eine totale Sonnenfinsternis. Für kurze Zeit zeigten sich unweit der Sonne einige Sterne, die später auf den Bildern, wie die Theorie es forderte, um annähernd 1,75 Bogensekunden verschoben waren.

Die Relativitätstheorie sagt voraus, daß unweit eines massereichen Körpers der Raum nicht nur gekrümmt, sondern dabei auch noch gedehnt wird. 1964 wurde der Vorschlag gemacht, daß man für die Entdeckung dieses Effekts ein Raumfahrzeug verwenden könne, das aus dem Raum jenseits der Sonne Funkimpulse zur Erde senden solle. Die Übertragung der

Impulse müßte erfolgen, sobald sich die Sonde scheinbar hinter der Sonne vorbeibewegt. Ist der Raum gedehnt, müßte die Zeit zwischen den Impulsen variieren, wenn auch nur um einige millionstel Sekunden.

Um 1971 machte es der Stand der Technik möglich, mit mehreren Planetensonden, darunter dem Viking-Raumfahrzeug, das auf der Marsoberfläche gelandet war, den Test durchzuführen. Die Zeitmessungen zeigten eindeutig, daß der Raum genau in der Weise gedehnt ist, wie es die Relativitätstheorie vorhergesagt hatte.

„Gravitationslinsen", die durch die Schwerefelder von Galaxien und Galaxienhaufen gebildet werden, sind als eindeutige Bestätigung der Theorien Einsteins anzusehen (S. 70-73).

Die Verlangsamung der Zeit in einem System, das sich in bezug zu einem Beobachter bewegt, wurde sowohl bei subatomaren Teilchen hoher Geschwindigkeit als auch während des Transports extrem genauer Uhren in

Flugzeugen beobachtet. 1976 bestätigte ein Vergleich von Uhren auf der Erde und an Bord einer Rakete den Effekt sogar noch exakter.

Der scheinbare Zeitablauf kann jedoch auch nach der Allgemeinen Relativitätstheorie infolge von Schwerkrafteffekten variieren. Je stärker ein Gravitationsfeld wirkt, desto langsamer laufen einzelne Prozesse ab. Die Relativitätstheorie sagt zum Beispiel voraus, daß Atome in einem Labor auf dem Erdboden langsamer zu schwingen scheinen, wenn man sie von einem Bezugssystem aus beobachtet, das sich hoch über dem Boden befindet. In den sechziger Jahren verglichen Forscher an der Harvard-Universität die Schwingungen des radioaktiven Kobaltatoms auf dem Erdboden mit denjenigen auf einer 22,5 Meter hohen Turmspitze. Der Unterschied fiel sehr gering aus – er entsprach einer Differenz von zwei Sekunden in 31 700 Jahren –, doch das Ergebnis war für die Relativitätstheorie ein weiterer Erfolg.

Der gleiche Sachverhalt zeigt sich, wenn man Licht untersucht, das von Sternen mit starken Gravitationsfeldern ausgeht. Im Jahr 1954 wurde das Licht eines weißen Zwerges, der in einem Doppelsternsystem einen Begleiter umkreist, spektroskopisch un-

Die bewegungsbedingte Verlangsamung der Zeit: Zwei Uhren an Bord verschiedener Flugzeuge wurden mit einer Uhr am Boden synchronisiert (1). Nach Abschluß der beiden in entgegengesetzter Richtung erfolgten Flüge verglich man die Anzeigen aller drei Uhren. Da sich die Erde von West nach Ost dreht, bewegte sich die Uhr am Boden nach Osten weiter (hellblauer Pfeil). Auch das nach Westen gerichtete Flugzeug würde in Wirklichkeit nach Osten getragen (grüner Pfeil). Die Geschwindigkeit der Erdrotation addierte sich zur Geschwindigkeit des nach Osten reisenden Flugzeugs, so daß die Uhr in dieser Maschine am schnellsten unterwegs war (roter Pfeil). Die Uhr am Boden reiste schneller als die nach Westen geflogene Uhr. Die Anzeige der schnellsten Uhr (3) lag hinter der Bodenuhr (2) zurück, die ihrerseits hinter der langsamsten, der nach Westen geflogenen Uhr (4), zurückblieb. Damit wurde die Vorhersage Einsteins, daß sich schneller bewegte Uhren relativ zu langsamer bewegten verzögern, bestätigt.

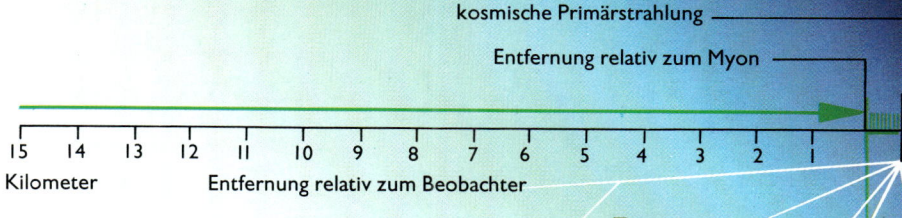

Entfernung relativ zum Myon

15 14 13 12 11 10 9 8 7 6 5 4 3 2 1

Kilometer   Entfernung relativ zum Beobachter

Zeit relativ zum Myon

1
2

5

10

15

20

25

30

35

40

45

50

Zeit relativ zum Beobachter

Mikrosekunden

Myon

tersucht. Der weiße Zwerg löste durch seine Bewegungen Effekte aus, die auf die Wellenlängen des sichtbaren Begleiters einwirkten. Damit konnte man mittelbar auch einen Einblick in alle anderen Bewegungsverhältnisse des Systems gewinnen. Sobald man sämtliche Bewegungsabläufe in Betracht gezogen hatte, wurde eine Frequenzabnahme bei den Lichtwellen des Zwergsterns offenkundig.

Die Relativitätstheorie wurde immer wieder bestätigt. Dennoch gibt es Phänomene, auf die sie sich noch nicht anwenden läßt. Sie stehen mit Entfernungen und Zeiten in Zusammenhang, die kleiner sind als die sogenannte „Planck-Länge" bzw. „-Zeit". Die Planck-Länge mißt lediglich 10^{-32} Millimeter – ein Atomkern hat vergleichsweise einen Durchmesser von 10^{-12} Millimetern; Planck-Zeit ist die Zeit, die das Licht benötigt, um eine Planck-Länge zu durchlaufen: Das sind etwa 10^{-43} Sekunden. Dieser Größenbereich liegt erheblich unterhalb der Feinstruktur von Raum und Zeit, die unsere Teilchenbeschleuniger ausloten können.

Im Meßbereich des Atoms spielt die Gravitation keine Rolle, da sie die schwächste der fundamentalen Kräfte ist. Die Welt des Kleinsten wird von der Quantentheorie beherrscht (S. 22-25). Doch läßt sich der Bereich der Planck-Länge nur mit extremen Energien und somit extremen Massen erforschen (bedingt durch die Äquivalenz von Masse und Energie).

Folglich kann die Raumzeit in diesem winzigen Meßbereich eine sehr starke Krümmung und eine eigenartige Struktur annehmen; die Schwerkraft bekommt erneut Bedeutung.

Die Physiker können die Einzelheiten der Naturgesetze in derartigen Raum- und Zeitintervallen noch nicht erklären. Die Schwierigkeit besteht darin, daß die Gravitationstheorie Einsteins auf einem Raum beruht, in dem sich alle Dinge fortlaufend teilen lassen – in der Quantentheorie geht das nicht mehr (S. 24). Die Geschichte vom Urknall läßt sich also nur bis zur Planck-Zeit zurückverfolgen.

Zeitausdehnung

Wenn Primärteilchen der kosmischen Strahlung aus den Tiefen des Raumes mit den Atomen der Atmosphäre kollidieren, werden hochenergetische Partikel, die sogenannten Myonen, freigesetzt. Da sie nahezu mit Lichtgeschwindigkeit fliegen, benötigen sie etwa 50 Mikrosekunden (50 Millionstel einer Sekunde), um den Boden zu erreichen, den sie in großer Zahl bombardieren. Im Gegensatz dazu existieren energiearme Myonen, die man im Labor erzeugt, im Durchschnitt nur 2,2 Mikrosekunden.

Der Schlüssel zu diesem Paradoxon liegt darin, daß sich die Zeit im Bezugssystem des Myons relativ zum Erdboden verlangsamt und damit die Lebensdauer des Myons verlängert wird. Aus der Sicht des Bezugssystems der Myonen vergeht die Zeit normal, doch die Entfernung zum Erdboden schrumpft infolge der hohen Relativgeschwindigkeit der Erde zusammen; damit wird sie in die Lebenserwartung eines Myons hinein verschoben.

ATOMPHYSIK

● *Die Geburt der Quantentheorie*

Eine eingehende Beschäftigung mit der Welt der Atomphysik ist für das Verständnis des Universums absolut unverzichtbar. Doch wir werden feststellen, daß sich die Welt im Bereich der Atome und subatomaren Teilchen in vieler Hinsicht von unserer alltäglichen Erfahrungswelt ganz erheblich unterscheidet.

Während ein Stuhl für eine Person, die auf ihm sitzt, als ausreichend fest anzusehen ist, ließen sich seine Bestandteile in der atomaren Welt fast als leerer Raum beschreiben. Die Moleküle (Atomgruppen), aus denen er besteht, sind im Vergleich zu ihrer Größe durch beachtliche Entfernungen voneinander getrennt; auch die Atome in jedem Molekül stehen sehr weit auseinander. Nur die interatomaren und intermolekularen Kräfte halten sie zusammen.

Das Wort „Atom" leitet sich vom griechischen „atomos" = „unteilbar" ab; es wurde im fünften vorchristlichen Jahrhundert von dem Philosophen Leukippos für die kleinsten Einheiten der Materie eingeführt. Doch erst vor 180 Jahren übertrug John Dalton diese Idee in eine moderne wissenschaftliche Theorie und leistete damit einen wichtigen Beitrag zur Entwicklung der modernen Chemie. Gegen Ende des 19. Jahrhunderts wurde die Realität der Atome von Chemikern und Physikern allgemein akzeptiert. Doch man hielt diese Atome wie schon Leukippos für unteilbar.

Ein Jahrhundert nach Daltons Arbeiten untersuchten die französischen Forscher Marie und Pierre Curie die Radioaktivität; sie zeigten, daß Atome spontan zerfallen können und dabei noch kleinere Teilchen aussenden. Auch andere Wissenschaftler, besonders der Neuseeländer Ernest Rutherford im englischen Cambridge, führten Laborversuche durch. Sie ergaben, daß Atome nicht aus harter Masse bestehen.

Jedes Atom besitzt einen zentralen Kern, der eine positive elektrische Ladung trägt und in dem nahezu die gesamte Masse des Atoms vereinigt ist. Um diesen Kern kreisen ein oder mehrere Elektronen, jedes mit einer negativen Einheitsladung. In einem normalen Atom gibt es genug Elektronen, um die positive Ladung des Kerns auszugleichen.

Im Wasserstoffatom – dem einfachsten und leichtesten aller Atome mit der größten Verbreitung im Universum – weist der Kern eine einzige positive Ladung auf, die durch die negative Ladung des einzigen umlaufenden Elektrons ausgeglichen wird. Die Kerne schwererer Atome tragen mehrere positive Ladungen, die durch eine entsprechend große Anzahl von Elektronen aufgewogen wird. Somit hat Helium, das nächste Element, einen Kern mit zwei positiven Ladungen. Das Atom wird durch zwei umkreisende Elektronen elektrisch neutral gehalten.

Später konnten Forscher herausfinden, daß sich die positive Ladung im Kern eines Partikels befindet, das beinahe 2 000mal schwerer ist als ein Elektron; man nennt es „Proton". Der Kern enthält jedoch auch Neutronen, die keine elektrische Ladung tragen, aber letztlich die gleiche Masse wie das Proton aufweisen. So gibt es Wasserstoffatome, deren Kerne aus einem Proton und einem Neutron bestehen; ein kreisendes Elektron sorgt für den elektrischen Ladungsausgleich mit dem Proton. Diese Atome sind Isotope des Wasserstoffs, bekannt als Deuterium: Sie zeigen die gleichen chemischen Wirkungen wie gewöhnlicher Wasserstoff, da diese durch die Elektronen im Außenbereich eines Atoms bestimmt

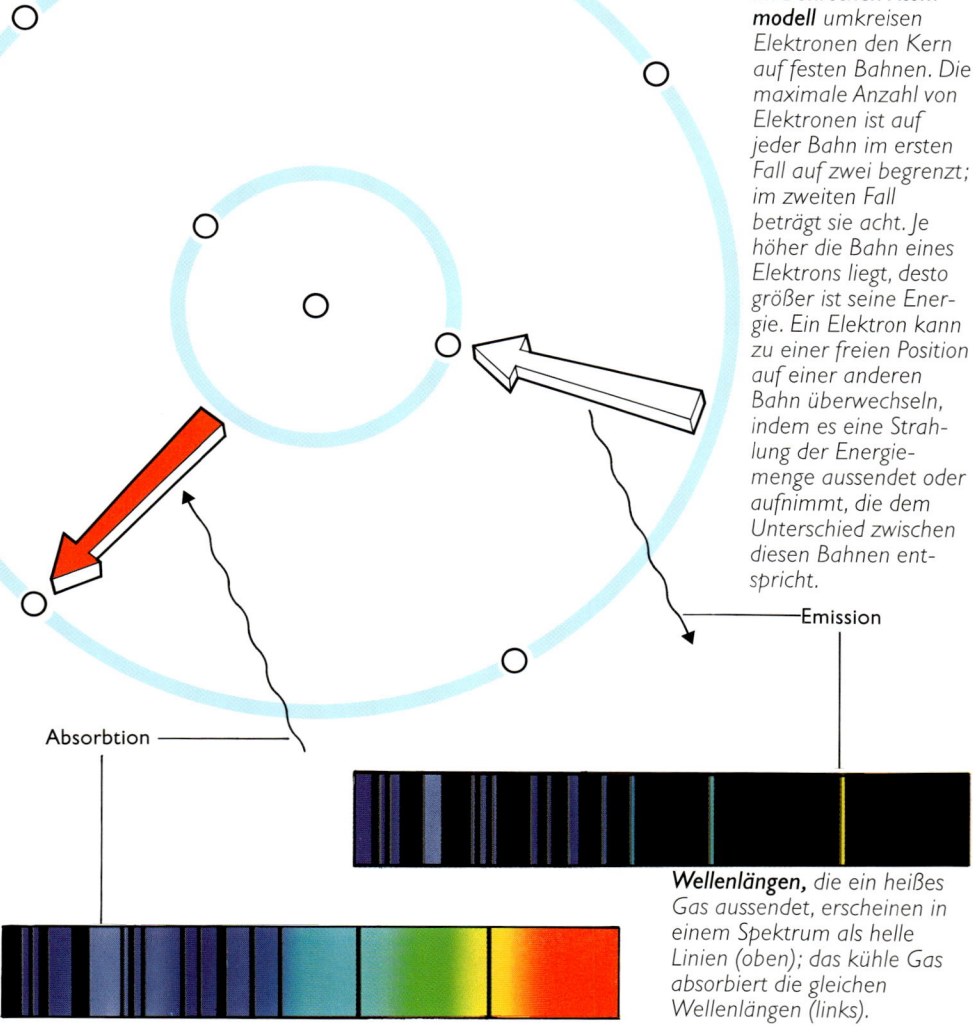

Im Bohrschen Atommodell umkreisen Elektronen den Kern auf festen Bahnen. Die maximale Anzahl von Elektronen ist auf jeder Bahn im ersten Fall auf zwei begrenzt; im zweiten Fall beträgt sie acht. Je höher die Bahn eines Elektrons liegt, desto größer ist seine Energie. Ein Elektron kann zu einer freien Position auf einer anderen Bahn überwechseln, indem es eine Strahlung der Energiemenge aussendet oder aufnimmt, die dem Unterschied zwischen diesen Bahnen entspricht.

Emission

Absorbtion

Wellenlängen, die ein heißes Gas aussendet, erscheinen in einem Spektrum als helle Linien (oben); das kühle Gas absorbiert die gleichen Wellenlängen (links).

werden. Die Masse ihrer Atome ist jedoch mehr als doppelt so groß. Ein Heliumisotop, das bei Kernreaktionen in Sternen Bedeutung hat, ist das Helium 3, dessen beide Protonen im Kern von nur einem einzigen Neutron begleitet werden.

Einige Jahre lang sah man Protonen, Neutronen und Elektronen als fundamentale Partikel an. Obwohl das Elektron noch immer diesen Status besitzt, weiß man heute, daß sich Protonen und Neutronen aus Dreiergruppen noch grundlegenderer Teilchen zusammensetzen, den „Quarks" (S. 26-27).

Sobald ein Atom erwärmt wird oder auf andere Art Energie bezieht, werden die umlaufenden Elektronen beeinflußt. Im Wasserstoffatom veranlaßt

beispielsweise eine Energiezufuhr das einzelne Elektron, sich auf eine weiter außerhalb liegende Umlaufbahn zu bewegen. Wie weit es hinausgeht, hängt von dem Energiebetrag ab, den das Elektron empfängt. Ist er groß genug, wird es vom Atom getrennt.

Angenommen, die zugeführte Energie reicht gerade aus, das Elektron auf eine weiter außerhalb liegende Bahn zu heben, so wird es schon bald auf seine ursprüngliche Bahn zurückfallen und dabei Energie abgeben.

Der dänische Physiker Niels Bohr versuchte zu erklären, warum Elektronen niemals in den Kern stürzen. Er ging dabei von der Vermutung aus, daß sie nur ganz bestimmte feste Bahnen einnehmen können. Elektronen auf

einer vorgegebenen Bahn besitzen eine bestimmte Energie, für weiter außen liegende Umlaufbahnen ist eine größere Energie notwendig.

Im Bohrschen Modell absorbiert und emittiert das Atom die Energie nur in definierten Beträgen oder Quanten, die den Differenzen der Energieniveaus der Bahnen entsprechen. Der Begriff „Quantum" war von Max Planck 1900 eingeführt worden, um die von materiellen Körpern ausgesandte Wärme und andere Strahlungen zu erklären – dieses Fachgebiet der Physik ist heute als „Thermodynamik" bekannt.

Planck stellte fest, daß Strahlung nicht in beliebigen Beträgen, sondern nur in „Energiepaketen" emittiert oder absorbiert werden kann. Die Größe eines einzelnen Energiepäckchens, eines „Quants", ist der Wellenlänge der Strahlung indirekt proportional. Somit besitzt blaues, kurzwelliges Licht ein Quant höherer Energie als rotes, langwelliges Licht.

Daraus folgt, daß das Licht, das von einem bestimmten Atom abgegeben oder absorbiert wird, nach der Bohrschen Theorie auf ganz spezielle Wellenlängen festgelegt ist. Jede Wellenlänge steht mit einem Energieniveau in Zusammenhang. Eine einzelne Wellenlänge wird nur dann absorbiert, wenn sie genau den Energiebetrag liefert, der ein Elektron auf eine andere Bahn heben kann. Fällt ein Elektron von einer Bahn auf eine andere hinunter, wird Strahlung einer Wellenlänge emittiert, die der Energiedifferenz zwischen diesen Bahnen entspricht.

Bei der Untersuchung von Licht, das bei Hochtemperaturreaktionen im Labor entsteht oder von Himmelskörpern stammt, lassen sich alle dort ablaufenden atomaren Prozesse entschlüsseln. Auf diesem Weg erlangen die Astrophysiker Aufschluß darüber, warum bestimmte Lichtwellenlängen von Atomen in Gasnebeln, Planetenatmosphären und dergleichen emittiert oder absorbiert werden. Außerdem ermöglicht dies die Bestimmung der chemischen Elemente, die in diesen Himmelskörpern vorkommen.

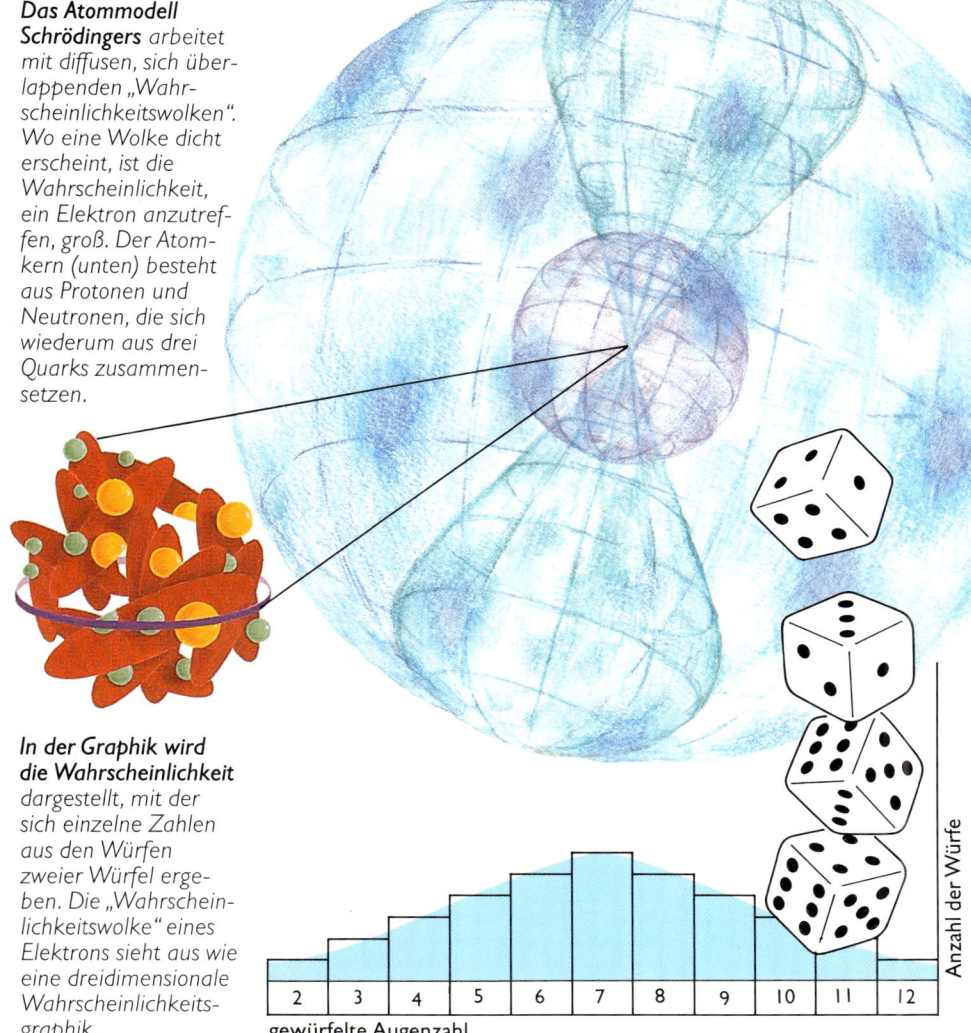

Das Atommodell Schrödingers arbeitet mit diffusen, sich überlappenden „Wahrscheinlichkeitswolken". Wo eine Wolke dicht erscheint, ist die Wahrscheinlichkeit, ein Elektron anzutreffen, groß. Der Atomkern (unten) besteht aus Protonen und Neutronen, die sich wiederum aus drei Quarks zusammensetzen.

In der Graphik wird die Wahrscheinlichkeit dargestellt, mit der sich einzelne Zahlen aus den Würfen zweier Würfel ergeben. Die „Wahrscheinlichkeitswolke" eines Elektrons sieht aus wie eine dreidimensionale Wahrscheinlichkeitsgraphik.

Anzahl der Würfe

gewürfelte Augenzahl

| 2 | 3 | 4 | 5 | 6 | 7 | 8 | 9 | 10 | 11 | 12 |

Bohr stellte Regeln für die Umlaufbahnen auf und berechnete ihre Energieniveaus. Daraufhin konnte er die Wellenlängen des Lichtes erklären, das von Wasserstoff und anderen einfachen Elementen abgestrahlt wird.

Das Bohrsche Atommodell beinhaltete, daß die Elektronen zu keiner Zeit zwischen den Umlaufbahnen zu finden seien. Nach unserem Empfinden „müßten" sie sich von einer Bahn zur nächsten durch den Raum bewegen, dabei folgen wir der Gewohnheit, alles nach unserer alltäglichen Erfahrung zu beurteilen. Diese Vorstellung liegt so tief in uns verankert, daß wir beim Betrachten eines Films überzeugt sind, Gegenstände und Menschen bewegten sich kontinuierlich durch den Raum; in Wirklichkeit betrachten wir eine Folge einzelner Bilder, die uns nur die Illusion einer kontinuierlichen Bewegung vorgaukeln. Aufgrund der Quantentheorie müssen wir annehmen, daß die Elektronen unter gewissen Umständen von einem Teil des Raumes direkt zu einem

anderen hinüberspringen – ein Beispiel dafür, wie spürbar sich der Mikrokosmos des Atoms von unserer makroskopischen Welt unterscheidet.

Einstein hatte 1905 nachgewiesen, daß die elektrische Spannung, die sich aufbaut, wenn Licht auf besondere Metalle trifft – ein Effekt, der im Belichtungsmesser einer Kamera genutzt wird –, nur dann befriedigend erklärt werden kann, wenn man das Verhalten des Lichtes unter diesen Umständen mit einem Teilchenstrom und nicht mit Wellen beschreibt. Diese Lichtteilchen nennt man „Photonen". Sie sind Beispiele für die Planckschen Energiequanten. Die Arbeit Einsteins und Plancks zeigte eindeutig, daß die vereinheitlichte elektromagnetische Theorie Maxwells im atomaren Bereich ebenso unzureichend ist wie die Newtonsche Gravitationstheorie, wenn alle Verhaltensweisen der Materie im Weltall erklärt werden sollen.

Die Existenz der Photonen warf ein schwerwiegendes Problem auf, da die

Lichtenergie sich bei ihrer Reise durch den Raum wie eine Welle verhält. Um 1800 hatten Thomas Young und andere Forscher eine Fülle von Laborergebnissen erarbeitet, die die Wellentheorie des Lichtes eindeutig stützten. Die aussagekräftigsten demonstrieren, daß Lichtstrahlen miteinander in Interferenz treten können (siehe Kasten). Die Ergebnisse von Einstein und Planck legten nahe, daß das Licht gleichzeitig aus Partikeln und Wellen besteht, je nachdem, welche Beobachtungen man gerade anstellt.

Was für das Licht gilt, von dem wir normalerweise annehmen, es bestehe aus Wellen, gilt ebenso für all das, was wir als Partikel ansehen. Wird ein Elektronenstrahl durch ein winziges Loch in einer Metallfolie geschickt, verteilt er sich genauso, wie man es von Wellen gewohnt ist: Er bildet ein Muster aus hellen und dunklen Ringen. Elektronenstrahlen lassen sich bündeln und für die Abbildung von Objekten in einem Elektronenmikroskop verwen-

Interferenz

Überlagern sich zwei Systeme von Meereswellen, so können sie miteinander in Interferenz treten. Wenn die Kämme des einen Wellensystems mit den Kämmen des anderen und entsprechend auch die Wellentäler miteinander in Gleichklang liegen, werden größere, kombinierte Wellen erzeugt, deren Kämme besonders hoch und deren Täler besonders tief ausfallen. Treffen die Kämme mit den Tälern zusammen, löschen sich die Wellen gegenseitig aus. Ähnliche Effekte zeigen sich auch bei jeder anderen Form der Wellenausbreitung, also auch bei Schall und Licht.

Partikelstrahlen lassen sich in der gleichen Art zur Interferenz bringen; sie offenbaren damit die Wellennatur der Materie. In diesem Fall korrespondiert die Verstärkung des Strahls mit dem Nachweis, daß mehr Teilchen pro Sekunde passieren. Dort, wo der Strahl infolge der Interferenzeffekte ausgelöscht wird, lassen sich keine Teilchen nachweisen.

Ein weiterer Effekt der Wellennatur des Lichtes besteht darin, daß sich ein paralleler Lichtstrahl beim Auftreffen auf die Kante eines Objektes aufspaltet und damit dem Schatten einen verschwommenen Rand verleiht. Der Schattenrand bildet ein Beugungsmuster aus hellen und dunklen Bändern. Auch dieser Effekt läßt sich bei Partikelstrahlen zeigen.

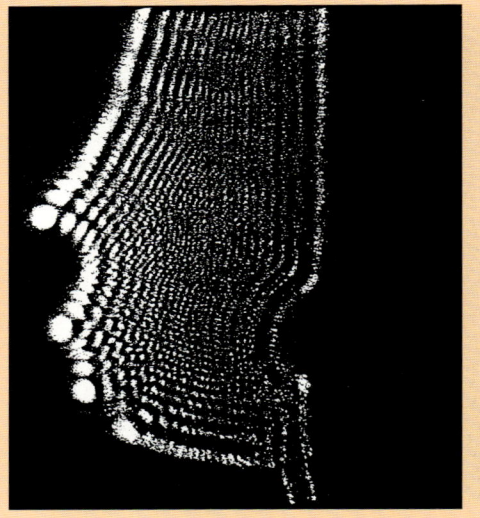

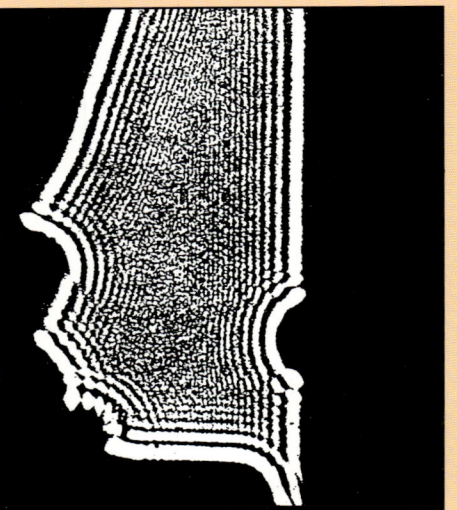

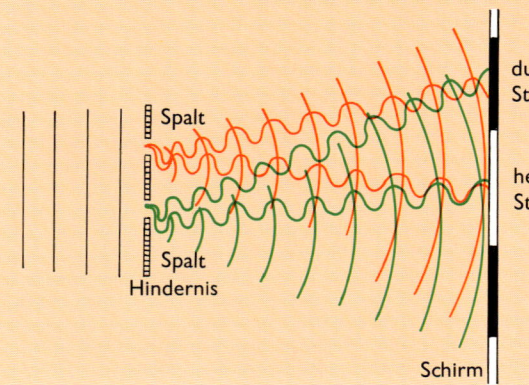

dunkler Streifen

heller Streifen

Spalt

Spalt

Hindernis

Schirm

Die Elektronen bilden nach der Passage durch ein winziges Loch Beugungsstreifen (oben links), die sich aus ihrer Wellennatur ergeben. Ein größeres Loch beugt Lichtwellen in ähnlicher Weise (oben rechts).

Wellen treten in Interferenz, *wenn sie sich überlagern (links). Wo sich ihre Kämme treffen, verstärken sie sich. Sie löschen sich aus, sobald sie entgegengesetzt laufen.*

den. Bei der Überlagerung von Elektronenstrahlen können Interferenzmuster dargestellt werden. Das gleiche gilt nun auch für alle anderen subatomaren Teilchen.

Bereits lange vor diesen Beweisen für die Wellennatur des Elektrons konnte der österreichische Physiker Erwin Schrödinger Wahrscheinlichkeitswellen einsetzen, um die Energieniveaus im Bohrschen Atom zu erklären. Die mit den Elektronen verknüpften Wellen sah man als stehende Wellen an, also als Resonanzen, die sich genauso aufbauen wie Schwingungen einer bestimmten Frequenz auf den Saiten einer Violine. Die wohldefinierten Pfade der Elektronen im Bohrschen Atom wurden abgelöst von „Wahrscheinlichkeitswolken".

Man findet ein Elektron eher dort, wo die Wolke dichter ist, doch man kann nicht präzise sagen, wo es sich genau aufhält oder welche Geschwindigkeit oder Energie es gerade hat.

Die Tatsache, daß Teilchen sich wie Wellen verhalten, hat schwerwiegende Folgen. Zum Beispiel kann man nicht mit Sicherheit den Ort und die Geschwindigkeit eines Teilchens zu einem bestimmten Zeitpunkt angeben. Wir können zu einer speziellen Zeit nur einen Faktor benennen – der andere bleibt ungewiß. Jeder Versuch eines Physikers, den exakten Ort eines Teilchens zu bestimmen, stört es derart, daß seine Bewegung völlig ungewiß wird. Versucht er dann, die Geschwindigkeit zu messen, wird er das Teilchen so stören, daß es seine Position verändert. Dieser wichtige Teil der modernen Physik, zuerst von dem deutschen Forscher Werner Heisenberg beschrieben, wurde als „Unschärfeprinzip" bekannt.

1925 stellte der österreichisch-amerikanische Physiker Wolfgang Pauli sein „Ausschließungsprinzip" vor, nach dem in jedem System jeweils nur ein Elektron in einem bestimmten „Quantenzustand" vorkommen kann. Dieser Zustand wird durch Faktoren wie Energie und Ort sowie durch den Spin definiert, der der Rotation eines makroskopischen Objekts gleicht. Besagter Spin weist jedoch auch etliche Besonderheiten auf, die darlegen, daß die subatomaren Teilchen eine Welt „sehen", die sich von der unsrigen unterscheidet. Der Spin tritt nur in diskreten Beträgen

Gemäß der Quantenmechanik *können Ort und Geschwindigkeit nicht zur gleichen Zeit exakt bestimmt werden. Eine Beobachtung, die Geschwindigkeit und Bewegungsrichtung eines Teilchens enthüllt, „verschmiert" dessen Ort – wie eine Langzeitbelichtung (oben) die Bewegung des Tänzers darstellt, dabei jedoch seine Position undeutlicher werden läßt. Eine Beobachtung, die den Ort eines Teilchens fixiert, läßt seine Bewegung völlig im Ungewissen – so wie eine sehr kurz belichtete Aufnahme (rechts) die Position des Tänzers klar und präzise hervorhebt, aber über seine Bewegung keine Information liefert.*

auf, die jedem vorgegebenen Teilchen eigen sind. Einige Partikel haben ganzzahlige Spinbeträge, die mit $0, +-1, +-2$ usw. bezeichnet werden. Andere, darunter Proton, Neutron und Elektron, zeigen gebrochene oder unvollständige Beträge: $+-1/2, +-3/2$ usw.

Ein Elektron auf der innersten Bahn eines Atoms kann sich in einem von zwei Energiezuständen befinden, die von der Richtung seines Spins abhängen. Deshalb können zwei Elektronen diese Umlaufbahn belegen. Auf den anderen Bahnen sind nur begrenzte Anzahlen von Zuständen gestattet. Dies zeigt, warum sich nicht alle Elektronen auf dem niedrigsten Energiezustand zusammenfinden.

Die Erschaffung der Quantenmechanik führte zum Verständnis der Architektur der äußersten Atomschichten. Doch als die Physiker immer tiefer bis zum Atomkern vorstießen, sollten sie auf neue Kräfte und Teilchen treffen.

DIE SUBATOMARE WELT

● *Ein Überfluß an Teilchen*

Die moderne Physik entdeckte eine Vielfalt subatomarer Teilchen. Jeder Fortschritt in der Leistung der „Atomzertrümmerer" oder Teilchenbeschleuniger (siehe unten) führt zur Erzeugung immer neuer Partikel, so daß heute schon Tausende katalogisiert sind.

Man kennt für jeden Teilchentyp sein entsprechendes Antiteilchen (ausgenommen die seltenen Fälle, in denen Teilchen und Antiteilchen identisch sind). Die Eigenschaften eines Antiteilchens sind denen des entsprechenden Teilchens entgegengesetzt. Somit heißt das Antiteilchen des Elektrons Positron. Es besitzt zwar die gleiche Masse, aber eine positive Ladung, die der negativen Ladung des Elektrons entspricht.

Damit halbiert sich die Anzahl der einzelnen Teilchentypen. Ein Weg, die Sache weiter zu vereinfachen, besteht in der Betrachtung, wie die Partikel mit Hilfe von „Austauschteilchen" miteinander in Wechselwirkung treten.

Sehen wir uns die elektromagnetische Kraft näher an. Wenn in einem Atom ein Elektron von einer weiter außen liegenden, energiereicheren Bahn auf eine weniger energiereiche Schale springt, die dem Kern näher liegt, entwischt die Energiedifferenz in Gestalt eines Photons – eines Quantums elektromagnetischer Strahlung.

Stellen Sie sich vor, was geschieht, wenn sich zwei Elektronen knapp verfehlen. Beide tragen negative Ladungen und werden sich gegenseitig abstoßen.

In der Quantenphysik wird diese Kraft erklärt als Aussendung eines virtuellen Photons durch das eine und dessen Absorption durch das andere Elektron. (Ein virtuelles Teilchen ist so kurzlebig, daß man auf seine Existenz nur mittelbar schließen kann.)

Als Analogie in der makroskopischen Welt kann das Ballspiel dienen. Sowie er den Ball geworfen hat, spürt der Werfer einen Rückstoß. Der Fänger erlebt ebenfalls eine Kraft, die ihn nach hinten stößt. In der Quantenwelt verhalten sich die virtuellen Photonen wie Bälle – Boten, die elektromagnetische Kräfte überbringen.

Auf diese Art kann man auch andere subatomare Kräfte erklären. Eine dieser Kräfte ist die „schwache Wechselwirkung". Als Beispiel für einen Prozeß mit schwacher Wechselwirkung gilt der Zerfall eines Neutrons in ein Proton, ein Elektron und ein Antineutrino.

Die Austauschteilchen der schwachen Wechselwirkung heißen W- und Z-Partikel. Man kann sie entdecken, wenn man ihnen in einem Teilchenbeschleuniger so viel Energie vermittelt, daß sie davonschießen und nicht länger virtuell bleiben.

Die Physiker benötigen eine weitere Kraft, um erklären zu können, was die Partikel eines Atomkerns zusammenhält und die Abstoßung zwischen den positiven elektrischen Ladungen der Protonen überwindet. Die schwache Wechselwirkung ist um mehrere milli-

ardenmal zu schwach, die Gravitation noch weitaus schwächer. Deshalb wird diese zusätzliche Kraft als „starke Kraft" bezeichnet; sie ist zwar gewaltig, doch ihre Wirkung endet jenseits von 10^{-12} Millimetern – sie bleibt somit auf den Atomkern begrenzt.

Will man mehr über die Austauschteilchen der starken Kraft erfahren, muß man mehr über die Partikel wissen, auf die sie einwirken. 1963 behaupteten die amerikanischen Physiker Murray Gell-Mann und George Zweig, Protonen und Neutronen seien keine fundamentalen Teilchen, sondern aus noch kleineren Einheiten zusammengesetzt. Diese nannten sie „Quarks", ein Wort, das der irische Schriftsteller James Joyce in seinem Roman „Finnegan's Wake" geprägt hatte. Partikel wie Protonen und Neutronen sind nach Auffassung von Gell-Mann und Zweig aus drei Quarks zusammengesetzt. Sie heißen Baryonen („schwere Partikel"). Mesonen bestehen aus einem Quark und einem Antiquark.

Sobald Teilchen über die starke Kraft an Reaktionen beteiligt werden, sind es in Wirklichkeit ihre Bestandteile, die Quarks, die in die Wechselwirkungen eintreten. Die Austauschteilchen der starken Kraft heißen Gluonen. Sie sind dafür verantwortlich, daß sich Quarks nie isoliert beobachten lassen. Werden nun zwei Quarks auseinandergezogen, nimmt die starke Kraft stetig zu, bis sie die trennende Kraft überwältigt.

Ins Herz des Atoms

Ein Teil des großen Elektron-Positron-Kollidierers am CERN bei Genf. Das 27 Kilometer lange Rohr der Maschine liegt in einem 100m tiefen Tunnel unter der Erde. Elektromagnete, die auf der gesamten Länge des Rohrs montiert sind, erzeugen rasch schwingende elektrische und magnetische Felder. Sie erteilen den zirkulierenden Partikeln Energien, die einer Spannungsspitze von 50 Milliarden Volt entsprechen.

Fundamentale Teilchen werden erforscht, indem man sie mit hoher Geschwindigkeit zusammenstoßen läßt und die dabei entstehenden Bruchstücke untersucht. Beinahe alle Beschleuniger sind Synchrotrone – ringförmige Rohre, bis zu 27 Kilometer lang, in deren Innerem ein Vakuum herrscht. Ein aus Elektronen oder Protonen (oder deren Antiteilchen) bestehender erster Schuß wird in ein Synchrotron injiziert. Starke Elektromagneten erzeugen rasch veränderliche Felder, die die Partikel vieltausendmal mit nahezu Lichtgeschwindigkeit im Ring herumwirbeln.

Die Hochgeschwindigkeitsteilchen können dann auf ein stationäres Target, zum Beispiel einen Aluminiumklotz, geschleudert werden.

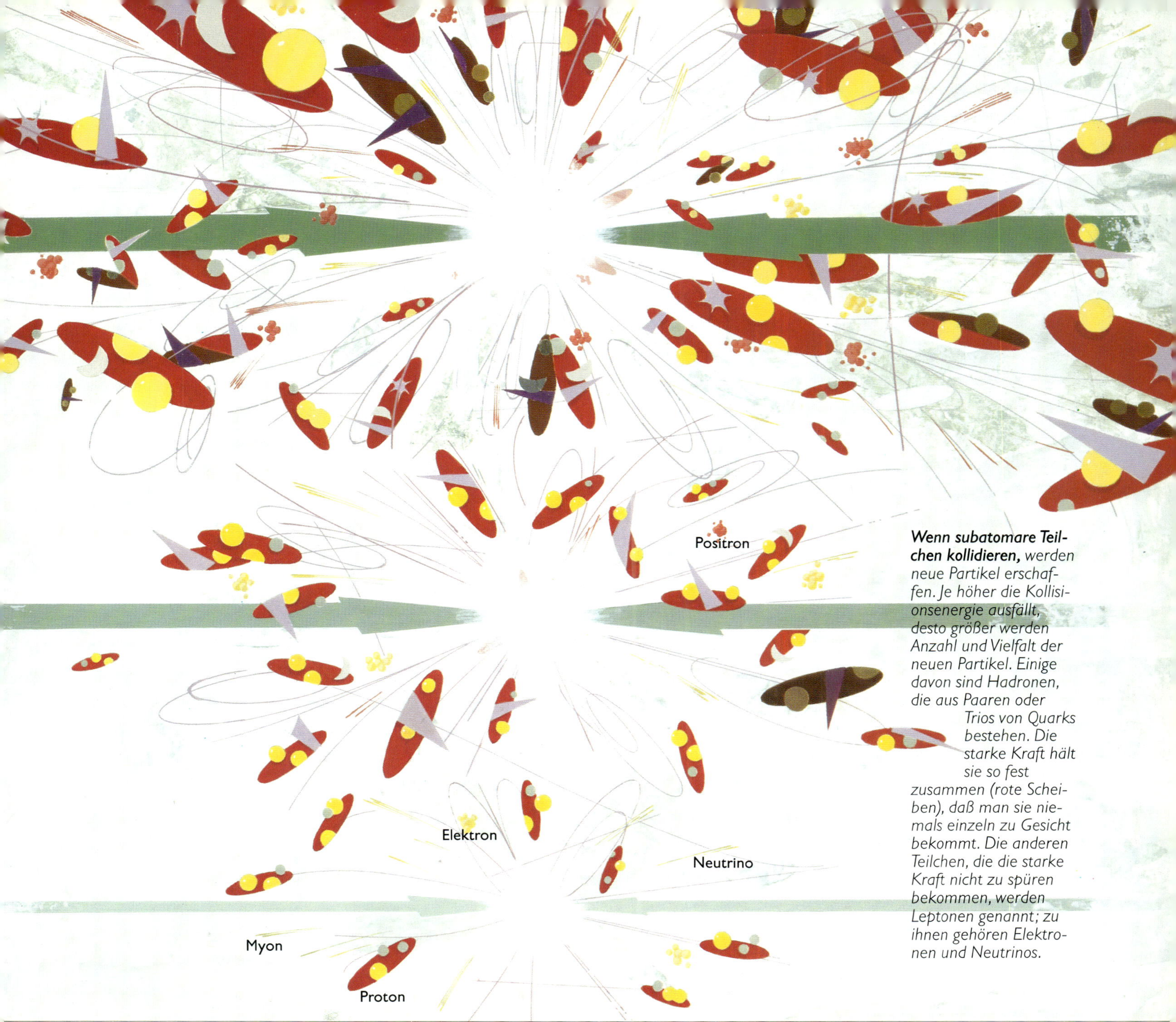

Positron

Elektron

Neutrino

Myon

Proton

Neutron

Wenn subatomare Teilchen kollidieren, werden neue Partikel erschaffen. Je höher die Kollisionsenergie ausfällt, desto größer werden Anzahl und Vielfalt der neuen Partikel. Einige davon sind Hadronen, die aus Paaren oder Trios von Quarks bestehen. Die starke Kraft hält sie so fest zusammen (rote Scheiben), daß man sie niemals einzeln zu Gesicht bekommt. Die anderen Teilchen, die die starke Kraft nicht zu spüren bekommen, werden Leptonen genannt; zu ihnen gehören Elektronen und Neutrinos.

Noch höhere Aufprallenergien lassen sich erzielen, indem man zwei Teilchenströme, die gegenläufig in „Vorratsringen" rotieren, zusammenführt und dann kollidieren läßt.

Der größte Anteil der Kollisionsenergie wird in eine Kaskade von Teilchen umgesetzt; viele davon entstehen erst im Augenblick der Wechselwirkung. Nahezu alle Partikel sind kurzlebig. Die geladenen Teilchen lassen in Detektoren Spuren zurück (auf ungeladene Partikel muß indirekt geschlossen werden).

Beinahe alle bekannten Teilchen gehören zu zwei Hauptgruppen: den Hadronen und den Leptonen. Leptonen scheinen keine Struktur zu besitzen, sie werden von der starken Kraft nicht beeinflußt. Elektronen, Neutrinos und

Neutron

Myonen gehören zu dieser Grup-Gruppe. Die Hadronen bestehen aus Paaren oder Trios von Quarks, sie sind der starken Kraft unterworfen. Quarks treten in sechs „Geschmacksrichtungen" auf, jede davon wiederum in drei „Farben". Die Bauelemente der Atomkerne, Protonen und Neutronen, bestehen aus Dreiergruppen von Quarks. Das Neutron setzt sich aus einem „Aufwärts"- und zwei „Abwärts"-Quarks zusammen. In der Isolation zerfällt es rasch in ein Proton, ein Elektron und ein Antineutrino; im Atomkern bleibt es jedoch stabil. Das Proton besteht aus zwei „Aufwärts"- und einem „Abwärts"-Quark. Seine Lebensdauer ist ungeheuer lang.

Quarks

unten   oben

fremd   charmant

abwärts   aufwärts

Die sechs Typen von Quarks, deren Existenz man vermutet, obwohl die Entdeckung des „Oben"- (oder „wahren") Quarks noch aussteht. Erstaunlicherweise tragen sie elektrische Ladungen, die 1/3 oder 2/3 der Elektronenladung – einst als unteilbar angesehen – entsprechen. Die Quarks ergänzen sich stets, um Ladungen zu erreichen, die entweder Null oder ganzzahlige Vielfache der elektrischen Ladung des Elektrons betragen.

VEREINHEITLICHTE KRÄFTE

● *Auf dem Weg zu einer „Theorie für alles"*

Das Ziel der modernen Physik besteht in der Schaffung einer vereinheitlichten Theorie der vier fundamentalen Wechselwirkungen, die die Materie beherrschen: Gravitation, Elektromagnetismus, schwache Wechselwirkung und starke Kraft. Die ersten Erfolge der Theoretiker ergaben eine Verknüpfung der schwachen Wechselwirkung mit dem Elektromagnetismus.

Der Wirkungsbereich der schwachen Wechselwirkung erstreckt sich maximal auf 10^{-14} Millimeter – ein tausendstel der Reichweite der starken Kraft. Diese kurze Distanz beruht auf der Tatsache, daß ihre Austauschteilchen sehr schwer sind. Sheldon Glashow unternahm 1974 an der Harvard-Universität die ersten Schritte zur Vereinigung der schwachen Wechselwirkung mit dem Elektromagnetismus. Er fand heraus, daß zusätzlich zu den beiden elektrisch geladenen Teilchen, die er mit W^+ und W^- bezeichnete, ein elektrisch neutrales Partikel erforderlich wurde, das er Z^0 nannte.

Dennoch blieb die Tatsache bestehen, daß alle drei Partikel äußerst massereich sein mußten, während die Photonen als Austauschteilchen im elektromagnetischen Feld keine Ruhemasse haben. Dies brachte scheinbar die sogenannte „Eichsymmetrie" zwischen den beiden Kräften zu Fall.

Die Mathematiker behaupten, etwas weise dann Symmetrie auf, wenn es sich bei gewissen Operationen nicht verändere. Danach hat ein Quadrat eine vierfache Rotationssymmetrie, denn während einer Rotation bleibt es in vier Stellungen unverändert. Symmetrien gibt es auch bei physikalischen Größen. Steigern wir eine Temperatur um 10 °C: Bei vielen Prozessen ist es gleichgültig, ob wir bei einer Temperatur von 5 °C oder 50 °C beginnen – die Auswirkungen der Steigerung bleiben gleich. Der Prozeß ist im Hinblick auf die Veränderungen der Anfangstemperatur symmetrisch, anders gesagt, die Eichmarke (in etwa vergleichbar mit der Position auf der Temperaturskala) läßt sich verschieben, ohne daß die Veränderung beeinflußt wird.

Die Mathematik des elektromagnetischen Feldes enthüllt die Existenz einer Eichsymmetrie, die mit der Nullmasse des Photons in Verbindung steht. Die schwache Wechselwirkung läßt mit ihren massereichen Austauschpartikeln diese Symmetrie vermissen. Doch Abdus Salam, der am Imperial College in London tätig ist, und Steven Weinberg vom Massachusetts Institute of Technology zeigten unabhängig voneinander, daß den beiden Feldern dennoch eine wechselseitige Symmetrie innewohnt, die im heutigen Universum spontan zerbrochen ist.

Symmetriebrüche ereignen sich in der Alltagswelt ebenso wie im atomaren Bereich. Stellen Sie einen Bleistift senkrecht; er weist eine Rotationssymmetrie auf: Dreht man ihn um seine Hochachse, sieht er immer gleich aus. Nun lassen Sie ihn umfallen – die Rotationssymmetrie ist zerbrochen: Dreht man ihn um seine vertikale Achse, sieht er immer wieder anders aus, weil sich seine Lage verändert.

In der Welt der Atome ist es ebenso. Salam und Weinberg behaupteten, die Masse der W- und Z-Partikel zeige sich immer dann, wenn die zugrundeliegende Symmetrie zwischen der elektromagnetischen Kraft und der schwachen Wechselwirkung spontan zerbreche. Sie entdeckten, daß dies möglich sei, wenn man ein neues Kraftfeld einführe – das „Higgs-Feld", das Peter Higgs von der Universität Edinburgh erdacht hatte. In unserem heutigen vergleichsweise energiearmen Universum ist das Higgs-Feld allgegenwärtig und vereinigt sich mit dem Feld der schwachen Wechselwirkung. Es macht die W- und Z-Partikel träge und verleiht ihnen damit eine große Masse. Die Photonen bleiben unbehelligt.

Bei hohen Energien löst sich jedoch das Higgs-Feld auf. Die W- und Z-Teilchen verhalten sich nun wie Photonen und lassen sich von diesen nicht mehr unterscheiden. Die Symmetrie zwischen den Feldern der schwachen Wechselwirkung und des Elektromagnetismus tritt offen zutage. 1983 wurden die W- und Z-Partikel im Proton-Antiproton-Kollidierer am Schweizer CERN tatsächlich beobachtet. Die Existenz einer vereinigten elektroschwachen Kraft war damit bestätigt.

Als nächster Schritt folgte die Vereinigung der elektroschwachen Kraft mit der starken Kraft. Bei den zu Beginn des Urknalls herrschenden Temperaturen waren die Quarks wahrscheinlich dicht zusammengepackt. Die starke Kraft wird bei kürzeren Distanzen schwächer (S. 26), und somit gab es eine Temperatur, bei der sie genauso stark war wie die elektroschwache Kraft. Die beiden Kräfte könnten damals vereinigt gewesen sein.

Diese sogenannte „große Vereinheitlichung" fordert, daß Leptonen und Quarks sich ineinander umwandeln können. Das wäre machbar, wenn sie einen neuartigen Boten, das X-Partikel, austauschten, das äußerst massereich ist – 10^{15}mal schwerer als das Proton.

Eine weitere Prognose der „großen vereinheitlichten Theorien" befaßt sich mit dem „magnetischen Monopol". In der Alltagswelt besitzen Magnete stets zwei Pole, einen Nord- und einen Südpol. Schneidet man einen Magneten in zwei Hälften, weist jedes Stück wieder einen Nord- und Südpol auf. Doch die GUTs („Grand Unified Theories") sagen voraus, daß in den Anfängen des Universums einzelne Magnetpole entstanden sind. Sie könnten bis heute überdauert haben und müßten so massereich sein wie die X-Partikel.

Die fundamentalen Kräfte

Schwerkraft

Reichweite　unendlich
Stärke　　　10^{-38}

Die Gravitation ist die schwächste Kraft, doch ihre Reichweite ist unendlich. Ihr Austauschteilchen wurde noch nicht entdeckt.

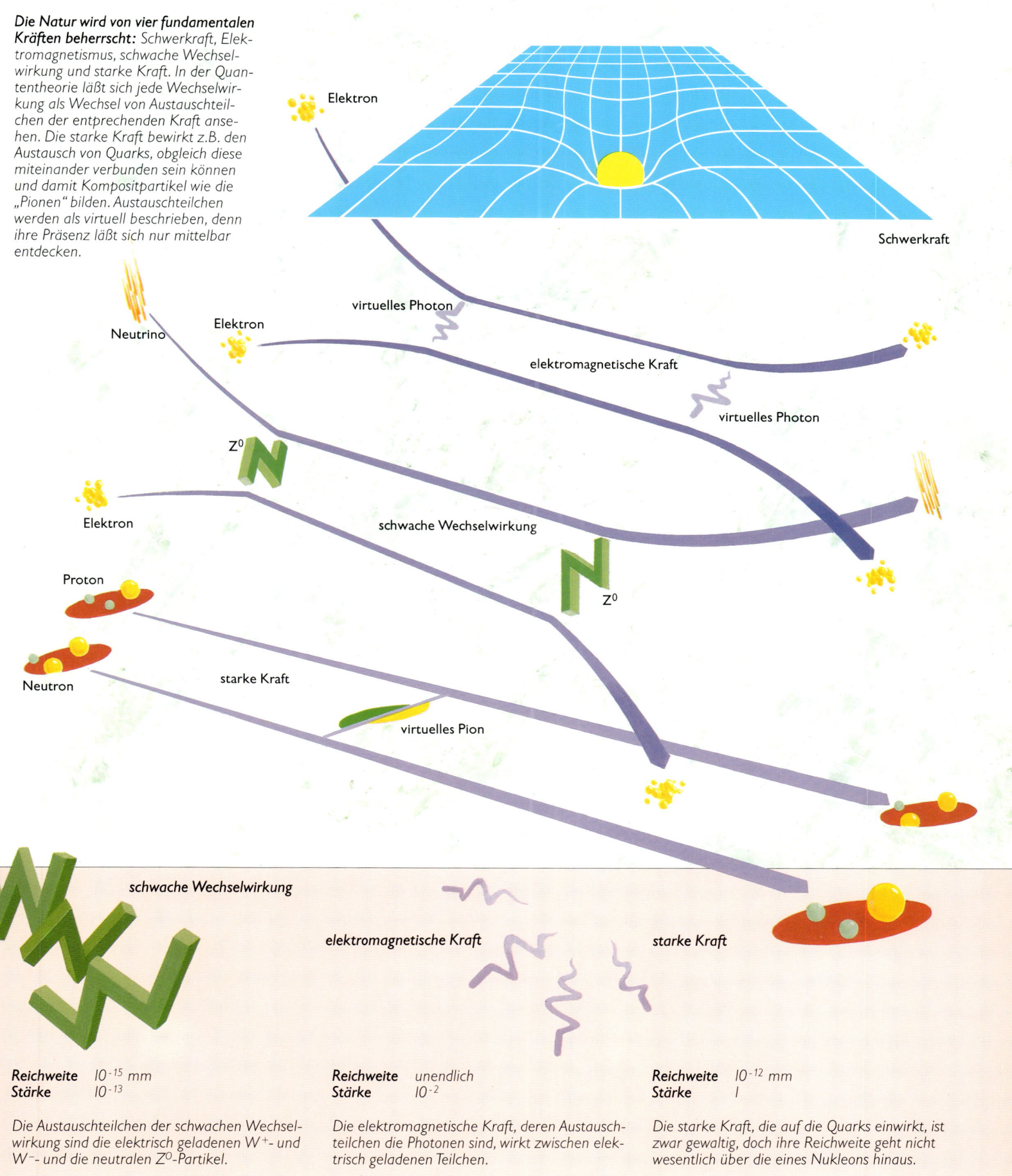

Die Natur wird von vier fundamentalen Kräften beherrscht: *Schwerkraft, Elektromagnetismus, schwache Wechselwirkung und starke Kraft. In der Quantentheorie läßt sich jede Wechselwirkung als Wechsel von Austauschteilchen der entprechenden Kraft ansehen. Die starke Kraft bewirkt z.B. den Austausch von Quarks, obgleich diese miteinander verbunden sein können und damit Kompositpartikel wie die „Pionen" bilden. Austauschteilchen werden als virtuell beschrieben, denn ihre Präsenz läßt sich nur mittelbar entdecken.*

Elektron

Schwerkraft

virtuelles Photon

elektromagnetische Kraft

virtuelles Photon

Neutrino

Elektron

Z^0

schwache Wechselwirkung

Elektron

Z^0

Proton

starke Kraft

Neutron

virtuelles Pion

schwache Wechselwirkung

elektromagnetische Kraft

starke Kraft

Reichweite	10^{-15} mm
Stärke	10^{-13}

Reichweite	unendlich
Stärke	10^{-2}

Reichweite	10^{-12} mm
Stärke	1

Die Austauschteilchen der schwachen Wechselwirkung sind die elektrisch geladenen W^+- und W^- und die neutralen Z^0-Partikel.

Die elektromagnetische Kraft, deren Austauschteilchen die Photonen sind, wirkt zwischen elektrisch geladenen Teilchen.

Die starke Kraft, die auf die Quarks einwirkt, ist zwar gewaltig, doch ihre Reichweite geht nicht wesentlich über die eines Nukleons hinaus.

DER ERSTE AUGENBLICK

● *Die Geburt von Raum, Zeit und Materie*

Bei der Geburt des Universums waren Materie und Energie in einer feurigen Masse unvorstellbarer Dichte zusammengepreßt. Der früheste Zeitpunkt, den wir mit Sicherheit erfassen können, ist der nach der sogenannten „Planck-Zeit" – einem unglaublich kurzen Zeitabschnitt von 10^{-43} Sekunden unmittelbar nach dem Urknall.

Das ganze heute beobachtbare Universum – das vielleicht selbst nur Teil eines unbekannten Ganzen ist – nahm einen Raum ein, der 10^{-20} mal kleiner war als ein Atomkern. Man vermutet, daß zu einem noch früheren Zeitpunkt die vier fundamentalen Kräfte – Schwerkraft, schwache Wechselwirkung, starke Kraft und Elektromagnetismus – in einer einzigen Kraft vereinigt waren (S. 28). Die modernen Theorien scheitern an dieser Stelle: Noch weiß niemand, wie man sich die Vereinigung der Gravitation mit den anderen Kräften vorzustellen hat.

Die vorhandenen Theorien lassen sich versuchsweise im Anschluß an die Planck-Zeit anwenden. Doch der Zustand des Universums zu jenem Zeitpunkt wurde durch das nächste größere Ereignis in der Geschichte des Weltalls unwiderruflich verändert. Genau 10^{-35} Sekunden nach dem Urknall begann die Ära der „Inflation": Der Zeitraum einer unerhört rasanten Größenzunahme, während derer sich das Universum mindestens auf das 10^{50}fache seiner bisherigen Größe aufblähte. Obwohl eine derartige Inflation unglaublich erscheint, halten die Theoretiker diese Vorstellung, die Alan Guth in den USA als erster entwickelte, für zutreffend. Sie erklärt jedenfalls eine Reihe rätselhafter Eigenheiten unseres heutigen Weltalls.

Zunächst wird sie der Tatsache gerecht, daß das hochverdichtete junge Universum weder so langsam expandierte, daß die Schwerkraft es wieder zu einem Nichts zusammenquetschen konnte, noch so schnell, daß es bereits stark an Dichte verloren hätte, bevor sich Galaxien und Sterne bilden konnten. Nach der Relativitätstheorie ist der Raum normalerweise gekrümmt, und der Grad der Krümmung hängt von der Größe der Masse ab, die sich in einer Volumeneinheit befindet – der Dichte. Wäre die Dichte zu groß, würde sich das Universum schließen und kollabieren; bei einer zu geringen Dichte würde sich der Raum unkontrollierbar ausdehnen.

Mathematische Analysen zeigen, daß die Dichte des Universums, um dieses empfindliche Gleichgewicht zu wahren, schon sehr früh einen ganz bestimmten kritischen Wert gehabt haben muß. Tatsächlich kann sie 10^{-33} Sekunden nach dem Urknall nicht um mehr als eins zu 10^{-49} von dem kritischen Wert abgewichen sein. Diese äußerst präzise Beschreibung der Abläufe ist Inhalt der Inflationstheorie, eine andere Erklärung dafür gibt es bislang noch nicht.

Die Inflation löst auch das „Horizontproblem". In unserem heutigen Weltall sehen wir Galaxien, die sich alle in die Tiefen des Raumes hinein voneinander wegbewegen.

Es gibt einen Horizont, über den wir nicht hinausblicken können, da dort die Fluchtbewegung der Galaxien Lichtgeschwindigkeit erreicht. Dieser Horizont ist für jede Galaxie verschieden. Betrachten wir zwei Galaxien, die beide in der Nähe unseres Horizontes, von uns aus gesehen jedoch in entgegengesetzter Richtung liegen: Sie könnten uns beide sehen, denn wir liegen unweit ihrer jeweiligen Horizonte – sie könnten einander jedoch nicht wahrnehmen.

Daraus ergibt sich folgendes Problem: Auch Galaxien, die keine Signale voneinander erhalten können, sind sehr ähnlich in Zusammensetzung, Dichte und Verteilung ihrer Materie. Selbst die kosmische Hintergrundstrahlung weist, von welchem Teil des Himmels sie auch kommt, immer exakt dieselbe Temperatur auf (S. 36). Warum sollte das Weltall so homogen sein, wenn jedes seiner Teile nur einen kleinen in sich geschlossenen Ausschnitt des Ganzen darstellte?

Gewiß, kurz nach dem Urknall lagen die heute weit verstreuten Teile des Universums näher beieinander. Doch die seit der Entstehung des Alls verstrichene Zeit war ebenfalls kürzer, so daß die Strahlung noch nicht alle Gebiete erreichen und mögliche Unterschiede ausgleichen konnte. Geht man von den heutigen Galaxienbewegungen aus, dürfte es zwischen diesen Regionen nie eine Verbindung gegeben haben.

Die Inflationstheorie bietet hier eine Erklärung. Vor Eintritt der Expansion hatte das heute beobachtbare Weltall nur ein winziges Volumen, erheblich kleiner als die damalige Horizontdistanz. Alle Gebiete des damaligen Universums erreichten ein Temperaturgleichgewicht, das sämtliche Unterschiede ausglich. Dieses Gleichgewicht besteht noch heute, lange nachdem die weit entfernten Bereiche des Weltalls aufhörten, einander zu beeinflussen.

Das Universum erscheint aus unserer Sicht tatsächlich sehr „glatt". Die Inflationstheorie erklärt, wie jede anfängliche Unregelmäßigkeit in der Dichte von Materie und Energie bis auf ein verschwindend geringes Maß geglättet wurde. Die Schwierigkeit besteht nun in der Erklärung, wie noch genügend Unregelmäßigkeiten die Inflation überdauern und der Materie die Möglichkeit geben konnten, sich zu Galaxien und Sternen zusammenzuballen.

Zuletzt entdeckten Physiker, daß das Universum heute für jedes Atom im Weltall zwischen 100 Millionen und einer Milliarde Photonen enthält. Warum es gerade diese Anzahl ist, auch das erklärt die Theorie von der Inflation. Die Inflation setzte ein, als die starke Kraft begann, sich von der elektroschwachen Kraft (einer Kombination aus schwacher Wechselwirkung und Elektromagnetismus) zu trennen – jedoch bevor die Trennung vollzogen war. Zu dieser Zeit war die Temperatur des Universums auf ein Zehntausendstel des Wertes zurückgegangen, der am Ende der Planck-Zeit geherrscht hatte – dennoch war sie mit 10^{28} K immer noch enorm hoch. Die Inflation wurde durch extreme Unterkühlung des Weltalls ausgelöst.

Eine Unterkühlung erfolgt immer dann, wenn sich ein System unter die Temperatur abkühlt, bei der es im allgemeinen seinen Aggregatzustand wechselt, jedoch diesen Übergang nicht zustande bringt. Zum Beispiel verwandelt sich Dampf normalerweise in Wasser, wenn er unter 100 °C abkühlt. Bei der Abkühlung des Dampfs wird die Bewegung der Partikel langsamer, bis sie allmählich zusammenwachsen. In der Praxis geschieht dies nur, wenn Körnchen aus Staub oder Eisen in der Luft schweben, die als Zentren dienen, an denen flüssige Tropfen Halt finden. Gibt es solche Zentren nicht, kann der Dampf eine Unterkühlung auf unter 100 °C erfahren und dabei in seinem gasförmigen Zustand verharren.

10^{-35} Sekunden nach dem Urknall stand das Universum am Rande eines Phasenwechsels, der durch die Trennung der starken Kraft von den elektroschwachen Kräften gekennzeichnet war. Doch es kühlte sich bis zu einem Alter von 10^{-32} Sekunden weiter ab, ehe dieser Übergang eintrat. Während es in seinem „unterkühlten" Zustand blieb, bildete sich ein „falsches Vakuum", dessen Eigenschaften sich von denen des „echten Vakuums" wesentlich unterschieden.

Gewöhnlich nimmt die Energiedichte – sei es in Form von Strahlung oder Materie – in jedem beliebigen System ab, sobald das Volumen des Systems zunimmt und seine einzelnen Partikel sich folglich weiträumiger verteilen können. Doch im Zustand des falschen Vakuums bleibt die Energiedichte auch während der Expansion konstant. Die Relativitätstheorie stellt dar, daß das falsche Vakuum mit seiner konstanten Energiedichte eine gewaltige Abstoßungskraft verursacht haben könnte: die Inflation.

Während der Inflationsperiode verdoppelte das Universum alle 10^{-35} Sekunden seine Ausdehnung, bis sein Volumen sich mindestens um das 10^{50}-fache vergrößert hatte. Die Temperatur stürzte von 10^{28} K auf 10^{23} K.

Die Inflation war beendet, als der Phasenwechsel vollzogen und die starke Kraft von den elektroschwachen Kräften getrennt war. Die Energiedichte des falschen Vakuums wurde genauso freigesetzt wie im Dampf gespeicherte Hitze, wenn der Dampf seinen Aggregatzustand wechselt und zu Wasser wird.

Dieser Energieausbruch erzeugte eine ungeheure Menge atomarer Teilchen, die das Universum erneut bis zu der Temperatur erhitzten, die in der Phase zu Beginn der Inflation geherrscht hatte. In diesem Chaos aus Strahlung und exotischen Teilchen begann der Aufbau der Materie, die wir heute kennen.

Die Bedeutung der Temperatur

Die Temperatur der Materie wird nach der Bewegung der Teilchen beurteilt, aus denen sie sich zusammensetzt. Bei hohen Temperaturen bewegen sie sich schnell, mit hoher Energie; bei niedrigen Temperaturen werden sie langsamer, ihre Energie nimmt ab.

Es gibt eine Beziehung zwischen Temperatur, Volumen und Druck eines Gases. Bei einer vorgegebenen Temperatur wird der Druck um so größer, je mehr sich das Volumen verringert; bei einem bestimmten Druck füllt kaltes Gas ein kleineres Volumen aus als wärmeres.

Bei jeder Temperaturabnahme um 1 °C schrumpft das Volumen eines Gases um den 273. Teil des Rauminhaltes, den es bei 0 °C, dem Gefrierpunkt des Wassers, beansprucht. Im 19. Jahrhundert führte der britische Physiker Lord Kelvin aus, daß die Bewegungsenergie der Moleküle bei −273 °C Null beträgt. In Wirklichkeit dürften die Moleküle immer noch ein wenig Bewegungsenergie besitzen, doch sie dürften keine Energie übrig haben, die sie an eine andere Substanz weitergeben könnten. Die absolute Temperaturskala beruht auf dieser Tatsache. Sie fängt am „absoluten Nullpunkt" an, der exakt bei −273,18 °C liegt. Jede Maßeinheit, das sogenannte Kelvin, ist laut Definition einem Grad auf der Celsius-Skala gleich. Deshalb entspricht der Wert 0 °C dem Betrag 273,18 K.

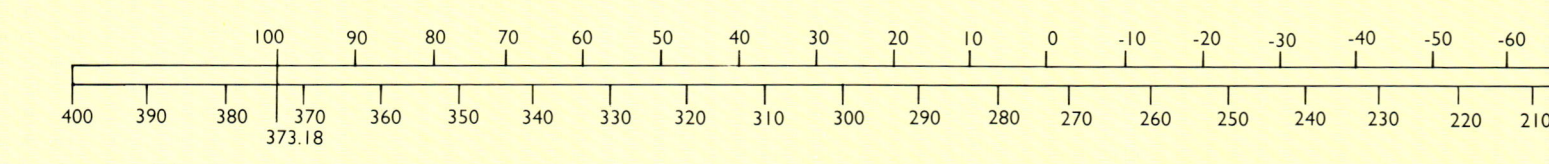

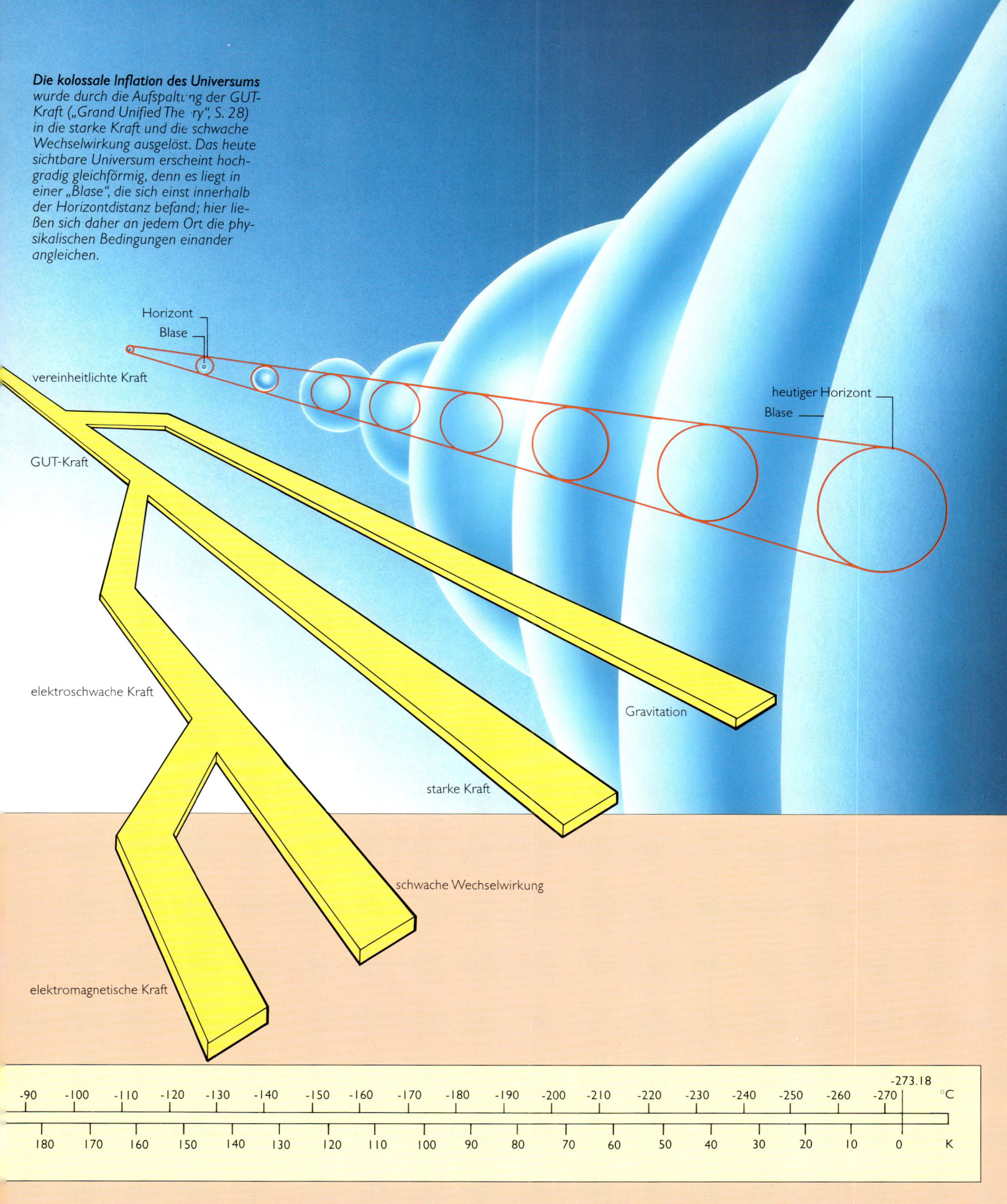

Die kolossale Inflation des Universums
wurde durch die Aufspaltung der GUT-Kraft („Grand Unified The ry", S. 28) in die starke Kraft und die schwache Wechselwirkung ausgelöst. Das heute sichtbare Universum erscheint hochgradig gleichförmig, denn es liegt in einer „Blase", die sich einst innerhalb der Horizontdistanz befand; hier ließen sich daher an jedem Ort die physikalischen Bedingungen einander angleichen.

Horizont
Blase
vereinheitlichte Kraft

GUT-Kraft

heutiger Horizont
Blase

elektroschwache Kraft

Gravitation

starke Kraft

schwache Wechselwirkung

elektromagnetische Kraft

| -90 | -100 | -110 | -120 | -130 | -140 | -150 | -160 | -170 | -180 | -190 | -200 | -210 | -220 | -230 | -240 | -250 | -260 | -270 | -273.18 °C |

| 180 | 170 | 160 | 150 | 140 | 130 | 120 | 110 | 100 | 90 | 80 | 70 | 60 | 50 | 40 | 30 | 20 | 10 | 0 | K |

DIE MATERIE ENTSTEHT

● *Stabile Atome treten in Erscheinung*

Das Universum ging aus der explosiven Inflation mit der ungeheuren Temperatur von 10^{27} K hervor. Es bestand aus einer brodelnden Masse von Partikeln, die flüchtig auftauchten und wieder verschwanden. In dieser „Quarksuppe" prallten ständig Quarks und Antiquarks aufeinander, wurden vernichtet und sandten dabei Strahlungsblitze aus. Zunächst gab es genug Energie, die neue Quarks und Antiquarks in ausreichender Menge hervorbrachte, um die Verluste auszugleichen. Doch als sich das Universum ausdehnte und abkühlte, kam die Produktion dieser Partikel zum Erliegen. Da die Quarks in der Überzahl waren, überlebten sie den Zerstörungsprozeß und bildeten die Grundlage der heutigen Materie.

Später nahm die Temperatur so weit ab, daß sich Quarks und Leptonen nicht mehr ineinander umwandeln konnten. W- und Z-Teilchen gab es im Überfluß, so daß die schwache Wechselwirkung nach wie vor mit der elektromagnetischen Kraft vereinigt war (S. 28). Doch als das Universum das Alter einer hundertmillionstel Sekunde erreicht hatte und seine Temperatur auf etwa 10^{14} K abgekühlt war, zerfiel die elektroschwache Kraft in die schwache Wechselwirkung und die elektromagnetische Kraft.

Eine millionstel Sekunde nach dem Urknall begannen die Quarks, sich miteinander zu verbinden und Hadronen zu bilden, Partikel, die auf die starke Kraft ansprechen. Zu den Hadronen gehörten Protonen und Neutronen, die aus Dreiergruppen von Quarks bestehen, sowie Mesonen, die sich aus Quarkpaaren zusammensetzen.

Die Anzahl der Protonen und Neutronen in den damals existierenden Hadronen war gleich groß. Sie wurden durch hochenergetische Reaktionen fortwährend ineinander umgeformt. Protonen und Elektronen verbanden sich zu Neutronen und setzten dabei auch Neutrinos frei. Gleichzeitig kollidierten Neutronen mit Positronen und bildeten Protonen und Antineutrinos.

Diese Reaktionen erforderten jedoch gewaltige Mengen von Elektronen und Positronen, die sich paarweise bei der Annihilierung, das heißt Zerstörung hochenergetischer Photonen bildeten. Als das Universum eine Sekunde alt war, endete diese Paarbildung – und damit das Gleichgewicht der Neutronen und Protonen. Es gab weniger Neutronen als Protonen, denn die Entstehung eines Neutrons aus einem Proton benötigt mehr Energie als umgekehrt.

Dennoch blieb auf je sechs Protonen ein Neutron erhalten. Die Neutronen selbst sind instabil: Mit einer Wahrscheinlichkeit von 50 Prozent zerfallen sie nach 15 Minuten. Aus den noch vorhandenen freien Neutronen entstanden daher zwei Arten von Leptonen: Elektronen und Neutrinos. Das Zeitalter der Leptonen hatte begonnen.

Den Neutronen blieb jedoch noch Zeit, sich mit anderen Teilchen zu verbinden. Sie wirkten mit bei der Bildung der Elemente durch Kernfusion, dem Prozeß, der in Wasserstoffbomben und Sternen Energie freisetzt.

Als das Universum eine Minute alt war, gewann die Kernfusion an Bedeutung. Zu Beginn fanden sich ein Proton und ein Neutron zusammen und bildeten einen Atomkern des schweren Wasserstoffs, des Deuteriums. Jeder Deuteriumkern besaß ein Proton, das über seine Zugehörigkeit zu einem Isotop des Wasserstoffs bestimmte. Doch gegenüber normalen Wasserstoffkernen enthielt er zusätzlich ein Neutron. Einige Deuteriumkerne sammelten ein zweites Neutron auf und formten Atomkerne des Tritiums, eines noch schwereren Wasserstoffisotops.

Bei der Reaktion mit einem weiteren Proton bildete das Tritium ein neues Element, das Helium, dessen Kern zwei Protonen und zwei Neutronen enthält. Faktisch wurden alle Neutronen in Heliumkerne eingebaut; daher läßt sich für diesen Zeitpunkt ermitteln, daß es zehnmal mehr Wasserstoff- als Heliumkerne gab. Auch kleine Mengen anderer Atomkerne kamen zustande: Helium 3 (zwei Protonen, ein Neutron), Beryllium 7 (vier Protonen, drei Neutronen) und Lithium 7 (drei Protonen, vier Neutronen).

freie Quarks

In der ersten millionstel Sekunde seines Bestehens war das Weltall von Photonen und freien Quarks bevölkert. Dann verbanden sich die Quarks zu Hadronen – Protonen und Neutronen, die aus Dreiergruppen von Quarks bestehen – und Mesonen, die sich aus Quarkpaaren zusammensetzen.

Als das Universum einige Minuten alt war, spielte die Strahlung nach wie vor eine beherrschende Rolle. Dieses Zeitalter der Strahlung währte von etwa einer Minute bis zu einigen 10 000 Jahren. Anfangs bestand die Strahlung größtenteils aus hochenergetischen Gammastrahlen, die beim Zusammenbruch von Deuterium und bei der Bildung leichter Atomkerne entstanden.

Während sich das Weltall weiter ausdehnte und abkühlte, verloren die Photonen ihre Energie. Die Masse der nuklearen Teilchen veränderte sich nicht. 10 000 Jahre nach dem Urknall gewann ihre Masse die Oberhand über die Energie der Strahlung, obwohl auf jedes einzelne Proton immer noch zehn Milliarden Photonen entfielen. Das Universum trat in das Zeitalter der Materie ein.

Nach 300 000 Jahren hatte sogar die Energie der energiereichsten Photonen so weit abgenommen, daß sich Atome bilden und fortbestehen konnten. Atome und Photonen existierten nun nebeneinander. Sie zogen ungestört ihre Bahnen, da die elektrisch neutralen Atome die Strahlung kaum mehr streuten, wie es die ehedem noch getrennten Protonen und Elektronen

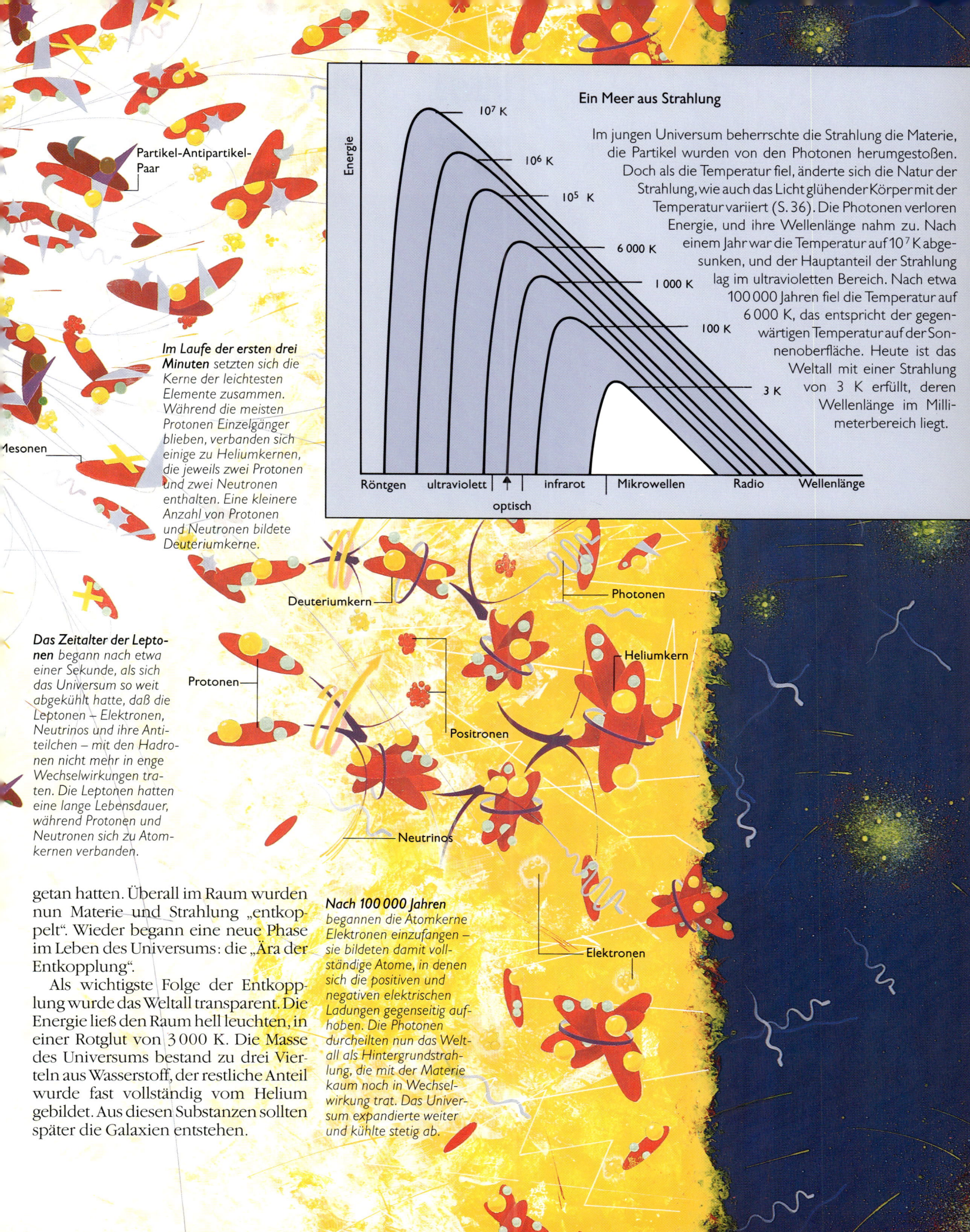

Partikel-Antipartikel-Paar

Mesonen

Ein Meer aus Strahlung

Im jungen Universum beherrschte die Strahlung die Materie, die Partikel wurden von den Photonen herumgestoßen. Doch als die Temperatur fiel, änderte sich die Natur der Strahlung, wie auch das Licht glühender Körper mit der Temperatur variiert (S. 36). Die Photonen verloren Energie, und ihre Wellenlänge nahm zu. Nach einem Jahr war die Temperatur auf 10^7 K abgesunken, und der Hauptanteil der Strahlung lag im ultravioletten Bereich. Nach etwa 100 000 Jahren fiel die Temperatur auf 6 000 K, das entspricht der gegenwärtigen Temperatur auf der Sonnenoberfläche. Heute ist das Weltall mit einer Strahlung von 3 K erfüllt, deren Wellenlänge im Millimeterbereich liegt.

Diagramm:
Energie / Wellenlänge
10^7 K, 10^6 K, 10^5 K, 6 000 K, 1 000 K, 100 K, 3 K
Röntgen · ultraviolett · optisch · infrarot · Mikrowellen · Radio

Im Laufe der ersten drei Minuten setzten sich die Kerne der leichtesten Elemente zusammen. Während die meisten Protonen Einzelgänger blieben, verbanden sich einige zu Heliumkernen, die jeweils zwei Protonen und zwei Neutronen enthalten. Eine kleinere Anzahl von Protonen und Neutronen bildete Deuteriumkerne.

Deuteriumkern

Photonen

Heliumkern

Protonen

Positronen

Neutrinos

Das Zeitalter der Leptonen begann nach etwa einer Sekunde, als sich das Universum so weit abgekühlt hatte, daß die Leptonen – Elektronen, Neutrinos und ihre Antiteilchen – mit den Hadronen nicht mehr in enge Wechselwirkungen traten. Die Leptonen hatten eine lange Lebensdauer, während Protonen und Neutronen sich zu Atomkernen verbanden.

getan hatten. Überall im Raum wurden nun Materie und Strahlung „entkoppelt". Wieder begann eine neue Phase im Leben des Universums: die „Ära der Entkopplung".

Als wichtigste Folge der Entkopplung wurde das Weltall transparent. Die Energie ließ den Raum hell leuchten, in einer Rotglut von 3 000 K. Die Masse des Universums bestand zu drei Vierteln aus Wasserstoff, der restliche Anteil wurde fast vollständig vom Helium gebildet. Aus diesen Substanzen sollten später die Galaxien entstehen.

Nach 100 000 Jahren begannen die Atomkerne Elektronen einzufangen – sie bildeten damit vollständige Atome, in denen sich die positiven und negativen elektrischen Ladungen gegenseitig aufhoben. Die Photonen durcheilten nun das Weltall als Hintergrundstrahlung, die mit der Materie kaum noch in Wechselwirkung trat. Das Universum expandierte weiter und kühlte stetig ab.

Elektronen

DAS ERKALTENDE WELTALL

● *Die Glutreste des Urknalls*

Die Temperatur des Universums spielte im Laufe seiner Entwicklung eine entscheidende Rolle. Die elektromagnetische Strahlung, die vom Zeitpunkt des Urknalls an die Materie umspült hatte, kühlte gleichzeitig mit der Materie ab. Sie konnte bis heute überdauern und liefert damit den überzeugendsten Beweis für das Ereignis des Urknalls.

Bei der wissenschaftlichen Untersuchung der Strahlung kommt eine grundlegende Theorie von einem „schwarzen Körper" zur Anwendung. Dieser ist ein gedachtes Objekt, das laut Definition die gesamte auftreffende elektromagnetische Strahlung absorbiert und nichts mehr reflektiert – daher die Bezeichnung „schwarzer Körper". Dennoch strahlt ein solcher Körper Energie ab, die sich in Abhängigkeit von seiner Temperatur ändert. In kühlem Zustand sendet er die meiste Energie auf langen Wellenlängen aus (Radiobereich). Sobald man ihm Energie zuführt und seine Temperatur steigt, nimmt seine Gesamtabstrahlung zu, während sich das Maximum seiner Emission allmählich zu immer kürzeren Wellenlängen verschiebt.

Das Maximum durchläuft zunächst den Infrarotbereich, bis es die Wellenlängen sichtbaren Lichts erreicht. Das Objekt erscheint allmählich hellrot, dann gelblich. Bei etwa 6000 °C wird es weißglühend, sein Licht gleicht dem Sonnenlicht. Wenn seine Temperatur weiter steigt, erreicht seine Strahlung nach und nach ihr Maximum bei blauen, violetten sowie ultravioletten Wellenlängen und zuletzt im Röntgen- und Gammabereich.

Man kann den Kosmos als schwarzen Körper ansehen, der seit dem Urknall expandiert und abkühlt. Zu jedem Zeitpunkt ist der Hauptanteil seiner Strahlung genau bei der Wellenlänge konzentriert, die seiner Temperatur entspricht. Eine Temperaturabnahme muß jedoch erwartet werden, da sich seine Energie weiter verteilt und damit schwächer wird. Der Raum müßte heute von einer Strahlung erfüllt sein, die der Durchschnittstemperatur des gegenwärtigen Weltalls entspricht.

Bereits 1948 wurde diese Tatsache von den in den USA tätigen Astronomen Ralph Alpher, Robert Herman und George Gamow erkannt. Doch erst 1965 setzten Arno Penzias und Robert Wilson in den Bell Telephone Laboratories in Holmdel, New Jersey, eine Funkempfangsanlage ein, um Radioquellen in der Milchstraße zu untersuchen. Sie fingen ein konstantes „Hintergrundrauschen" auf, dessen Stärke auch dann unverändert blieb, wenn sie ihre hornförmige Antenne auf verschiedene Himmelsgebiete ausrichteten.

Die Wellenlänge des Rauschens, das sie entdeckt hatten, betrug 7,3 Zentimeter. Seitdem wurde die Strahlung über einen größeren Wellenlängenbereich erfaßt, und man stellte fest, daß ihr Maximum bei einer Wellenlänge von etwa einem Millimeter liegt – das entspricht einer Temperatur von 2,7 K.

1965 gab es neben der Theorie von einem heißen Urknall noch verschiedene andere Theorien vom Ursprung des Universums, doch keine hatte die Existenz einer solchen Strahlung vorhergesagt, und keine vermochte sie zu erklären. Heute sind beinahe alle Astronomen davon überzeugt, daß die Hintergrundstrahlung der wichtigste Beleg für einen heißen Urknall ist.

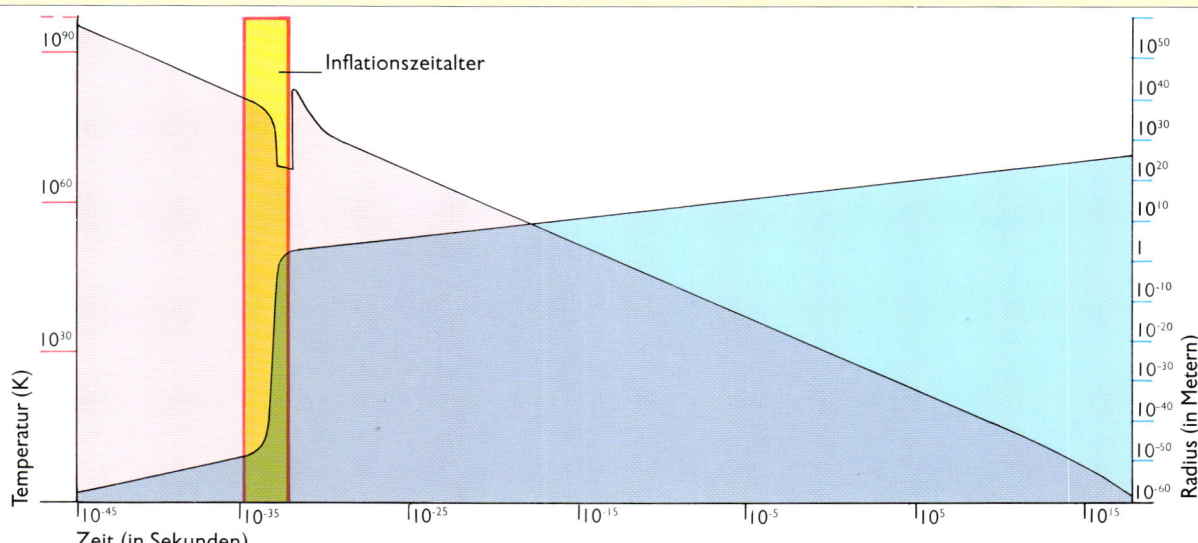

Entferntere „Raumsegmente" enthalten mehr Sterne, doch diese senden schwächeres Licht. Unendlich viele Segmente könnten uns eine unendlich große Lichtmenge schicken.

Das Olberssche Paradoxon

Die Expansion des Universums und sein endliches Alter sind bedeutsam für ein Rätsel, das leicht klingt, aber sehr knifflig ist: Warum erscheint nachts der Himmel dunkel? 1826 setzte sich der deutsche Arzt und Astronom Heinrich Olbers mit dieser Frage auseinander, seine Beweisführung kennt man heute unter dem Begriff „Olberssches Paradoxon".

Olbers ging von der Annahme aus, daß die wahre Helligkeit sämtlicher Sterne gleich groß sei. Dies trifft zwar nur näherungsweise zu, kann aber als Einstieg gelten. Er nahm zusätzlich an, alle Sterne seien im Raum gleichmäßig verteilt, und das Universum sei statisch.

Betrachten wir nun eine Kugel, deren Radius ungefähr zehn beliebige Einheiten mißt, deren Dicke eine Einheit beträgt und in deren Zentrum die Erde steht. Die Gesamthelligkeit aller Sterne, die in dieser Schale stehen, läßt sich ohne Schwierigkeiten berechnen. In einer weiteren Sphäre mit doppeltem Radius, aber gleicher Dicke erscheinen die einzelnen Sterne nur noch mit einem Viertel der Helligkeit (denn die Helligkeit eines Objekts nimmt auf ein Viertel ab, wenn sich seine Entfernung verdoppelt). Andererseits sind jedoch viermal so

viele Sterne zu beobachten, denn das Volumen einer solchen sphärischen Schale fällt viermal so groß aus. Deshalb ist der Gesamtbetrag des Lichtes, das aus dieser Schale stammt, genauso groß wie der aus der ersten Sphäre. Der Gedankengang läßt sich fortführen, indem man weitere Schalen annimmt, die alle die gleiche Lichtmenge beitragen. Die Helligkeit des Himmels ergibt sich aus der Summe des Lichtes aller Schalen, deren Anzahl man theoretisch unendlich steigern kann.

Die Forscher wissen heute, daß das Weltall nicht statisch ist, sondern expandiert. Infolge dieser Expansion verliert die Strahlung eines fernen Objektes ständig an Energie – je weiter es entfernt steht, desto schwächer ist seine Strahlung. Die weiter entfernten Schalen tragen daher weniger Licht bei.

Noch wichtiger ist die Tatsache, daß der Kosmos nicht unendlich alt ist: Er nahm zur Zeit des Urknalls seinen Anfang. Sogar in einem unendlichen Universum könnte der größte Teil des Lichtes die Erde noch gar nicht erreicht haben. Das beobachtbare Universum bietet nur einen Bruchteil der Lichtmenge, die nötig wäre, um den Himmel hell werden zu lassen.

Die Temperatur des Weltalls sank seit der Planck-Zeit stetig, abgesehen von der kurzen Periode einer erneuten Aufheizung, die das Ende der Inflation kennzeichnete. Sie fiel auf Werte, bei denen die Quarks nicht länger einzeln existieren konnten. Sie bildeten Protonen und Neutronen, die sich zu den leichtesten Atomkernen zusammenschlossen. Später hefteten sich Elektronen an die Kerne und ließen so Atome entstehen. Heute beträgt die Temperatur etwa 3 K.

Inflationszeitalter

Temperatur (K)

Radius (in Metern)

Zeit (in Sekunden)

PROTOGALAXIEN

● *Die ersten Himmelskörper*

Die Expansion des urzeitlichen Gases erstreckte sich wahrscheinlich über zwei Milliarden Jahre, bis zum nächsten großen Ereignis in der Entwicklung des Kosmos: der Entstehung embryonaler Galaxien. Während sich das Gas überall ausdünnte und abkühlte, war seine Dichte an einigen Stellen größer als an anderen. Dort expandierte das Gas infolge seiner eigenen Schwerkraftwirkung langsamer, bis die Expansion sich in eine Kontraktion umkehrte.

In diesen Gebieten reicherte sich langsam das Material zukünftiger Galaxien an; wahrscheinlich kondensierte es in Gestalt von Materiescheiben, eine jede weitaus größer als die Galaxien oder Galaxienhaufen, die daraus entstehen sollten. Die Materialmenge in diesen Protogalaxien fiel unterschiedlich aus, und die Beobachtung des heutigen Universums läßt uns zu Recht vermuten, daß oft eine einzige Wolke einen ganzen Galaxienhaufen hervorbrachte.

Bei der Frage, wie es zu diesem Prozeß der „Aussaat" von Galaxien kommen konnte, ergibt sich ein kleines Problem. Wenn Gas nur stellenweise begann, sich zusammenzuballen, dann mußte es anfänglich in verschiedenen Gebieten leichte Dichteschwankungen gegeben haben. Doch nach der „Glättung" des Universums im Verlauf der Inflation sah es so aus, als ob die Verteilung der Materie überall im Raum zu gleichförmig gewesen sei, um den Beginn einer Galaxienbildung zu ermöglichen. Neueste Forschungen zeigen jedoch, daß dem jungen Kosmos bei der Inflation „fossile" Spuren aufgeprägt wurden. Eine der meistdiskutierten Theorien behandelt in diesem Zusammenhang die sogenannten „kosmischen Strings".

Kosmische Strings bestehen, wenn es sie überhaupt gibt, aus ungeheuer stark verdichteter Materie und Energie, Resten des falschen Vakuums aus der Zeit vor der Inflation (S. 30), die in langen, geschlossenen Schleifen gefangen sind. Ihre Dichte ergäbe viele tausend Milliarden Tonnen pro Kubikzentimeter, zugleich müßte jeder String, der

heute noch besteht, eine Größe von Millionen von Lichtjahren besitzen. Doch früher könnten Schleifen aller Größen existiert haben; ihre Schwingungen hätten nahezu Lichtgeschwindigkeit erreicht, und dabei wäre Energie in Form von Schwerkraftwellen abgestrahlt worden. Während eine jede Schleife an Energie einbüßte, hätte sie sich zusammenziehen müssen, bis sie sich zu einem konzentrierten Klumpen hochverdichteter Materie ballte, der dazu bereit war, als Saatkorn zu agieren, in dessen Umgebung sich eine Galaxie oder vielleicht auch ein Galaxienhaufen formen konnte.

Obwohl diese Vorstellung ziemlich attraktiv erscheint, offenbart sie gewisse theoretische Schwierigkeiten. Ihr in den USA lebender Urheber, Neil Turok, wandelte die Idee ab und entwickelte sie zu einer neuen anregenden Theorie weiter. Er behauptet nun, der Raum sei aus der Inflation mit einer „knotigen" Struktur hervorgegangen. Jeder Knoten gelte als ein winziges Raumgebiet, in dem sich Energie konzentriert und der damit die Geometrie der Raumzeit verzerrt habe. Als die Unterkühlung des Weltalls, die während der Inflation aufgetreten war, ein Ende gefunden hatte, seien die Knoten im Raum allmählich entwirrt worden. Während dieser Auflösungsphase habe jeder Knoten Energie in Form einer sphärischen Explosionswelle abgestoßen. Wo diese auf Teilchen getroffen sei, seien selbige zusammengepreßt worden, und die dabei konzentrierte Materie habe später die Entwicklung der embryonalen Galaxien ausgelöst.

Laut dieser Theorie konnte das Ende der Inflation zusätzlich Strings aus Energie hervorbringen, die bei ihrer Bewegung eine Spur hinterließen, ähnlich dem Kielwasser eines durchs Meer pflügenden Schiffes. Solche Bugwellen kann man als zusätzliche Auslöser für Materieballungen im Kosmos ansehen.

Welcher Prozeß die Dichteschwankungen auch immer bewirkte, eines steht fest: Erst nach etwa zwei Milliarden Jahren nahmen sie ausgeprägte Formen an. Dort, wo die Dichte größer

Eine Million Jahre nach dem Urknall zeigte sich der Kosmos als formloses Meer aus gasförmigem Wasserstoff und Helium. Er gliederte sich in Regionen höherer und geringerer Dichte, die schließlich die Geburt der gegenwärtigen Galaxienhaufen und Superhaufen einleiteten. Computersimulationen versuchen, die Einzelheiten dieses Prozesses nachzuvollziehen. Die hier gezeigten Bilder stammen aus einer Simulation, die auf der Vorstellung beruht, daß Neutrinos, von denen man allgemein annimmt, sie seien masselos, eine Masse aufweisen, die nicht Null beträgt. Die Materieverteilung im Universum wird für ein Achtel und ein Drittel seines augenblicklichen Alters und schließlich für die heutige Zeit dargestellt. Die Organisation der Materie in Strings, die durch leere Räume getrennt sind, gibt die beobachtete Gruppierung der Galaxienhaufen recht gut wieder.*

war, entstanden die Protogalaxien. Zu der Zeit also, als das Weltall sieben Milliarden Jahre alt war, ermöglichte der Expansionsprozeß die Entstehung von Galaxien in großer Zahl.

Anscheinend kondensierten relativ verdichtete Gasregionen zu großen Wolken aus kalter, dunkler Materie, die später zerfielen, um Galaxien hervorzubringen. Die so entstandenen Galaxien wiesen immense Größenunterschiede auf – von der hundertfachen Masse bis zu einem Hunderttausendstel der Masse unserer Galaxis. Galaxienhaufen konnten auch zusammenwachsen, indem sie sich immer wieder neue Galaxien einverleibten; die größten Haufen zogen sich gegenseitig an und bildeten Superhaufen.

Man zog auch die Möglichkeit einer Galaxienentstehung aus heißer, nicht aus kühler Materie in Betracht und ließ

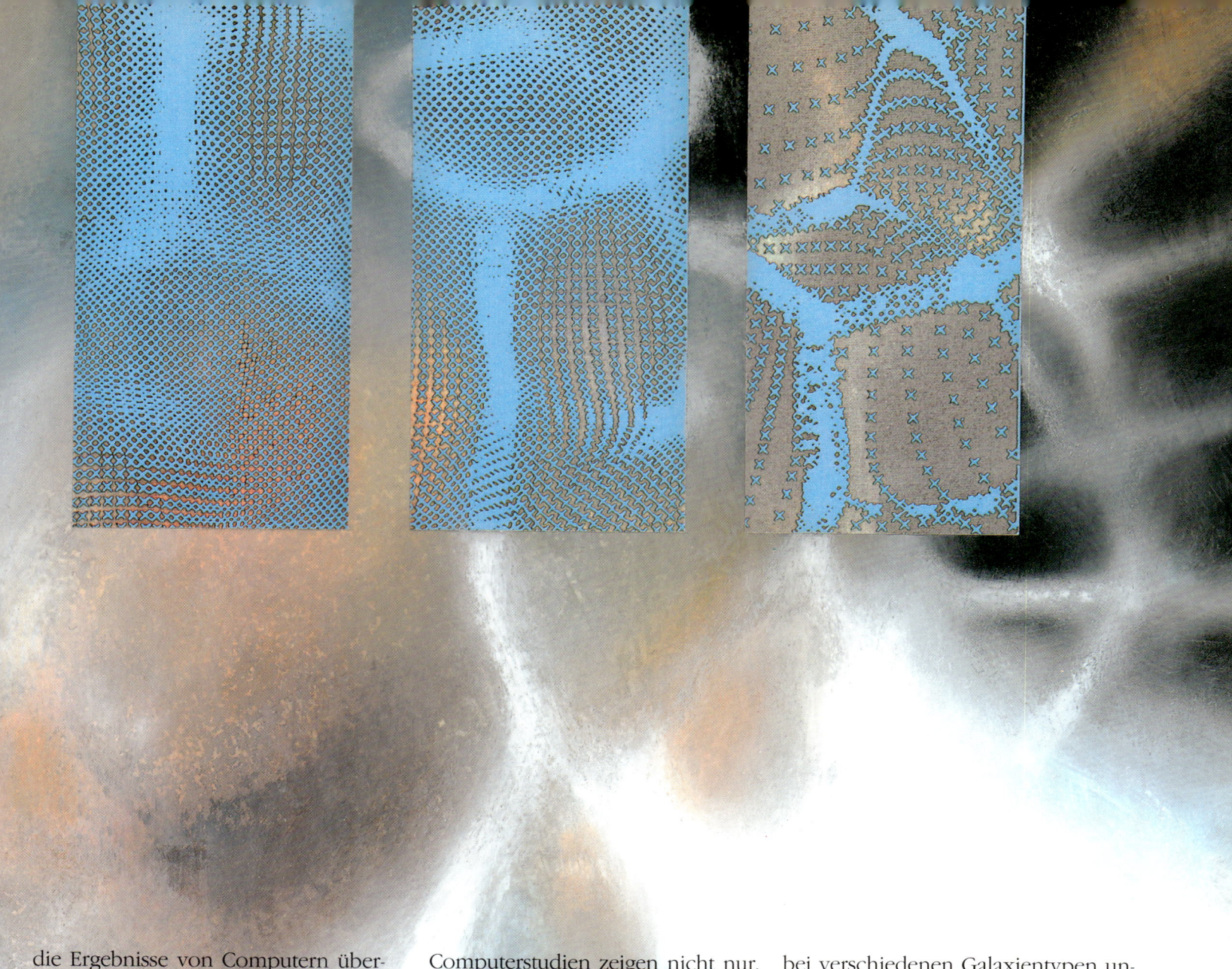

die Ergebnisse von Computern überprüfen. Das Resultat war zunächst nicht ermutigend, denn es ergab die Bildung einer riesigen Zahl äußerst umfangreicher Galaxienhaufen – heute jedoch scheinen Beobachtungen tatsächlich für dieses Szenario zu sprechen.

Darüber hinaus offenbart die Computersimulation einer Galaxienentstehung aus kalter, dunkler Materie, daß in immer größeren Dimensionen die Häufung von Galaxien abnimmt: Dort sind weniger extrem große Haufen zu finden als bei einer Entstehung aus heißer Materie – Beobachtungen führen jedoch zu einem anderen Ergebnis. Kurzum, die Materie ist über große Entfernungen gesehen im Weltall nicht gleichmäßig verteilt, ebensowenig wie in kleinen und kleinsten Meßbereichen. Die Astronomen sprechen von einer „hierarchischen Haufenbildung".

Computerstudien zeigen nicht nur, daß die ersten Kondensationen etwa zwei Milliarden Jahre nach dem Urknall stattfanden, sondern auch, daß sich Kondensationen ebenfalls in kleinerem Maßstab abspielten, sobald die größeren Verdichtungen miteinander verschmolzen.

Aus den Studien ist klar ersichtlich, daß beinahe alle Spuren früherer Strukturen – beispielsweise der Knoten – verlorengingen, als sich die zunächst räumlich getrennten Massen vereinigten. Anscheinend bildeten sich zwar zuerst kleine Klumpen aus heißer Materie, doch ihre Vereinigung führte zu der Hierarchie von Galaxiengrößen, die Astronomen heute sehen.

Nach wie vor sind die Probleme bei diesem Modell der Galaxienentstehung nicht ganz ausgeräumt. Wenn Astronomen die Helligkeitsverteilung

bei verschiedenen Galaxientypen untersuchen, stellen sie fest, daß es heute mehr schwache als helle Galaxien gibt. Als Grund läßt sich anführen, daß bei einer sanften Kollision und Verschmelzung embryonaler Galaxien Energie und Gas freigesetzt und somit Größe und Helligkeit der entstehenden Galaxien eingeschränkt wurden.

Nur sehr selten stieß eine ausreichend große Anzahl von Gaswolken in einer hinreichend kurzen Zeit zusammen, um eine jener äußerst mächtigen Galaxien zu bilden, die wir heute beobachten.

Zwei Milliarden Jahre lang war es im Weltall dunkel. Nun begannen die Gaswolken, während sie sich noch weiter zusammenzogen, mit der Geburt der ersten Sterngeneration. Das Tor zur Evolution des Universums, wie man es heute kennt, war damit aufgestoßen.

DER GROSSE ENTWURF

Das Universum stellt eine gewaltige Hierarchie dar, die sich von riesigen Galaxienhaufen bis zu winzigen Bruchstücken interplanetarischen Schutts erstreckt. Dazu kommt, daß alles im Kosmos denselben Gesetzen unterliegt. Sogar in den entferntesten Regionen, die wir beobachten können, gibt es noch dieselbe Art von Materie, die sich auch in den näherliegenden Bereichen des Raumes findet.

Die nun folgende Beschreibung des Universums befaßt sich mit den Himmelsobjekten, die zuerst entstanden, und fährt dann damit fort, alle anderen in der Reihenfolge zu beschreiben, in der sie aller Wahrscheinlichkeit nach entstanden. Sie beginnt mit Galaxienhaufen und sogar mit Anhäufungen solcher Haufen, geht über zu den Galaxien selbst, richtet sich dann auf Sterne und Wolken aus Gas und Staub, die Bestandteile der Galaxien bilden, und endet bei Planeten und Monden.

Man nannte die Galaxien einst „Welteninseln", denn sie zeigen sich als Anhäufungen von Sternen, Gas und auch Staub, die durch riesige Entfernungen voneinander getrennt sind. Sie lassen sich beobachten, da sie Licht und andere Strahlung aussenden. Die Strahlung legt ungeheure Strecken im Raum zurück, bis sie die Erde erreicht. Bei dieser Reise vergeht viel Zeit. Obwohl sie in jeder Sekunde beinahe 300 000 Kilometer zurücklegt, benötigt sie Jahrmilliarden, um von den fernsten Galaxien die Erde zu erreichen. An dieser Stelle müssen daher astronomische Distanzen des größten Maßstabs herangezogen werden.

Die nächst kleineren Objekte in der kosmischen Hierarchie bilden Gaswolken oder Nebel innerhalb der Galaxien. Hier finden sich die Geburtsstätten der Sterne, die den Hauptanteil des sichtbaren Inhalts einer Galaxie stellen. Sogar die kleinsten Galaxien bestehen aus Milliarden Sternen. Sie erstrahlen im eigenen Licht, das sie in ihrem Inneren durch Kernfusion erzeugen. Auch unsere Sonne ist so ein Körper, ihr Zentrum gleicht einer gewaltigen Ansammlung ständig explodierender Atombomben.

Noch weiter unten in der hierarchischen Ordnung befindet sich die Materie, die mit den Sternen in Verbindung steht und dem Material entstammt, aus dem die Sterne selbst gebildet wurden. Von dieser Materie ist mit Ausnahme unseres eigenen Sonnensystems, in dem ein Teil der Materie zu Klumpen kondensierte und heute die Sonne umkreist, nur wenig bekannt. Diese Klumpen sind die Planeten, von denen einige noch kleinere Kondensationen – ihre Monde – bei sich haben und sich von ihnen umkreisen lassen.

Die Familie der Sonne schließt neun größere Planeten und Dutzende von Monden ein; dazu kommen noch viele Tausende von Bruchstücken, die unter den Begriffen Kleinplaneten, Planetoiden oder, gebräuchlicher, Asteroiden – „kleine Sterne" – bekannt sind. Weiteres Material hatte sich zu kleinen Materiestücken zusammengefunden, zu Kometen und Meteoren.

Das Planetensystem der Sonne und der ganze interplanetarische Schutt sind kalt und nur deshalb zu sehen, weil sie das Sonnenlicht reflektieren. Es gibt gute Gründe für die Annahme, daß dieses Planetensystem in unserer Galaxis nicht einzigartig ist.

Materie und Energie, die dem Urknall entströmten, bildeten die Grundlage für die Hierarchie im heutigen Weltall. Winzige Unregelmäßigkeiten im jugendlichen Universum führten zum Wachstum von Strukturen in allen Meßbereichen. Die größten Strukturen sind die Superhaufen- Gruppierungen von Galaxienhaufen. Eine Karte der Superhaufen diente als Grundlage für diese Computergraphik. Sie verdeutlicht die Dynamik des Weltalls, die von der modernen Kosmologie enthüllt wurde.

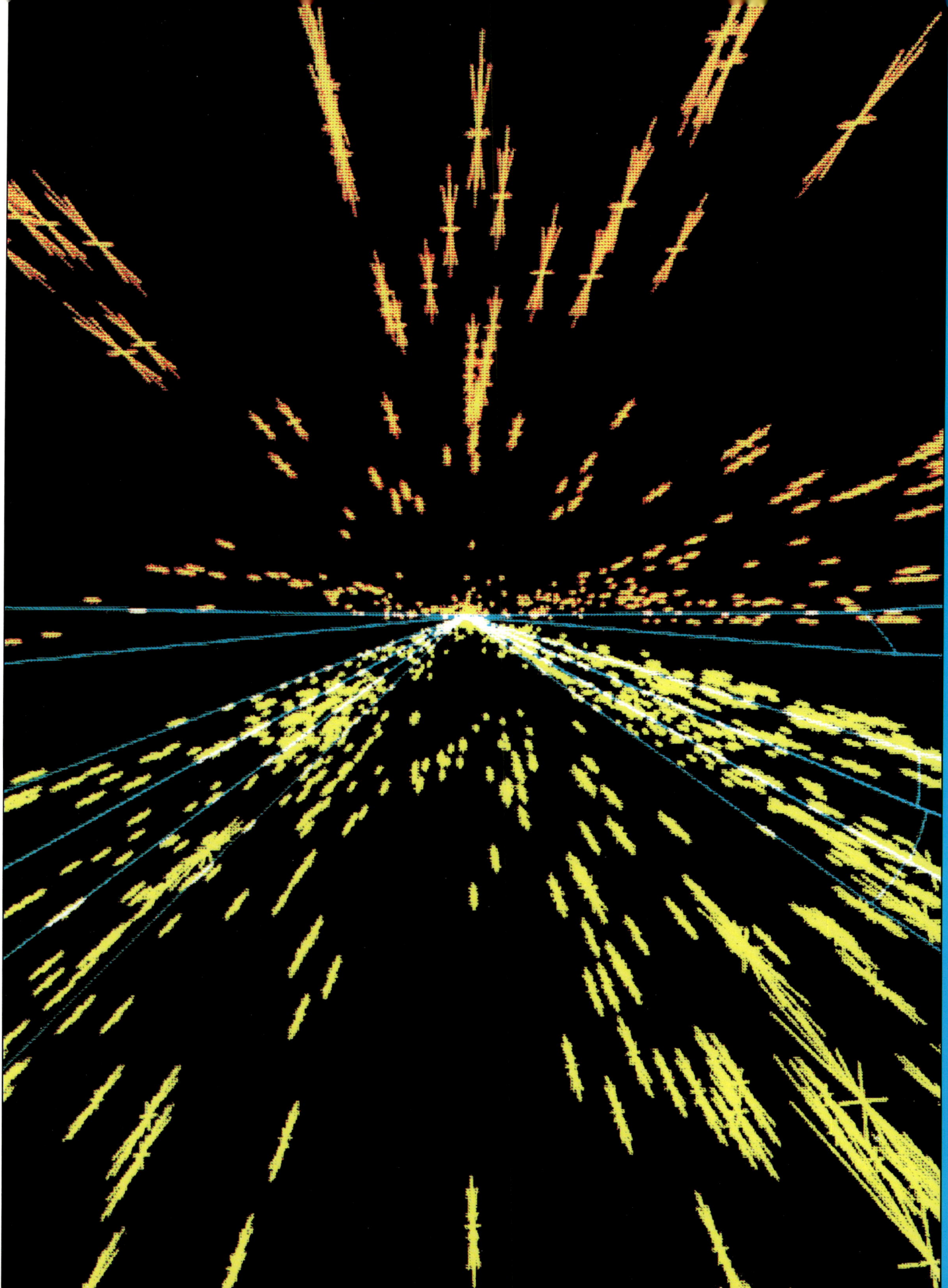

DIE BEOBACHTUNG DES ALLS

● *Neue Fenster zum Kosmos*

Seit frühester Zeit bis vor etwa 400 Jahren bestand die einzige Möglichkeit, das Universum zu beobachten, ganz einfach darin, es anzuschauen. Geeignete optische Instrumente gab es noch nicht – man konnte sich nur der Augen bedienen, und das hatte gewisse Einschränkungen zur Folge. Vor allem bezüglich der Lichtstärke der Objekte, die man entdecken konnte, gab es eine Grenze, denn die Pupille des Auges ist klein und läßt daher nur eine geringe Lichtmenge auf die lichtempfindliche Netzhaut fallen.

Zu Beginn des 17. Jahrhunderts änderte sich die Situation, als Galileo Galilei und andere das Teleskop für astronomische Zwecke verwendeten. Da das Fernrohr eine größere Lichtmenge sammeln kann als das menschliche Auge, wurden Tausende schwacher Sterne zum erstenmal sichtbar. Mit dem neuen Instrument machte Galilei Entdeckungen, die zur Überwindung des geozentrischen Weltbildes beitrugen. Er entdeckte die Venusphasen, die darauf hinwiesen, daß dieser Planet die Sonne umkreist, und machte Monde ausfindig, die den Jupiter umrunden.

Im Laufe der folgenden Jahrhunderte baute man immer größere und leistungsfähigere Teleskope und verlegte so die Grenzen des bekannten Universums immer weiter in den Raum hinaus. Im 19. Jahrhundert wurde die Leistungsfähigkeit der Fernrohre durch die Einführung der Photographie gesteigert. Während sich die Empfindlichkeit des Auges durch längeres Anstarren eines Objektes, das lichtschwach ist, nicht vergrößert, macht es die photographische Platte einem Bild möglich, sich während der Belichtungszeit aufzubauen; sie erlaubt somit auch die Entdeckung lichtschwächerer Objekte.

Das Spektroskop ist für den Astronomen ein weiteres unverzichtbares Werkzeug. Mitte des 17. Jahrhunderts wies Isaac Newton nach, daß es sich bei weißem Licht um eine Mischung aus Licht aller Farben handelt. Er ließ Sonnenlicht durch ein Prisma fallen, um es in seine Bestandteile aufzufächern, die sich als farbiges Band – als Spektrum – darstellten.

Mit dem Spektroskop konnten diese Bestandteile später noch feiner aufgespalten werden. Zunächst ließ man Licht durch einen engen Spalt eintreten, um einen schmalen Strahl zu erzeugen; dieser wurde dann zu einem Prisma geführt. Jede Farbe im Licht bildete eine separate Linie – ein Abbild des Spaltes. Obwohl bei einigen Strahlungsquellen die Linien zu einem kontinuierlichen Farbband zusammenwuchsen, emittierten glühende Gase bei niedrigem Druck bestimmte Farben, während sie im kühlen Zustand die gleichen Farben absorbierten. Diese Farben erschienen als helle oder dunkle Linien, die quer durch das Spektrum liefen.

Im Sonnenspektrum zeigen sich Tausende dunkler Linien. Untersuchungen, die während der sechziger Jahre des 19. Jahrhunderts von Gustav Kirchhoff und Robert Bunsen in Deutschland durchgeführt wurden, zeigten, daß diese Linien als Fingerabdrücke der chemischen Elemente in den äußeren Schichten der Sonne anzusehen sind. Später stellte sich heraus, daß alle Sterne entsprechende Spektren zeigen und eine detaillierte Untersuchung dieser Linien nicht nur Hinweise auf die dort vorhandenen Elemente lieferte, sondern auch viel über Temperatur und Druck in den Sternen verriet.

Man entdeckte, daß sichtbares Licht nicht das gesamte Spektrum der Sonnenstrahlung ausmacht. Es gibt eine Komponente, die jenseits des violetten Endes des sichtbaren Spektrums liegt und deshalb ultraviolette Strahlung heißt. Sie übt auf die menschliche Haut eine bräunende Wirkung aus. Eine weitere Komponente findet sich jenseits des roten Endes des Spektrums, die infrarote Strahlung. Sie wird auch als Wärmestrahlung beschrieben, denn sie erwärmt Objekte, die sie absorbieren. Es ist die Hauptstrahlungsart, die von Objekten auf unserer Erde ausgesandt wird. Man hatte zwar einige astronomische Beobachtungen im infraroten und ultravioletten Bereich angestellt, doch ging man ihnen nicht weiter nach, da niemand ihre Bedeutung erkannte. Die Arbeit des 4. Earl of Rosse, der 1877 die Mondtemperatur durch Beobachtung seiner infraroten Strahlung ermittelt hatte, wurde nur sporadisch weitergeführt. Auch James Clerk Maxwell (S. 14-15) hatte gezeigt, daß das ultraviolette, das infrarote und das sichtbare Licht nur einen Ausschnitt eines umfangreicheren Spektrums elektromagnetischer Strahlung darstellten.

Röntgenquellen am Himmel (rechts oben) wurden vom HEAO-1-Röntgenobservatorium entdeckt. Sie zeigen eine Konzentration lichtstarker Quellen zum galaktischen Zentrum hin, doch außerhalb des abschattenden Materials in der galaktischen Ebene wird eine deutlich gleichförmigere Verteilung solcher fernen Objekte erkennbar.

Gesamtanblick des Nachthimmels. *Die Form unserer Galaxis, des Milchstraßensystems, wird durch das Muster aus Licht und Dunkelwolken (dichte interstellare Wolken, die das Licht entfernter Sterne nicht durchdringen kann)*

sowie durch die Verteilung der Sterne bis hinunter zur 10. Größenklasse erkennbar. Sterne dieser Größe haben 40mal weniger Leuchtkraft als der schwächste mit bloßem Auge gerade noch sichtbare Stern. Die besten Teleskope können noch weitaus schwächere Sterne erfassen, doch man muß sich anderer Wellenlängen bedienen, um ins Herz unserer Galaxis vorzustoßen.

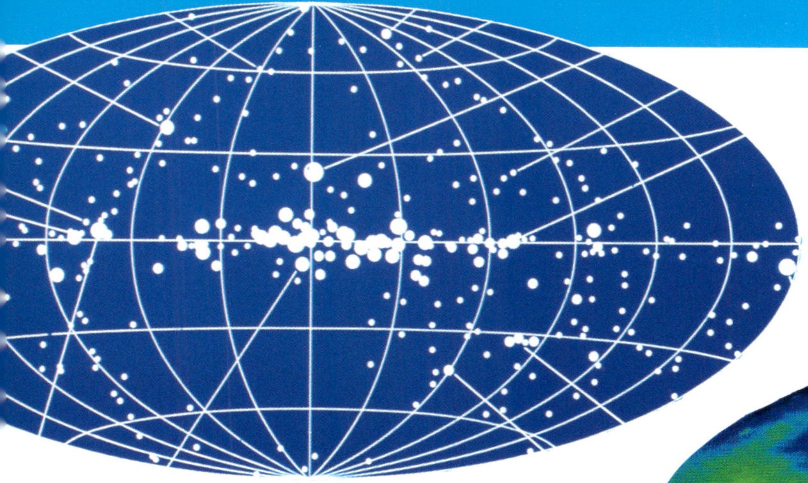

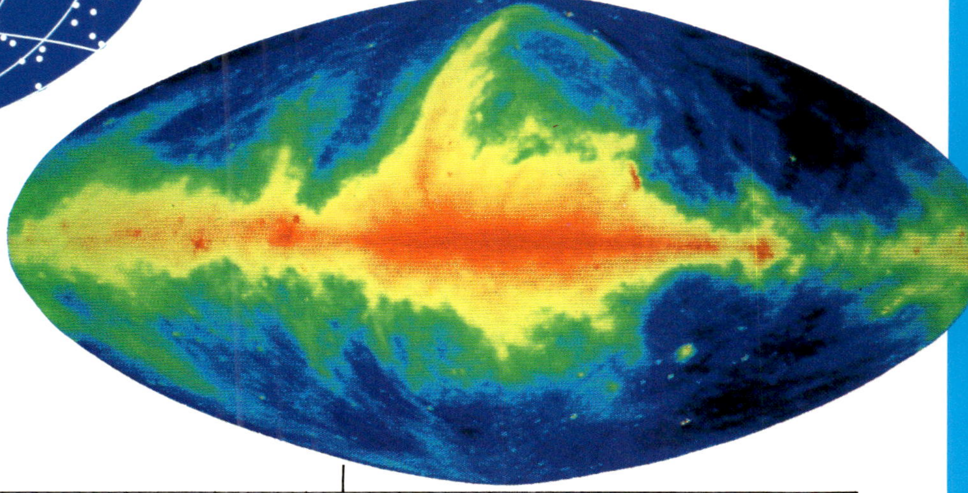

Bei der Beobachtung von Radiostrahlung größerer Wellenlänge (rechts) dominiert zwar die Scheibe der Galaxis, doch es zeigen sich auch neue Strukturen – Schleifen und Ströme aktiven Materials, die sich über die galaktische Ebene emporheben.

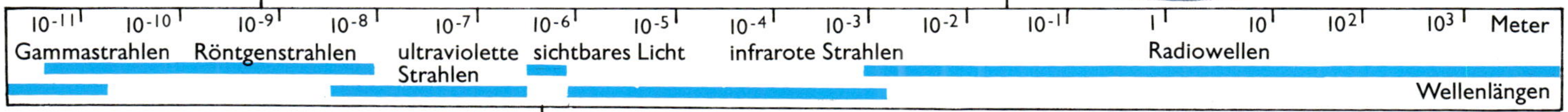

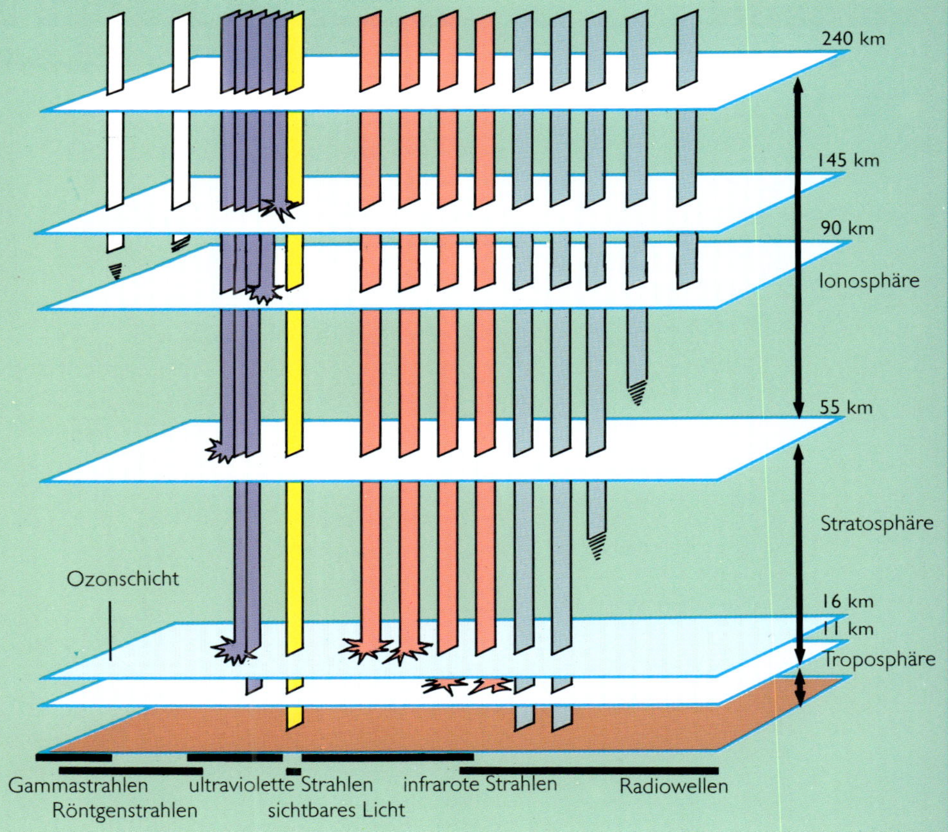

| 10^{-11} | 10^{-10} | 10^{-9} | 10^{-8} | 10^{-7} | 10^{-6} | 10^{-5} | 10^{-4} | 10^{-3} | 10^{-2} | 10^{-1} | 1 | 10^{1} | 10^{2} | 10^{3} | Meter |

Gammastrahlen   Röntgenstrahlen   ultraviolette   sichtbares Licht   infrarote Strahlen   Radiowellen
Strahlen

Wellenlängen

Die atmosphärische Barriere

Die Lufthülle der Erde schirmt uns vor schädlicher Strahlung ab und verwehrt gleichzeitig in den meisten Wellenlängenbereichen den Blick in das Universum. Es stehen in diesem Schutzschild allerdings zwei größere „Fenster" offen, die das sichtbare Licht und die meisten Radiowellen passieren lassen. Die Ionosphäre enthält Ionen in hoher Konzentration, die auf einige Radiowellen von unten und oben wie Spiegel wirken. Andere Wellenlängen werden in verschiedenen Höhen absorbiert. Die Ozonschicht schluckt die schädlichen ultravioletten Strahlen.

240 km

145 km

90 km

Ionosphäre

55 km

Stratosphäre

Ozonschicht

16 km
11 km
Troposphäre

Gammastrahlen   ultraviolette Strahlen   infrarote Strahlen   Radiowellen
Röntgenstrahlen   sichtbares Licht

DIE TELESKOPE VON HEUTE

● *Neue Technologien für den Astronomen*

Die optische Astronomie schreitet unaufhaltsam voran. Das „Multiple Mirror Telescope" (Mehrfachspiegelteleskop) auf dem Mount Hopkins in Arizona (oben) arbeitet mit sechs Hauptspiegeln, die einen Durchmesser von jeweils 1,8 m aufweisen und bei der Erzeugung eines einzelnen Bildes zusammenwirken. Ihre Leistung entspricht der eines Einzelspiegels von 4,5 m Durchmesser.

Die Parabolantennen des Very Large Array (rechts außen) ergänzen sich zum größten einzelnen Radioteleskop der Erde. Es besteht aus 27 Empfängern, die sich auf Eisenbahnschienen, deren Anordnung einem „Y" gleicht, bewegen lassen. Das VLA liegt bei Socorro in New Mexico.

Der Durchbruch bei der Erweiterung des Wellenlängenbereichs in der astronomischen Beobachtung erfolgte 1932, als der amerikanische Radioingenieur Karl Jansky durch einen Zufall entdeckte, daß von der Milchstraße Radiostrahlung ausgeht. Seine Arbeit wurde von einem anderen Amerikaner, dem Funkamateur Grote Reber, fortgeführt. Doch erst nach dem Zweiten Weltkrieg kam die Radioastronomie richtig in Gang.

Die Ergebnisse waren entscheidend für unser Verständnis vom Weltall. Radioteleskope machten es möglich, im Raum Moleküle zu orten, die im optischen Wellenlängenbereich unsichtbar sind; sie verhalfen uns zu der Erkenntnis, daß Galaxien nicht friedvolle Inseln aus Gas, Staub und Sternen sind, wie man früher glaubte, und daß das Weltall von Hintergrundstrahlung durchflutet wird, die aus der Zeit kurz nach dem Urknall stammt.

Die Bestrebungen, das beobachtbare Spektrum noch mehr auszuweiten, führten in den sechziger Jahren zur Konstruktion spezieller Infrarotteleskope, beispielsweise des United Kingdom Infrared Telescope (UKIRT), das man auf einem Berggipfel Hawaiis errichtete,

um von dort aus in reiner, trockener Luft den Blick ins All zu richten. Doch werden selbst in so großer Höhe plazierte Instrumente durch Wasserdampf in der Erdatmosphäre, der wie eine Decke wirkt und die Infrarotstrahlung aus dem All größtenteils verschluckt, stark behindert. Dies läßt sich nur durch Raumsonden überwinden, die um die Erde kreisen.

1983 wurde der von Europa und den USA gemeinsam projektierte Infrared Astronomy Satellite IRAS gestartet. Er entdeckte Geburtsstätten von Sternen in unserer Galaxis, spürte kühle Sterne auf, die optisch unsichtbar sind, und lieferte Beweise für die Entstehung von Planetensystemen.

Die Ausrüstung eines Infrarotteleskops, auch die an Bord von IRAS, mußte gekühlt werden, denn bei normalen Temperaturen senden das Instrument und seine Umgebung riesige Mengen infraroter Strahlung aus, die die Bilder der schwachen kosmischen Quellen überschwemmen. Für die Erfassung kürzerer infraroter Wellenlängen kühlt man die Komponente, die die gebündelte Infrarotstrahlung aufnimmt, mit flüssigem Stickstoff auf −196 °C ab; bei der Betrachtung größerer Wellenlängen muß sie mit flüssigem Helium auf 2 °C über dem absoluten Nullpunkt heruntergekühlt werden.

Die Raumfahrttechnik erlangte für alle Wellenlängenbereiche Bedeutung. Ihr spektakulärster Einsatz bestand in der Naherkundung von Planeten und Monden, doch die Beobachtung extremer Bereiche im elektromagnetischen Spektrum hatte noch größeres Gewicht. Die ultraviolette Strahlung erreicht nur teilweise die Erdoberfläche, der größte Teil wird von der Erdatmosphäre abgehalten. Satelliten können diese Strahlung sowie Röntgenstrahlung und die kurzwelligeren Gammastrahlen kosmischer Herkunft orten.

Bei der Konstruktion moderner astronomischer Ausrüstung ist oft großer Erfindungsreichtum gefordert. Da zum Beispiel Röntgenstrahlen beim Durchtritt durch Materie nicht abgelenkt werden, könnte man annehmen, der Bau eines Röntgenteleskops sei nicht durchführbar. Streift jedoch Röntgenstrahlung die Oberfläche eines geeigneten Metalls, läßt sie sich reflektieren und auf diese Weise dazu bringen, eine Abbildung zu erzeugen.

Das optische Teleskop wurde mit der Einführung von computergesteuerten Optiken zu neuem Leben erweckt. Sie ermöglichten den Bau großer Instrumente, bei denen man sich die Interferenz von Lichtwellen, die auf räumlich getrennte Spiegel treffen, zunutze machte – eine Technik, die von der Radioastronomie übernommen wurde.

Eine weitere Revolution fand bei der Aufbereitung der Informationen statt, die von Teleskopen, Satelliten und Raumsonden stammen. Bis zur Einführung des Mikrochips nahmen Positionsmessungen und Analysen der auf photographischen Platten festgehaltenen Bilder viel Zeit in Anspruch. Heute erledigen diese Aufgabe computergesteuerte Plattenmeßmaschinen binnen weniger Stunden. Eine weitere computergestützte Technik besteht im Austausch der photographischen Platte durch empfindlichere elektronische Detektoren, die unter dem Begriff „charge coupled devices – CCDs" (ladungsgekoppelte Vorrichtungen) bekannt wurden. Von großem Nutzen ist auch der elektronische Prozeß der Bildverstärkung. Die computergestützte Bearbeitung der Daten, die von Raumfahrzeugen übermittelt werden, ist für gute und detailreiche Bilder unverzichtbar.

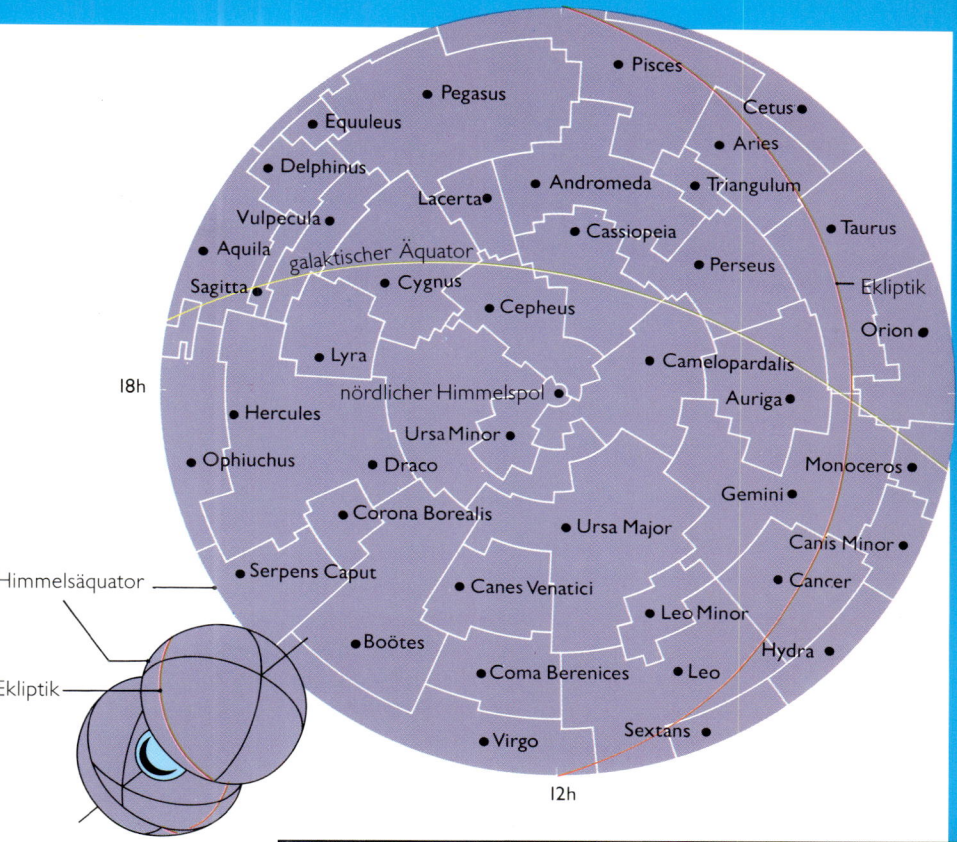

Bei der Kartierung des Himmels stellt man sich vor, er sei eine riesige Kugel, in deren Zentrum die Erde stehe (oben). Die Sphäre wird in einzelne Gebiete untergliedert, die jeweils einem einzelnen Sternbild entsprechen (oben und unten).

Die Himmelspole und der Äquator befinden sich senkrecht über ihren irdischen Entsprechungen (unten). Der scheinbare Weg der Sonne über den Himmel heißt Ekliptik – dort durchschneidet die Ebene der Erdumlaufbahn die Himmelskugel.

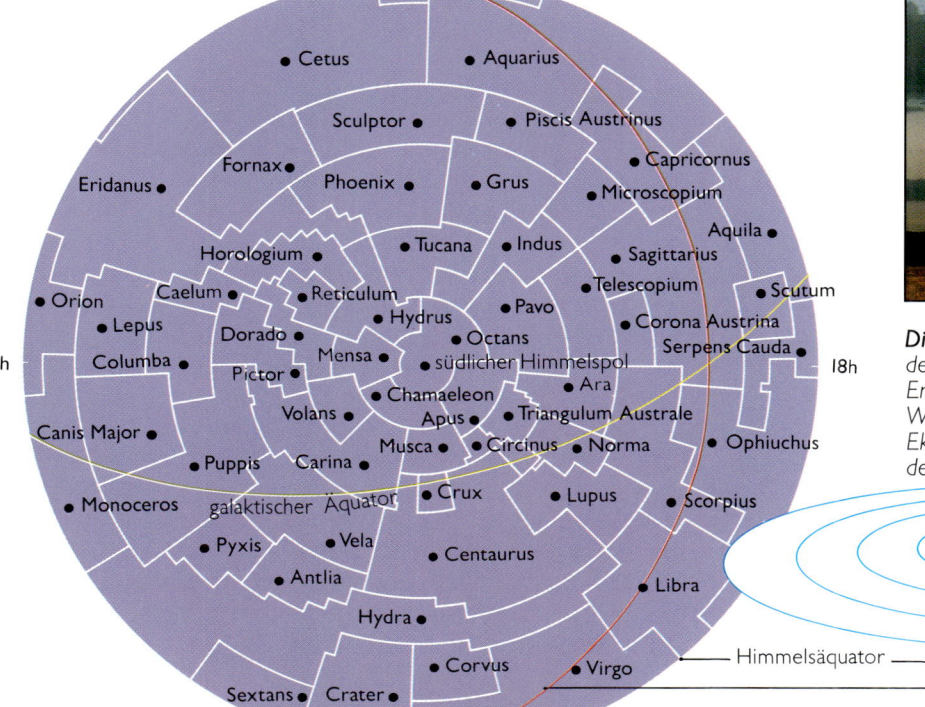

45

MEILENSTEINE IM KOSMOS

● *Techniken für die Vermessung des Universums*

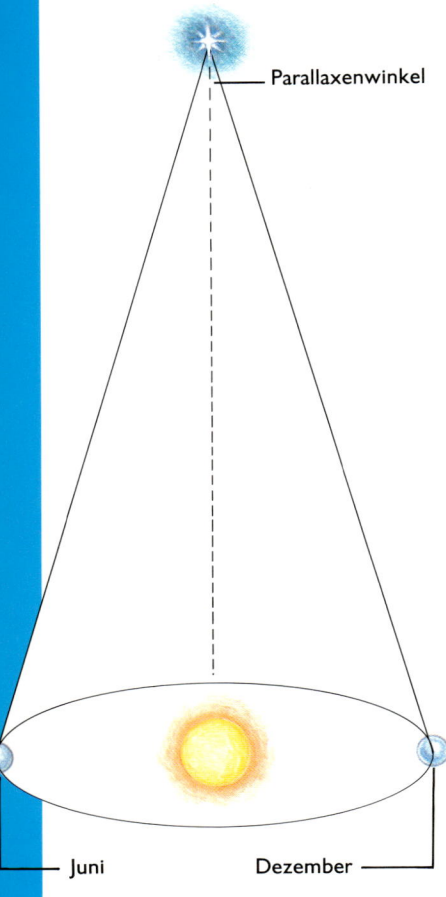

Parallaxenwinkel

Juni · **Dezember**

Die Entfernung eines nahestehenden Sterns läßt sich durch die Beobachtung seiner scheinbaren jährlichen Bewegung, die vom Lauf der Erde um die Sonne verursacht wird, ableiten. Seine Position wird in bezug auf weiter entfernt stehende Sterne in sechsmonatigen Abständen, also von gegenüberliegenden Punkten der Erdbahn aus, vermessen. Die Sternparallaxe wird definiert als die Hälfte des scheinbaren Verschiebungswinkels. Da die Größe der Erdumlaufbahn exakt bekannt ist, kann die Entfernung des Sterns berechnet werden.

Seit dem Zweiten Weltkrieg konnten die Entfernungen von Mond, Sonne und Planeten mit Hilfe dreier neuartiger Techniken ermittelt werden, und zwar mit bisher nie erreichter Genauigkeit: Laserstrahlen werden von der Mondoberfläche zurückgeworfen, und die Zeit bis zu ihrer Rückkehr wird sorgfältig gemessen. Mit dieser Methode läßt sich die Entfernung auf den Zentimeter genau berechnen. Bei der Bestimmung der Sonnenentfernung werden Radarimpulse eingesetzt, und die Distanzen zu allen anderen Planeten, Pluto ausgenommen, konnten von Raumsonden durch Radiosignale festgelegt werden.

Die Methode, die bei näheren Sternen angewandt wird, ist die auch von Landvermessern genutzte Triangulation. Der Astronom wählt einen Stern, dessen Entfernung zur Erde aufgrund seiner scheinbaren Helligkeit oder seiner vergleichsweise raschen Eigenbewegung als gering angesehen wird; er vermißt seine Position in bezug auf noch ferner stehende andere Sterne. Nach sechs Monaten, wenn die Erde auf der anderen Seite ihrer Umlaufbahn um die Sonne steht, wird die scheinbare Position des Sterns erneut gemessen. Der Stern dürfte sich in bezug zum Hintergrund scheinbar bewegt haben. Die jährliche Parallaxe eines Sterns ist definitionsgemäß gleich der Hälfte des Winkels, um den er sich verschoben hat (siehe Abbildung). Mit Hilfe der Trigonometrie läßt sich die tatsächliche Entfernung des Sternes errechnen, da der Durchmesser der Erdumlaufbahn ja genau bekannt ist.

Rechnet man den Winkel auf diese Weise in eine Entfernung um, erhält man einen riesigen Betrag. Die Lichtgeschwindigkeit bietet einen geeigneten Maßstab für das Verständnis derartiger Zahlen. Nach dieser Skala ist der Mond von uns 1,3 Lichtsekunden, die Sonne 8,3 Lichtminuten weit weg. Doch der nächste Stern, die Proxima Centauri am Südhimmel, steht 4,3 Lichtjahre von uns entfernt. Ein Lichtjahr entspricht der Entfernung von annähernd 9,5 Billionen Kilometern.

Astronomen entwickelten noch andere, weniger direkte Methoden der Entfernungsbestimmung, die über die Reichweite der Parallaxenmessung hinausgehen. Sie benutzen die Cepheidenveränderlichen (S. 86-87) als eine Art himmlischer Leuchttürme, um mit ihrer Hilfe noch weiter in den Raum vordringen zu können. Diese Sterne verändern ihre Helligkeit regelmäßig, jeder wiederholt im Laufe einer festen Periode von Tagen oder Monaten ein bestimmtes Variationsmuster.

Sobald man die Periode eines Cepheidenveränderlichen gemessen hat, kennt man seine wahre Helligkeit. Aus seiner scheinbaren Helligkeit läßt sich dann die Entfernung des Sternes bestimmen. In einigen näher gelegenen Galaxien wurden Cepheiden entdeckt, die Millionen von Lichtjahren entfernt sind. Doch was ist mit den fernen Galaxien, deren Cepheiden nicht geortet werden können?

Eine der Folgen des Urknalls besteht darin, daß alle Galaxien voneinander wegstreben. Je weiter eine Galaxie von uns entfernt ist, desto größer erscheint ihre Fluchtgeschwindigkeit. Die Astronomen haben diesen Zusammenhang aus der Rotverschiebung aussagekräftiger Linien im Spektrum einer Galaxie abgeleitet: Alle Linien im sichtbaren Teil des Spektrums sind zum roten Ende hin und die Linien im roten Spektralbereich ins Infrarote verschoben, und so weiter.

Diese Rotverschiebung findet statt, weil die Kämme und Täler der elektromagnetischen Strahlung die Erde mit einer Frequenz erreichen, die um die Fluchtgeschwindigkeit einer Galaxie vermindert erscheint. Als Beispiel kann die gelbe Doppellinie dienen, die von Natrium in einer ruhenden Lichtquelle erzeugt wird: Die Wellenkämme treffen 500billionenmal pro Sekunde auf die Erde. Wenn dasselbe Licht von einer Galaxie stammt, die sich mit einem Zehntel der Lichtgeschwindigkeit von der Erde entfernt, muß jeder Wellenkamm eine größere Entfernung überwinden als sein Vorgänger. Die Wellen treffen nur noch etwa 450billionenmal pro Sekunde auf der Erde ein; das Licht scheint für uns eine niedrigere Frequenz und eine größere Wellenlänge zu haben – es erscheint gerötet. Würde sich umgekehrt die Lichtquelle mit gleicher Geschwindigkeit der Erde nähern, dann träfen die Wellenkämme in der Sekunde 550billionenmal die Erde, und man könnte eine Verschiebung der Linien zum blauen Ende des Spektrums beobachten.

Astronomen sind in der Lage, durch Vermessung der Rotverschiebungen die Flucht-

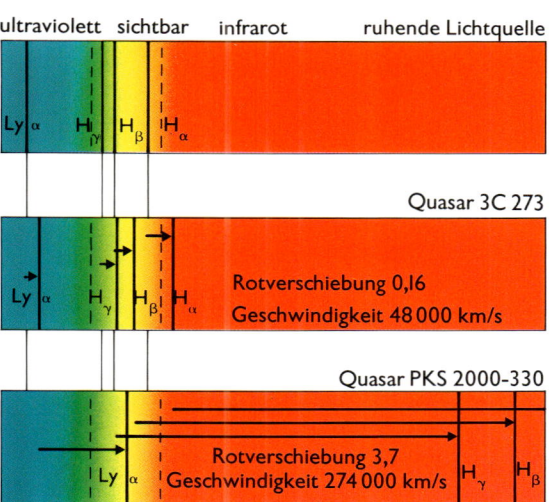

geschwindigkeit der Galaxien festzustellen. Da ihnen ja bekannt ist, daß sich die Galaxien mit zunehmender Distanz immer schneller bewegen, können sie ihre Entfernung berechnen. Das ist natürlich nur möglich, wenn man genau weiß, wie die Geschwindigkeit mit der Entfernung zunimmt. Das Verhältnis der Geschwindigkeit zur Entfernung – die sogenannte Hubble-Konstante – kann bei 15, aber auch bei bis zu 30 Kilometern pro Sekunde pro Millionen Lichtjahre liegen.

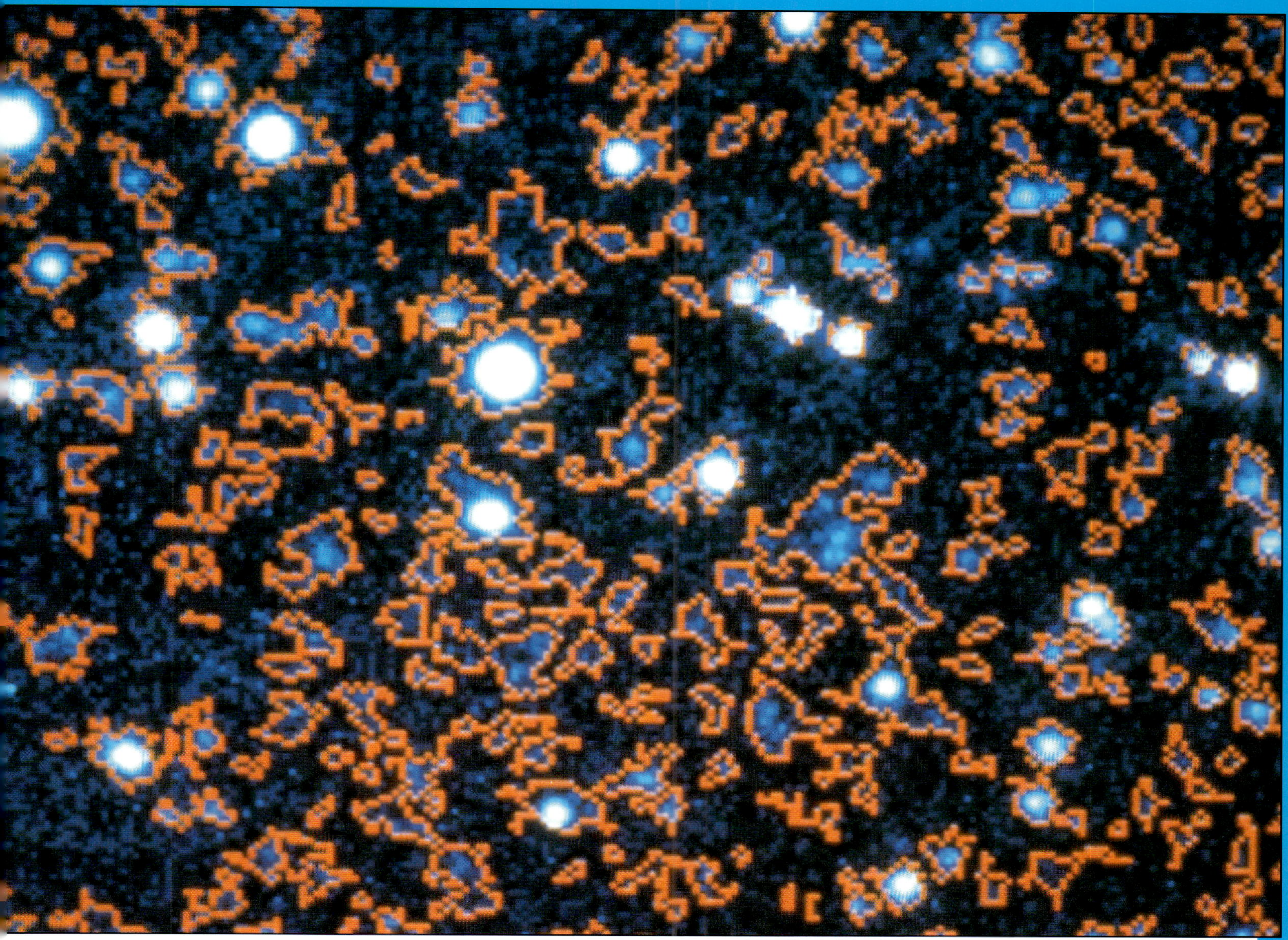

Die Größe der Hubble-Konstante beeinflußt die Vorstellungen der Astronomen von der Größe des Universums: Je kleiner die Konstante ist, desto weiter muß eine Galaxie mit einer bestimmten Fluchtgeschwindigkeit entfernt sein, und um so größer muß man sich das Weltall denken. Je größer der Kosmos ist, desto länger benötigte er, um diese Größe zu erreichen. Gegenwärtig gelten 20 Milliarden Jahre als Obergrenze für das Weltalter.

ultraviolett   sichtbar   infrarot   ruhende Lichtquelle

Ly α H$_\gamma$ H$_\beta$ H$_\alpha$

Quasar 3C 273

Ly α H$_\gamma$ H$_\beta$ H$_\alpha$

Rotverschiebung 0,16
Geschwindigkeit 48 000 km/s

Quasar PKS 2000-330

Ly α

Rotverschiebung 3,7
Geschwindigkeit 274 000 km/s

H$_\gamma$ H$_\beta$

Wellenlänge
(in Mikrometern)

0   0,2   0,4   0,6   0,8   1,0   1,2   1,4   1,6   1,8   2,0   2,2   2,4

Einige der entferntesten Galaxien, die man je beobachten konnte. Das Bild wurde von einem empfindlichen elektronischen Detektor aufgezeichnet, der an einem Teleskop befestigt war. Das ursprüngliche blaue Licht wurde hier von einem Computer aufbereitet. Es zeigen sich Galaxien der 26,5. Größenklasse – etwa 100millionenmal schwächer als der schwächste Stern, den das bloße Auge gerade noch erkennen kann.

Die Entlegenheit der Quasare *wird durch ihre extrem weit rotverschobenen Wasserstofflinien deutlich. Im Licht von 3C 273 ist die H-alpha-Linie vom sichtbaren in den infraroten Bereich verschoben; im Spektrum von PKS 2000-330 zeigt sich die normalerweise im Ultravioletten auftretende Lyman-alpha-Linie im sichtbaren Bereich.*

SUPERHAUFEN

● *Die größten Strukturen im Universum*

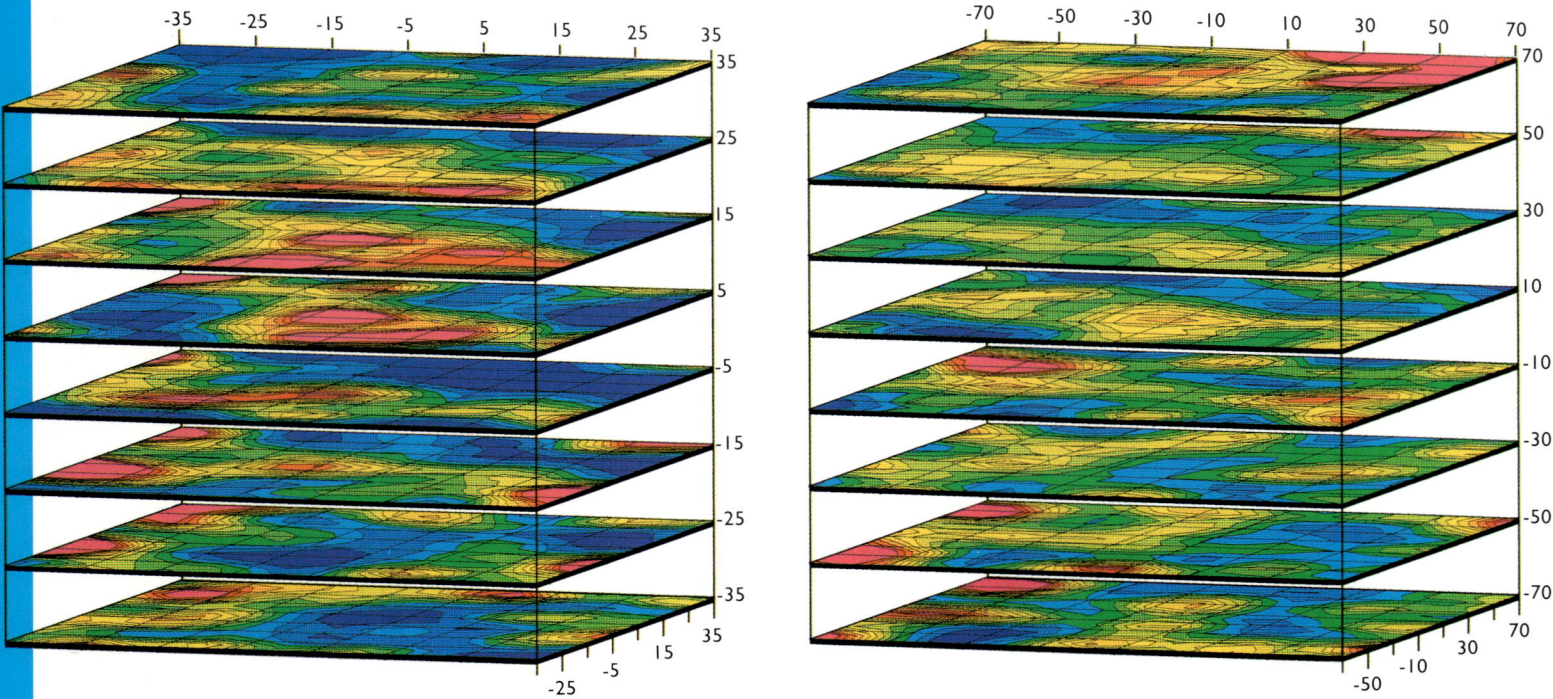

Die Theorien von der Haufenbildung *aus kalter Materie scheinen mit den jüngsten Beobachtungen nicht übereinzustimmen. Die Blöcke, auf denen unsere Galaxis jeweils in der Mitte steht, zeigen die Verteilung der Galaxienhaufen. Der Maßstab ist in Megaparsec angegeben (ein Megaparsec entspricht etwas mehr als drei Millionen Lichtjahren). Die ersten drei Blöcke geben Daten vom „Infrared Astronomical Satellite (IRAS)" wieder, während der vierte eine Computersimulation ist, die auf der Theorie beruht, die Haufen seien aus kalter Dunkelmaterie („cold dark matter – CDM") entstanden. Bei den Beobachtungen im größten Maßstab (dritter Block) sind sehr hohe und sehr geringe Galaxiendichten auffälliger als in der CDM-Simulation; man zieht deshalb eine Galaxienentstehung aus heißer Materie in Betracht.*

Die Entwicklung der Hierarchie des heutigen Weltalls begann mit den größten Strukturen: Es bildeten sich Protogalaxien, die später zu den heute noch vorhandenen Galaxien schrumpften. Diese gruppierten sich wahrscheinlich von Anfang an zu Haufen und Superhaufen, den größten einzeln unterscheidbaren Einheiten; sie stellen die höchste Stufe in der kosmischen Hierarchie dar.

Aufgrund der Arbeit des englischen Astronomen William Huggins war bereits zu Beginn dieses Jahrhunderts bekannt, daß die „Nebulae" (lateinisch Wolken) aus zwei verschiedenen Arten bestehen – verschwommenen Gasflecken und spiralförmigen oder elliptischen Formen. Vesto Slipher vom Lowell-Observatorium in Arizona und Francis Pease an der Mount-Wilson-Sternwarte in Kalifornien begannen die Spektren der Spiralnebel gründlich zu untersuchen und entdeckten bei nahezu allen eine Rotverschiebung (S. 46-47): Die Spiralnebel bewegten sich also alle mit großer Geschwindigkeit von der Erde fort. Bei den anderen Arten der „Nebulae" oder „Nebel" zeigte sich diese Fluchtbewegung nicht. Somit stellte sich die Frage, ob die Spiralnebel als Bestandteil unserer „Sterneninsel", der Milchstraße, anzusehen sind.

In den zwanziger Jahren gelang es Edwin Hubble auf dem Mount Wilson, in einigen benachbarten Spiralnebeln veränderliche Sterne ausfindig zu machen, die man bereits als Cepheiden kannte. Da sich die wahre Helligkeit der Cepheiden bestimmen ließ (S. 86-87), vermochte er somit für die Spiralnebel eindeutige Entfernungen zu ermitteln und stellte fest, daß sie weit jenseits der Grenzen unserer eigenen Galaxis lagen. Diese Nebel erhielten den Namen Spiralgalaxien, da sie der gleichen Art von Systemen zuzurechnen sind wie unsere Galaxis. Außerdem wurde klar, daß noch einige andere Nebeltypen außerhalb unserer Milchstraße angesiedelt waren.

Um 1930 war der Nachweis erbracht, daß sich die meisten Galaxien von der Erde entfernen und ihre Fluchtgeschwindigkeit um so größer ist, je schwächer sie leuchten, das heißt je weiter sie von uns entfernt sind. Hiermit lag der erste Beweis für die Expansion des Universums vor.

In den dreißiger Jahren entdeckte der in den USA lebende Astronom Fritz Zwicky, ein Schweizer, daß sich Galaxien zu Haufen gruppieren, die zum Teil aus Tausenden von Galaxien bestehen und sich über Dutzende von

unter 0,20 ————————— zunehmende Galaxiendichte ————————→ über 2,40

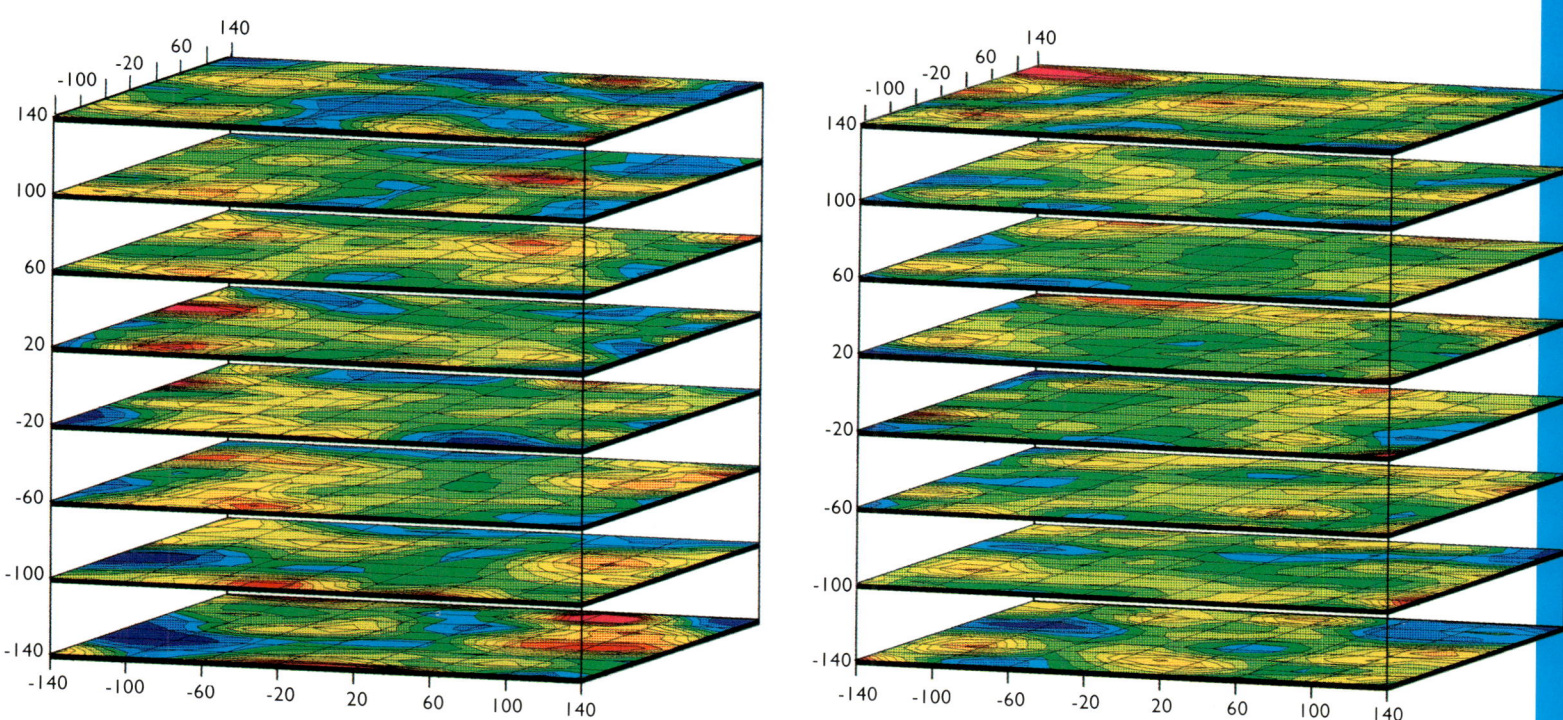

Millionen Lichtjahren erstrecken. Später zeigte sich, daß unsere Milchstraße zusammen mit der berühmten Spiralgalaxie in der Andromeda sowie einer Anzahl weiterer Galaxien Mitglieder eines kleinen Haufens sind, den man heute unter dem Begriff „lokale Gruppe" kennt. Die Mitglieder eines Haufens bewegen sich unter dem Einfluß ihrer gegenseitigen Gravitationsanziehung – eine Erkenntnis, aus der sich eine einfache Erklärung für die Blauverschiebung in den Spektren einiger Galaxien ergibt: Sie sind alle Mitglieder der lokalen Gruppe, die sich momentan auf die Erde zubewegen.

Spätere Arbeiten enthüllten eine Ansammlung von Galaxienhaufen in Form eines Gürtels – einer wahren Milchstraße, die den nördlichen und südlichen Himmel überspannt. Von der Erde aus gesehen scheint das Zentrum dieses Bandes in einem riesigen Haufen aus Tausenden von Galaxien, dem „Virgo-Haufen", zu liegen, dessen Mitte sich scheinbar im Sternbild Jungfrau („Virgo") befindet. Das Band selbst wird daher „Virgo-Superhaufen" oder „lokaler Superhaufen" genannt. Er ist kein Sonderfall; auch andere Superhaufen haben die Form von Streifen oder Bändern. Der lokale Superhaufen enthält nicht nur

den bereits erwähnten riesenhaften Virgo-Haufen, sondern auch unsere lokale Gruppe und Dutzende kleinerer Haufen, die in den Sternbildern Jagdhunde, Löwe und Becher zu sehen sind. Die Form des Superhaufens gleicht einem abgeflachten Ellipsoid, aus dem ein oder zwei Auswüchse herausragen. Ein Würfel, der das Ganze umschließen sollte, müßte eine Kantenlänge von 100 Millionen Lichtjahren aufweisen. Der zentrale Virgo-Haufen zieht alle anderen Haufenmitglieder an: Die lokale Gruppe bewegt sich mit etwa 250 Kilometern pro Sekunde auf einen Punkt zu, der 20 bis 30 Grad neben dem Zentrum des Virgo-Haufens liegt.

Es gibt noch andere riesige Anhäufungen, zum Beispiel die Coma-, Herkules- und Perseus-Superhaufen, mit je einem großen Haufen in der Mitte. Einige Astronomen glauben, daß die im Virgo-Superhaufen erkennbaren Bewegungen das Vorhandensein eines noch größeren und weiter entfernten Superhaufens andeuten. Möglicherweise ist er etwa 300 Millionen Lichtjahre entfernt, in Richtung der Sternbilder Hydra und Centaurus; er wurde der „Great Attractor" (das große Anziehungszentrum) genannt. Es gibt jedoch erhebliche Zweifel an seiner Existenz.

GALAXIENHAUFEN

● *Galaxien auf gemeinsamer Reise*

Verdünntes Gas (blau, unten links) umgibt und verbindet die Galaxien des Haufens Pavo 5. Wird in einem Haufen zwischen den Galaxien eine nennenswerte Menge Gas und Staub gefunden, dann ist er, so folgern die Wissenschaftler, relativ alt, da das Gas einige Zeit benötigt haben dürfte, um der Schwerkraft einzelner Galaxien zu entfliehen. Eine Spiralgalaxie wie die NGC 6744 (unten rechts) im Sternbild Pfau steht für eine typische Galaxienart im Randbereich eines Haufens (die Aufnahme stammt vom Anglo-Australischen Teleskop). In Richtung eines Haufenzentrums herrschen im allgemeinen große elliptische Galaxien vor.

Die Größe der Galaxienhaufen reicht von bloßen Zwillingsgalaxien und Dreiergruppen bis zu Haufengiganten mit Tausenden von Mitgliedern.

Alle Haufen bestehen aus einer Vielfalt von Galaxien, die sich in drei Hauptarten unterteilen lassen. Spiralgalaxien haben Spiralarme und eine zentrale Verdickung; die elliptischen Galaxien sehen in etwa aus wie ein amerikanischer Fußball, wenngleich sie sich in unterschiedlichem Grad der Kugelform annähern. Die irregulären Galaxien zeigen sich zwar recht formlos, doch sie scheinen eher mit den Spiralgalaxien als mit den elliptischen Galaxien in Verbindung zu stehen. Elliptische Galaxien und Spiralgalaxien herrschen in einem Haufen gewöhnlich vor. Galaxien variieren größenmäßig sehr stark, ihr Durchmesser liegt zwischen einigen tausend und einigen hunderttausend Lichtjahren. Die kleinsten nennt man „Zwerggalaxien".

Die lokale Gruppe, der Haufen, zu dem auch unsere Galaxis gehört, ist recht klein. Wie viele Galaxien er enthält, hängt davon ab, ob man einige außerhalb liegende Mitglieder

hinzurechnet oder nicht. Mit Sicherheit hat er mindestens 26 Hauptkomponenten. Zählt man einige kleine und schwache Galaxien in der Nachbarschaft dazu, so erhöht sich die Gesamtzahl auf mindestens 28, und es gibt ohne Zweifel weitere schwache Galaxien, deren Entdeckung noch aussteht.

Alle Galaxien sind in Bewegung: Unsere Milchstraße fliegt mit einer Geschwindigkeit von ungefähr 200 Kilometern pro Sekunde dahin. Nach aktuellem Wissensstand hat die gesamte Gruppe einen Durchmesser von fast vier Millionen Lichtjahren. In einem Umkreis von etwa 10 Millionen Lichtjahren sind außer unserer Milchstraße keine Galaxien bekannt.

Der unserer lokalen Gruppe nächststehende größere Haufen liegt im Sternbild Virgo (Jungfrau). Er besteht aus Tausenden von Galaxien aller Art; von den 2 500 lichtstarken unter ihnen gehören wiederum 30 Prozent zu den elliptischen Galaxien. Im Zentrum des Virgo-Haufens fällt eine riesige elliptische Galaxie, die „M87", auf. Ähnliche Erscheinungen kann man in vielen Haufen beobachten.

Die mittlere Entfernung zum Virgo-Haufen beträgt 52 Millionen Lichtjahre. Er ist ein wenig unregelmäßig geformt, seine größte Ausdehnung mißt ungefähr 8,8 Millionen Lichtjahre. Die Mitglieder des Haufens sind in Gas eingebettet. Neuere Beobachtungen zeigen, daß M87 auch eine Quelle kräftiger Röntgenemissionen darstellt.

Der große Haufen in der „Coma Berenices" gilt als wichtigste Komponente des Coma-Superhaufens. Er läßt sich recht eingehend untersuchen, da er oberhalb der Gas- und Staubmengen liegt, die mit unserer Milchstraße verbunden sind. Er umschließt weit

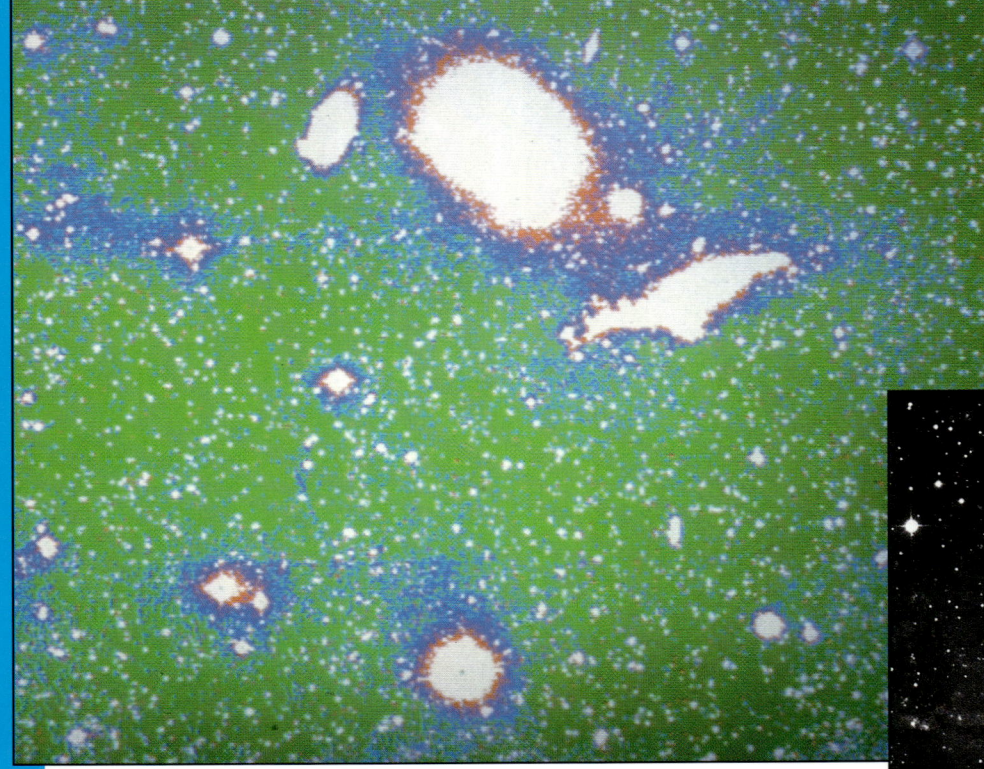

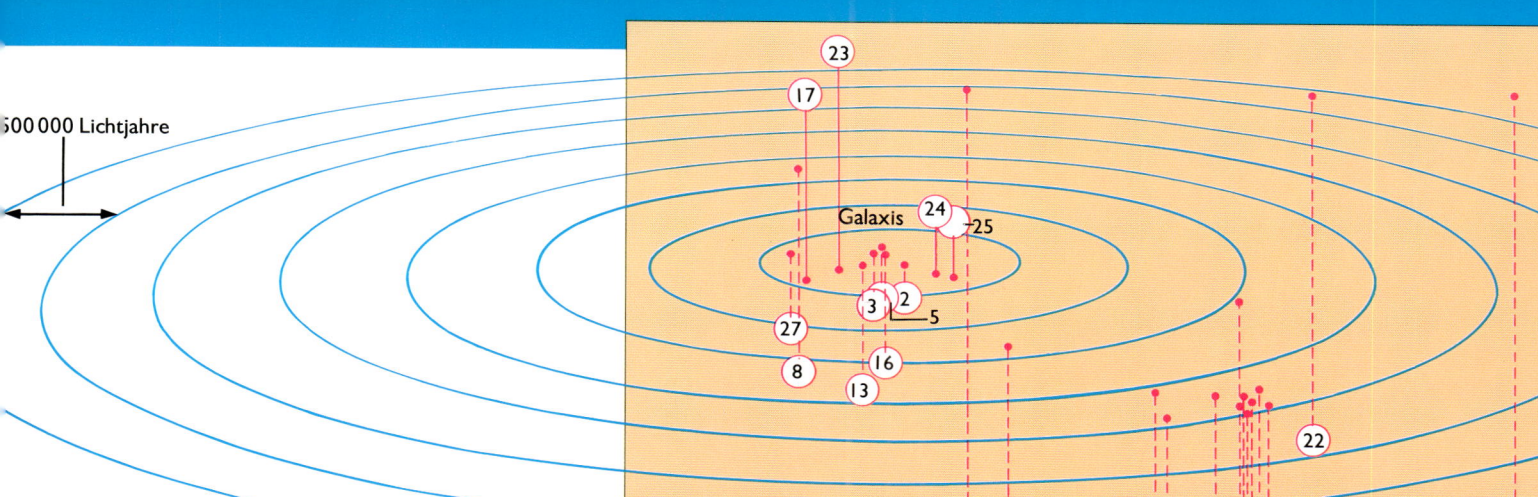

Galaxis

über tausend Galaxien und liegt im Mittel 326 Millionen Lichtjahre entfernt. Seine Form ist beinahe sphärisch, seinen Durchmesser schätzt man auf mindestens zehn Millionen Lichtjahre. Ein zentraler Kern, dessen Dichte dreimal so hoch ist wie die des übrigen Haufens, enthält eine Anzahl massereicher Spiral- und elliptischer Galaxien. Wahrscheinlich stand dem Gravitationsfeld dieses Haufens aufgrund seines Alters genügend Zeit zur Verfügung, um diese großen Galaxien ins Zentrum hineinzuziehen. Ein Haufen, der sich bis zu einem derartigen Stadium entwickelt hat, wird von den Astronomen als „relaxed" (entspannt) bezeichnet. Im Coma-Haufen treten auch, wie es für große Haufen typisch ist, elliptische Riesengalaxien in Erscheinung.

Der Herkules-Haufen erweist sich als weniger verdichtete Anhäufung als der Coma-Haufen. Seine Form ist unregelmäßig, und er enthält alle Galaxientypen, mehrheitlich jedoch Spiralen. Eine Eigenheit des Haufens besteht darin, daß viele Spiralgalaxien mehr Gas als üblich zurückgehalten haben, so daß das intergalaktische Gas im Haufen spärlich verteilt ist. Da man vermutet, daß Gase im Laufe der Zeit aus den Galaxien entweichen, lassen diese Beobachtung sowie die Art der Galaxienbewegung darauf schließen, daß der Herkules-Haufen jünger ist als der Coma-Haufen.

Der gewaltige Perseus-Haufen, 235 Millionen Lichtjahre entfernt, birgt in seinem Zentrum eine besonders umfangreiche elliptische Galaxie. Er enthält dazu eine Reihe von Radioquellen – Belege für eruptive Galaxien – und ist reich an hochenergetischen in den Haufen eingebetteten Gasmassen. Die relativ zueinander hohen Geschwindigkeiten der Mitgliedsgalaxien in Verbindung mit dem Auftreten von Gas könnten darauf hinweisen, daß der Perseus-Haufen nicht jung ist.

Die lokale Gruppe

Unser Galaxienhaufen, die lokale Gruppe, wird von zwei großen Spiralgalaxien beherrscht, der Milchstraße und der Spiralgalaxie in der Andromeda, die wahrscheinlich die größere der beiden ist. Die übrigen Galaxien sind jeweils um eine der beiden herum angeordnet. Die auffälligsten Begleiter der Milchstraße sind die Große und die Kleine Magellansche Wolke. Beide Begleitgalaxien scheinen wie einige Spiralgalaxien einen zentralen Balken aus dichtgedrängten schwachen Sternen zu besitzen. Einige Astronomen halten die Magellanschen Wolken daher für rudimentäre Spiralgalaxien. Die dritte große Spiralgalaxie in der lokalen Gruppe, die „M 33", hat keine Begleitgalaxien. Bei den restlichen Galaxien handelt es sich um elliptische Zwerggalaxien und kleine irreguläre Systeme. Noch ist nicht ganz sicher, wie viele relativ nahegelegene schwache Galaxien zur lokalen Gruppe gehören: Hier wurden nur die wichtigsten dargestellt.

1 Andromeda, M31 (NGC 224) Sb
2 Triangulum, M33 (NGC 598) Sc
3 Große Magellansche Wolke SB (?)
4 IC 10 SB
5 Kleine Magellansche Wolke SB (?)
6 M110 (NGC 205) E6
7 M32 (NGC 221) E2
8 Barnards Galaxie (NGC 6822) Irr
9 NGC 185 dE
10 NGC 147dE
11 IC 1613 Irr
12 Wolf-Lundmark Irr
13 Fornax dE
14 IC 5152 Irr
15 Pegasus Irr
16 Sculptor dE
17 Leo I dE
18 Andromeda I dE
19 Andromeda II dE
20 Andromeda III dE
21 Aquarius Irr
22 Sagittarius Irr
23 Leo II (Leo B) dE
24 Ursa Minor dE
25 Draco dE
26 LGS 3 Irr
27 Carina dE

dE = „dwarf elliptical" (elliptische Zwerggalaxie). Irr = Irreguläre Galaxie. Für die anderen Abkürzungen siehe S. 52 und 60. Leo III (Leo A) steht zu weit entfernt für diese Darstellung.

51

SPIRALGALAXIEN

● *Feuerräder des Kosmos*

NGC2997 ist eine Spiralgalaxie, die uns in der Draufsicht erscheint. Alte Sterne bilden ihren fast staub- und gasfreien gelblichen Kern. Junge bläuliche Sterne, glühendes Gas und dunkler Staub sind in den Armen zu erkennen.

Die Spiralgalaxien, die wie Feuerräder durch den Raum ziehen, gehören zu den prächtigsten Erscheinungen im Kosmos. Es ist daher verständlich, daß die meisten Menschen das Bild einer Spirale vor Augen haben, sobald von einer „Galaxie" die Rede ist.

Die wichtigsten Merkmale einer Spiralgalaxie sind die zentrale Verdickung und die Scheibe, die sich vom Zentrum weit in den Raum ausdehnt. Die Arme liegen beinahe immer in der Scheibenebene. Man klassifiziert Spiralgalaxien danach, wie eng ihre Arme gewickelt sind. Die zentrale Verdickung ist im allgemeinen annähernd kugelförmig. Bei einer Klasse von Spiralgalaxien, den Balkenspiralen, ist die Zentralregion zu einem Balken auseinandergezogen.

Viele Spiralgalaxien senden zusätzlich zum sichtbaren Licht auch Radiostrahlung aus, die kaltem, dunklem Wasserstoffgas und glühenden Wasserstoffwolken entstammt. Die Radiostrahlung liefert zusätzlich Belege für Halos, die aus Sternhaufen und Gas bestehen und die Spiralen umschließen.

Die Größe der Spiralgalaxien variiert sehr stark. Die Spiralgalaxie in der Andromeda, M31, ist ein ausgedehntes System mit einem Durchmesser von mindestens 124 000 Lichtjahren. Optische Beobachtungen gaben kürzlich Hinweise auf Gas, das diesen Durchmesser bei weitem übertrifft. Unsere Galaxis ist ebenfalls sehr groß, ihr Durchmesser beträgt mindestens 100 000 Lichtjahre. Die nächste bedeutende Spiralgalaxie in unserer lokalen Gruppe, die M33 im Sternbild Triangulum (Dreieck), weist einen erheblich kleineren Durchmesser auf. Ihre Hauptscheibe erstreckt sich nur über 52 000 Lichtjahre; damit ist sie im Vergleich zu den meisten anderen Spiralen immer noch recht groß. Die Magellanschen Wolken, Begleitgalaxien unserer Milchstraße, gelten als Beispiele für kleinere Spiralgalaxien. Sie werden heute zur Klasse der Balkenspiralen gerechnet.

Spiralgalaxien enthalten Myriaden von Sternen. In unserer Galaxis gibt es etwa 100 Milliarden, in der Andromedagalaxie bis zu 1000 Milliarden Sterne. Diese Sterne sind jedoch nicht gleichmäßig verteilt. Die größte Ansammlung befindet sich in der zentralen Verdickung. Hier handelt es sich um relativ alte Sterne, die insgesamt gelblich erscheinen. Die Sterne in der Scheibe und in den Spiralarmen sind weitaus jünger: Viele werden erst jetzt aus dem Gas und dem Staub jener Regionen geboren; ihre Scheiben und Arme zeigen eine bläuliche Färbung.

Wie sind die Spiralgalaxien entstanden? Im jungen Universum bewirkten Zusammenstöße von Atomen und Molekülen einen Energieverlust, der ihre Bewegung verlangsamte, bis schließlich die Gravitation die Oberhand gewann. Die Materie sammelte sich in kleinen, massereichen Konzentrationen, den Protogalaxien (S. 38-39); diese begannen sich aufgrund ihrer Eigengravitation rasch zusammenzuziehen und formten zentrale galaktische Kerne, die zugleich in einzelne Materieklumpen zerbrachen. Diese Klumpen ballten sich zu Sternen zusammen. Auch heute noch bilden sich aus derartigen Anhäufungen von Staub und Gas neue Sterne.

Die Materie, aus der diese Ansammlung von Sternen entstand, hatte sich in einer um den zentralen Kern herumführenden Bewegung befunden. Deshalb reicherten sich die Sterne im Laufe ihrer Entstehung in einer rotierenden Masse an. Die galaktische Rotation führte zur Abstoßung gasförmiger Materie, die um die zentralen Regionen eine abgeplattete Scheibe bildete. In der Scheibe entstanden unterschiedliche Rotationsgeschwindigkeiten; dabei dürfte sich die Materie mit der geringsten Bewegungsenergie dem Rand am nächsten befunden haben. Anfänglich zeigte eine derartige Scheibe keine Spiralarme.

Neueren Theorien zufolge traten jedoch Dichtewellen in Erscheinung. Aufgrund einzelner Störungen im Gravitationsfeld der Scheibe – vermutlich ausgelöst durch die gleichmäßige Verteilung der Materie – dürften die Sterne mit unterschiedlichen Geschwindigkeiten dahingewandert sein. Sobald sie sich aneinander vorbeibewegten, lösten sie wechselseitig Veränderungen ihrer Umlaufbahnen aus. Die so bewirkten Gravitationsstörungen breiteten sich wellenartig durch die Materie aus und verursachten damit die Entstehung der Spiralarme.

Die Dichtewellen wurden von der Rotation der gasförmigen Materie beeinflußt. Diese Drehung und die Entstehung der Arme erzeugten Schockwellen, die wiederum die Gasmoleküle veranlaßten, sich zu dichteren Wolken zusammenzuballen. Hierauf setzte die Anziehungskraft zwischen den Molekülen in jeder Wolke die Sternentstehung in Gang; diese spät geborenen, hellen Sterne verleihen den Spiralarmen ihre blaue Farbe.

Die Schockwellen, die durch diese Prozesse verursacht wurden, sind nach einer Milliarde Jahren abgeflaut. In Spiralgalaxien müssen jedoch immer wieder neue Schockwellen ausgelöst werden, wenn sich kontinuierlich neue Sterne aus der Scheibenmaterie bilden

Das Erscheinungsbild einer Spiralgalaxie hängt für den Betrachter vom Neigungswinkel ab. Einige zeigen sich uns in direkter oder annähernder Kantenstellung (oben). Andere stellen ihre gewundenen Arme in verschiedenen Positionen zur Schau.

NGC 4565 (unten) ist eine Spiralgalaxie, die uns in Kantenstellung erscheint. Der Staub in der Scheibe ist als Dunkelband sichtbar, das die zentrale Verdickung durchquert. In der Scheibe sind Gebiete zu erkennen, die aus leuchtendem Gas bestehen.

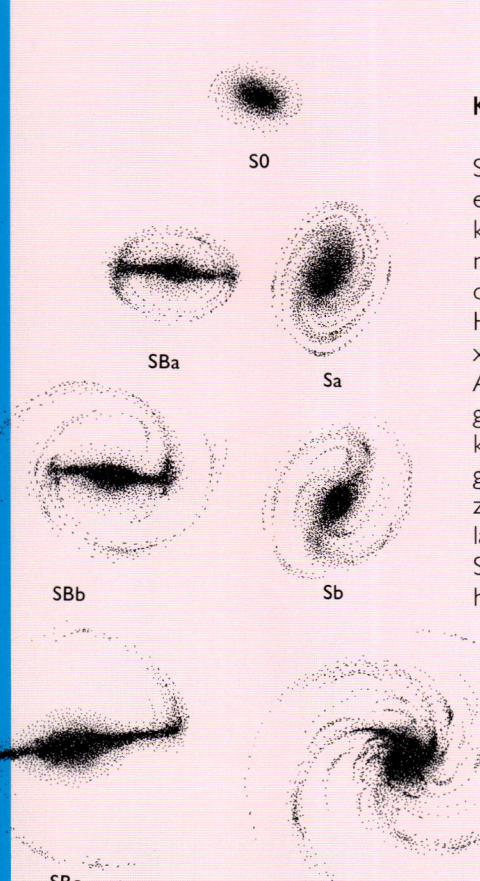

Klassifikation der Spiralsysteme

Spiralgalaxien werden danach eingeteilt, wie eng ihre Arme gewickelt sind und ob sie eher kugelförmige oder balkenartige Zentralregionen aufweisen. Das Diagramm zeigt eine Anordnung der Spiraltypen, wie sie zuerst Edwin Hubble entworfen hat. Normale Spiralgalaxien reichen vom Typ S0, der meist keine Arme hat, über Sa, Sb und Sc, ein Typ mit weit geöffneten Spiralarmen. Ähnlich werden Balkenspiralen klassifiziert: SB0, SBa, usw. Früher glaubte man, daß dieser Formensequenz eine zeitliche Entwicklung zugrunde liegt: Spiralgalaxien mit weit geöffneten Armen werden zu Sa- und S0-Typen. Diese Ansicht wird jedoch heute nicht mehr vertreten.

Die NGC 1365, eine SBb-Balkenspirale, ist unten abgebildet. Bei dem Balken handelt es sich wahrscheinlich um eine Besonderheit, die erst im späteren Leben einer Spiralgalaxie entsteht.

sollen. Computersimulationen der Bedingungen in den Spiralarmen zeigten den Astronomen, wie das geschehen könnte.

Die Scheibe, in der sich die Spiralarme befinden, ist stets sehr dünn, ihre Dicke beträgt ungefähr ein Fünfzehntel ihres Durchmessers. Berechnungen weisen nach, daß diesen Scheiben eine interne Labilität innewohnt und daß überdies die individuellen, unkontrollierbaren Eigenbewegungen der Sterne im Laufe der Zeit größer werden.

Folglich verliert die Scheibe weiter an Stabilität, neue Schockwellen werden ausgelöst. Die Hauptwellen zeigen keine Spiralform, sondern erscheinen lang und schmal. Eine gleichförmige Scheibe formt also zunächst Spiralarme aus, die später, nachdem sich die Galaxie einige Male gedreht hat, größtenteils verschwinden und einem Balken Platz machen. Derartige Balken enthalten bis zu 40 Prozent der optisch sichtbaren Materie einer

Galaxie. So entstehen also Balkenspiralen, die gewiß ein Spätstadium in der Evolution der Spiralgalaxien darstellen.

Dieses Szenario der Entstehung von Spiralgalaxien wurde durch Beobachtungen an einer spiralförmigen Riesengalaxie im Sternbild Jungfrau untermauert. Ohne Zweifel handelt es sich bei dieser Galaxie, Malin 1, um eine linsenförmige Spirale in ungeheurer Entfernung. Sie ist sogar lichtschwächer als der Hintergrund des Nachthimmels. Nur dank einer leistungsfähigen photographischen Technik, die David Malin – nach dem die Galaxie benannt wurde – am Anglo-Australian Observatory in New South Wales entwickelte, können wir sie überhaupt sehen.

Überraschend an der Galaxie Malin 1 ist ihre enorme Größe. Die Zentralregion wird von einer gewaltigen Verdickung beherrscht, die einer elliptischen Galaxie ähnlich sieht. In ihrem Spektrum zeigt sie helle Linien, die auf

beachtliche Mengen glühenden Gases hinweisen. Diese Region wird von einer riesigen Scheibe aus Gas umgeben, deren Durchmesser über 490 000 Lichtjahre beträgt – das ist in etwa das Fünffache unserer Galaxis.

Diese gewaltige Scheibe aus neutralem Wasserstoff dreht sich langsamer als die Milchstraße. Wenn diese riesenhafte Supergalaxie, wie ihre Entdecker glauben, als Galaxie in einem frühen Entwicklungsstadium anzusehen ist, dann entspricht ihre momentane Geschwindigkeit genau den Erwartungen der Theoretiker. Zudem passen ihre Daten gut in den Entwicklungsverlauf der Spiralgalaxien, der oben skizziert wurde. Wir sehen die Galaxie heute in dem Stadium, das sie vor 800 Millionen Jahren erreicht hatte, also weit nach der Zeit, in der die ersten Spiralgalaxien entstanden waren. Sie scheint ein Beweis dafür zu sein, daß sich im Universum fortwährend neue Galaxien bilden.

Die Spiralgalaxie M82, zehn Millionen Lichtjahre von der Erde entfernt, ist in dieser Photographie mit computerverstärkten Farben zu sehen. Lange Zeit hielt man sie für eine explodierende irreguläre Galaxie. Heute wird sie jedoch eher als normale Spiralgalaxie angesehen. Die rötlichen Filamente, die aus dem Kern hervorzutreten scheinen, gehören wahrscheinlich zu einer Wolke aus Gas und Staub, durch die sich die Galaxie gerade bewegt.

DIE MILCHSTRASSE

● *Unsere galaktische Heimat*

Der Planet Erde umkreist einen der 100 Milliarden Sterne, die zusammen die Milchstraße, unsere Galaxis, bilden. Die Idee einer derartigen Sterneninsel brachte um 1780 erstmals Wilhelm Herschel auf, ein Pionier der Himmelsbeobachtung mit Großteleskopen. Er zählte in jeder Himmelsrichtung die Anzahl der Sterne und schloß aus diesen Zahlen, daß die Sonne im Zentrum eines flachen, langgezogenen Sternsystems stehen müsse.

Betrachtet man dieses System von der Seite, so sieht es aus wie die Milchstraße. Das mit bloßem Auge im Spätsommer und Herbst am Abendhimmel zu beobachtende milchig verwaschene Band nannten die Griechen „Galaxias" (Milchstraße). Mit Galaxis wird heute das Sternsystem unserer Milchstraße bezeichnet, das unser Sonnensystem enthält, während Galaxie ein Sternsystem außerhalb unseres eigenen meint. Der Blick durch ein kleines Fernrohr zeigt bereits, daß die Milchstraße aus Tausenden von Sternen besteht. Je weiter man die Blickrichtung von der Ebene des Systems entfernt, um so weniger Sterne sind sichtbar.

An verschiedenen Stellen scheint die Milchstraße riesige „Löcher" zu haben. Es sind allerdings keine echten Löcher, wie die Astronomen eine Zeitlang glaubten, sondern Staub aus Kohlenstoff, Eisen und anderen Elementen, der das Licht absorbiert (S. 74-77), sowie riesige Gaswolken. Mit den Beobachtungen Herschels setzte sich die Erkenntnis durch, daß sowohl die Sterne der Milchstraße als auch dazugehörige Gase und Staub Teil einer riesigen Materiescheibe sind, die im Zentrum unserer Sterneninsel ihren Ursprung hat.

Beobachtungen mit Radioteleskopen, die Staub und Gas durchdringen, bestätigten die Scheibenform der Milchstraße und führten zur Entdeckung ihrer vier Spiralarme. Der Centaurusarm ist dem Zentrum unserer Galaxis am nächsten und verläuft durch die Sternbilder Centaurus, Kreuz des Südens und Carina. Zwei weitere Arme findet man in den Sternbildern Schütze und Orion. Der Arm, der sich am weitesten vom Zentrum der Milchstraße entfernt, erstreckt sich durch das Sternbild Perseus. Die Scheibe der Galaxis hat in ihrem kompakten Teil einen Durchmesser von 100 000 und eine Dicke von 1000 Lichtjah-

ren, sie erstreckt sich jedoch noch viel weiter in den Raum und wird dabei zum Rand hin dünner. Die Sonne ist etwa 30 000 Lichtjahre vom Zentrum entfernt.

Wie bei allen Spiralgalaxien steht auch im Zentrum unserer Galaxis ein konzentrierter Kern aus Sternen. Er bildet eine Verdichtung in Form einer abgeplatteten Kugel mit einem Durchmesser von mindestens 20 000 und einer Dicke von nur etwa 3 000 Lichtjahren; in der Umgebung dieser Sterne findet man verhältnismäßig wenig Gas – höchstens zehn Prozent ihrer Masse. Von der Erde aus gesehen liegt diese zentrale Verdickung in Richtung des Sternbildes Schütze. Während die Spiralarme aus Sternen aller Altersklassen, auch aus neu entstandenen Sternen der Population I, bestehen, findet man in der Zentralregion nur alte Sterne der Population II.

Die verschiedenen Bereiche unserer Galaxis rotieren mit unterschiedlicher Geschwindigkeit: der Rand langsamer als die inneren Regionen. Die Sonne befindet sich auf etwa halbem Weg zum Rand. Sie bewegt sich mit einer Geschwindigkeit von 250 Kilometern pro Sekunde, dennoch benötigt sie für einen vollständigen Umlauf 200 Millionen Jahre. Dieser Zeitraum heißt auch kosmisches Jahr.

Aus den Beobachtungen zweier amerikanischer Satelliten im hochenergetischen Bereich weiß man seit Ende der siebziger Jahre, daß das Zentrum unserer Galaxis, ebenso wie das anderer Spiralgalaxien, eine starke Röntgenquelle darstellt. Diese Entdeckung stützt die Hypothese, daß es im Kern unserer Galaxis ein schwarzes Loch (S. 62-65) geben müsse, das gierig Gas, Staub und alte Sterne verschlingt, die beim Aufprall hochenergetische Strahlung aussenden.

Die Milchstraße ist von einem riesigen Halo umgeben, dessen Durchmesser mit 100 000 Lichtjahren etwa dem der Scheibe entspricht. Innerhalb dieses Halos befinden sich neben mehreren hundert Kugelsternhaufen, die aus Zehntausenden dicht gepackter Sterne bestehen (S. 80-81), auch zahllose Einzelsterne. Wahrscheinlich ist unsere Galaxis – wie vermutlich auch alle anderen – von einer ausgedehnten Wolke unsichtbarer Materie umgeben. Messungen der Bewegung von Sternen in der Scheibe der Galaxis bestätigen dies.

Die Scheibe der Galaxis (unten) zeigt sich uns als Milchstraße, ein Lichtband, das sich kreisförmig über den Himmel zieht und aus Tausenden von Sternen besteht. Sie sind so dicht gepackt, daß man sie nicht unterscheiden kann. Die Sonne liegt im Orionarm, einem der vier Spiralarme.

Die Galaxis durchschneidet die Himmelskugel (eine gedachte Kugel um die Erde – rechts) kreisförmig am galaktischen Äquator. Schneidet man die Kugel auf, erhält man eine Himmelskarte (oben). Die Erdachse zeigt auf die Himmelspole, die gegenüber den galaktischen Polen geneigt sind.

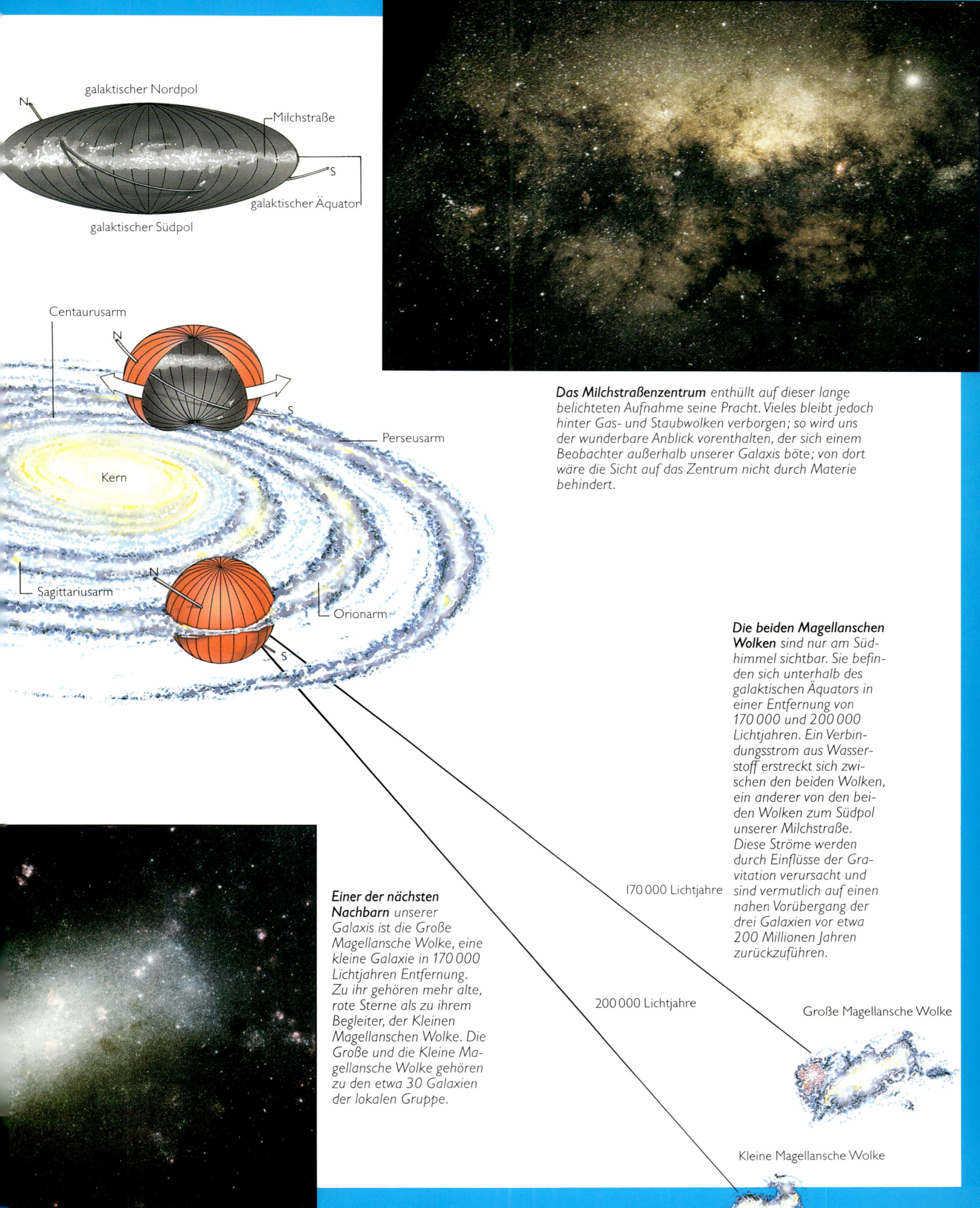

galaktischer Nordpol

N

Milchstraße

S

galaktischer Äquator

galaktischer Südpol

Centaurusarm

N

S

Perseusarm

Kern

N

Sagittariusarm

S

Orionarm

Das Milchstraßenzentrum enthüllt auf dieser lange belichteten Aufnahme seine Pracht. Vieles bleibt jedoch hinter Gas- und Staubwolken verborgen; so wird uns der wunderbare Anblick vorenthalten, der sich einem Beobachter außerhalb unserer Galaxis böte; von dort wäre die Sicht auf das Zentrum nicht durch Materie behindert.

Die beiden Magellanschen Wolken sind nur am Südhimmel sichtbar. Sie befinden sich unterhalb des galaktischen Äquators in einer Entfernung von 170 000 und 200 000 Lichtjahren. Ein Verbindungsstrom aus Wasserstoff erstreckt sich zwischen den beiden Wolken, ein anderer von den beiden Wolken zum Südpol unserer Milchstraße. Diese Ströme werden durch Einflüsse der Gravitation verursacht und sind vermutlich auf einen nahen Vorübergang der drei Galaxien vor etwa 200 Millionen Jahren zurückzuführen.

170 000 Lichtjahre

Einer der nächsten Nachbarn unserer Galaxis ist die Große Magellansche Wolke, eine kleine Galaxie in 170 000 Lichtjahren Entfernung. Zu ihr gehören mehr alte, rote Sterne als zu ihrem Begleiter, der Kleinen Magellanschen Wolke. Die Große und die Kleine Magellansche Wolke gehören zu den etwa 30 Galaxien der lokalen Gruppe.

200 000 Lichtjahre

Große Magellansche Wolke

Kleine Magellansche Wolke

KOLLIDIERENDE GALAXIEN

● *Katastrophen tief im All*

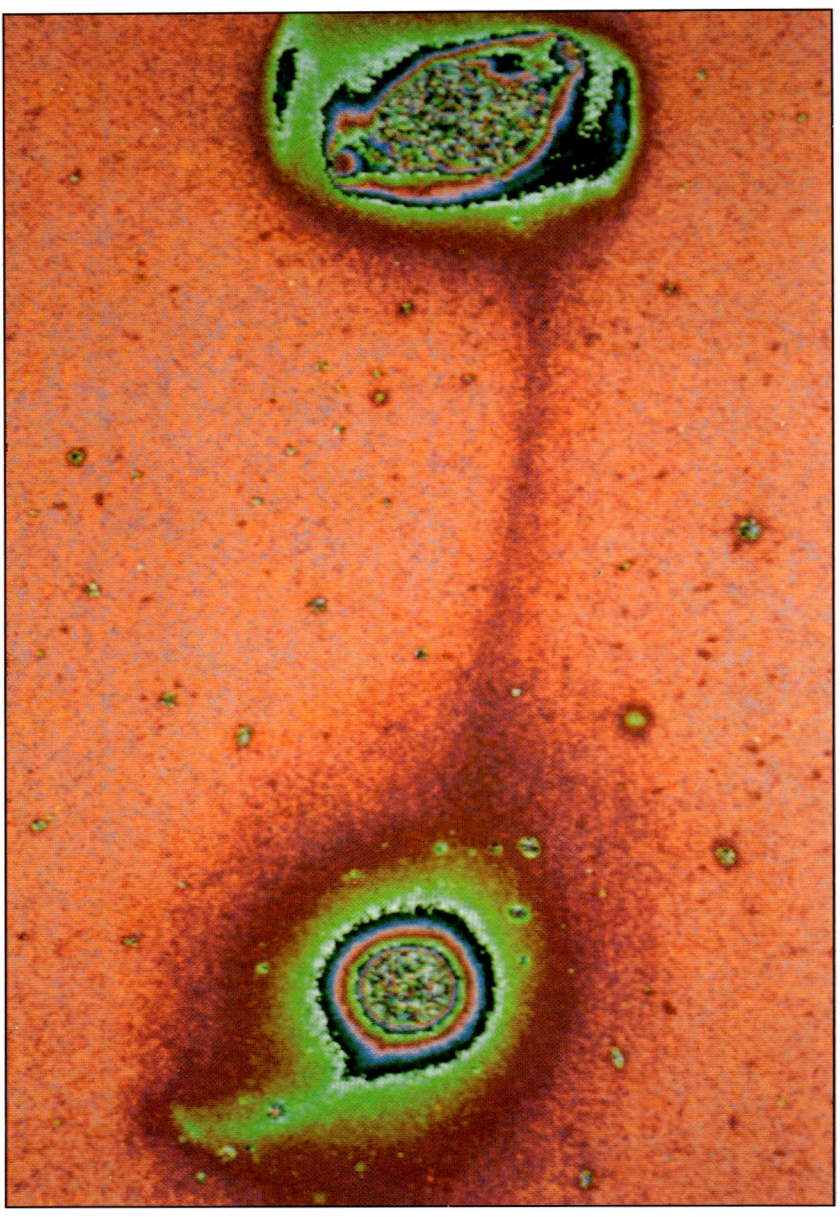

Eine Sternenkette, von wechselseitigen Gravitationskräften herausgerissen, verbindet die Galaxien NGC 5216 und NGC 5218. Dieses Bild wurde mit dem Isaac-Newton-Teleskop in La Palma, Teneriffa, aufgenommen. Anstelle eines Filmes verwendete man einen empfindlichen elektronischen Detektor.

Die meisten Galaxien sind weit voneinander entfernt: Auch innerhalb eines Galaxienhaufens beträgt ihr durchschnittlicher Abstand etwa 1,5 Millionen Lichtjahre. Dennoch können sie sich so nahe kommen, daß schwerkraftbedingte Wechselwirkungen und gelegentlich sogar Zusammenstöße stattfinden.

Der Umlauf der beiden Magellanschen Wolken, die die Milchstraße in ungefähr 500 Millionen Jahren einmal umkreisen, hat beachtliche schwerkraftbedingte Auswirkungen auf

unsere Galaxis: Die Scheibe aus Sternen, Gas und Staub wird verzerrt, indem eine Seite nach oben, die andere nach unten abgelenkt wird. Der Teil der Scheibe, der vom Zentrum weiter entfernt ist als unsere Sonne, wird in Richtung Norden gekrümmt, während der gleich weit entfernte gegenüberliegende Teil der Scheibe sich in südlicher Richtung verformt. Diese Verzerrung wandert in ungefähr einer Milliarde Jahren einmal um die Scheibe. Die Gezeitenwirkung unserer Galaxis beeinflußt wiederum die Magellanschen Wolken. Zwischen den drei Galaxien wurde eine sehr ausgedehnte Gasbrücke, der Magellansche Strom, entdeckt.

Derartige wechselseitige Gezeiteneffekte findet man bei acht von zehn Spiralgalaxien, deren gekrümmte oder verzerrte Scheiben mit modernen Techniken beobachtet werden können. Auch der Andromedanebel weist eine solche Verformung auf. Hier läßt sich die Ursache jedoch nicht eindeutig klären, da die Galaxien, die ihn begleiten, offenbar zu weit entfernt sind, um solche Effekte auszulösen. Wahrscheinlich enthält jedoch das Halo der Spiralgalaxien dunkle Materie (S. 168-169), die eine Verformung der Scheiben bewirken kann.

Diese Materie kann verschieden geartet sein: Sie könnte teilweise aus WIMPs (weakly interacting massive particles = massereiche, nur schwach miteinander reagierende Teilchen) bestehen, einem hypothetischen Materietyp, nach dem in Labors immer noch gesucht wird. Ein anderer Teil könnte sich auch aus MACHOs (massive compact halo objects = massive, kompakte Halobestandteile) zusammensetzen. Letztere sind möglicherweise die Überreste von Sternen, die vor sehr langer Zeit kollabierten – vielleicht aber auch braune Zwerge oder jupiterähnliche Gebilde –, Objekte also, deren Masse zur Bildung eines Sterns nicht ausreichte.

Mittlerweile wurden viele interessante Wechselwirkungen zwischen Galaxien beobachtet. Als Beispiel lassen sich die Galaxien NGC 5426 und NGC 5427 im Sternbild Virgo (Jungfrau) anführen, deren Spiralarme sogar miteinander verbunden sind. Durch die gegenseitige Gezeitenwirkung wurden ihre Scheiben nicht nur verformt, sondern offenbar gezwungen, sich mit einer Periode von etwa 100 Millionen Jahren zu umkreisen. Wie unsere Galaxis und die Magellanschen Wolken, so beeinflussen sich mitunter auch mehr als zwei Galaxien gegenseitig. Im Sternbild Serpens Caput (Schlangenkopf) steht das Stephanssextett. Von seinen sechs Galaxien stehen fünf miteinander in Wechselwirkung.

Es ist nur noch ein kleiner Schritt von einer solchen Situation zu einer regelrechten Galaxienkollision. Im Sternbild Corvus (Rabe) sind anscheinend zwei Galaxien zusammengestoßen; dabei wurden zwei ausgedehnte leuchtende Gasströme ausgestoßen, die wie die Fühler eines riesigen Insekts aussehen. Mit Hilfe von Computersimulationen kann man zeigen, daß eine Kollision derartige Verformungen verursacht, wenn zwei Galaxien rechtwinklig aufeinandertreffen. Die Zentren der kollidierten Galaxien sind etwa 65 000 Lichtjahre voneinander entfernt: Die Stärke der Explosion beim Zusammenstoß läßt sich aus der Tatsache ableiten, daß die Enden der Antennen heute beinahe 500 000 Lichtjahre voneinander entfernt sind.

Es gibt Beispiele für Galaxienkollisionen, die sogar noch spektakulärere Folgen haben, wie der Zusammenstoß der beiden Spiralgalaxien IG 29 und IG 30, der offenbar ebenfalls im rechten Winkel erfolgte; überraschend erscheint, daß die beiden Galaxien einander zwar durchdrungen haben, ihre Spiralform aber erhalten blieb. Gleichwohl sind sie noch durch die Schwerkraft aneinander gebunden: Eine helle Gasbrücke verbindet die beiden Zentren. Eine der Galaxien ist von einem Ring aus Gas und hellen Sternen umgeben; Galaxien dieser Art heißen Ringgalaxien.

Noch eindrucksvoller ist die Wagenradgalaxie, die etwa 650 Millionen Lichtjahre von uns entfernt liegt. Sie war spiralförmig, bis sie frontal mit einer kleineren Galaxie zusammenstieß und von dieser durchdrungen wurde – die Ringgalaxie entstand erst als Folge dieses Ereignisses. Heute sind die beiden Galaxien wieder 250 000 Lichtjahre voneinander entfernt. Der Rand des Wagenrades wird von einer expandierenden Schockwelle gebildet, in der helle, massereiche Sterne entstehen. Ihnen bleibt nur eine kurze Lebensdauer, bis sie in einer Supernova (S. 90-91) explodieren.

Eine kleine elliptische Galaxie, die eine große Spiralgalaxie (ähnlich unserer eigenen) durchdringt, zieht Sterne, Gas und Staub der größeren zum Einschlagort. Nach dem Durchtritt prallt die Materie zurück und bildet Ringe (ähnlich einem ins Wasser geworfenen Stein). Die Ringe werden größer und begünstigen die Sternentstehung, da sie Gas und Staub komprimieren.

Die Wagenradgalaxie (unten) zeigt einen äußeren und einen inneren Ring, die man für das Ergebnis eines Zusammenstoßes mit einer kleinen Galaxie vor 300 Millionen Jahren hält.

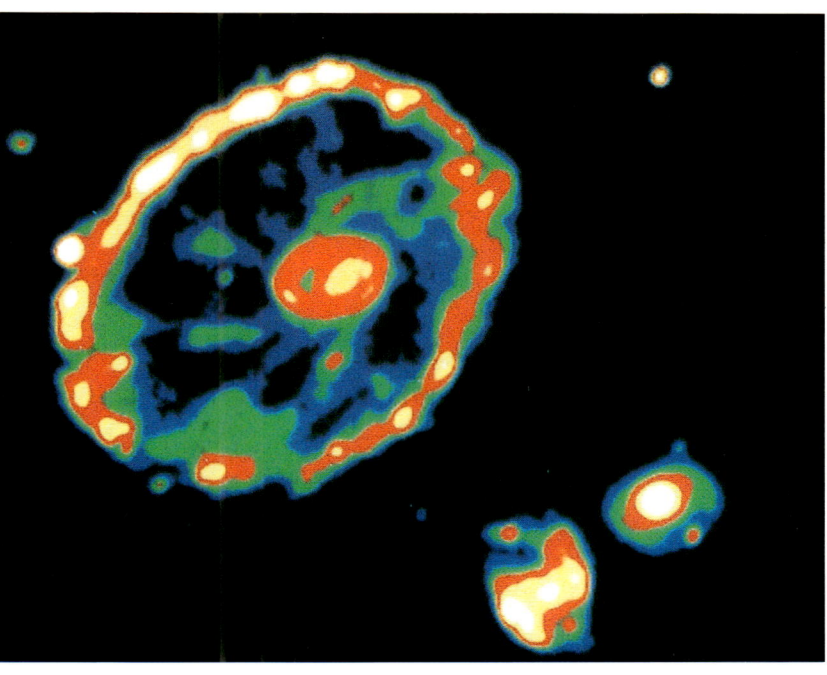

ELLIPTISCHE GALAXIEN

● *Überreste galaktischer Kollisionen?*

Die linsenförmige Galaxie NGC 5102 ist ungefähr 13 Millionen Lichtjahre von der Erde entfernt und nur am Südhimmel sichtbar. Linsenförmige Galaxien bilden eine eigene Klasse zwischen den elliptischen und den spiralförmigen Galaxien. NGC 5102 hat einen hellen elliptischen Kern mit einer Größe von etwa 3 400mal 8 000 Lichtjahren. Die längliche Scheibe weist einen Durchmesser von 33 000 Lichtjahren auf.

Die Form elliptischer Galaxien ist kompliziert. Meist sind ihre drei Achsen, die im Zentrum senkrecht aufeinander stehen, von unterschiedlicher Länge.

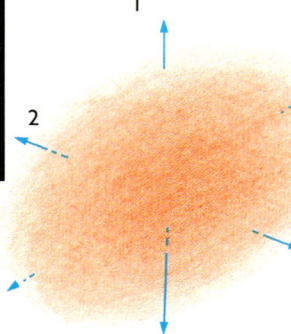

zu sein. Seit den siebziger Jahren können Astronomen die Umlaufgeschwindigkeit von Sternen in anderen Galaxien annähernd bestimmen. Die Ergebnisse dieser Messungen waren überraschend, da sich meist für alle drei Achsen der elliptischen Galaxien unterschiedliche Längen ergaben.

Man weiß heute, daß alle Galaxien etwa gleichzeitig entstanden sind. Ob sich aus einer Protogalaxie (S. 38-39) eine spiralförmige oder eine elliptische Galaxie entwickelt, hängt von ihrer Rotationsgeschwindigkeit ab. Bei hohen Rotationsgeschwindigkeiten entsteht eine Spiralgalaxie, während geringere Geschwindigkeiten zur Entstehung einer elliptischen Galaxie führen.

Die Sternentstehung in elliptischen Galaxien war mit der Kontraktion der Protogalaxie weitgehend abgeschlossen, so daß es dort heute an jungen Sternen fehlt. Dies ist um so erstaunlicher, als Radiobeobachtungen eine beachtliche Menge neutralen Wasserstoffs in elliptischen Galaxien nachweisen konnten. Dieser ist zwar nicht im sichtbaren Licht, im Radiobereich bei 21 Zentimetern jedoch deutlich zu erkennen. Zudem wurden beträchtliche Mengen Staub entdeckt; dennoch bleibt es bei der Feststellung, daß elliptische Galaxien hauptsächlich aus alten Sternen bestehen. Auch die Kerne und Halos von Spiralgalaxien setzen sich aus älteren Sternen zusammen; der Prozeß der Sternentstehung dauert nur in der Scheibe an.

Da jedoch in den Zentren von Galaxienhaufen (S. 50-51) sehr massereiche elliptische Galaxien gefunden wurden, glaubt man heute, diese Objekte seien vor kurzer Zeit erst und zudem auf ganz andere Art entstanden. Sie könnten sich zwar aus Spiralnebeln entwickelt haben – jedoch nicht, wie man früher glaubte, in einem Evolutionsprozeß.

Einen Hinweis erhält man aus Untersuchungen über den Helligkeitsabfall am Rand elliptischer Galaxien. Diese Form der Helligkeitsverteilung wird in dem Gesetz von Vaucouleur beschrieben. 1987 erkannten Astronomen, daß dieses Gesetz auch auf die irregulären Starburst-Galaxien anwendbar ist. Sie enthalten offenbar willkürlich verteilte große Staubmengen. In diesen Galaxien entstehen Sterne in Hülle und Fülle.

Bei Beobachtungen im sichtbaren Licht findet man in elliptischen Galaxien nur alte, rötliche Sterne. Eine aus Gas, Staub und jungen Sternen bestehende Scheibe, die für Spiralgalaxien typisch ist, besitzen sie nicht. Entsprechend ihrer Form hat man sie in Klassen von E0 (kreisrund) bis E7 (länglich) unterteilt. Letztere bildet den Übergang zu den (oft als linsenförmig bezeichneten) Galaxien der Klasse S0, die möglicherweise eine eigene Gruppe zwischen den elliptischen und den spiralförmigen Galaxien darstellen.

Man dachte früher, die elliptischen Galaxien seien – abgesehen von den wenigen runden – in Form eines Rugbyballs angeordnet. Zeigt eine dieser Galaxien mit ihrer Seite zur Erde, scheint sie vom Typ E7, weist sie jedoch mit der Spitze zu uns, scheint sie vom Typ E0

Starburst-Galaxien treten meist in Galaxiengruppen auf, mit deren Mitgliedern sie in Wechselwirkung stehen. Größtenteils sind sie sogar beim Zusammenstoß zweier oder mehrerer Galaxien entstanden. Heute kann man sie als von Gas- und Staubspuren umgebene einzelne Objekte erkennen. Von Infrarotuntersuchungen unterstützte optische Beobachtungen zeigen häufig, daß sich die älteren Sterne der Starburst-Galaxien vor dem Zusammenstoß so bewegten wie die Sterne in elliptischen Galaxien.

Einen großen Beitrag zur Erforschung von Galaxienkollisionen leisteten Gillian Wright und ihre Kollegen, die am britischen Infrarotteleskop auf Hawaii arbeiteten. Gegenstand ihrer Untersuchung waren Galaxien, die große Mengen langwelliger Infrarotstrahlung, mit Wellenlängen bis zu einem Zehntel Millimeter, abgeben – darunter auch die Star-burst-Galaxie Arp 220, eines der hellsten Objekte dieser Kategorie. Derartige Galaxien bieten ein Erscheinungsbild, das auf Überreste eines Zusammenstoßes zweier Spiralgalaxien schließen läßt. Im sichtbaren Licht erkennt man in der Begleitung von Arp 220 Staubwolken, die wie eine Straße das Bild durchqueren. Diese Art von Staub weist auf die Entstehung neuer Sterne hin. Infrarotbeobachtungen zeigen nicht nur große Mengen heißen Staubes, sondern auch junge Sterne und komplexe Gasverbindungen. Beobachtungen belegen, daß sich auch heute noch elliptische Galaxien mit aktiven Zentren entwickeln. In der Frühzeit des Universums, als die Abstände zwischen den Galaxien kleiner waren, muß es mehr Zusammenstöße gegeben haben. Es ist daher auch möglich, daß alle elliptischen Galaxien bei der Kollision von Spiralgalaxien entstanden sind.

Centaurus A ist die dritt-stärkste Radioquelle am Himmel. Bei dem dunklen Band handelt es sich um eine Scheibe aus Gas und Staub, die im Zentrum einer noch weiter ausgedehnten elliptischen Galaxie liegt. Sie kann nur mit Hilfe spezieller photographischer Techniken sichtbar gemacht werden. Die Scheibe ist ein Ort der Sternentstehung.

SCHWARZE LÖCHER

● *Abgeschnitten vom Universum*

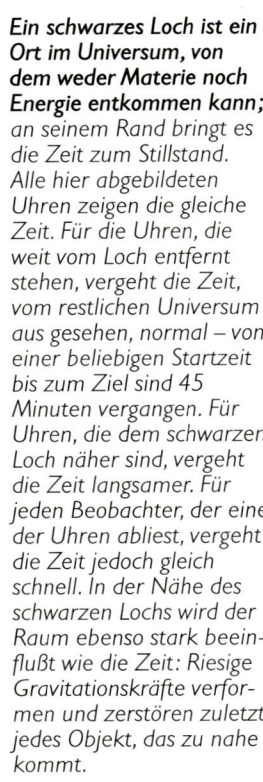

Ein schwarzes Loch ist ein Ort im Universum, von dem weder Materie noch Energie entkommen kann; an seinem Rand bringt es die Zeit zum Stillstand. Alle hier abgebildeten Uhren zeigen die gleiche Zeit. Für die Uhren, die weit vom Loch entfernt stehen, vergeht die Zeit, vom restlichen Universum aus gesehen, normal – von einer beliebigen Startzeit bis zum Ziel sind 45 Minuten vergangen. Für Uhren, die dem schwarzen Loch näher sind, vergeht die Zeit langsamer. Für jeden Beobachter, der eine der Uhren abliest, vergeht die Zeit jedoch gleich schnell. In der Nähe des schwarzen Lochs wird der Raum ebenso stark beeinflußt wie die Zeit: Riesige Gravitationskräfte verformen und zerstören zuletzt jedes Objekt, das zu nahe kommt.

Bereits 1783 hatte der Astronom und Geologe John Mitchell die Idee, daß die Gravitationskraft nicht nur auf Materie, sondern auch auf Licht wirken könne. Zu dieser Zeit war auch Isaac Newtons Theorie von der Teilchenstruktur des Lichtes aktuell, so daß Mitchells Idee nicht allzu weit hergeholt schien. Interessant war jedoch seine Schlußfolgerung, es könne Sterne geben, deren Fluchtgeschwindigkeit aufgrund ihrer Größe höher sei als die Lichtgeschwindigkeit. Demzufolge seien sie in der Lage, das Entweichen von Lichtpartikeln in den Raum zu verhindern. Für den Beobachter wären derartige Sterne schwarz und somit am Nachthimmel unsichtbar.

Der große französische Mathematiker und Physiker Pierre Laplace entwickelte unabhängig von Mitchell ähnliche Hypothesen. Als im frühen 19. Jahrhundert Newtons Teilchentheorie von der Idee einer Wellenfront abgelöst wurde, erschien die Vorstellung, daß Licht von der Gravitationskraft eingefangen werden könne, unwahrscheinlich. Erst 1915, als Einsteins Allgemeine Relativitätstheorie bekannt wurde, änderte sich die Situation grundlegend. Seine Theorie sagte eine Krümmung des Lichtes voraus, die dann bei der totalen Sonnenfinsternis 1919 mit der Lichtkrümmung durch die Sonne bewiesen werden konnte (S. 18). Jetzt wurde die Wirkung der Gravitation auf das Licht neu untersucht.

Nach den Berechnungen des englischen Physikers Oliver Lodge konnte ein Körper „vernünftiger" Größe das Licht jedoch nur dann vollständig zurückhalten, wenn seine Dichte die der damals bekannten Materie überstieg. Die Vorstellung von einer außerordentlich dichten, „degenerierten" Materie (S.88), die ein neues Licht auf die Theorie der „schwarzen Sterne" warf, kam erst später auf.

Ernsthaftes Interesse an solchen Objekten erwachte jedoch 1969, als Astronomen ent-

deckten, daß einige Galaxien starke Röntgenquellen darstellen. Sie mußten sich fragen, woher die dafür notwendigen riesigen Energiemengen stammen könnten. Eine mögliche Ursache sah Donald Lynden-Bell von der Universität Cambridge in den sogenannten superdichten Körpern.

Ein entsprechender Körper zöge Materie an und brächte sie dabei auf immer höhere Geschwindigkeiten. Es entstünde also eine Materiescheibe, die sich bis zu ihrem endgültigen Verschwinden um das schwarze Loch drehen würde. Die Geschwindigkeit der einfallenden Materie wäre so hoch, daß sie große Mengen Röntgenstrahlung abgäbe.

An dieser Stelle kann die Relativitätstheorie angewandt werden: Der gedachte Körper hätte aufgrund seiner extremen Dichte ein starkes Gravitationsfeld. Folglich müßte die Raumzeit in der Umgebung des Körpers so stark gekrümmt sein, daß das Innere vom

Rest des Universums abgeschlossen wäre. Nichts könnte aus diesem Objekt entkommen, daher der Name schwarzes Loch.

Diese Löcher in der Raumzeit nehmen nicht nur alles Hineinfallende auf, sondern zeigen noch andere erstaunliche Eigenschaften. Nähert sich ein Körper dem schwarzen Loch, vergeht aufgrund des starken Gravitationsfeldes die Zeit für ihn langsamer als für einen außenstehenden Beobachter. Die Frequenz des von ihm ausgesandten Lichtes wird stetig niedriger – das heißt rotverschoben – und schwächer. Das Objekt nähert sich unaufhaltsam dem sogenannten Ereignishorizont des schwarzen Lochs und scheint dort zu schweben. Da dieser Ereignishorizont nie erreicht wird, sieht ein Beobachter auch nie wirklich den Sturz in das Loch.

Im Bezugsbereich des Körpers selbst gibt es keine merkbare Veränderung des Zeitablaufs. Der Körper wird riesigen Kräften ausgesetzt, die jedes makroskopische Teil wegreißen. Tatsächlich wird jede Struktur zerstört, so daß Materie innerhalb eines schwarzen Lochs alle individuellen Eigenschaften, ihr „Gedächtnis", völlig verliert. Sie fällt in einen mathematischen Sonderfall (Singularität), ein Zentrum, dessen Materiedichte unendlich und dessen Raumzeit auf einen einzigen Zeitpunkt reduziert ist.

Zum besseren Verständnis der Eigenschaften schwarzer Löcher verwendet man Zeit-Raum-Diagramme. Auf der senkrechten Achse wird keine Raumdimension, sondern die Zeit aufgetragen. Eine senkrechte, nach oben gerichtete Linie zeigt also ein örtlich festes Objekt und seine Bewegung in die Zukunft. Eine schräge oder gebogene Linie bedeutet, daß sich das Objekt auch räumlich bewegt. Diese Linie heißt Weltlinie.

Lichtwellen eines bestimmten Ereignisses verteilen sich im Raum. Sie werden in einem

Startzeit

Endzeit

weißer Zwerg

Lichtstrahlen

Lichtstrahlen

Neutronenstern

schwarzes Loch

eingefangenes Licht

Ein schwarzes Loch entsteht, wenn die Materie eine hohe Dichte erreicht hat. Das Licht eines Sterns mit geringer Dichte, wie das eines roten Riesen, wird kaum vom Schwerefeld eines schwarzen Lochs abgelenkt. Ein weißer Zwerg, dessen Dichte 1 t/cm³ beträgt, hält das Licht ebenfalls noch nicht zurück, auch wenn es merklich gekrümmt wird. Ein Neutronenstern, dessen Dichte die des weißen Zwerges etwa um den Faktor 100 Millionen übertrifft, krümmt das Licht noch stärker. Nach dem Tod eines sehr massereichen Sterns entsteht ein noch dichterer Rest, der das Licht so stark krümmt, daß es nicht mehr entkommen kann: ein schwarzes Loch.

men kann; der Stern scheint für immer dort zu schweben.

Diese Darstellung ist vermutlich grob vereinfacht. Im realen Universum scheinen sich schwarze Löcher, die aus rotierendem Material entstanden sind, auch selbst zu drehen. Der britische Kosmologe Stephen Hawking und seine Kollegen wiesen nach, daß sich derartige schwarze Löcher mit Hilfe eines Gleichungssystems beschreiben lassen, das der Neuseeländer Roy Kerr entdeckte.

Das Gebiet um den Ereignishorizont eines rotierenden schwarzen Lochs, die Ergosphäre, ist der Bereich der Raumzeit, in dem das schwarze Loch und das übrige Universum miteinander in Wechselwirkung stehen. Gemäß Kerrs Gleichungen vergrößert Materie, die durch die Ergosphäre in ein rotierendes schwarzes Loch fällt, dessen Oberfläche. Geht man von einer abnehmenden Drehgeschwindigkeit aus, kann die einfallende Materie, so sonderbar es scheint, auch zu einer Abnahme der Masse führen.

Im Widerspruch zu den obigen Ausführungen steht Hawkings Feststellung, daß schwarze Löcher auch Energie verlieren können (vgl. Kasten). Er wandte die Gesetze der Quantenmechanik und Thermodynamik auf schwarze Löcher an und erhielt interessante Ergebnisse. So ist die Temperatur eines schwarzen Lochs um so höher, je geringer seine Masse ist.

Hawking führt die Entstehung kleiner schwarzer Löcher gleichwohl auf die Kompression sehr dichter Materie während eines frühen Stadiums des Urknalls zurück. Aufgrund der geringen Größe wäre ihre Temperatur hoch genug, um einige in neuerer Zeit explodieren zu lassen. Die Strahlung solcher Minilöcher konnte jedoch bis heute nicht entdeckt werden. Schwarze Löcher größerer Masse scheint es dagegen zu geben. Einige befinden sich wohl in den Zentren spiralförmiger oder elliptischer Galaxien. Sie entstanden nach dem katastrophalen Zusammenbruch sehr großer Sterne und, vielleicht, nach der Entartung seltsamer supermassiver Objekte, der Spinare. Die Existenz dieser Objekte, die die zehnmillionenfache Masse der Sonne auf extrem kleinem Raum vereinen, ist allerdings umstritten.

Zeit-Raum-Diagramm als nach oben hin größer werdende Kreise dargestellt. Es entsteht ein Lichtkegel, dessen Spitze dem ursprünglichen Ereignis entspricht.

Man stelle sich nun einen Stern vor, der in ein schwarzes Loch fällt. Aufeinanderfolgende Wellenfronten des Sternenlichtes erscheinen im Diagramm als Kreise. Sie werden jedoch von einem immer schneller nach innen fallenden Punkt ausgesandt. Folglich erscheint der Lichtkegel in Richtung des schwarzen Lochs gekippt. Am Ereignishorizont ist seine Neigung so stark, daß seine Außenseite senkrecht steht. Dies bedeutet, daß vom Ereignishorizont kein Licht entkom

*In einem zweidimensiona-
len Koordinatensystem*
erscheinen Lichtwellen, die
sich ausbreiten, als Serie
immer größer werdender
Kreise, als Wellenfronten
(rechts).

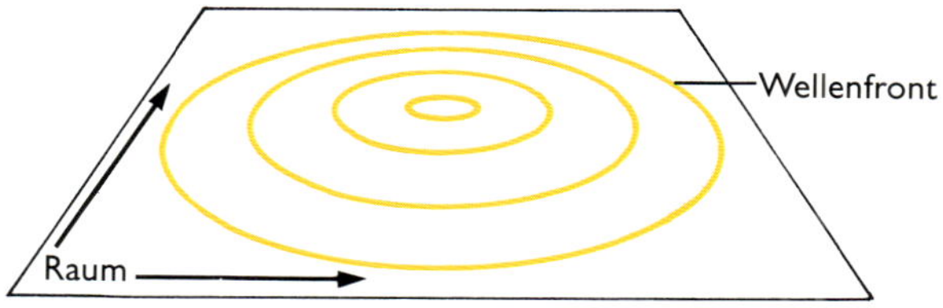

Wellenfront

Raum

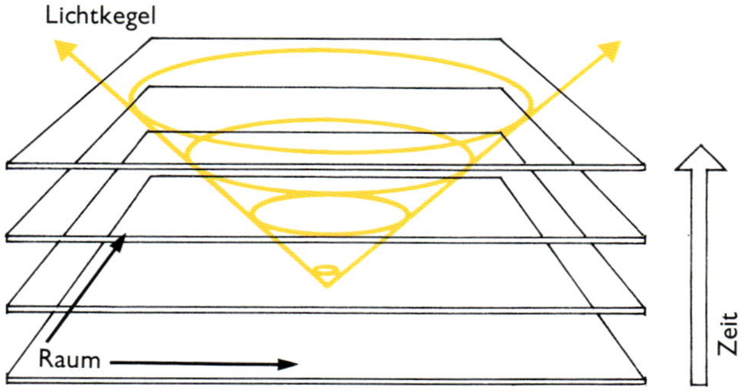

Lichtkegel

Zeit

Raum

Weltlinie der Singularität

Ereignishorizont

gefangene Photonen

Lichtkegel

Weltlinie
des Sterns

Zeit

*In einem Raum-Zeit-
Diagramm* (oben) werden
nur zwei Dimensionen des
Raums dargestellt; die
dritte Dimension ist die
Zeit. Sich ausbreitende
Lichtwellen haben die
Form einer konischen
Figur, eines Lichtkegels.

*Dieses Raum-Zeit-Diagramm zeigt Sterne,
die in ein schwarzes Loch fallen* (rechts).
Die Weltlinien der Sterne, d.h. ihre Wege
durch Raum und Zeit, laufen kreisförmig
auf das Zentrum des schwarzen Lochs zu,
das eine Singularität darstellt, einen Punkt,
an dem keine bekannten Gesetze mehr
gelten. Die Lichtkegel der fallenden Sterne
kippen innerhalb des Ereignishorizonts, bis
kein Licht mehr entkommen kann.

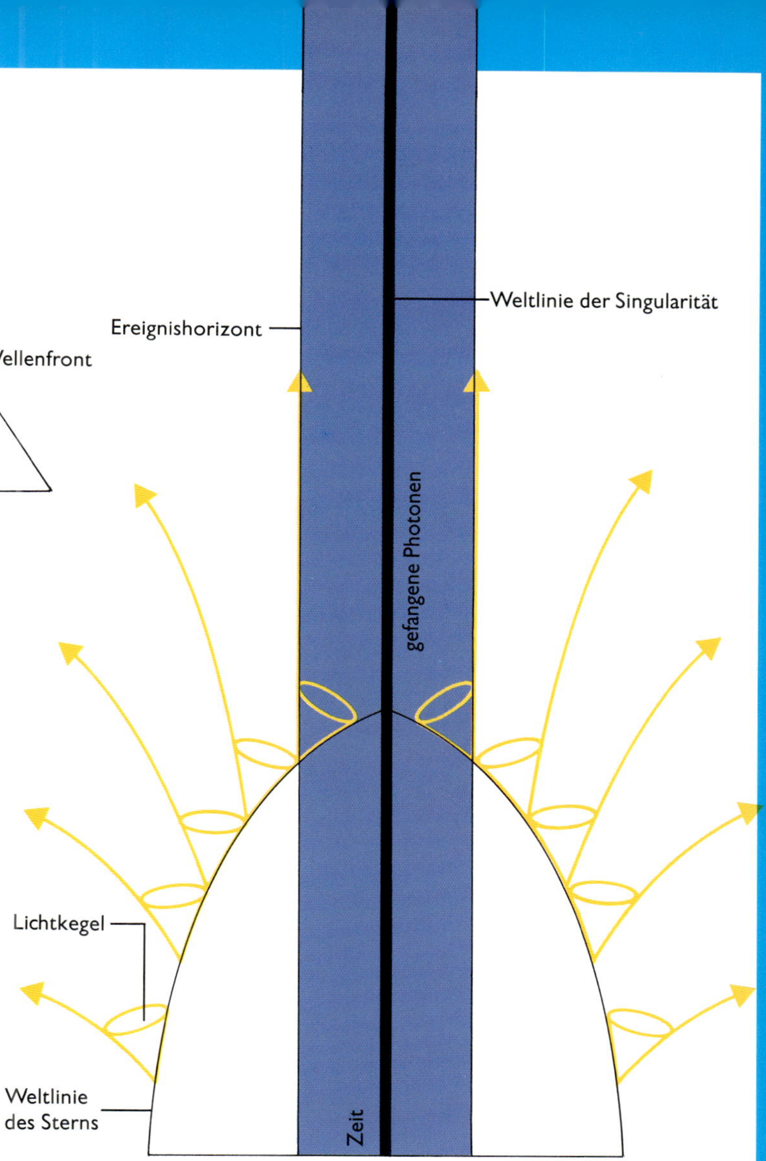

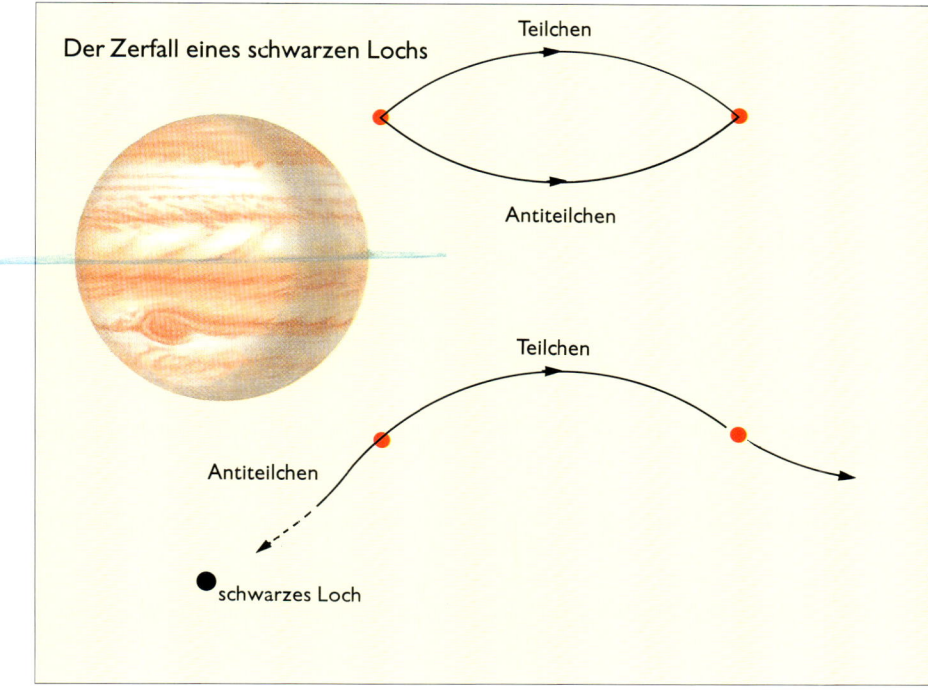

Der Zerfall eines schwarzen Lochs

Teilchen

Antiteilchen

Teilchen

Antiteilchen

schwarzes Loch

Im Weltall entstehen ständig instabile Teilchen
(S. 26), die wieder verschwinden. Sie erschei-
nen als Teilchen-Antiteilchen-Paar, so daß kein
Nettogewinn an elektrischer Ladung oder Spin
entsteht. Die Paarbildung wird durch das
Schwerefeld eines massiven Körpers (obere
Zeichnung) ausgelöst. Geschieht das in der
Nähe eines schwarzen Lochs, kann ein Partner
in das schwarze Loch fallen, während der andere entkommt. Der Entkommende nimmt
Energie mit, während der Gefangene negative
Energie in das schwarze Loch bringt. Das
schwarze Loch scheint Energie abzugeben,
deren Spektrum dem eines Körpers mit einer
bestimmten Temperatur entspricht. Dieser
Zerfallsprozeß ist außerordentlich langsam.
Ein schwarzes Loch mit der Masse der Sonne
würde das 10^{56}fache Alter des Universums
benötigen, um zu verschwinden.

AKTIVE GALAXIEN

Sternsysteme in Aufruhr

Nachdem man Galaxien als Sternsysteme weit außerhalb unseres eigenen erkannt hatte, gewannen Astronomen anhand von Photographien den Eindruck, sie seien ruhige, „gesetzte" Gebilde. Erst zu Beginn der fünfziger Jahre stellte sich plötzlich heraus, daß dieser Schein trügt. Beim Vergleich von optischen Aufnahmen mit denen von Radioteleskopen konnten zwei starke Radioquellen, Virgo A und Centaurus A, als Galaxien identifiziert werden. Virgo A entpuppte sich als die elliptische Galaxie M 87 vom Typ E0, während sich Centaurus A mit der S0 Galaxie NGC 5128 deckte. Im optischen Bereich wiesen beide keinerlei Besonderheiten auf – außer daß Centaurus A von einem dunklen Band durchzogen war. Der Name „Radiogalaxie" wurde geprägt.

Mit zunehmendem Auflösungsvermögen der Radioteleskope entdeckte man laufend neue Radiogalaxien. Auf optischen Aufnahmen entsprach ihr Erscheinungsbild den Erwartungen der Astronomen, während Radiobeobachtungen ein völlig anderes Bild lieferten. Auf detaillierten Radiokarten zeigte sich Centaurus A als Dreifachquelle. In seiner Mitte befindet sich eine kleine, starke Quelle, neben der auf jeder Seite zwei große „Wolken" stehen, die starke Radiostrahlung aussenden.

Irgendwann in der Vergangenheit gab es im Zentrum dieser Galaxie eine starke Explosion, bei der zwei Materieströme in entgegengesetzte Richtungen ausgestoßen wurden. Die Ströme, auch Jets genannt, bestehen aus Teilchen, die sich mit Geschwindigkeiten von bis zu 60 000 Kilometern pro Sekunde (einem Fünftel der Lichtgeschwindigkeit) bewegen. Ihre Energie ist so hoch, daß sie sich einen Weg durch das umgebende intergalaktische Gas „brennen" und dabei Druckwellen entstehen lassen, die den Bugwellen eines Schiffes gleichen.

Bei den Teilchen handelt es sich um Ionen (geladene Atome) und Elektronen, die durch ihre Bewegung Magnetfelder erzeugen. Diese Felder schränken wiederum die Bewegungsfreiheit der Teilchen ein und zwingen sie, sich am Ende der Ströme knollenförmig zu sammeln. Auch wenn die Galaxie keine derartigen Ströme mehr ausstößt, dehnen sich die beiden knollenförmigen Gebilde weiter aus

und bilden die jetzt sichtbaren Wolken. Im Laufe der Zeit wird ihre Radiohelligkeit abnehmen.

Bei Centaurus A liegen die Wolken innerhalb eines sehr ausgedehnten Radiohalos mit einem Durchmesser von einer Million Lichtjahren. Zwei der Wolken sind etwa 30 000 Lichtjahre vom Zentrum der Galaxie entfernt, eine weitere etwa 100 000 Lichtjahre. Die beiden inneren Wolken, die von zwei Strömen gebildet wurden, formen einen Ring um die Galaxie. Die einzelne weiter entfernte Wolke ist wahrscheinlich das Ergebnis nur eines Teilchenstroms. Die Wolken stoßen eine ungeheure Energiemenge aus; ihre Radiostrahlung ist etwa 100mal stärker als das von einer typischen Galaxie ausgesandte Licht, sie dauert für einen Zeitraum zwischen einer Million und 100 Millionen Jahren an.

Nicht alle Radiogalaxien bilden derartige Ausbuchtungen. Einige, zum Beispiel M 87, stoßen nur einen einzelnen Materiestrom aus, wie es auch bei Centaurus A einst der Fall war. Dieser Strom kann sowohl im optischen als auch im Radiobereich beobachtet werden. Radiogalaxien sind außerdem Quellen von Röntgen- und Gammastrahlung, die zum größten Teil aus einem kleinen Gebiet im Zentrum der Galaxie kommt.

Offensichtlich sind Radiogalaxien Schauplätze enormer Explosionen. Radiountersuchungen zeigen sogar, daß auch unsere eigene Galaxis sowie M 31 im Sternbild Andromeda, die auf den ersten Blick so ruhig wirken, aktive Zentren haben – wenn auch in kleinerem Maßstab.

Einige aktive Galaxien wurden unter dem Namen BL-Lacertae-Objekte bekannt. Der Name geht auf BL Lacertae (das bedeutet veränderlicher Stern BL im Sternbild Lacerta, Eidechse), das erste Objekt dieser Art, zurück. Zunächst hatte man es für einen Stern gehalten, doch heute weiß man, daß es sich um ein sternartiges, von sehr starken Magnetfeldern umgebenes Objekt im Kern einer Galaxie handelt, dessen Durchmesser nur wenige Lichtmonate beträgt. Die Feldstärke variiert mit der von BL Lac ausgesandten Strahlung und erreicht gelegentlich das Hundertfache ihres ursprünglichen Wertes. Mittlerweile kennt man etwa 50 BL-Lac-Objekte, die offen-

Der Aufbau einer aktiven Galaxie, dargestellt nach der gegenwärtig gültigen Theorie. Die Energiequelle ist ein schwarzes Loch in ihrem Zentrum. Gas, Staub und sogar Sterne werden ständig ins Innere gezogen und bilden dabei eine Akkreditionsscheibe aus rotierender Materie. Während diese Materie verschluckt wird, kann etwa ein Zehntel ihrer Masse in Form von Energie frei werden. Diese Energieausbrüche lassen Ströme geladener Teilchen entstehen, die entlang der Rotationsachse des schwarzen Lochs entkommen.

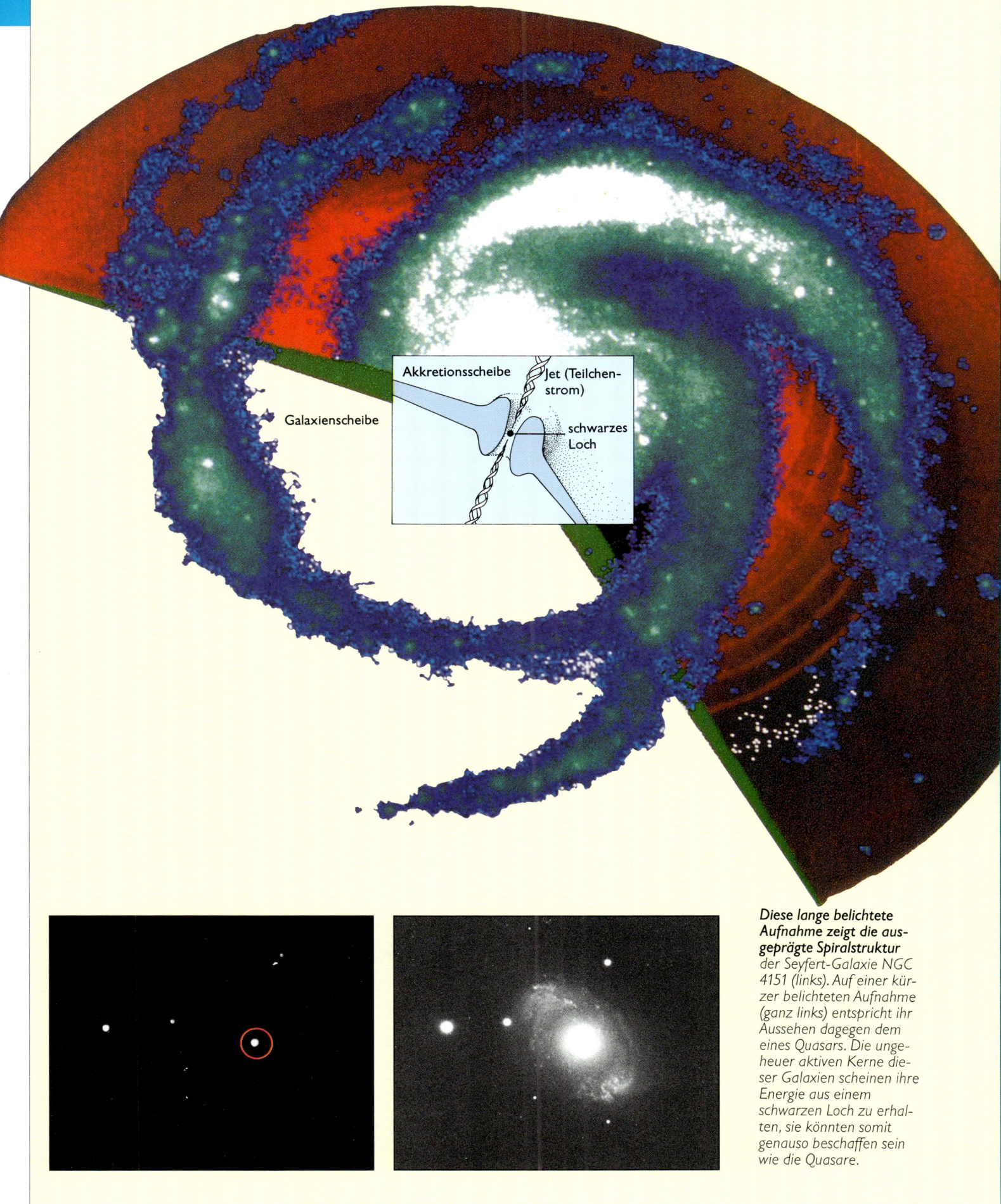

Akkretionsscheibe

Jet (Teilchen-
strom)

Galaxienscheibe

schwarzes
Loch

Diese lange belichtete Aufnahme zeigt die aus-geprägte Spiralstruktur der Seyfert-Galaxie NGC 4151 (links). Auf einer kür-zer belichteten Aufnahme (ganz links) entspricht ihr Aussehen dagegen dem eines Quasars. Die unge-heuer aktiven Kerne die-ser Galaxien scheinen ihre Energie aus einem schwarzen Loch zu erhal-ten, sie könnten somit genauso beschaffen sein wie die Quasare.

Ein starker Strom geladener Teilchen entfernt sich von einer aktiven Galaxie. Aufgrund der niedrigen Dichte von interstellarem Gas und Staub in der Galaxie kann der Strom entkommen. Auf seinem Weg bildet er beim Zusammenprall mit intergalaktischer Materie radiohelle Wülste.

Die aktive Galaxie Cygnus A (unten) ist die hellste Radioquelle am Himmel. Ein Großteil der Radiostrahlung stammt aus zwei Gaswolken, die 120 000 Lichtjahre von der Galaxie entfernt liegen. Diese Wolken senden einemillionmal soviel Radioenergie aus wie unsere Milchstraße.

sichtlich alle Teil eines Strahlungsgebietes in aktiven Galaxienkernen sind.

Was passiert im Kern dieser explosiven und aktiven Galaxien? Zweifellos werden atomare Teilchen mit ungeheuer hoher Geschwindigkeit ausgestoßen. Die Teilchen-Wolken scheinen sich gelegentlich sogar mit Überlichtgeschwindigkeit zu bewegen, einer Geschwindigkeit, die, wenn es sie gäbe, im Widerspruch zur Relativitätstheorie stände (S. 16-17). In Wirklichkeit handelt es sich um eine Täuschung; sie tritt auf, wenn der Strom, der die Strahlung ausstößt, in der Nähe der Sichtlinie aus dem galaktischen Kern austritt.

Die Quelle derartiger Jets ist zwischen drei und 30 Lichtjahren vom Zentrum einer aktiven Galaxie entfernt. Auch wenn wir dieses zentrale Kraftwerk nicht direkt beobachten können, so ist es uns doch möglich, einige sichere Schlüsse zu ziehen. Astronomen stellen fest, daß es in Zusammenhang mit einer Gasscheibe im Zentrum der Galaxie stehen muß. Diese Scheibe ist am Rand vermutlich dicker als im Zentrum. Materie, die von der Energie im Zentrum nach außen geschleudert wird, könnte kaum durch die dicke Scheibe entweichen; sie würde sich statt dessen im rechten Winkel von der Galaxie entfernen.

Die am Rand dicker werdende Scheibe (Akkretionsscheibe) entsteht durch Ansammlung von Materie, die ein kleines Objekt in ihrem Zentrum umkreist. Um diesen Kern bildet die Scheibe einen Wulst. Außer den Teilchenströmen stößt die Scheibe selbst auch hochenergetische Ultraviolett- und Röntgenstrahlung aus. Ist sie von sehr dichten Gaswolken umgeben, so werden diese durch das Bombardement aufgeheizt und senden genau die Strahlung aus, die man bei vielen aktiven Galaxien beobachtet.

Für ein solches Szenario muß es im Inneren des galaktischen Kerns irgendetwas geben, dessen Energie ausreicht, die Scheibe zum Ausstoß derartig schneller atomarer Teilchen und superenergetischer Synchrotron-, Röntgen- und kurzwelliger Ultraviolettstrahlung anzuregen. Das einzige Objekt, das die

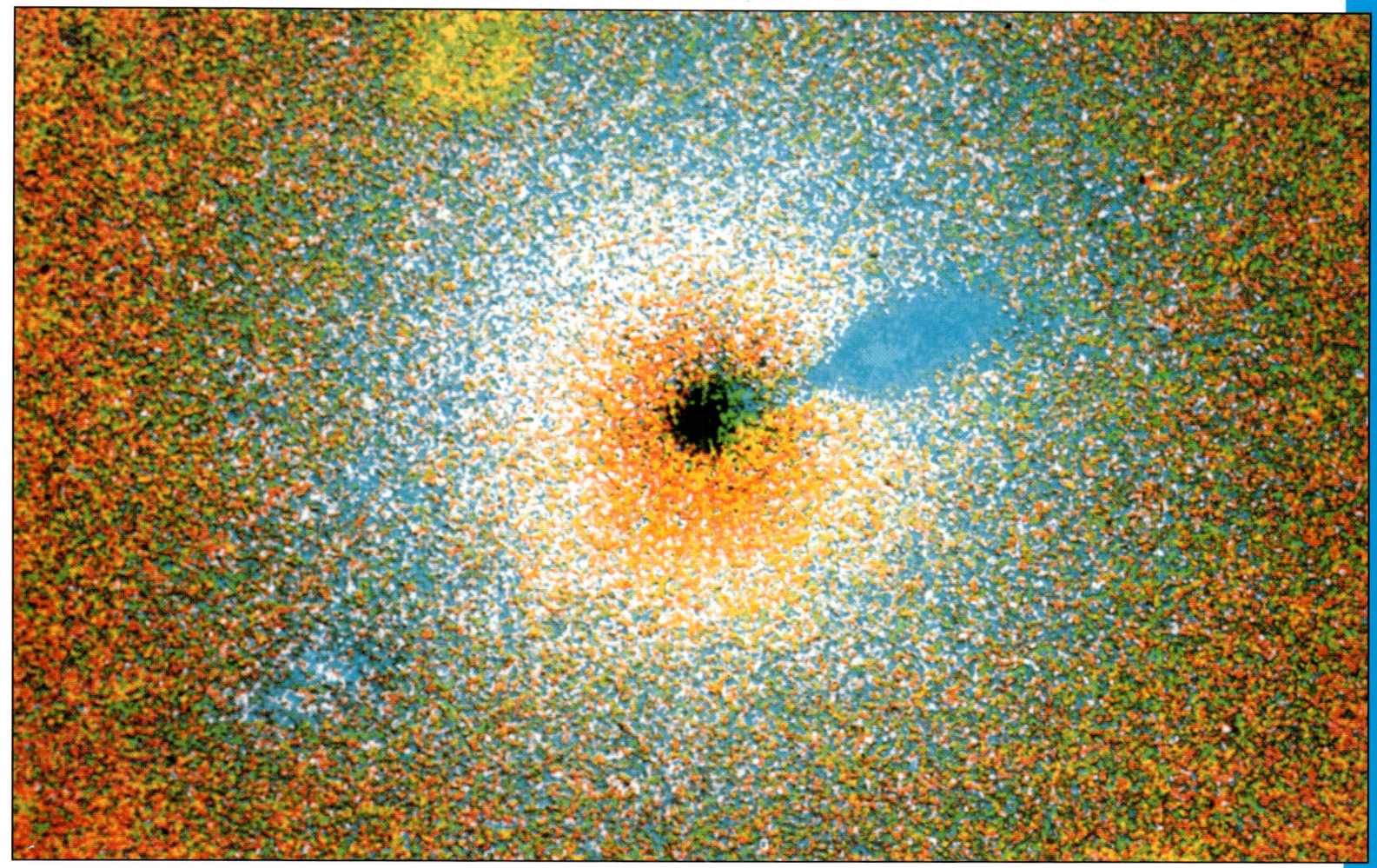

erforderlichen Eigenschaften besitzt, ist ein schwarzes Loch. Schwarze Löcher können beim Zusammenbruch großer Sterne entstehen. Ihr Vorhandensein in den Zentren aktiver Galaxien deutet darauf hin, daß auch im Zentrum unserer eigenen sowie aller anderen Galaxien schwarze Löcher verborgen sind – sie alle besitzen nämlich einen dichten Kern aus alten Sternen. Die aktiven Galaxien bleiben womöglich nicht immer in diesem Zustand heftiger Aktivität, sondern kommen irgendwann zur Ruhe. Auch Galaxien, die keine so extrem energiereichen Kerne besitzen, unterscheiden sich in ihrer Aktivität, besonders hinsichtlich der Bildung neuer Sterne. Zwerggalaxien scheinen auf diesem Gebiet besonders aktiv zu sein.

Zwerggalaxien werden allgemein in Zwergellipsen (dE), irreguläre Zwerge (dI) und blaue dichte Zwerge (BCD) unterteilt. Zwergellipsen führen kaum ungebrauchten Wasserstoff mit sich und geben nur wenig Hinweise auf Sternentstehung. Das Licht ihrer Sterne zeigt einen überproportional hohen Anteil an Metallen und läßt somit auf ein Durchleben mehrerer Sternzyklen schließen. Zwerggalaxien sind alt, und einige, wenn nicht die meisten, entstanden direkt aus protogalaktischem Material.

Irreguläre Zwerge und blaue dichte Zwerge sind zwar beide ungefähr scheibenförmig, ansonsten aber sehr unterschiedlich. Die irregulären enthalten viel Wasserstoff und zeigen Merkmale, die auf laufende Sternentstehung hindeuten. Die BCD-Galaxien geben dagegen schon allein durch ihre Farbe zu erkennen, daß sie viele junge blaue Sterne enthalten. Der größte Unterschied zwischen dI- und BCD-Galaxien besteht darin, daß Sternentstehung in dIs nur stellenweise vorkommt, während sie bei den BCDs überall abzulaufen scheint. Demzufolge sind BCDs auch heller.

Ein Gasstrom dringt aus der riesigen elliptischen Galaxie M87 im Virgohaufen, die 50 Millionen Lichtjahre von uns entfernt ist. Sowohl der Jet als auch die Galaxie senden Radio- und Röntgenstrahlung schneller Elektronen aus. Der Teilchenstrom wird vermutlich von einem massereichen schwarzen Loch im Zentrum der Galaxie ausgestoßen. Der schwarze Fleck im Zentrum dieser Falschfarbenaufnahme zeigt ein Gebiet, dessen dicht gepackte Sterne sich vermutlich unter dem Einfluß der starken Gravitationskraft des schwarzen Lochs schnell bewegen.

QUASARE

● *Himmelskraftwerke*

1963 beobachteten Radioastronomen gespannt den Vorübergang des Mondes an der hellen Radioquelle 3C273. Das Objekt war für sie so interessant, weil es versuchsweise mit einem im optischen Bereich schwachen blauen, sternähnlichen Objekt identifiziert worden war, das ein seltsames Spektrum zeigte. Diese Identifikation blieb zweifelhaft, da Radioteleskope eine Quelle damals nur auf fünf Bogensekunden genau bestimmen konnten. Als der Mondrand die Radiostrahlen von 3C273 abschirmte, enthüllte er die genaue Position der Radioquelle. Sie stimmte mit dem verdächtigten „Stern" überein.

Bei diesem Ereignis, das man auch als Bedeckung bezeichnet, wurde 3C273 gleichzeitig als doppelte Radioquelle entlarvt. Genaue optische Beobachtungen zeigten, daß es sich bei dem einen Teil um eine kompakte Quelle handelt, mit der der andere durch einen dünnen Teilchenstrom verbunden ist.

Das optische Spektrum dieses sternähnlichen Objektes war rätselhaft, da es keine Spuren von Wasserstoff, dem Hauptbestandteil der Sterne, zu enthalten schien. Die optischen Beobachtungen hielten jedoch eine noch größere Überraschung bereit. Ende 1963 erkannte man, daß die gesuchten Wasserstofflinien doch vorhanden waren: Diese normalerweise im optischen Bereich erkennbaren Linien waren ins Infrarot verschoben, während die Linien, die man im sichtbaren Bereich vorfand, normalerweise im Ultravioletten erscheinen. Das Objekt war also auf noch nie dagewesene Art rotverschoben.

Alle neuen Erkenntnisse, die 3C273 betrafen, galten auch für 3C48, das erstmals 1960 versuchsweise mit einem blauen „Stern" identifiziert worden war. Aufgrund ihres sternähnlichen Erscheinungsbildes wurden die beiden Objekte als „quasistellare Radioquellen", kurz Quasar bekannt. Später fand man viele entsprechende Objekte, die alle stark rotverschoben waren, obwohl nur die wenigsten den Hauptteil ihrer Strahlung im Radiobereich abgaben. Sie erhielten den Namen quasistellare Objekte (QSOs), werden aber auch weiterhin als Quasare bezeichnet.

Was sind Quasare? Sollte die ungeheure Rotverschiebung auf eine rückläufige Bewegung zurückzuführen sein, wie dies bei Galaxien sonst angenommen wird, muß 3C273 1,5 Milliarden Lichtjahre, 3C48 sogar doppelt so weit entfernt sein. Wenn das jedoch der Fall wäre, müßte die von ihnen ausgehende sichtbare Strahlung 1000mal stärker sein als die von Galaxien wie unserer Milchstraße.

Es gab noch ein anderes Problem. Die Strahlung der Quasare ist nicht nur ungeheuer stark, sie unterliegt auch Intensitätsschwankungen, die oft nur wenige Wochen betragen und somit auf einen Durchmesser von nur einigen Lichtwochen hindeuten. 1963 kannte man keinen Mechanismus, der so starke Strahlung auf so geringem Raum entstehen lassen konnte. Es schien nur eine befriedigende Antwort zu geben: Die Rotverschiebung war eine Folge der Entfernung, und Quasare müßten daher als wahrhaft „kosmologische" Objekte gelten. Diese Erklärung ist heute mit nur wenigen Ausnahmen (S. 178-179) allgemein akzeptiert.

Ein Hinweis auf ihre Beschaffenheit ergibt sich aus der Tatsache, daß Quasare so weit entfernt sind. Wir beobachten Objekte aus verhältnismäßig frühen Tagen des Universums, einer Zeit, als Galaxien gerade erst entstanden. Ihr Spektrum zeigt einen einheitlichen Hintergrund mit überlagerten breiten Linien. Der Hintergrund stammt vermutlich von einer kompakten Quelle, während die Linien von einer Wolke verursacht werden, die den Kern umgibt.

Die Spektren der Quasare sind denen der Seyfert-Galaxien vom Typ 1 (mit besonders aktiven Kernen) sehr ähnlich. Tatsächlich scheinen Seyfert-Galaxien und Quasare zu derselben Objektklasse zu gehören, wenngleich sich die Seyfert-Galaxien auf einer späteren Entwicklungsstufe befinden. Seyfert-Galaxien vom Typ 2 haben weniger aktive Kerne und gehören zu einer noch späteren Entwicklungsstufe. Weder Seyfert-Galaxien noch Quasare sind ständig im Universum zu finden, sie kennzeichnen vielmehr unterschiedliche Phasen in seiner Entwicklung.

Doch bisher fehlt eine Erklärung für die Helligkeit dieser Objekte, deren Strahlungsmenge so erstaunlich groß ist. Im Jahre 1969 stellte man die These auf, schwarze Löcher (S. 62-65) seien die Energiequellen der Quasare. Die von einem schwarzen Loch bei der

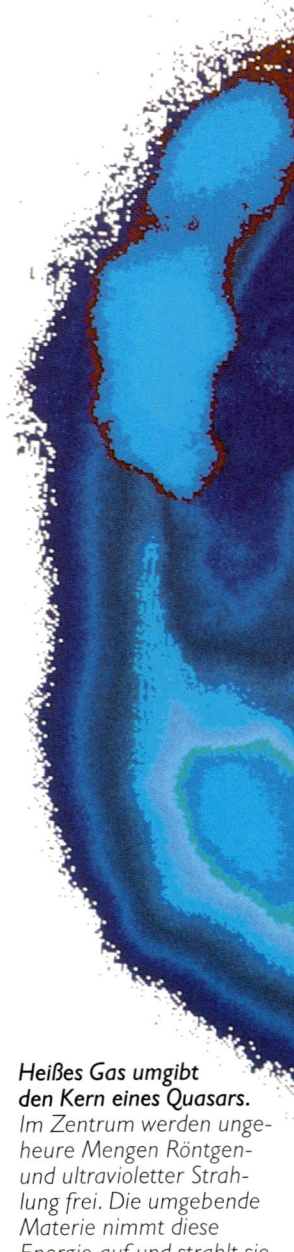

Heißes Gas umgibt den Kern eines Quasars. Im Zentrum werden ungeheure Mengen Röntgen- und ultravioletter Strahlung frei. Die umgebende Materie nimmt diese Energie auf und strahlt sie wieder ab. In einem Umkreis von einem Lichtjahr um den Kern bewegen sich heiße Wolken annähernd mit Lichtgeschwindigkeit auf uns zu (blau) und von uns weg (rot). Dahinter erstreckt sich kühleres Gas über Tausende von Lichtjahren (äußeres Gebiet).

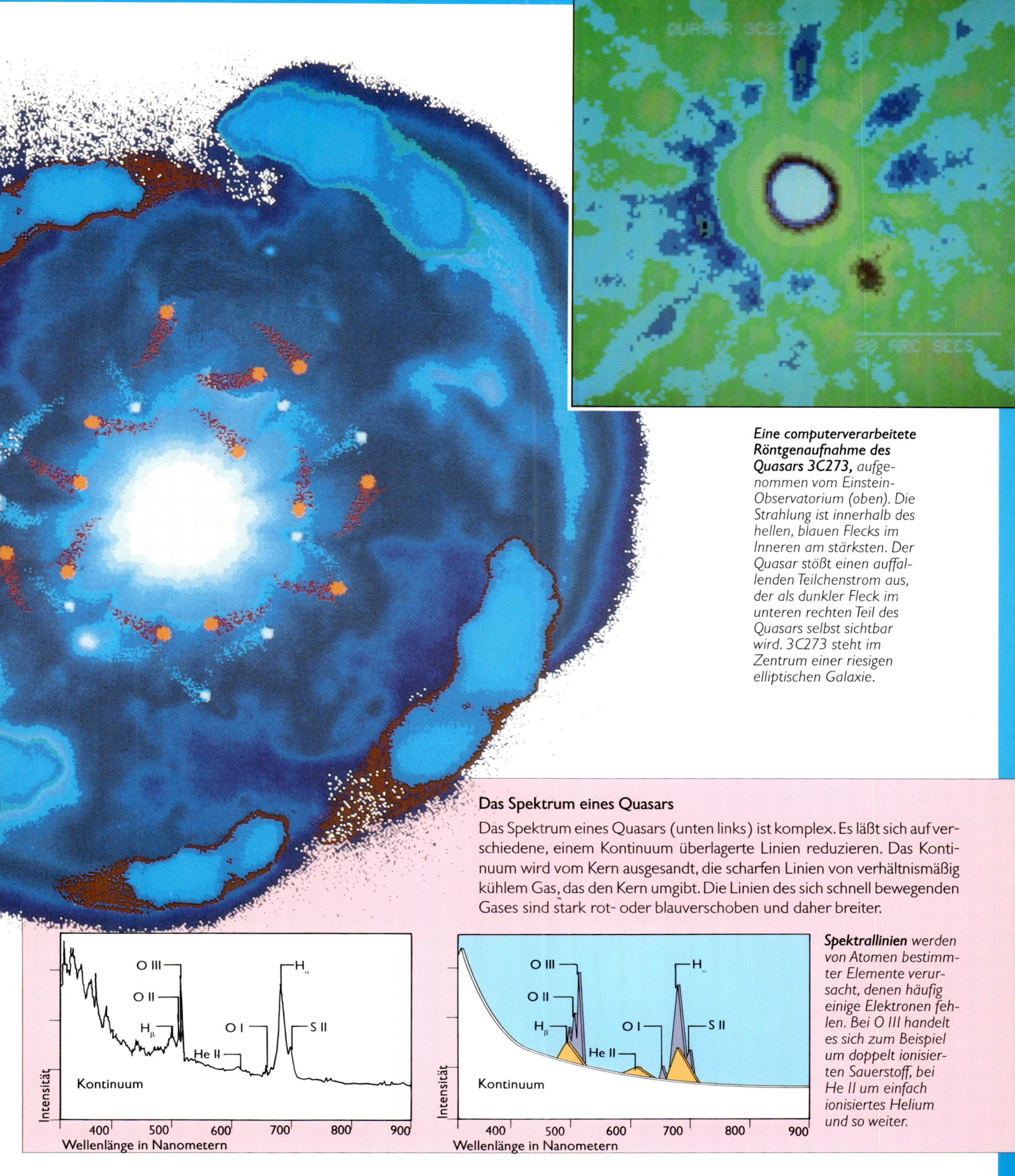

Eine computerverarbeitete Röntgenaufnahme des Quasars 3C273, aufgenommen vom Einstein-Observatorium (oben). Die Strahlung ist innerhalb des hellen, blauen Flecks im Inneren am stärksten. Der Quasar stößt einen auffallenden Teilchenstrom aus, der als dunkler Fleck im unteren rechten Teil des Quasars selbst sichtbar wird. 3C273 steht im Zentrum einer riesigen elliptischen Galaxie.

Das Spektrum eines Quasars

Das Spektrum eines Quasars (unten links) ist komplex. Es läßt sich auf verschiedene, einem Kontinuum überlagerte Linien reduzieren. Das Kontinuum wird vom Kern ausgesandt, die scharfen Linien von verhältnismäßig kühlem Gas, das den Kern umgibt. Die Linien des sich schnell bewegenden Gases sind stark rot- oder blauverschoben und daher breiter.

Spektrallinien werden von Atomen bestimmter Elemente verursacht, denen häufig einige Elektronen fehlen. Bei O III handelt es sich zum Beispiel um doppelt ionisierten Sauerstoff, bei He II um einfach ionisiertes Helium und so weiter.

Das kleeblattförmige Bild eines Quasars ist offenbar dem einer Spiralgalaxie überlagert (rechts). In Wirklichkeit ist die Galaxie 500 Millionen, der Quasar dagegen Milliarden von Lichtjahren entfernt. Der Kleeblatteffekt entsteht durch Mikrobündelung, die eher von der Gravitation einzelner Sterne verursacht wird als von der ganzer Galaxien. Vergrößert man das Kleeblatt (unten), erkennt man vier Bilder des Quasars, die um den hellen Kern der Galaxie angeordnet sind.

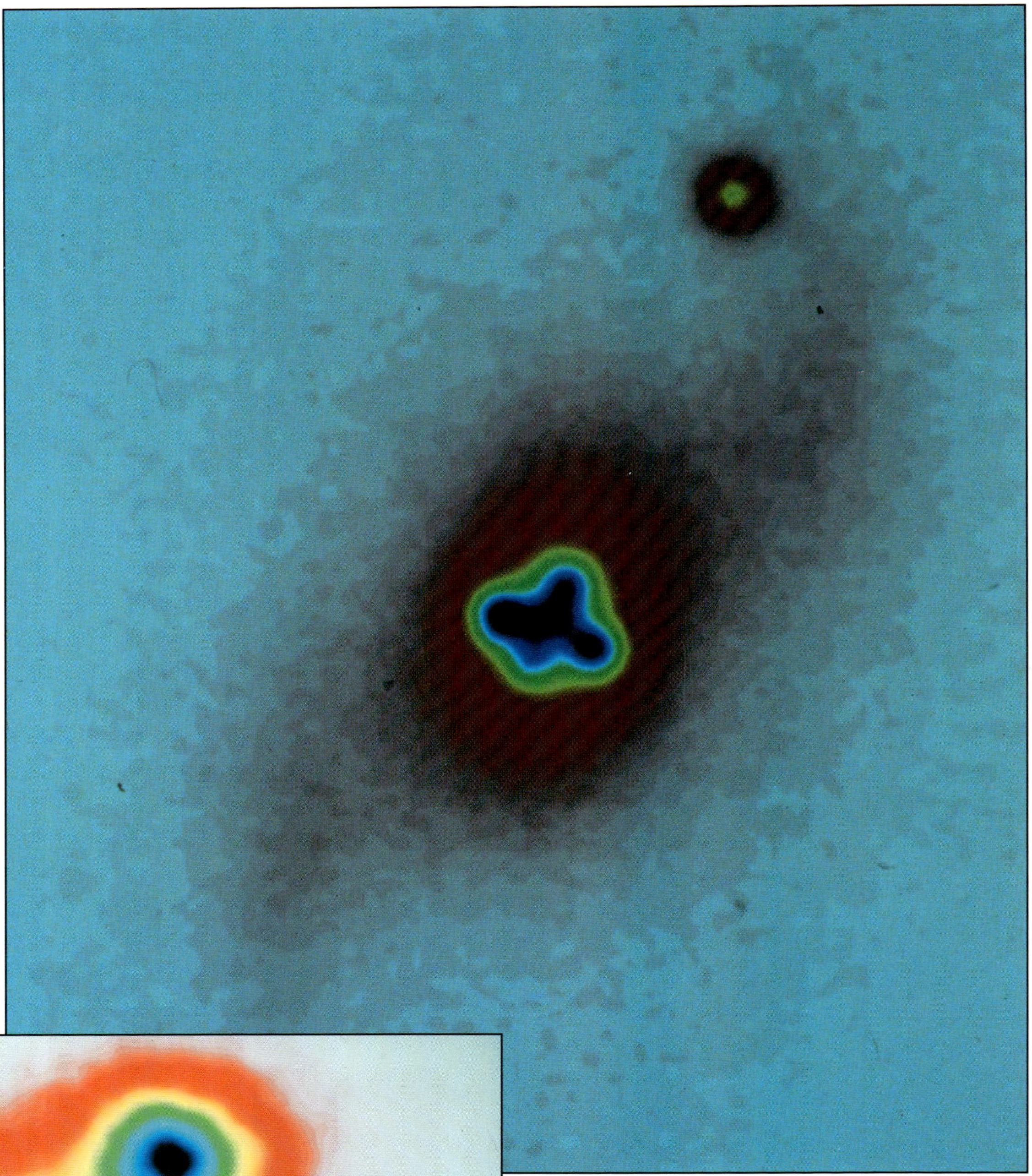

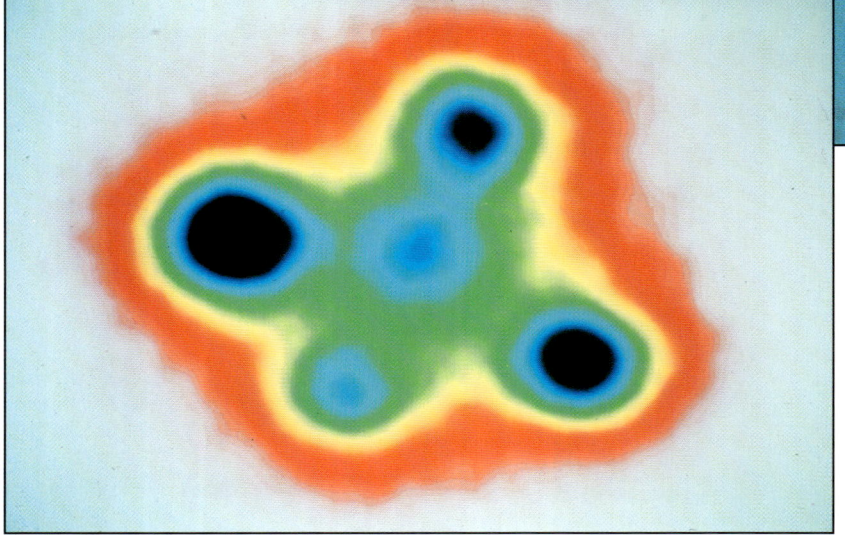

Vernichtung von Gas oder anderer Materie abgegebene Energiemenge entspricht einem Großteil der Menge, die nach der Einsteinschen Gleichung $E = mc^2$ durch vollständige Vernichtung dieser Materie freigesetzt würde; das ist ungefähr das Tausendfache der Energieausbeute, die bei gleicher Materiemenge in einem Stern durch Kernreaktion (S. 82-83) umgesetzt würde. Diese Größenordnungen könnten die Energie der Quasare erklären.

Derartige Strahlungsmengen könnten entstehen, wenn das schwarze Loch im Zentrum des Quasars die Materie mit relativistischer Geschwindigkeit anzöge und dabei eine starke Synchrotronstrahlung (elektromagnetische Wellen, die bei der Bewegung geladener Teilchen im Magnetfeld entstehen) hervorbrächte. Ein Großteil der von Quasaren ausgestoßenen Energie wird tatsächlich in Form von Synchrotronstrahlung frei. Überdies müßten starke Winde ionisierter Materie entstehen. Auch diese Annahme wird von Beobachtungen bestätigt, die zeigen, daß die Zentralregion der Quasare frei von Staub ist. Aus diesen Erkenntnissen kann man schließen, daß schwarze Löcher anscheinend ursächlich für die Entstehung der Quasare sind.

Berechnungen deuten auf eine enorme Bandbreite unterschiedlicher Massen bei schwarzen Löchern hin. Am unteren Ende der Skala könnten Löcher mit einer Masse von nur 100 Millionen Sonnen, am oberen Ende Löcher mit einer Billion Sonnenmassen zu finden sein. Da sie trotz der Distanz so hell strahlen, sind Quasare als einzigartige Gesandte des fernen frühen Universums anzusehen. Die große Entfernung dieser Objekte wird von weiteren Beobachtungen bestätigt, die die Ablenkung ihres Lichts durch die Gravitation anderer Galaxien belegen.

Aus der Relativitätstheorie folgt, daß das Licht eines Quasars oder einer anderen weit entfernten Quelle, die sich hinter einem nähergelegenen massiven Körper befindet, von der Verzerrung der Raumzeit abgelenkt wird. Das Bild eines Quasars müßte nicht nur verschoben dargestellt werden, sondern in mehrere Bilder aufgeteilt oder ausgebreitet in Form von Bögen oder eines „Einsteinrings", die auf den näheren Körper zentriert sind.

Eine derartige Gravitationslinse entdeckte man erstmals mit dem Nuffield-Radioteleskop auf Jodrell Bank bei einer scheinbar doppelten Radioquelle. 1979, einige Jahre nach diesen Beobachtungen, wurde das Paar optisch untersucht. Man identifizierte zwei Quasare mit identischen Spektren; damit war die Möglichkeit, daß es sich um zwei Wolken handeln könne, die von einer dazwischenliegenden aktiven Galaxie ausgestoßen worden waren, ausgeschlossen. Beide Bilder stammten von demselben Objekt, das etwa zehn Milliarden Lichtjahre von der Erde entfernt lag. Ursache für das Doppelbild ist eine sowohl im optischen als auch im Radiobereich sichtbare riesige elliptische Galaxie, die nur etwa halb

so weit entfernt ist wie der Quasar, dessen Licht sie ablenkt.

Mittlerweile kennt man mehrere Einsteinringe und -bögen. Ein Beispiel für Gravitationslinsen im Radiowellenbereich stellen die beiden Bögen dar, die mit dem Quasar MG 1654 + 1346 im Herkules verbunden sind. Die Strahlung dieses Quasars stammt aus seinem Zentrum sowie zusätzlich aus zwei Wolken. Die südliche liegt in einer Linie mit einer großen elliptischen Galaxie, von der ihr Licht abgelenkt und in zwei Wolken aufgespalten wird. Aus der Stärke dieses Effekts kann man die Masse der Galaxie berechnen, die demnach mit 89,8 Milliarden Sonnenmassen etwa dem Maximum der Masse elliptischer Galaxien entspricht. Auch Einzelsterne können mit ihrer Gravitation das Licht fokussieren. Diesen Effekt nennt man Mikrobündelung.

Nicht alle Doppelquasare entstehen durch Gravitationslinsen; einige sind echte binäre Quasare. 1989 wurde der Doppelquasar PHL 1222 am Südhimmel entdeckt. Seine beiden Komponenten stehen nur etwa 100 000 Lichtjahre voneinander entfernt – sind aber nicht identisch. Dieses System ist etwa zwölf Milliarden Lichtjahre von uns entfernt, so daß wir in diesem Fall wahrscheinlich die Entstehung eines Quasarpaares beobachten.

Auf diesem Radiobild des Sternbilds Leo (Löwe) sieht man möglicherweise einen Einsteinring. Er könnte durch eine (hier unsichtbare) elliptische Galaxie verursacht werden, die beinahe genau auf der Sichtlinie zu einem entfernten Quasar liegt. Ist das der Fall, handelt es sich bei den beiden hellen Flecken um Bilder vom Kern des Quasars, während der Ring das Bild eines vom Quasar ausgehenden Jets darstellt.

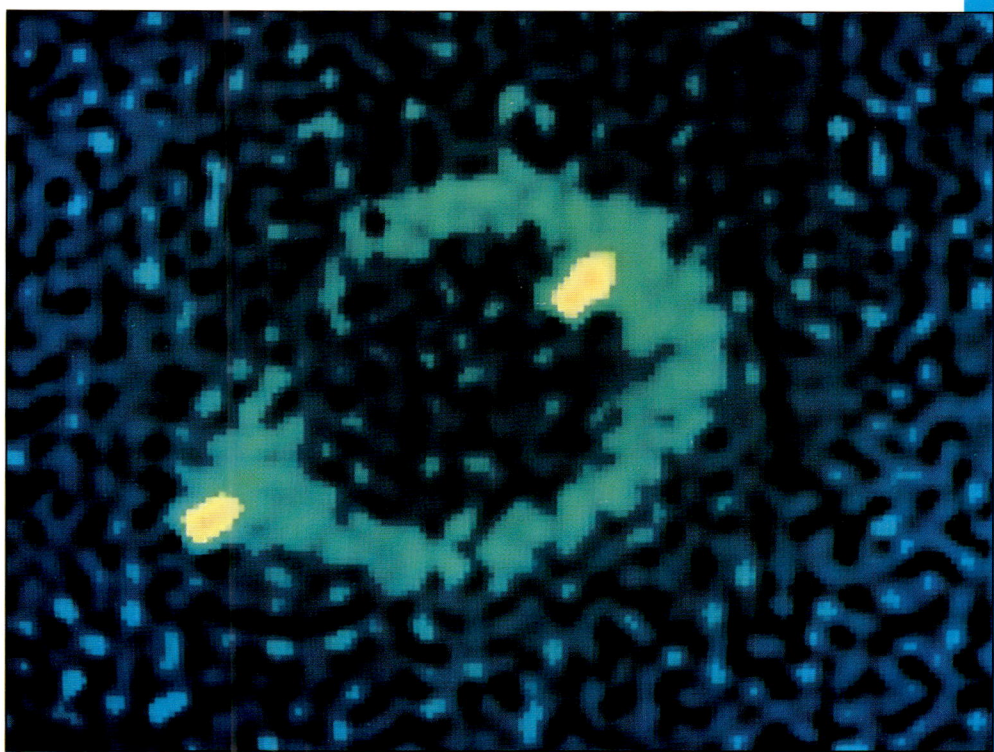

GASNEBEL

● *Wiege der Sterne*

In unserer Galaxis gibt es nicht nur Myriaden von Sternen, sondern auch eine Fülle von Gas und Staub, die interstellare Materie. Sie tritt in Form heller oder dunkler Wolken (Nebel) auf, die bei vielen Wellenlängen beobachtet werden können. Einige bieten besonders auf Photographien, auf denen dann auch ihre Farben zu erkennen sind, einen wundervollen Anblick (das Licht eines Nebels ist zu schwach, um die Farbrezeptoren des Auges anzusprechen). Der große Orionnebel M42, der etwas südlich vom mittleren Stern des Oriongürtels liegt, erscheint dem Auge im Fernrohr nur als verwaschener, farbloser Fleck. Auf lange belichteten Aufnahmen enthüllt er jedoch eine imposante Farbenpracht.

Der Orionnebel bietet einen eindrucksvollen Anblick, da er aus hellen und dunklen Wolken besteht. Die hellen, blaßrosa Gebiete scheinen in zwei Teile zu zerfallen: einen kleinen Nebel im Norden (M43) und eine riesige leuchtende Wolke im Süden (M42). Dazwischen scheint ein dunkler, leerer Raum zu liegen, doch in Wirklichkeit handelt es sich um ein Staubgebiet, das das Licht der dahinterliegenden Sterne absorbiert. Derartige Dunkelnebel sind auch an einigen anderen Stellen vor dem Hintergrund der beiden hellen Gaswolken sichtbar. M42 und M43 sind jeweils etwa 1 500 Lichtjahre von uns entfernt.

Dunkelnebel erscheinen schwarz, da sie Staub enthalten, der keine sichtbare Strahlung abgibt – der Staub ist sogar dicht genug, das Licht der dahinterliegenden hellen Nebel und Sterne abzuschwächen. Zu den bekanntesten Dunkelnebeln gehören der nach seiner Form benannte Pferdekopfnebel im Orion sowie der Kohlensack im Sternbild Crux (Kreuz des Südens). Der interstellare Staub setzt sich aus vielen Elementen, etwa Kohlenstoff, Silizium, Eisensilikaten, Magnesium, Aluminium und anderen Molekülen, zusammen.

Die hellen Gaswolken unterteilt man in zwei Gruppen: die Reflexionsnebel und die häufiger vorkommenden Emissionsnebel. Reflexionsnebel stehen in der Nähe heißer Sterne, deren Licht sie aufgrund ihres hohen Staub- und Gasanteils reflektieren. Da der Staub nur das kurzwellige Licht streut, erscheinen diese Nebel blau. Auf der Erde kennen wir ein ähnliches Phänomen. Die Gasmoleküle der Atmosphäre streuen den Blauanteil des Sonnenlichts und lassen so den Himmel blau erscheinen.

Auch die aus glühendem Gas bestehenden Emissionsnebel erhalten ihre Energie aus dem Sternenlicht – jedoch auf andere Art. In oder hinter den Gaswolken stehen helle, heiße Sterne, die große Mengen hochenergetischer, kurzer Ultraviolettstrahlung abgeben. Trifft diese auf die Wolke, ionisiert sie die Gasatome, Elektronen werden frei. Bei der Wiederaufnahme der Elektronen entsteht energieärmeres, langwelligeres, sichtbares Licht. Diesen Vorgang nennt man Fluoreszenz.

Bei M42 liegen die Sterne, die für das Leuchten des Nebels verantwortlich sind, in einem hellen Fleck im Nordwesten; vier von ihnen bilden den Sternhaufen Trapez. An der charakteristischen blaßrosa Farbe erkennt man, daß die Wolken hier hauptsächlich aus Wasserstoff bestehen. Über dem Trapez steht eine dunklere Gaswolke. Sie liegt bereits so weit vom Trapez entfernt, daß die ionisierende Strahlung, die dort noch ankommt, schon zu schwach ist, um die Wolke zum Glühen zu bringen. Ihr Gas bleibt daher neutral (elektrisch ungeladen).

Dennoch gibt der dunkle Wasserstoff Strahlung ab, und zwar im Radiobereich bei 21 Zentimetern. Nur mit ihrer Hilfe kann man die Wasserstoffverteilung nicht nur im Orionnebel, sondern auch in anderen Nebeln sowie im gesamten interstellaren Raum verfolgen.

Erst der Einsatz der Radioastronomie führte zu der Erkenntnis, daß Wasserstoff nicht das einzige Gas im Weltall ist, sondern auch andere Elemente vorkommen. Besonders weitverbreitet sind Kohlenstoff und Sauerstoff, doch auch Stickstoff-, Silizium- und Schwefelatome findet man im Raum. Sie treten nicht einzeln, sondern in Form von Molekülen auf.

Einige dieser Atome sind organischer Art (auf Kohlenstoff aufgebaute komplexe Moleküle), zum Beispiel Formaldehyd, Ameisensäure sowie Ethylalkohol in erstaunlichen Mengen; in verhältnismäßig geringer Entfernung von der Erde gibt es tatsächlich genug Alkohol, um die Bedürfnisse der Menschheit für unzählige Generationen zu befriedigen. Möglicherweise werden Astronomen in Zukunft noch komplexere Moleküle entdecken.

M42, ein eindrucksvoller Teil des Orionnebels, wird von der ultravioletten Strahlung heißer, junger Sterne zum Leuchten angeregt.

Der prächtige Nebel im südlichen Sternbild Carina (Schiffskiel). Dunkle Staubstreifen erstrecken sich über die hellen Gasregionen. Im Zentrum des Nebels liegt eine dichtere Wolke aus Gas und Staub, die den ungewöhnlichen veränderlichen Stern Eta Carinae verhüllt. Etwa um 1840 strahlte er plötzlich auf: früher ein Stern zweiter Magnitude, war er plötzlich der zweithellste Stern am Himmel. Einige Jahrzehnte später wurde er wieder schwächer und für das bloße Auge unsichtbar. Bei seiner Geburt war der Stern vermutlich 200mal massereicher als die Sonne. Einen Großteil seiner Materie hat er mittlerweile in den Raum abgegeben, zählt aber immer noch zu den superschweren Sternen.

Das Vorhandensein kohlenstoffhaltiger Moleküle hat große Bedeutung für die Frage, ob Leben im Weltraum entstehen kann (S. 158-159). Diese Moleküle können nur in den besonders kühlen Gebieten der Nebel überleben, wo sie vor der zerstörenden Wirkung ultravioletter und anderer hochenergetischer Strahlung geschützt sind. Andernfalls würden derartig komplexe Moleküle zertrümmert.

Die Nebel enthalten auch Wasser- und Hydroxylmoleküle. Im Orionnebel M42 findet man sie in einer riesigen Molekülwolke, die sich unter dem Einfluß der Gravitation zusammenzieht. Der Orionnebel beherbergt auch zwei starke Infrarotquellen, von denen eine mit großer Wahrscheinlichkeit ein entstehender Stern ist. Hinweise darauf kommen von den Wasser- und Hydroxylmolekülen, die als sogenannte „masers" agieren (microwave amplification by stimulated emission of radiation = Mikrowellenverstärkung durch angeregte Strahlungsemission). Die Radiostrahlung, die von einem entstehenden Stern

ausgeht, regt die Strahlung der Moleküle an und macht so auf seine Existenz aufmerksam.

Innerhalb eines Nebels ist die Materie außerordentlich dünn verteilt. Meist weist sie auch im Zentrum nur eine Dichte von 10 000 Atomen pro Kubikzentimeter auf – das ist milliardenmal weniger als die Dichte einer Rauchwolke. Einige Gaswolken sind sogar noch wesentlich dünner. Der Staub zeigt im Durchschnitt eine Konzentration von einem Körnchen pro 100 000 Kubikmeter – dem Volumen eines durchschnittlichen Konzertsaals. Einen weiteren Hinweis auf die extrem geringe Materiemenge gibt die typische Größe eines Staubkorns, die nur ein Tausendstel Millimeter beträgt, aber auch zehnmal kleiner sein kann. Der Staub besteht im allgemeinen aus Kohlenstoff, seltener aus Silizium; er kann bisweilen auch mit Eis oder großen komplexen Molekülen bedeckt sein.

Erst wenn man sich ihre ungeheure Größe klarmacht, wundert man sich nicht mehr darüber, daß so dünne Wolken überhaupt zu erkennen sind. Der sichtbare Teil des Orion-

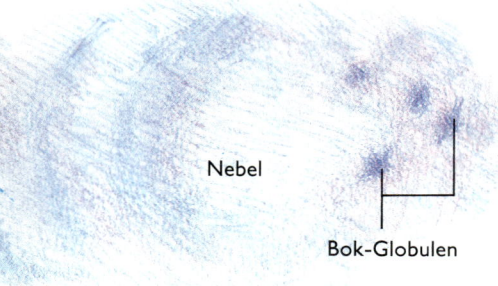

Nebel

Bok-Globulen

Ein Nebel, dessen Dichte zur Bildung von Sternen ausreicht (links). Er zieht sich zusammen, dabei bilden sich an manchen Stellen konzentrierte Gebiete, die Bok-Globulen.

Der Zusammenbruch des Gases heizt die Kerne der Globulen auf, so daß Protosterne entstehen (links). Mit Beginn der Kernreaktion werden diese zu echten Sternen (unten). Von den jungen Sternen gehen Schockwellen aus, die eine Entstehung weiterer Sterne fördern.

Protosterne

Bok-Globulen

Der Hornnebel (unten) im Sternbild Monocerus (Einhorn) ist ein Beispiel für gegenwärtig stattfindende Sternentstehung. In seiner Umgebung gibt es viele junge helle T-Tauri-Sterne, deren Helligkeit sich noch immer unregelmäßig verändert. Das ist auf Gas- und Staubreste in ihrer Umgebung zurückzuführen, aus denen sie entstanden sind.

junge, blaue Sterne

Schockwellen

nebels hat zum Beispiel einen Durchmesser von 20 Lichtjahren oder 10 000 Sonnensystemen. Auch Nebel sind – wie viele andere Himmelsobjekte – in ständiger Bewegung. Sie nehmen an der Rotation der Galaxie teil. Werden in einem Nebel neue Sterne geboren, so zerstört ihre Strahlung die Wolke, indem sie Gas und Staub fortbläst.

Doch das Verschwinden dieser Materie wird keine Lücke hinterlassen, da sich in dem Orionarm, in dem dieser Nebel liegt, neue Gas- und Staubwolken bilden werden. Die Materie bewegt sich permanent entlang des Spiralarms nach außen, um dort in einem Prozeß, der in dem Abschnitt „Entstehung der Spiralgalaxien" (S. 54-55) beschrieben wird, neue Nebel zu bilden.

Für den Astronomen ist das Vorhandensein von Nebeln und diffuser interstellarer Materie stets problematisch. Sie können das Licht der Sterne abschwächen und weiter entfernte Objekte unsichtbar machen. Aufgrund ihrer geringen Größe streuen die Staubpartikel kürzere optische Wellenlängen und verursachen damit eine scheinbare Rotverschiebung entfernter Himmelskörper. Wahre Helligkeit und Farbe entfernter Sterne und Galaxien kann man daher nur schwer feststellen.

Mit Hilfe eines Standardwertes für die Abnahme der Helligkeit mit zunehmender Distanz können Astronomen auf die Entfernung eines Objekts schließen. Diesen Standardwert erhalten sie von den Galaxien, deren Helligkeit bekannt ist. Auch die wahre Helligkeit bestimmter Sterne ist meßbar: So kann man aus der Periode eines variablen Cepheidensterns mit beachtlicher Genauigkeit auf seine Helligkeit schließen (S. 86-87). Wie bereits erwähnt, strahlt neutraler Wasserstoff bei einer Radiowellenlänge von 21 Zentimetern. Radioastronomen können so Dunkelwolken durchdringen und im Raum weit entfernte Gebiete erkunden, die im optischen Bereich unerreichbar sind.

STERNENTSTEHUNG

● *Das nukleare Feuer beginnt zu brennen*

Bei genauer Betrachtung von Aufnahmen heller Nebel findet man häufig kleine, dunkle Blasen, die nach ihrem Entdecker, dem amerikanischen Astronomen Bart J. Bok, Bok-Globulen genannt werden. Sie sondern Infrarot- und Radiostrahlung aus, die uns anzeigt, daß sie die Geburtsstätten von Sternen sind.

Kurz nach Entstehung des Universums, als die Materie noch eine Temperatur von vielen Hunderttausend Grad hatte, konnten keine Sterne entstehen. Mit der zunehmenden Ausdehnung des Weltalls kühlte der Wasserstoff jedoch ab. Etwa zwei Milliarden Jahre nach dem Urknall entstanden die Protogalaxien (S. 38-39), in denen das Gas zu Nebelwolken kondensierte. An einigen Stellen stieg die Dichte des Gases auf eine Konzentration von Milliarden Molekülen pro Kubikmeter. Diese Dichte, obwohl noch immer weit geringer als die des besten je in einem Labor hergestellten Vakuums, gab der Schwerkraft die Möglichkeit, die Materie noch weiter zu verdichten.

Während dieses Geschehens heizten sich die Zentren jeder Globule auf, wie die Luft beim Aufpumpen eines Autoreifens. In allen Blasen erreichte die Temperatur Werte, bei denen zunächst die Moleküle in ihre Atome zerlegt und später sogar durch Verlust der äußeren Elektronen ionisiert wurden. Mit der Aufnahme neuer Materie stieg der Druck auf die Zentralregion noch weiter an.

Dieser Protostern produzierte bereits große Energiemengen, obwohl noch keine Kernreaktionen stattfanden. Doch kein sichtbares Licht konnte durch die Gas- und Staubhülle in seiner Umgebung entkommen – lediglich Infrarotstrahlung vermochte sie zu durchdringen. Gleichzeitig wurde die Lage im Kern des Protosterns kritisch. Hier hatte sich die Dichte milliardenmal verstärkt und die Temperatur Werte von zehn Millionen Kelvin oder mehr erreicht. Die positiv geladenen Wasserstoffatome des Kerns, die nun keine Elektronen mehr besaßen, wurden so stark komprimiert, daß sie die hohen elektrischen Abstoßungskräfte überwanden und zusammenstießen. Aus dem Wasserstoff entstand Helium, aus dem Protostern ein echter Stern.

Jeder Heliumkern besaß etwas weniger Masse als der Wasserstoff, aus dem er entstanden war. Die verschwundene Masse wurde entsprechend der von Albert Einstein entdeckten Formel $E = mc^2$ (S. 14-15) in Energie umgesetzt. Aus jedem umgewandelten Gramm Wasserstoff ging so viel Energie hervor, wie 600 Millionen Heizstäbe pro Sekunde verbrauchen. Beim Versuch dieser riesigen Energiemengen, aus dem Kern zu entweichen, stieg die Temperatur dort noch weiter an. Nur seine große Masse verhinderte, daß der Stern in diesem Stadium explodierte.

Als die Strahlung schließlich den Weg nach außen gefunden hatte, setzte sie die Konvektion in Gang. Das tiefliegende Gas wurde aufgeheizt, stieg an die Oberfläche, kühlte ab und sank wieder, um den Zyklus von neuem zu beginnen. Der junge Stern blies seine Hülle aus Gas und Staub fort und wurde somit für den Rest des Universums sichtbar.

Der gleiche Prozeß der Sternentstehung findet auch heute noch unverändert statt. Die Radioastronomen glauben, Teile dieses Geschehens in einigen Nebeln, zum Beispiel im Orion, kurz beobachtet zu haben. Doch nicht jede Gas- oder Staubwolke entwickelt sich zu einem Stern. Besitzt sie zuwenig Masse, genügt die Gravitationskraft nicht, um eine ausreichende Dichte zu schaffen. Die Temperatur steigt nicht über den kritischen Wert, bei dem die Kernfusion beginnt. Ein „Stern", der unter diesen Bedingungen dennoch entsteht, wird kaum sichtbar und nur aufgrund seiner Infrarotstrahlung zu finden sein.

In unserem Bereich der Milchstraße, besonders in den Spiralarmen, scheint es viele derartige Objekte zu geben. Sie heißen braune Zwerge. Einige der mißlungenen Sterne besitzen nur die Größe des Planeten Jupiter und heißen folglich auch „Jupiters".

Fertige Sterne tragen Merkmale der Ära, aus der sie stammen. Die ersten nach dem Urknall entstandenen Sterne bestanden aus Urmaterie: Wasserstoff mit einer Beimengung von Helium. Spätere Sterngenerationen entstanden aus Urmaterie, die sich mit den Resten explodierter Sterne vermischt hatte. Sie enthalten auch schwerere Elemente als Helium, die vor der Explosion im Inneren alter Sterne entstanden waren (S. 82-83). Da auch in der Sonne diese Elemente zu finden sind, gehört sie offensichtlich nicht zu den Sternen der ersten Generation.

Eine Wolke aus interstellarer Materie beginnt zu schrumpfen, dabei kollabieren die inneren Gebiete schneller als die äußeren. Der Kern wird wärmer, während sich die Wolke zu drehen beginnt.

Nach Hunderttausenden von Jahren der Kontraktion dreht sich die Wolke schneller; die kugelförmige Gestalt wird flacher. Im Zentrum ist ein heißer Protostern entstanden, der ein Mehrfaches der gegenwärtigen Sonnenenergie ausstößt. Aus der umgebenden Wolke kann jedoch nur die infrarote Strahlung entkommen.

Aus der rotierenden Gas- und Staubwolke ist eine Akkretionsscheibe entstanden. Immer mehr Materie fällt auf den Protostern, der heiß genug ist, um heftig Materie auszustoßen. Diese entweicht an den Polen, wo nur wenig Masse den Weg versperrt. Der Materiestrom nimmt einen Großteil des Gases und Staubes mit sich, das den Protostern umgibt.

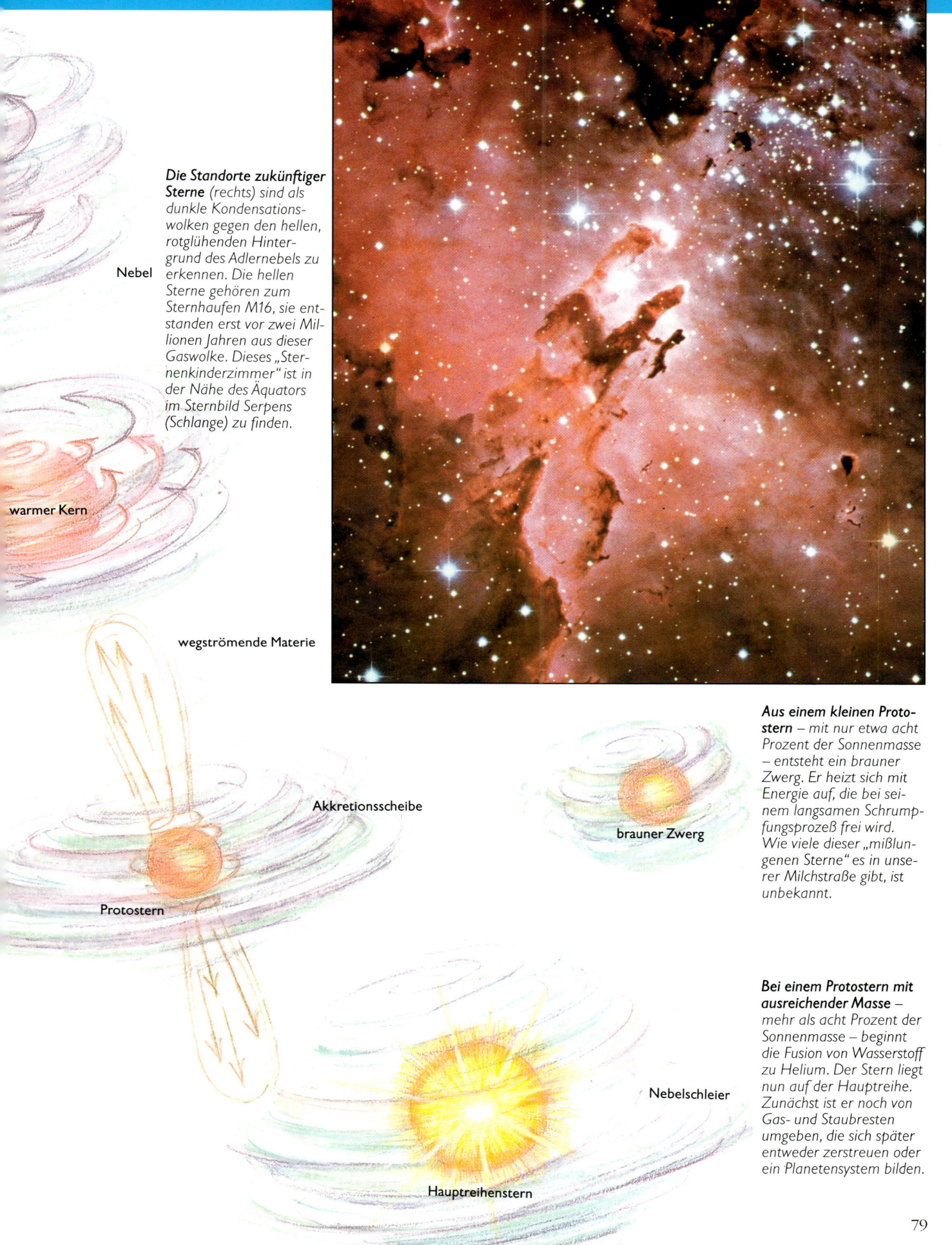

Nebel

warmer Kern

Die Standorte zukünftiger Sterne (rechts) sind als dunkle Kondensationswolken gegen den hellen, rotglühenden Hintergrund des Adlernebels zu erkennen. Die hellen Sterne gehören zum Sternhaufen M16, sie entstanden erst vor zwei Millionen Jahren aus dieser Gaswolke. Dieses „Sternenkinderzimmer" ist in der Nähe des Äquators im Sternbild Serpens (Schlange) zu finden.

wegströmende Materie

Akkretionsscheibe

Protostern

brauner Zwerg

Aus einem kleinen Protostern – mit nur etwa acht Prozent der Sonnenmasse – entsteht ein brauner Zwerg. Er heizt sich mit Energie auf, die bei seinem langsamen Schrumpfungsprozeß frei wird. Wie viele dieser „mißlungenen Sterne" es in unserer Milchstraße gibt, ist unbekannt.

Nebelschleier

Hauptreihenstern

Bei einem Protostern mit ausreichender Masse – mehr als acht Prozent der Sonnenmasse – beginnt die Fusion von Wasserstoff zu Helium. Der Stern liegt nun auf der Hauptreihe. Zunächst ist er noch von Gas- und Staubresten umgeben, die sich später entweder zerstreuen oder ein Planetensystem bilden.

STERNGEMEINSCHAFTEN

● *Sternhaufen und Mehrfachsterne*

Wenn sich an einem Ort mehrere Protosterne entwickeln, entstehen Sterne nicht einzeln, sondern in Gruppen. Sie bilden einen von der Gravitation zusammengehaltenen Sternhaufen mit einer gemeinsamen Bewegung sowie einer Einzelbewegung, die der gemeinsamen überlagert ist.

Sternhaufen mit einigen hundert locker verteilten Mitgliedern heißen offene Haufen. Zu diesen gehören die deutlich sichtbaren Plejaden im nördlichen Sternbild Taurus (Stier). Der nächste offene Sternhaufen, die Hyaden, befindet sich jedoch nur etwa 130 Lichtjahre entfernt – ebenfalls im Sternbild Taurus. Die Hyaden sind etwa zwei Milliarden Jahre alt.

Der auffallendste offene Sternhaufen ist das etwa 7 800 Lichtjahre entfernte Schmuckkästchen, NGC 4755. Für den Namen sorgten seine strahlend hellen Mitglieder, etwa 50 junge blaue sowie ein roter Stern, die Kappa Crucis.

Es gibt Sterngruppen, die noch lockerer verteilt sind, sogenannte Sternvereinigungen, die man jedoch nur schwer identifizieren kann. Sie wurden erst kürzlich von Astronomen entdeckt:

Es kommt auch vor, daß Tausende oder Hunderttausende von Sternen gleichzeitig entstehen – eine Anzahl, die zwar nicht zur Bildung einer Galaxie, aber zur Entstehung einer etwa kugelförmigen Gruppe, eines Kugelsternhaufens, ausreicht. Diese Sternhaufen sind immer alt; sie scheinen sich etwa gleichzeitig mit den Galaxien gebildet zu haben, zu denen sie gehören.

Unsere eigene Galaxis ist umgeben von einem Halo aus etwa 125 Kugelsternhaufen, die um das galaktische Zentrum verteilt, bis zu 60 000 Lichtjahre von der galaktischen Ebene entfernt, liegen. Der auffallendste unter ihnen ist der nur 16 500 Lichtjahre entfernte Omega Centauri am Südhimmel. Mit großen Teleskopen erkennt man seine Größe von über einem Bogengrad – die doppelte Größe des Vollmonds.

Nur etwa die Häfte aller sichtbaren Sterne sind Einzelsterne wie unsere Sonne; die andere Hälfte besteht aus Doppel- oder Mehrfachsternen. Einige scheinbare Doppelsterne sind nicht wirklich miteinander verbunden, sie liegen nur von der Erde aus zufällig in derselben Sichtlinie. So hat beispielsweise Mizar, der mittlere Schwanzstern von Ursa Major (Großer Bär), scheinbar einen schwächeren „Begleiter", Alcor. Doch während Mizar etwa 58 Lichtjahre von der Erde entfernt liegt, hat Alcor einen Abstand von 81 Lichtjahren. Es handelt sich hier also nicht um einen physischen Doppelstern, wenn auch jeder für sich ein echtes Doppelsternsystem darstellt. Bei den meisten Mehrfachsystemen gehören die Sterne tatsächlich zusammen. Etwa 30 Prozent der Systeme bestehen aus mehr als zwei Mitgliedern, ein Neuntel besitzt vier oder mehr Komponenten.

Alle Mitglieder von Mehrfachsternsystemen bewegen sich auf komplexen Bahnen um ihren gemeinsamen Schwerpunkt. Es gibt Komponenten, die im Fernrohr nicht aufgelöst, das heißt nicht getrennt werden können, doch ihr gemeinsames Spektrum zeigt ein eindeutiges Verhalten. Bewegt sich einer dieser Sterne auf die Erde zu, wird sein Licht blauverschoben (S. 46-47); bewegt sich sein Begleiter gleichzeitig von der Erde weg, wird sein Licht rotverschoben. Auf diese Weise kann man die Mehrfachlichtquelle erkennen.

Ein Kugelsternhaufen hinter unserer Galaxis (links). Dieses Objekt umkreist das Zentrum der großen Magellanschen Wolke, eines Begleiters unserer Milchstraße. Kugelsternhaufen gibt es in allen Galaxien. Obwohl sie aus Hunderten oder Tausenden von Sternen bestehen, sind diese auch in der Nähe des Zentrums noch weiträumig verteilt – jedoch nur Lichtmonate voneinander entfernt und nicht Lichtjahre wie in unserer Umgebung.

Die hellsten Mitglieder der Plejaden im Sternbild Taurus sind schon für das bloße Auge ein schöner Anblick, im Fernrohr bilden sie erst recht eine eindrucksvolle Gruppe, die insgesamt aus 500 Sternen bestehen könnte. Der Haufen ist umhüllt von Wolken aus kaltem Gas und Staub; er liegt etwa 400 Lichtjahre entfernt und hat einen Durchmesser von ungefähr 30 Lichtjahren. Die Plejaden sind nicht älter als 50 Millionen Jahre, ihre Sterne strahlen daher bläulich. Die Nebel werden von reflektiertem Sternenlicht beleuchtet.

DIE CHEMIE DER STERNE

● Quelle der Sternenergie

Das Kernkraftwerk im Innern eines sonnenähnlichen Sterns bewirkt mit der Verschmelzung von Wasserstoffkernen die Entstehung schwererer Elemente. Dabei wird Energie in Form von leichteren Teilchen sowie hochenergetischer Gammastrahlung frei. Der Wasserstoffkern besteht nur aus einem einzigen Teilchen, dem Proton; der dargestellte Prozeß heißt daher Proton-Proton-Zyklus. Ständig stoßen Protonen zusammen und bilden Deuteriumkerne, sogenannte Deuteronen. Diese formen beim Zusammenstoß mit einem weiteren Proton einen Helium-3-Kern. Bei der Verschmelzung zweier Helium-3-Kerne entsteht unter Freisetzung von zwei Protonen ein Helium-4-Kern. Damit ist der Kreislauf geschlossen.

Die Hauptenergiequelle aller Sterne ist die Fusion von Wasserstoff zu Helium. Diese Umwandlung kann auf verschiedene Art vor sich gehen. In Sternen von der Größe der Sonne läuft jedoch fast ausschließlich ein einziger Prozeß ab, der Wasserstoff- bzw. Proton-Proton-Zyklus.

Die Reaktionskette beginnt mit der Verschmelzung zweier Wasserstoffkerne, der einfachsten aller Atomkerne, die nur aus einem einzigen positiv geladenen Teilchen, einem Proton, bestehen. Da alle Protonen die gleiche elektrische Ladung besitzen, stoßen sie sich gegenseitig ab. Sie können zwar durch die hohe Temperatur und den großen Druck im Sterninneren vereinigt werden, bleiben jedoch nur zusammen, wenn eines von beiden seine Ladung verliert. Das geschieht durch seine Umwandlung in ein Neutron, das etwas mehr Masse aufweist, elektrisch aber neutral ist. Die Verbindung von Proton und Neutron heißt Deuteron.

Bei diesem Prozeß werden ein Positron (positiv geladenes Elektron) und ein Neutrino freigesetzt. Neutrinos haben keine elektrische Ladung und keine – zumindest keine meßbare – Masse, aber eine ungeheure Durchschlagskraft. Sie nehmen eine beträchtliche Energiemenge mit.

Bei den Temperaturen und Druckverhältnissen, die auf der Erde herrschen, nähme das Deuteron bald ein Elektron auf, das die Ladung des Protons ausgliche. Es entstünde ein Deuteriumatom, ein Isotop des Wasserstoffs, das nur ein Elektron und somit die chemischen Eigenschaften von Wasserstoff besitzt. Sein Gewicht ist jedoch annähernd doppelt so hoch.

Im Innern eines Sterns stößt das Deuteron unweigerlich mit einem anderen Proton zusammen und setzt dabei Energie in Form eines Gammastrahlenphotons frei. Es entsteht ein Kern aus zwei Protonen und einem Neutron – ein Heliumisotop. Treffen später zwei derartige Kerne aufeinander, so entstehen ein normaler Heliumkern (zwei Protonen, zwei Neutronen) sowie zwei Protonen.

Als Ergebnis des Wasserstoffzyklus erhält man somit aus vier Protonen einen Heliumkern. Ein Teil der im Laufe der Reaktion schrittweise freigesetzten Energie heizt den Stern weiter auf, der Rest wird in den Raum abgegeben. Da Neutrinos wie Geister Tausende von Kilometern dicke Materie durchdringen können, als wäre sie nicht vorhanden, geht ein Großteil ihrer Energie verloren. Die Energie der Positronen wird dagegen in Strahlung umgesetzt, sobald Zusammenstöße mit Elektronen zu ihrer Vernichtung führen. Der Stern absorbiert diese Strahlung und hält damit seine Temperatur aufrecht.

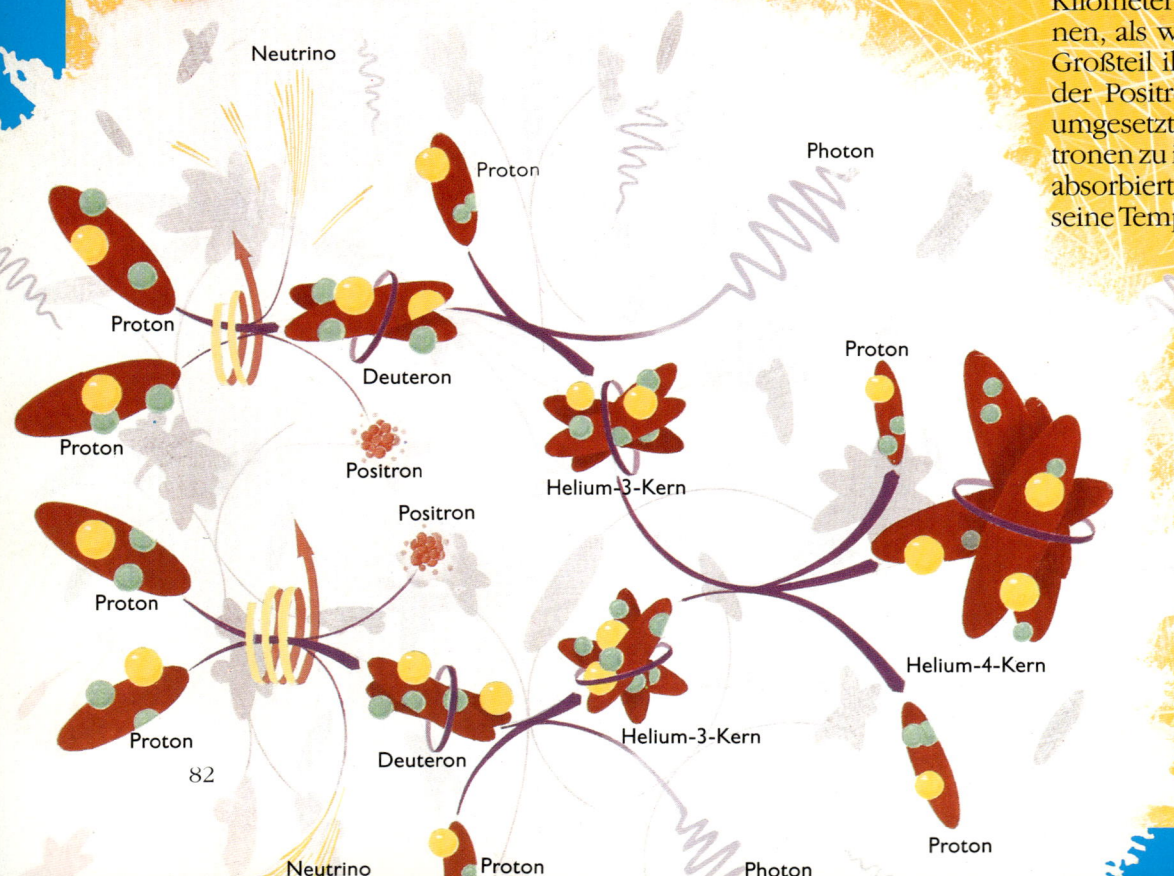

Neutrino

Proton

Photon

Proton

Proton

Deuteron

Positron

Positron

Helium-3-Kern

Proton

Proton

Helium-4-Kern

Proton

Deuteron

Helium-3-Kern

Proton

Neutrino

Proton

Photon

Proton

Bei massereicheren Sternen als der Sonne beträgt die Temperatur im Kern mehr als 15 Millionen Grad Celsius, so daß sich hier auch schwerere Kerne schnell genug bewegen, um miteinander zu reagieren. Besonders Kohlenstoffkerne durchlaufen dann eine Kettenreaktion, den sogenannten Kohlenstoffzyklus. Der Kohlenstoffkern geht unverändert aus der Reaktion hervor – er dient dabei als Katalysator.

1: Ein Kohlenstoffkern (sechs Protonen, sechs Neutronen) nimmt ein Proton auf, so daß ein Stickstoffkern (sieben Protonen, sechs Neutronen) und ein Gammastrahlenphoton entstehen. Da der Kern zu wenige Neutronen enthält, ist diese Form des Stickstoffs instabil; bei allen stabilen Kernen ist die Zahl der Neutronen gleich groß oder größer als die der Protonen. Aus diesem Grund gibt der Stickstoff ein Positron (plus ein Neutrino) ab – aus einem Proton wird ein Neutron. Der Kern ist wieder ein Kohlenstoffkern, wenn auch mit sieben statt mit sechs Neutronen.

2: Mit diesem Kohlenstoffkern verbindet sich abermals ein Proton; das Ergebnis ist wieder ein – diesmal stabilerer (da sieben Protonen sieben Neutronen gegenüberstehen) – Stickstoffkern. Auch hierbei wird ein Gammastrahlenphoton frei.

3: Trifft dieser Stickstoff nun auf ein weiteres Proton, kommt ein instabiles Sauerstoffisotop aus acht Protonen und sieben Neutronen zustande (normaler Sauerstoff hat acht Neutronen), dabei wird wieder ein Gammateilchen frei. Kurz darauf zerfällt der Sauerstoff. Aus diesem Zerfall gehen ein Positron (bei genauer Messung läßt sich auch ein Neutrino finden) und eine neue Form des Stickstoffs hervor (sieben Protonen, acht Neutronen).

4: Verbindet sich dieser Stickstoffkern nun mit einem weiteren Proton, bilden sich ein Heliumkern (zwei Protonen, zwei Neutronen) sowie ein Kohlenstoffkern derselben Art, mit der der Zyklus begann (sechs Protonen, sechs Neutronen).

Durch den Kohlenstoffzyklus entstehen mithin aus vier Protonen ein Heliumkern sowie Energie in Form von Neutrinos, Gammastrahlphotonen und Positronen.

In massereichen Sternen läuft die Umsetzung von Wasserstoff in Helium im Kohlenstoffzyklus schneller ab als im Proton-Proton-Zyklus. Da pro Heliumatom drei Gammastrahlenphotonen frei werden, kann er auch als Weg zu effektiver Energiegewinnung gelten. Der Kohlenstoffzyklus ist einer der Gründe für die wesentlich höhere Energiefreisetzung massereicher Sterne.

In roten Riesen läuft noch ein anderer Prozeß, die Triple-Alpha-Reaktion, ab. Der Name bedeutet, daß drei Heliumkerne beteiligt sind (Alphateilchen ist ein anderes Wort für Heliumkern). Am Anfang verbinden sich zwei Heliumkerne unter Abgabe eines Gammastrahlenphotons zu einem Berylliumatom (vier Protonen, vier Neutronen). Mit diesem verschmilzt dann ein weiterer Heliumkern; es entstehen ein stabiles Kohlenstoffisotop mit sechs Protonen und sechs Neutronen sowie abermals ein Gammastrahlenphoton. Bei dieser Reaktion wird also Helium in Kohlenstoff umgewandelt.

Es gibt noch mehr Reaktionen, bei denen schwerere Elemente gebildet werden. So können zum Beispiel zwei Kohlenstoffkerne zu einem Magnesiumkern verschmelzen. Bei so immenser Hitze, wie sie nur in den massereichsten Sternen kurz vor ihrem Tod auftritt, können aus schwereren Kernen wiederum so schwere Elemente wie Eisen entstehen.

Die Energie wandert vom Kern der Sonne, wo sie entsteht, in Form von hochenergetischer Strahlung nach außen. Die Photonen benötigen für den Weg an die Oberfläche Tausende von Jahren. Da sie ständig von Kernen absorbiert und wieder emittiert werden, bewegen sie sich im Zickzack. In den äußeren Schichten wird jedoch die Konvektion für den Energietransport wichtiger. Hier steigt das weniger dichte heiße Gas an die Oberfläche der Sonne. Dort gibt es Licht und Wärme ab, wird kühler und dichter, sinkt wieder nach unten. Das Gas zirkuliert innerhalb von Konvektionszellen (dunkle Gebiete oben).

LEBENSLAUF DER STERNE

● *Wege der Sternentwicklung*

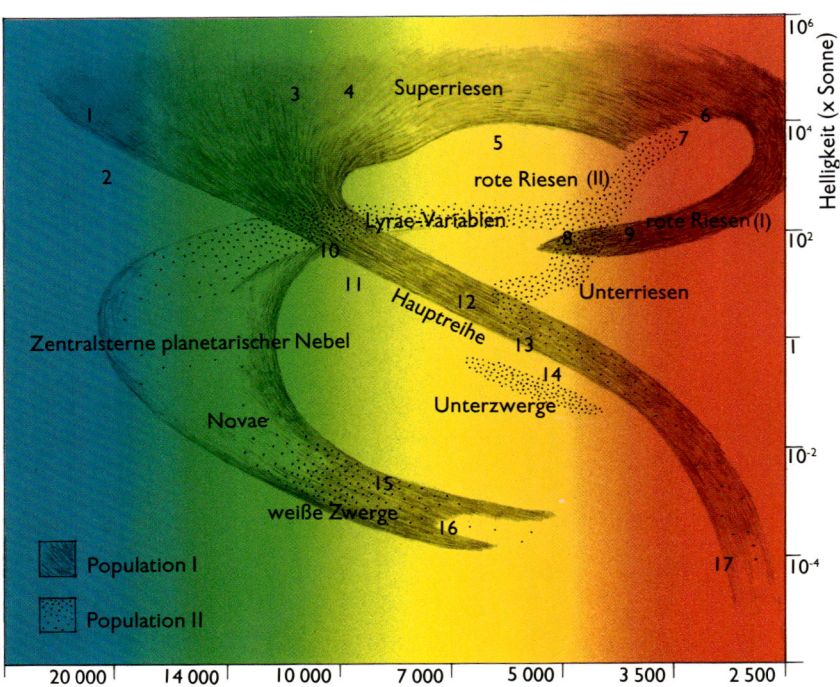

3 4 Superriesen
5
rote Riesen (II)
Lyrae-Variablen
rote Riesen (I)
8 9
Unterriesen
Hauptreihe
Zentralsterne planetarischer Nebel
Unterzwerge
Novae
weiße Zwerge

■ Population I
⋮ Population II

Helligkeit (x Sonne)

Temperatur (K) 20 000 14 000 10 000 7 000 5 000 3 500 2 500

Im Hertzsprung-Russell-Diagramm wird die Helligkeit zur Temperatur in Beziehung gesetzt. Die meisten Sterne liegen auf dem zentralen Band, der Hauptreihe. Sterne der Population II sind relativ alt, viele haben die Hauptreihe bereits verlassen. Von der Population I haben dies bisher nur die massereichsten Sterne aufgrund ihrer schnelleren Entwicklung geschafft.

1 δ Orion
2 Spica
3 Rigel
4 Deneb
5 Polarstern
6 Beteigeuze
7 Antares
8 Arcturus
9 Aldebaran
10 Wega
11 Sirius A
12 Procyon A
13 Sonne
14 t Ceti
15 Sirius B
16 Procyon B
17 Proxima Centauri

Der komplexe Lebenszyklus eines Sterns wird von der Kernreaktion bestimmt. Ein notwendiges Werkzeug zur Beschreibung der Sternentwicklung ist das Hertzsprung-Russell-Diagramm (HRD). Es wurde im zweiten Jahrzehnt dieses Jahrhunderts von Ejnar Hertzsprung und Henry Norris Russell entwickelt.

Die senkrechte Achse des HRD stellt eine Skala für die wahre (oder absolute) Helligkeit der Sterne dar; die schwächsten stehen unten, die hellsten oben. Auf der waagerechten Achse befindet sich eine Skala für die Temperaturen, beziehungsweise die den Temperaturen entsprechenden Spektralklassen. Diese Klassen werden traditionsgemäß mit O, B, A, F, G, K und M bezeichnet (die Reihenfolge kann man sich mit Hilfe des englischen Satzes „Oh Be A Fine Girl, Kiss Me!" merken).

Am heißen Ende der Skala stehen die blauen O-Sterne mit Temperaturen von über 25 000 K (Kelvin). B-Sterne sind mit Temperaturen zwischen 11 000 und 25 000 K zwar etwas kühler, aber immer noch bläulich, und so weiter. Die Sonne gehört zu den G-Sternen mit einer Oberflächentemperatur von etwa 6 000 K und gelblicher Farbe.

Trägt man Helligkeit und Temperatur der Sterne in ein HRD ein, ergeben sich dicht und

weniger dicht besetzte Gebiete. Der Großteil der Sterne liegt auf der Hauptreihe, einem Band, das von rechts unten nach links oben verläuft. Mittlerweile weiß man, daß das Muster des HRD mit der Entwicklung der Sterne zusammenhängt: Es ist eine graphische Darstellung ihres Lebenswegs.

Kurz nach seiner Geburt aus einer Bok-Globule und mit Beginn der Kernfusion in seinem Inneren erscheint jeder Stern in der Nähe der Hauptreihe. Der genaue Ort ist abhängig von seiner Masse.

Sehr kleine Sterne mit etwa einem Viertel Sonnenmasse treten als rote Zwerge vom M-Typ auf. Die massereichere Sonne begann ihr Leben auf der Hauptreihe weiter oben, noch schwerere Sterne sogar erst an deren Ende. Alle Sterne verbringen den größten Teils ihres Lebens auf der Hauptreihe, dabei verändern sie, solange ihr Wasserstoffvorrat anhält, ihre Position nur geringfügig.

Im Sterninneren entsteht derweil ein großer Kern aus nicht reaktionsfähiger „Heliumasche". Während die äußere Wasserstoffhülle noch „brennt", zieht sich dieser Kern zusammen, seine Temperatur steigt. Jetzt verläßt der Stern die Hauptreihe.

Die Lebenserwartung eines Sterns sowie seine Position auf der Hauptreihe hängen von seiner Masse ab. Ein schwacher roter Zwerg entwickelt sich so langsam, daß er 200 Milliarden Jahre braucht, bis er die Hauptreihe verläßt; die Sonne wird sie nach etwa 20 Milliarden Jahren verlassen.

Hat seine Entwicklung einen sonnenähnlichen Stern von der Hauptreihe weggeführt, expandiert er bis zum 50fachen seiner bisherigen Größe. Ab dann kühlt er ab, wird röter und bewegt sich im HRD daher nach rechts. Mit zunehmender Größe strahlt er heller, so daß er seine Position im HRD nach oben verlagert. Es entsteht ein roter Riese.

Zu dieser Zeit besteht das Sterninnere hauptsächlich aus Kohlenstoff und Sauerstoff, die aus der Verbrennung von Helium hervorgingen (S. 82-83). Der Stern erreicht seinen letzten Lebensabschnitt. Zunächst nimmt der Energieausstoß ab, und der Stern schrumpft. Das Sterninnere dehnt sich jedoch nochmals aus, so daß der Stern für kurze Zeit abermals zu einem roten Riesen wird. Doch plötzlich tritt eine Veränderung ein: Die in Kernnähe entstandene Energie stößt die äußere Hülle ab, der Stern wird vorübergehend von einem Gasmantel umgeben: Ein planetarischer Nebel ist entstanden. Anschließend beginnt der Stern zu schrumpfen, bis nur noch ein superdichter Kern übrigbleibt, in dessen äußeren Bereichen immer noch Kernfusion stattfindet. Der Stern endet als weißer Zwerg, der langsam auskühlt und verblaßt (S. 88-89).

Nach dem Eintritt in die Hauptreihe braucht ein sonnenähnlicher Stern etwa zehn Milliarden Jahre, um das Stadium eines roten Riesen zu erreichen. Massereichere Sterne leben kürzer, da die Kernfusion hier mit höherer Intensität abläuft. Sterne mit fünffacher Sonnenmasse brauchen nur 70 Millionen Jahre, Sterne mit 15facher Sonnenmasse sogar nur zehn Millionen Jahre, um sich zu roten Riesen zu entwickeln.

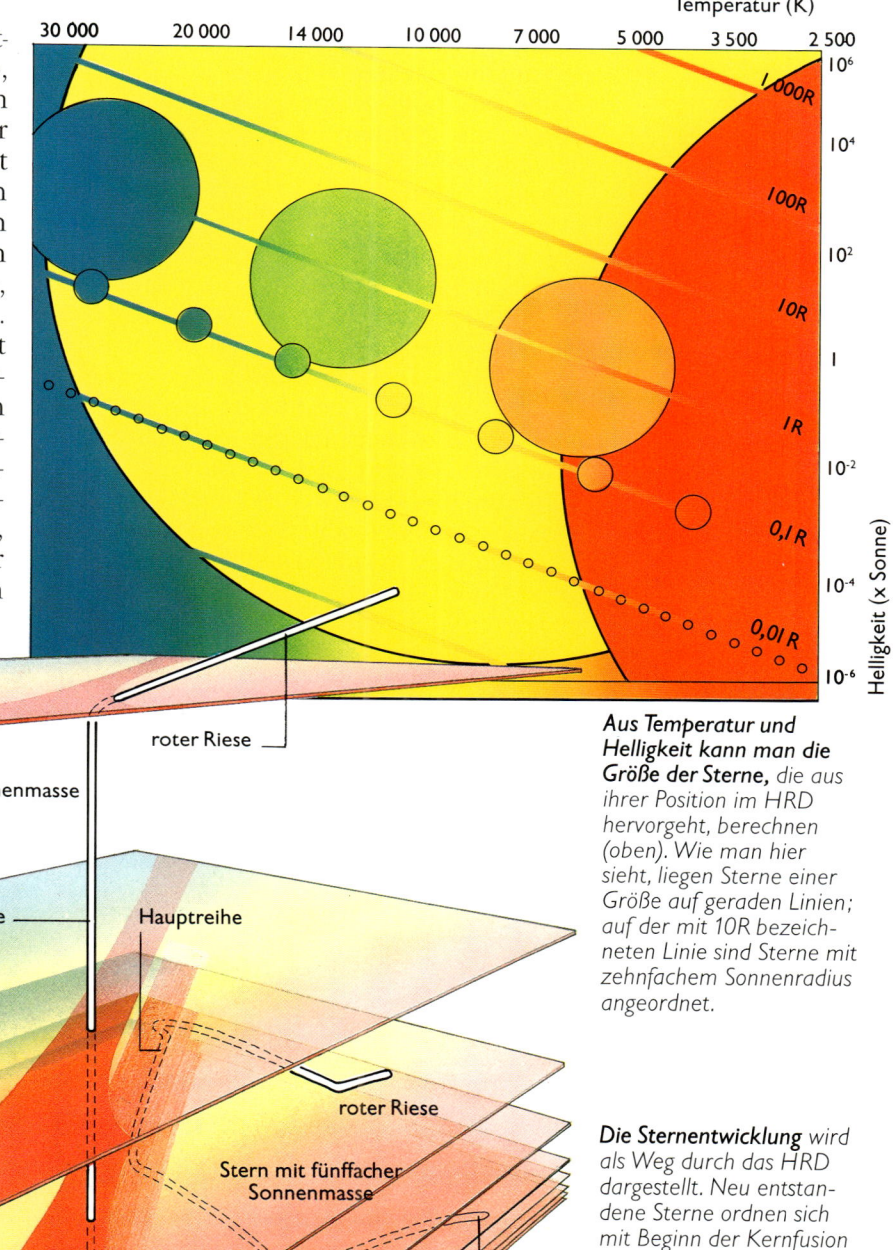

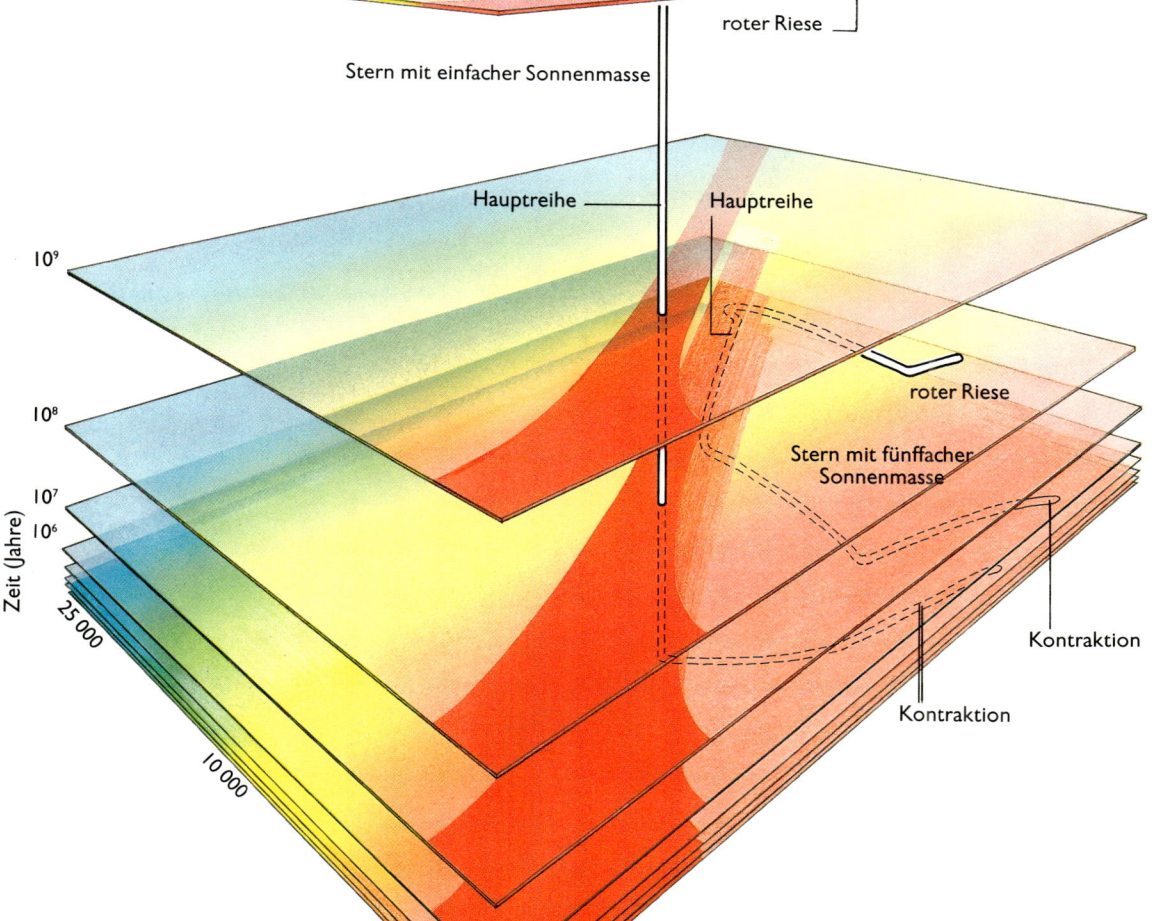

Aus Temperatur und Helligkeit kann man die Größe der Sterne, *die aus ihrer Position im HRD hervorgeht, berechnen (oben). Wie man hier sieht, liegen Sterne einer Größe auf geraden Linien; auf der mit 10R bezeichneten Linie sind Sterne mit zehnfachem Sonnenradius angeordnet.*

Die Sternentwicklung *wird als Weg durch das HRD dargestellt. Neu entstandene Sterne ordnen sich mit Beginn der Kernfusion in die Hauptreihe ein, auf der sie den Großteil ihres Lebens verbringen. Im Alter expandieren sie, werden heißer und heller, um zuletzt im Diagramm die Gegend der roten Riesen zu erreichen. Der hier dargestellte Stern mit fünffacher Sonnenmasse beendet seinen Lebenszyklus 100mal schneller als die Sonne.*

VERÄNDERLICHE STERNE

● *Sterne mit wechselnder Helligkeit*

Im Leben eines Sterns treten enorme Veränderungen in seiner Helligkeit auf, die einige Millionen oder sogar Milliarden Jahre in Anspruch nehmen. Es gibt allerdings auch weniger ruhige Sterne, die ihre Helligkeit schneller verändern.

Ein Typ der veränderlichen Sterne ändert seine Helligkeit nur scheinbar. Hier handelt es sich um Doppelsternsysteme, die mit der Stirnseite zur Erde zeigen, so daß wir beide Komponenten abwechselnd beobachten können. Die meisten Veränderlichen weisen jedoch wirkliche Strahlungsschwankungen auf, wie zum Beispiel die irregulären oder eruptiven Veränderlichen, die meist noch sehr jung und deshalb von einer Wolke ihres Urgases umgeben sind. Ihre Helligkeit verändert sich, da von Zeit zu Zeit große „Flares" auf ihrer Oberfläche explodieren und heiße Gasmassen in den Raum schleudern.

Weiterhin gibt es periodische Veränderliche – meist heiße Sterne auf oder in der Nähe der Hauptreihe –, die regelmäßig heller und dunkler werden. Bei einigen ist die Oberfläche nicht gleichmäßig heiß, sondern weist hellere und dunklere Flecken auf. Daher ver-

Ein Teil der veränderlichen Sterne weist unterschiedliche Oberflächentemperaturen und somit auch unterschiedliche Helligkeiten auf. Die Veränderung der scheinbaren Helligkeit ist daher nur auf die wechselnde Helligkeit der Gebiete zurückzuführen, die uns der Stern während seiner Rotation zeigt.

ändern sie ihre Helligkeit mit ihrer Rotationsperiode, die zwischen etwa zwölf Stunden und einigen hundert Tagen liegt.

Ein Typ von periodischen Veränderlichen wurde nach dem Stern R Coronae Borealis benannt; diese Sterne vermindern ihre Helligkeit plötzlich um den Faktor 10 000, um dann wieder ihre ursprüngliche Leuchtkraft zu erreichen. Sie gehören zu den kohlenstoffreichen alten roten Riesen, die sich regelmäßig mit einer Rußwolke umgeben.

Eine wichtige Gruppe periodischer Veränderlicher wird nach ihrem Prototyp, Delta Cephei, als Cepheiden bezeichnet. Die äußeren Gashüllen dieser Sterne pulsieren nach außen und innen, da die Atome in einem komplexen Prozeß unterhalb der Sternatmosphäre zunächst nur wenige, bei der Kontraktion des Sterns jedoch noch weitere Elektronen verlieren. Folglich wird diese Schicht für Strahlung aus dem Inneren undurchlässig. Der Druck steigt, bis sich der Stern wieder ausdehnt und dabei abkühlt. Die Ionisation nimmt ab, so daß die Strahlung frei wird. Anschließend wiederholt sich der Kreislauf.

Die Helligkeit eines Cepheiden schwankt zwischen 10 und 20 Prozent um ihren Maximalwert, der von der Schwankungsperiode abhängt: je heller der Stern, desto länger die Periode. Die meisten Cepheiden gehören zum Typ I, den massereichen, jungen gelben Superriesen. Ihre Pulsationsperiode liegt meist zwischen einem und 50 Tagen.

Cepheiden vom Typ II, die auch W-Virginis-Veränderliche genannt werden, sind alte Sterne, die man in Kugelsternhaufen und in Richtung des galaktischen Zentrums findet. Sie sind sechsmal schwächer als die Cepheiden vom Typ I; auch ihre Periode ist kürzer.

Sobald Periode (und Typ) eines Cepheiden feststehen, kann man seine wahre Helligkeit berechnen. Vergleicht man diese mit seiner scheinbaren Helligkeit, läßt sich auch seine Entfernung ermitteln (S. 46-47).

Es gibt noch andere Pulsationsveränderliche, zum Beispiel die RR-Lyrae-Sterne, deren Periode zwischen einigen Stunden und 1,5 Tagen liegt. Auch hier handelt es sich um alte, ursprünglich kohlenstoff- und sauerstoffarme Sterne, die später zu Cepheiden vom Typ II werden.

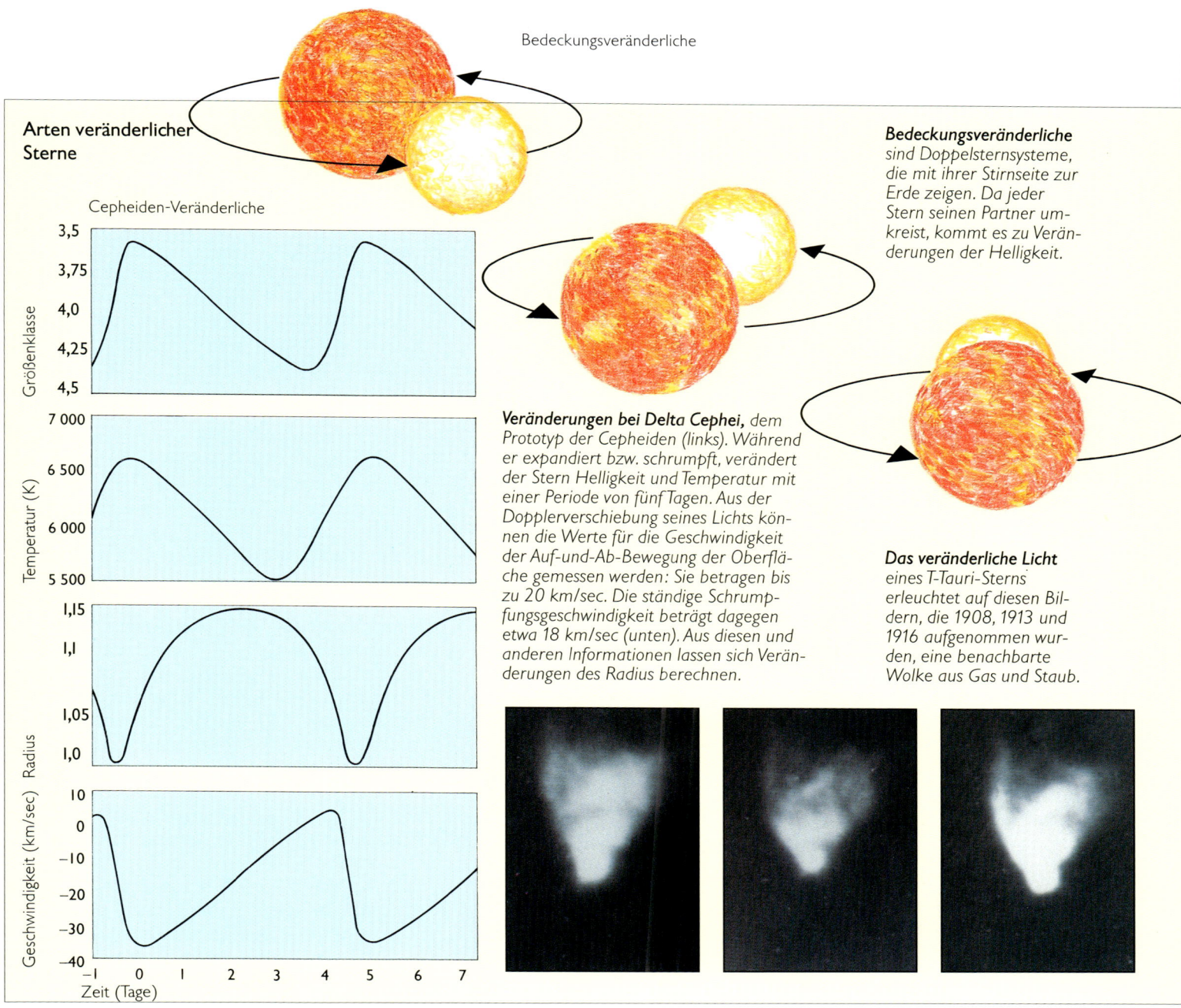

Bedeckungsveränderliche

Arten veränderlicher Sterne

Cepheiden-Veränderliche

Größenklasse

3,5
3,75
4,0
4,25
4,5

Temperatur (K)

7 000
6 500
6 000
5 500

Radius

1,15
1,1
1,05
1,0

Geschwindigkeit (km/sec)

10
0
−10
−20
−30
−40

−1 0 1 2 3 4 5 6 7

Zeit (Tage)

Bedeckungsveränderliche
sind Doppelsternsysteme, die mit ihrer Stirnseite zur Erde zeigen. Da jeder Stern seinen Partner umkreist, kommt es zu Veränderungen der Helligkeit.

Veränderungen bei Delta Cephei, *dem Prototyp der Cepheiden (links). Während er expandiert bzw. schrumpft, verändert der Stern Helligkeit und Temperatur mit einer Periode von fünf Tagen. Aus der Dopplerverschiebung seines Lichts können die Werte für die Geschwindigkeit der Auf-und-Ab-Bewegung der Oberfläche gemessen werden: Sie betragen bis zu 20 km/sec. Die ständige Schrumpfungsgeschwindigkeit beträgt dagegen etwa 18 km/sec (unten). Aus diesen und anderen Informationen lassen sich Veränderungen des Radius berechnen.*

Das veränderliche Licht
eines T-Tauri-Sterns erleuchtet auf diesen Bildern, die 1908, 1913 und 1916 aufgenommen wurden, eine benachbarte Wolke aus Gas und Staub.

Auch Novae, abgeleitet vom lateinischen Wort nova (neu), gehören zu den veränderlichen Sternen. Innerhalb weniger Stunden erhöhen sie ihre Helligkeit um das 10 000- oder Millionenfache, um sie dann im Laufe einiger Monate wieder auf den normalen Wert absinken zu lassen. Eine Nova entsteht, wenn ein Stern plötzlich eine Materiehülle abstößt, die bis zu einem Hunderttausendstel seiner gesamten Masse betragen kann. Supernovae (S. 90-91) sind noch wesentlich heftiger, allerdings seltener und anderen Ursprungs.

Das Aufleuchten vieler Novae kann man in Abständen von zehn Tagen bis zu Jahrzehnten mehrmals beobachten, einige haben vermutlich noch längere Perioden. Bei diesen wiederkehrenden Novae handelt es sich um nahe Doppelsternsysteme mit einem weißen Zwerg. Der Zwerg zieht von seinem Begleiter Materie ab, die er in heftigen Kernreaktionen verbrennt und damit den Ausbruch verursacht. Ein bisher unsichtbarer Stern kann so sichtbar werden und den Eindruck eines neu entstandenen Sterns erwecken.

DER TOD EINES STERNS

● *Wenn der Brennstoff ausgeht*

Hauptreihenstern

schrumpfender Kern

roter Riese

heißer Zentralstern

planetarischer Nebel

weißer Zwerg

Wenn einem alternden Stern der Wasserstoff im Kern ausgeht, beginnt er, Helium zu verbrennen. Die Fusion des Wasserstoffes wird in den äußeren Schichten, die sich zu ungeheurer Größe aufblähen, jedoch fortgesetzt. Die Oberfläche kühlt ab und erscheint rötlich. Wegen seiner immensen Größe leuchtet der Stern dennoch heller.

Der Sternriese wird jetzt instabil und stößt seine äußeren Hüllen ab, die einen planetarischen Nebel bilden. Der heiße und daher bläulichweiße Kern des Sterns ist freigelegt: Seine unsichtbare ultraviolette Strahlung läßt den Nebel wie eine fluoreszierende Lampe leuchten.

Für einen Stern, der etwa die Masse der Sonne besitzt, bedeutet der Tod ein langsames Erlöschen. Ist das gesamte Helium im Kern verbraucht, schrumpft der Stern zu einem weißen Zwerg, der ungefähr so groß ist wie die Erde. Dieser wird immer schwächer, da er seine Energie abstrahlt.

Einige Sterne beenden ihr Leben auf eindrucksvolle Weise: Eine gewaltige Explosion reißt sie auseinander. Andere erleiden weniger gewaltsame Ruhestörungen und werden im Laufe der Jahrmillionen einfach unsichtbar. Welche Faktoren bestimmen die Todesart eines Sterns?

Sobald im Lebenslauf eines Sterns in seinem Innern die Heliumverbrennung (S. 83) beginnt, verläßt der Stern die Hauptreihe und fängt an, sich auszudehnen. Er entwickelt sich zu einem roten Riesen oder – wenn er sehr massereich ist – zu einem Superriesen. Später verwandelt er sich in einen veränderlichen Stern. Er stößt seine äußeren Hüllen ab, und damit entsteht ein planetarischer Nebel, der bereits den nahen Tod ankündigt.

Der einfachste Fall ist der eines Sterns wie der Sonne, deren Größe etwa in der Mitte zwischen den Extremen liegt. Ein „normaler" Stern wie sie führt ein gemächliches Leben. Zu Beginn seiner Entwicklung zum planetarischen Nebel ist er sehr klein und sehr heiß, da er sein Helium bereits verbraucht hat. Nach der Entstehung des Nebels wird der Zentralstern noch kleiner und kühlt ab.

Etwa um 1920 untersuchte der indische Astrophysiker Subrahmanyan Chandrasekhar, wie sich ein solcher Zentralstern weiterentwickelt, und entwarf die Theorie der weißen Zwerge. Er schloß aus der Schrumpfung des Sterns auf eine gewaltige Zunahme der Gravitation im Zentrum und somit auf eine höhere Materiedichte als normal. Derartige Materie bezeichnet man als degeneriert.

Degenerierte Materie war vor der Quantentheorie unbekannt. Normale Materie ist aus Atomen aufgebaut, deren Kerne jeweils von einem oder mehreren Elektronen umkreist werden. Die Anzahl der Elektronen hängt von der Art des Atoms ab. Das Pauli-Prinzip (S. 25) besagt, daß sich in einem gegebenen Raum keine zwei Elektronen in demselben Zustand befinden, Energie, Spin usw. also nicht gleich sein können. Die Elektronen sind daher gezwungen, verschiedene Energieniveaus einzunehmen; damit sorgen sie für ihre räumliche Trennung und verhindern gleichzeitig den Kollaps der Atome sowie den Anstieg der Materiedichte auf mehr als ungefähr den 90fachen Wert des Wassers.

Im Sterninneren sind die Atome aufgrund der extrem hohen Temperaturen vollständig ionisiert – in Atomkern und Elektronen zerlegt – und können daher stärker zusammengepreßt werden. Im Inneren eines schrumpfenden Sterns wird die Materie noch mehr komprimiert. Doch nach dem Pauli-Prinzip befinden sich auch hier keine zwei Elektronen in demselben Zustand. Da die Elektronen immer dichter zusammengepreßt werden, müssen sie ihre Geschwindigkeit unablässig steigern; so bauen sie einen Druck auf, der dem Druck der Gravitation entgegenwirkt.

Bei Sternen mittlerer Masse (bis zu 1,4 Sonnenmassen) wird der Elektronendruck hoch genug, um im Zentrum eine Verdichtung auf mehr als eine Tonne pro Kubikzentimeter (10 000mal dichter als die dichteste Materie auf der Erde) zu verhindern. Dieser Zustand ist das erste Stadium der Entartung, der Druck im Sterninneren heißt Entartungsdruck.

Zu diesem Zeitpunkt hat der Stern seine Hülle bereits in den Raum geschleudert. Das Innere liegt frei und ist so heiß, daß es weiß leuchtet. Der Stern lebt nun als weißer Zwerg weiter, dessen Temperatur nicht mehr für den Ablauf komplexer Kernreaktionen ausreicht. Er leuchtet nur durch Abgabe der in seinem Inneren noch vorhandenen Energie, so daß er langsam abkühlt, erblaßt und sich schließlich zu einem schwarzen Zwerg entwickelt.

Beobachtungen haben die Existenz weißer Zwerge tatsächlich bestätigt. 1844 führte man die Taumelbewegung des Sirius auf einen unsichtbaren Begleiter zurück. Dieser Begleiter, Sirius B, wurde 1862 entdeckt. Aus seiner Anziehungskraft auf Sirius berechnete man seine Masse, die etwa der der Sonne entsprach. Da Untersuchungen des Lichts von Sirius B jedoch maximal auf einen fünffachen Erddurchmesser schließen ließen, handelt es sich hier um einen weißen Zwerg. Seither wurden Hunderte weißer Zwerge entdeckt.

Wie oben bereits dargestellt, läuft dieser Vorgang bei allen Sternen mit maximal 1,4facher Sonnenmasse ab (diese Zahl nennt man Chandrasekhar-Limit). Liegt der Stern über dieser Grenze, steigt die Temperatur in seinem Kern so hoch, daß neue, komplexere Kernreaktionen ablaufen, in deren Verlauf selbst so schwere Elemente wie Eisen entstehen.

Sobald der Kern jedoch vollständig in Eisen umgewandelt ist, sind keine weiteren Kernreaktionen zur Energiegewinnung mehr möglich. Der Druck, der den Zusammenbruch verhindert, kann nicht länger aufrechterhalten werden. Die Gravitationskraft eines solchen Sterns überwindet sogar den Entartungsdruck der Elektronen; es kommt zu einem katastrophalen Zusammenbruch, nach dem der Kern eine vielfach höhere Dichte aufweist als ein weißer Zwerg. Elektronen und Protonen prallen zusammen und bilden Neutronen; es entsteht Neutronengas.

Der Kern schrumpft so lange, bis die Geschwindigkeit der Neutronen einen ausreichenden Entartungsdruck aufgebaut hat und so einen weiteren Zusammensturz verhindert. Da Neutronen etwa 2 000mal schwerer sind als Elektronen, kann Neutronengas einen wesentlich höheren Druck aushalten als Elektronengas. Der Kern befindet sich jetzt in einem superdichten Zustand.

Der Zusammenbruch des Kerns löst eine Supernovaexplosion aus (S. 90-91). Es gibt jedoch ein weiteres Kollapsstadium, das nur die massereichsten Sterne mit über fünffacher Sonnenmasse erreichen. Bei ihrem Zusammenbruch durchschlägt die Gravitationskraft der äußeren Materie sogar den dichten Neutronenkern. Auch wenn ihre Hülle in einer

Der Helix- oder Sonnenblumennebel liegt im Tierkreiszeichen Aquarius (Wassermann). Er ist der größte planetarische Nebel, dennoch kann man ihn mit bloßem Auge nicht erkennen. Seine Entfernung konnte bisher nicht ermittelt werden; einige Astronomen schätzen sie auf 450 und seinen Durchmesser entsprechend auf vier Lichtjahre. Der Zentralstern ist ein weißer Zwerg.

Supernovaexplosion weggeschleudert wird, bleibt ein dunkler Rest des Kerns übrig. Da sich weder Materie noch Energie von diesem Stern entfernen können, entsteht ein schwarzes Loch (S. 62-65).

Im Jahre 1054 beobachteten chinesische Astronomen, daß plötzlich ein neuer Stern im Sternbild Stier aufgetaucht war. Er leuchtete so hell, daß er sogar am Taghimmel sichtbar blieb. Es handelt sich hier um die erste aufgezeichnete Explosion einer Supernova, deren Reste heute den Crabnebel bilden. Seit 1604 konnte in unserer Milchstraße keine so helle Supernova mehr beobachtet werden. In anderen Galaxien hat man jedoch schon Hunderte entdeckt.

Einige dieser kosmischen Katastrophen ereignen sich in Doppelsternsystemen, deren eines Mitglied ein weißer Zwerg ist, der sterbende Rest eines Sterns (S. 88-89). Wie alle weißen Zwerge hat er beinahe seinen gesamten Wasserstoffvorrat verbraucht und im Laufe dieses Prozesses die Elemente Kohlenstoff, Kalzium, Magnesium, Sauerstoff, Silizium und Schwefel angesammelt. Der weiße Zwerg nimmt Materie aus den äußeren Schichten seines Begleiters auf, die beim Aufprall auf seine Oberfläche „verbrennt". Der Kern des Zwerges erreicht Temperaturen von mindestens 100 Millionen K, die zur Verbrennung des Kohlenstoffs führen. Es kommt zu einer Kettenreaktion: Der weiße Zwerg wird vernichtet; die schweren Elemente, die in der großen Hitze entstanden sind, werden in einer Gaswolke fortgeschleudert.

Man bezeichnet diesen Sterntod als Supernova vom Typ I. Im Durchschnitt kommt er in einer Galaxie etwa alle 140 Jahre einmal vor. Da derartige Supernovae ungefähr gleich hell sind, können Astronomen mit ihrer Hilfe den Abstand weit entfernter Galaxien bestimmen.

Eine Supernova vom Typ II tritt auf, wenn ein Einzelstern plötzlich zusammenbricht; das ist in einer Galaxie etwa alle 91 Jahre einmal der Fall. 1987 fand ein solches Ereignis in der Großen Magellanschen Wolke statt.

Bis zu ihrer Explosion war diese Supernova mit Namen SN 1987A ein Stern mit etwa 15facher Sonnenmasse. Sein Leben auf der Hauptreihe dauerte nur etwa zehn Millionen Jahre, es folgten weniger als eine Million Jahre als roter Riese, bis er schließlich das Stadium der blauen Überriesen erreichte. Aus Berechnungen weiß man, daß er gegen Ende seines

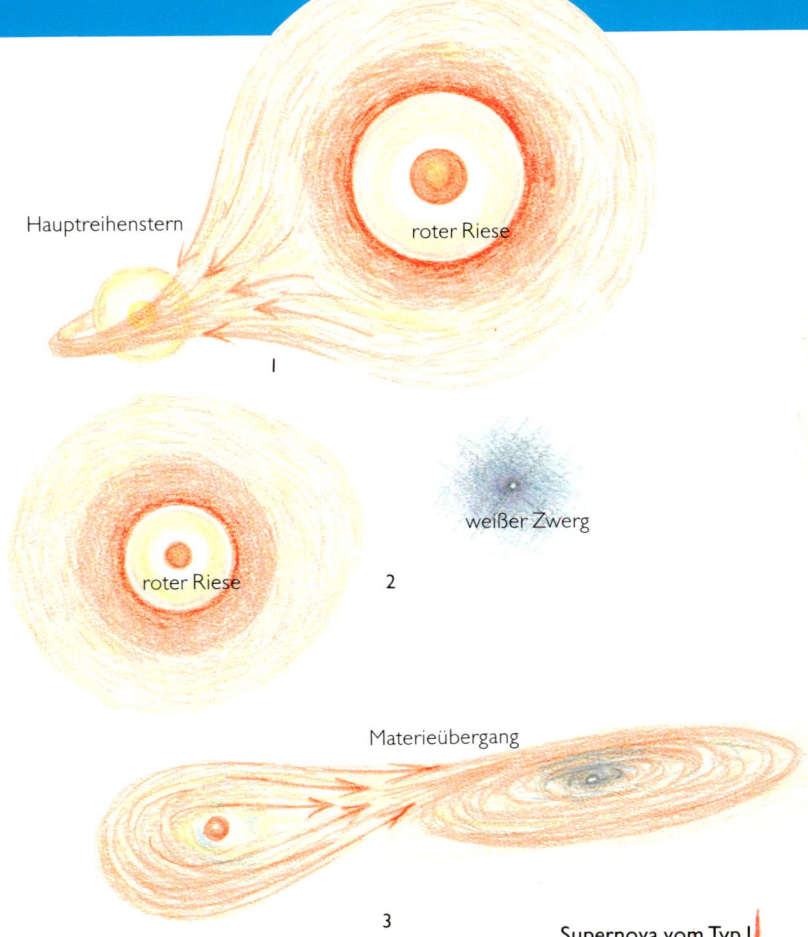

Hauptreihenstern

roter Riese

roter Riese

weißer Zwerg

2

Materieübergang

3

Supernova vom Typ I

4

Lebens im Kern Eisen produzierte. Die Supernovaexplosion bahnte sich an, als der Stern extrem schrumpfte. Aufgrund seines massiven Kerns endete dieser Kollaps nicht, nachdem die Dichte eines weißen Zwerges erreicht war, sondern dauerte an. Dann jedoch geschahen zwei Dinge gleichzeitig: Der Eisenkern zerfiel wieder in leichtere Elemente, und Protonen verbanden sich mit Elektronen zu Neutronen. Der Kern entwickelte sich zu einem Neutronenstern.

Aufgrund ihres Eigengewichts stürzte der Rest der Sternmaterie mit einer Geschwindigkeit von etwa einem Zehntel der Lichtgeschwindigkeit auf den Kern. Der Aufprall war so gewaltig, daß sie in den Raum zurückgeschleudert wurde und dort, während sie sich ausbreitete, Energie abstrahlte. Das Gas bewegte sich unvorstellbar schnell: Innerhalb von zehn Stunden hatte sein Volumen den Durchmesser der Erdbahn erreicht – 300 Millionen Kilometer. Der Kern der SN 1987A blieb als kleiner Neutronenstern mit einem Durchmesser von weniger als 20 Kilometern erhalten. Dennoch ist seine Masse mit der der Sonne vergleichbar, da seine Dichte etwa 300 Millionen Tonnen pro Kubikzentimeter beträgt. Sein Gas breitet sich weiter im Raum aus.

Eine Supernova vom Typ I entsteht aus einem Stern, der zu einem Doppelsternsystem gehört. Tritt er in das Stadium des roten Riesen ein, gibt er Materie an seinen Begleiter ab, der weniger Masse besitzt und sich folglich langsamer entwickelt (1), und wird selbst ein weißer Zwerg. Der andere Stern erreicht ebenfalls das Riesenstadium (2), gibt Materie an den Zwerg ab (3) und löst eine ungeheure Explosion aus (4).

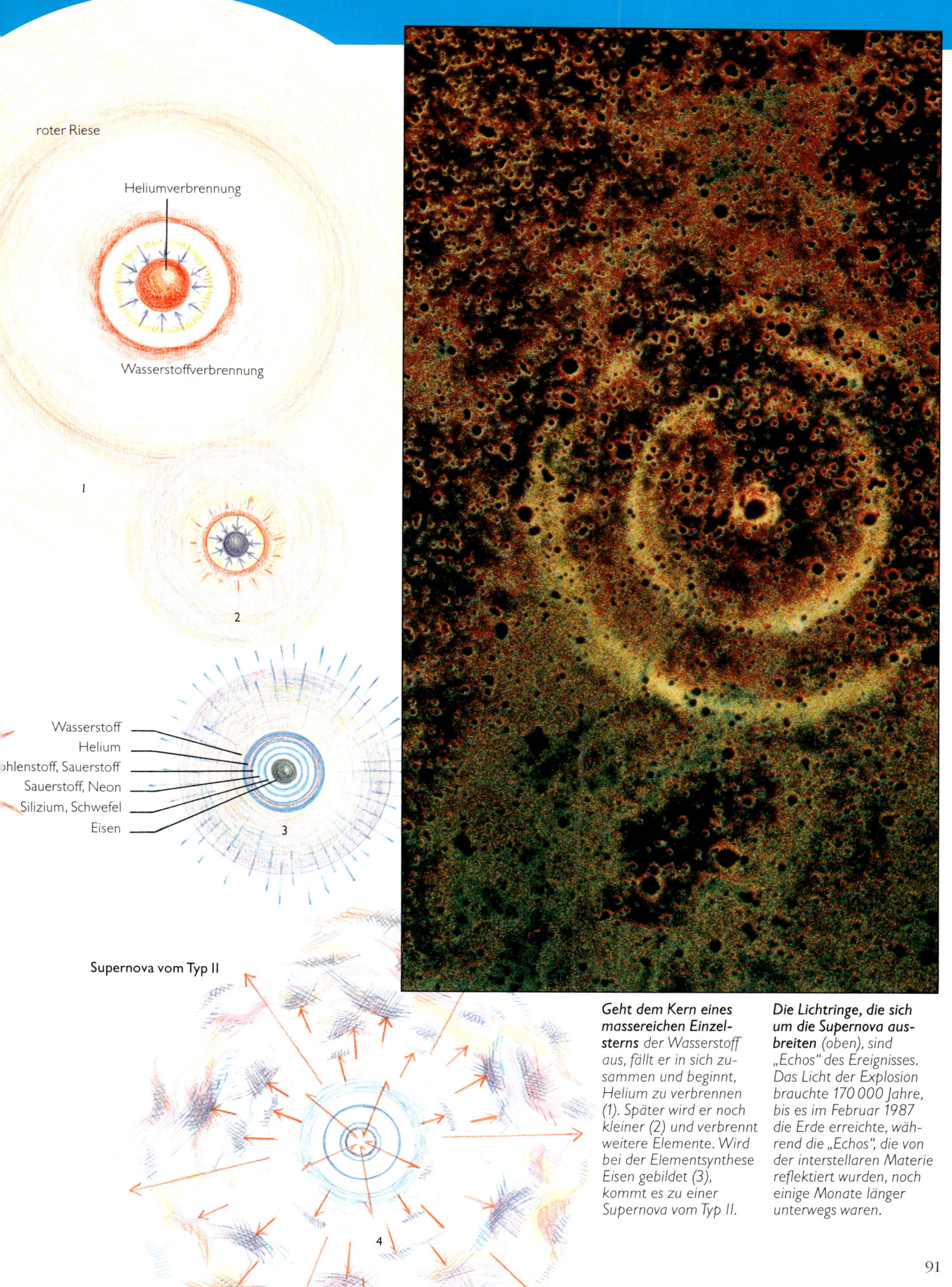

roter Riese

Heliumverbrennung

Wasserstoffverbrennung

1

2

Wasserstoff
Helium
Kohlenstoff, Sauerstoff
Sauerstoff, Neon
Silizium, Schwefel
Eisen

3

Supernova vom Typ II

4

Geht dem Kern eines massereichen Einzelsterns der Wasserstoff aus, fällt er in sich zusammen und beginnt, Helium zu verbrennen (1). Später wird er noch kleiner (2) und verbrennt weitere Elemente. Wird bei der Elementsynthese Eisen gebildet (3), kommt es zu einer Supernova vom Typ II.

Die Lichtringe, die sich um die Supernova ausbreiten (oben), sind „Echos" des Ereignisses. Das Licht der Explosion brauchte 170 000 Jahre, bis es im Februar 1987 die Erde erreichte, während die „Echos", die von der interstellaren Materie reflektiert wurden, noch einige Monate länger unterwegs waren.

91

PULSARE

● *Kosmische Radiofeuer*

1967 begann im Mullard Radioastronomie Labor der Universität Cambridge ein neues Forschungsprogramm. Es wurde humorvoll als das einzige Projekt bezeichnet, das je mit einem Schmiedehammer durchgeführt wurde. Tatsächlich war der Schmiedehammer nötig, um Pfosten für die 2 048 Verbindungsstücke der Radioantennen aufzustellen. Es entstand ein Radioteleskop mit einer Fläche von 16 000 Quadratmetern.

Zu Beginn der Beobachtungen entdeckte die Doktorandin Jocelyn Bell, daß den Aufnahmen des Teleskops seltsame Signale überlagert waren. Es handelte sich um Pulse mit einer Länge von einer zwanzigstel Sekunde, die etwa alle 1,3 Sekunden auftraten. Zusammen mit ihrem Betreuer Anthony Hewish untersuchte sie die Pulse mit Hilfe eines hochauflösenden Aufnahmegerätes.

Die Möglichkeit, die Signale könnten auf Interferenzen elektrischer Einrichtungen in der Nähe des Observatoriums zurückzuführen sein, schlossen sie aus: Da sie sich mit der gleichen Geschwindigkeit wie die Sterne über den Himmel bewegten, mußten sie kosmischen Ursprungs sein.

Zu dieser Zeit wurde gerade die Frage nach anderen Zivilisationen im Universum heftig diskutiert. Konnten die Pulse des Mullard Observatoriums von außerirdischen Wesen stammen? Man ging dieser Frage ernsthaft nach, auch wenn die Signale eine Weile spaßhaft als LGMs (Little Green Men = kleine grüne Männchen) bezeichnet wurden. Tatsächlich war der Name eine Vorsichtsmaßnahme, die Medien sollten vorläufig nicht über die Entdeckung informiert werden.

Die Signale zeigten eine unterschiedliche Stärke, und auch aus ihrem willkürlichen Auftreten ließ sich keine Gesetzmäßigkeit ableiten. Außerdem fehlte eine Dopplerverschiebung ihrer Frequenz, die auf eine Umlaufbahn eines Planeten um einen weit entfernten Stern hätte schließen lassen. Dennoch konnte man aufgrund der gemessenen Abstände einen Stern als Quelle der Pulse ansehen. Im Vergleich zu den kürzeren Wellenlängen waren die längeren verzögert, da Radiowellen an interstellaren Elektronen gestreut werden. Mit Hilfe dieser Beobachtung berechnete man die Entfernung der Quelle mit 400 Lichtjahren.

Bis 1970 waren bereits 50 derartiger Pulsare bekannt; heute sind es Hunderte. Zunächst ließ sich keine optische Quelle finden. Doch bald stellte sich heraus, daß die Pulse von schwingenden (pulsierenden oder rotierenden) Körpern stammen mußten, die gleichzeitig kompakt genug waren, um so scharf abgegrenzte Pulse aussenden zu können.

1968 behauptete der britische Kosmologe Thomas Gold, schnell rotierende Neutronensterne, die superdichten Reste von Explosionen massereicher Sterne (S. 88-91), könnten die Quelle dieser Pulse sein. Der Zentralstern des Crabnebels, der Supernovarest aus dem Jahre 1054, wurde als Pulsar identifiziert, der im optischen und im Radiobereich strahlte. Auch der Rest der Supernova in der Großen Magellanschen Wolke ist ein Pulsar.

Das Wesen der Pulsare

Die Vorstellungen vom Aufbau der Pulsare wurden auf theoretischem Wege aus der Elementarphysik abgeleitet. Danach besitzen Neutronensterne anscheinend einen aus Neutronen bestehenden festen Kern. Dieser ist von einer supraflüssigen Schicht aus Neutronen, Protonen und Elektronen umgeben. (Supraflüssigkeit ist Materie, die ohne Widerstand fließt. Da die Supraflüssigkeit eines Neutronensterns auch elektrisch geladene Protonen und Elektronen enthält, ist sie gleichzeitig ein Supraleiter, der keinen elektrischen Widerstand besitzt.)

Oberhalb dieser Schicht liegt eine dünne, 600 Meter dicke innere Kruste, die ebenfalls aus supraflüssigen Neutronen besteht. Sie ist von einer etwa halb so dicken äußeren Kruste umgeben, die neben Atomkernen auch Elektronen und Neutronen enthält.

Der Stern, aus dem der Neutronenstern hervorging, besaß ein Magnetfeld. Dieses blieb trotz des Zusammenbruchs erhalten, es wurde sogar milliardenfach verstärkt. Das starke Magnetfeld wirbelt die geladenen Teilchen – Elektronen und Protonen – die ständig von der Oberfläche des Neutronensterns abgegeben werden, im Raum herum. Dabei entsteht Radiostrahlung, die gebündelt wird und an den magnetischen Polen entweicht.

Ein Neutronenstern (und mit ihm die Radiostrahlen, die gebündelt an den magnetischen Polen austreten) dreht sich sehr schnell – mit einer Periode zwischen wenigen Sekunden und etwa einer Tausendstel Sekunde. Zeigt eines der Strahlenbündel in die richtige Richtung, wird es auf der Erde als Serie von Pulsen empfangen.

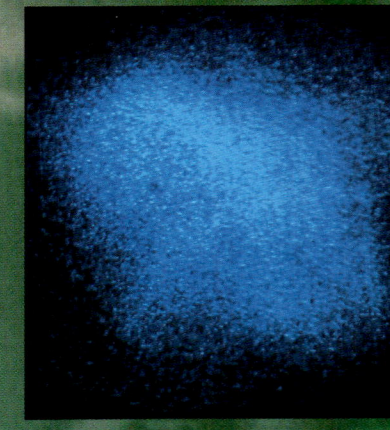

Beim Crabnebel handelt es sich um den Rest einer Supernova, der sich seit der Explosion vor 900 Jahren im Raum ausbreitet. In seiner Mitte steht der kompakte Rest des explodierten Sterns. Heute ist er ein Pulsar, der Radioblitze, sichtbares Licht sowie Röntgenstrahlung aussendet. Mit zunehmendem Alter wird er seine Bewegung verlangsamen und nur noch im niederenergetischen Radiobereich strahlen.

Der Crab-Pulsar blitzt pro Sekunde etwa ...mal auf (oben) und erlischt wieder (...ks).

Neutronenkern

Magnetfeld

Rotationsachse

Radiostrahl

93

DIE SONNE

● *Unser nächster Stern*

Die Sonne steht im Orion-arm unserer Galaxis. *Dieser ist durch helle und dunkle Nebel gekennzeichnet, aus denen ständig neue Sterne entstehen.*

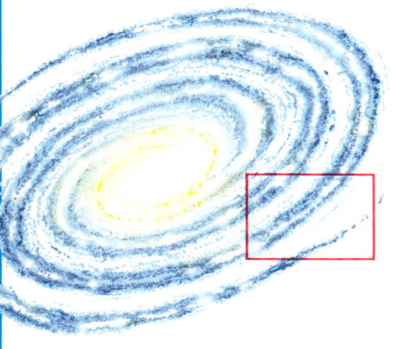

Die Sonne bildet mit ihren Nachbarn einen repräsentativen Querschnitt aus einem kleinen Bereich der Milchstraße. Diese Sterne liegen nach kosmischen Maßstäben zwar sehr nahe, gemessen am Maßstab des Sonnensystems jedoch sehr weit von uns entfernt. Der durchschnittliche Abstand Erde–Sonne beträgt 8,3 Lichtminuten, während der nächste Stern, Proxima Centauri, bereits 4,28 Lichtjahre entfernt ist, also mehr als 250 000mal weiter.

Proxima Centauri gehört zu einem Dreifachsternsystem; seine Begleiter heißen Alpha Centauri A und B – sie sind die beiden Komponenten des hellsten Sterns im Sternbild Centaurus, das nur am Südhimmel sichtbar wird. Alpha Centauri A leuchtet gelblich wie die Sonne, sein Gefährte B eher weiß, während Proxima selbst ein roter Zwerg ist.

Von den Sternen in unserer Umgebung gilt auch der 8,8 Lichtjahre entfernte Sirius als erwähnenswert. Innerhalb eines Umkreises von 20 Lichtjahren besitzt er die größte Helligkeit und zeigt sich, von der Erde aus gesehen, als der scheinbar hellste Stern.

Ein anderer Stern in unserer Nähe, 61 Cygni, kann historische Bedeutung beanspruchen, da er – abgesehen von der Sonne – der erste war, dessen Entfernung gemessen wurde. 1839 führte der deutsche Astronom Friedrich Bessel die Messung mit Hilfe der Parallaxenmethode durch (S. 46).

Ein weiteres Mehrfachsystem, Procyon, sticht als hellster Stern des Kleinen Hundes hervor. Procyon A ist ein heller, gelbweißer Stern, der einen weißen Zwerg, B, umkreist. Obwohl Procyon 11,4 Lichtjahre entfernt ist, wäre es für uns eine Katastrophe, wenn sich B

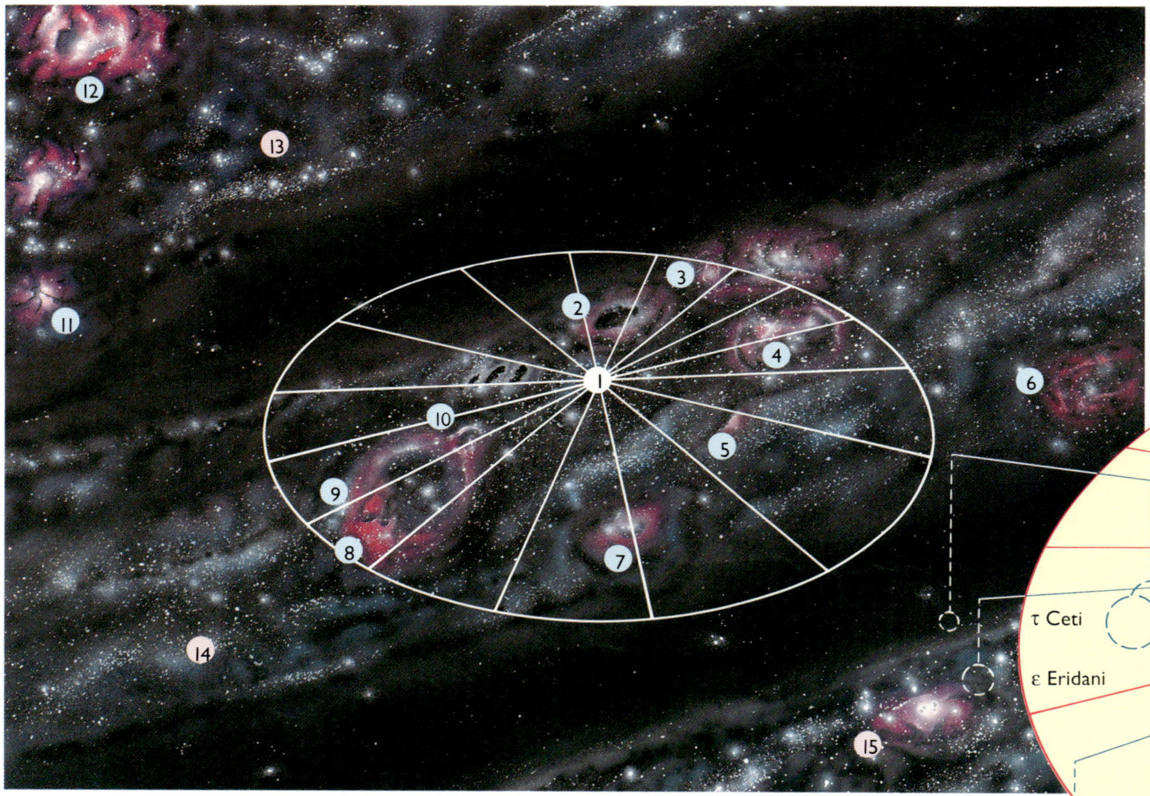

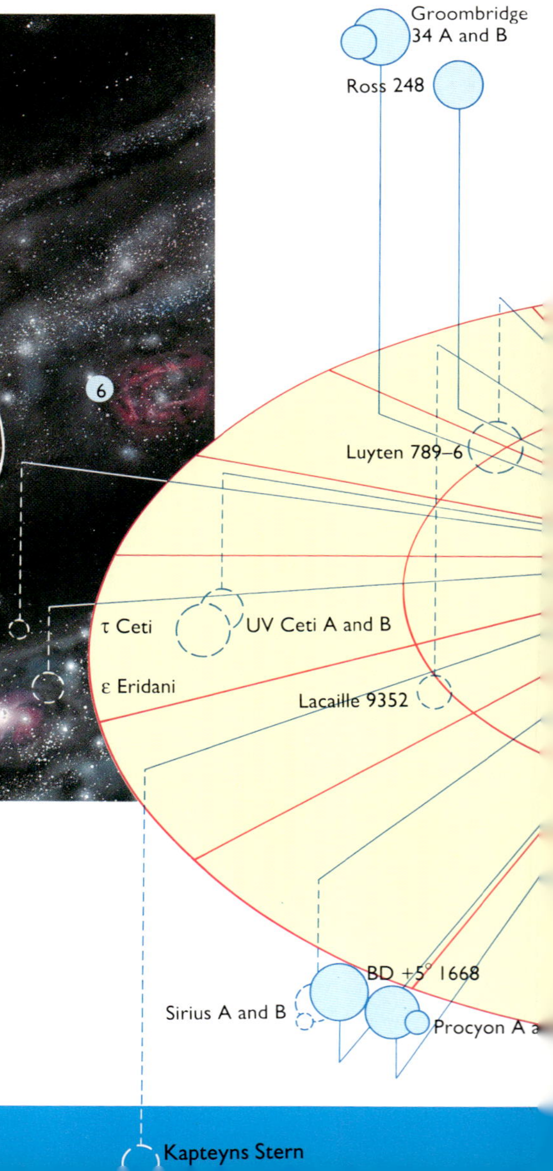

1 Sonne	6 Rosettennebel	11 Trifidnebel
2 Kohlensack	7 IC 1805	12 NGC 6164-5
3 Velanebel	8 Nordamerikanebel	13 Sagittariusarm
4 Orionnebel	9 Pelikannebel	14 Orionarm
5 Californianebel	10 Cygnus Loop	15 Perseusarm

Groombridge 34 A and B

Ross 248

Luyten 789–6

τ Ceti

ε Eridani

UV Ceti A and B

Lacaille 9352

BD +5° 1668

Sirius A and B

Procyon A a

Kapteyns Stern

In einem Umkreis von 13 Lichtjahren gruppieren sich mehr als 20 Sternsysteme um die Sonne, von denen nur vier mit bloßem Auge sichtbar sind. Alpha Centauri, das nächste System, besteht aus drei Sternen. Sieben weitere Systeme sind Doppelsterne. Die Kreise geben einen Abstand von fünf bzw. zehn Lichtjahren von der Sonne an.

ger 60 A and B

Σ 2398 A and B

61 Cygni A and B

Barnards Stern

Lalande 21185

Ross 154

Lacaille 8760

oxima Centauri

α Centauri A and B

Indi

Wolf 359

Ross 128

durch Wechselwirkung mit A in eine Supernova verwandelte – noch folgenschwerer wäre eine Entwicklung zur Supernova bei Sirius B. Ihre Entfernung voneinander wird das vermutlich verhindern.

Der nach Proxima Centauri nächste Stern ist 5,8 Lichtjahre entfernt: Barnards Stern, ein roter Zwerg im Sternbild Ophiuchus (Schlangenträger). Auf ihn wurde Edward Barnard 1919 aufmerksam, da er sich am Himmel schneller zu bewegen schien als alle anderen Sterne. Diese Bewegung beträgt in 180 Jahren allerdings nur ein halbes Grad – den Winkeldurchmesser des Mondes. Zum Teil läßt sich diese Geschwindigkeit mit der geringen Entfernung des Sterns erklären.

Auch wenn die Sonne inmitten ihrer Nachbarsterne unbedeutend erscheint, für die Erde bleibt sie ungeheuer wichtig. Mit 1 392 000 Kilometern hat sie den 109fachen Erddurchmesser, während ihr Volumen 1 303 600mal größer ist als das der Erde.

Betrachtet man die Sonne durch Nebel oder dünne Wolken, scheint sie einen festen Rand zu haben. Auf hochauflösenden Photographien erkennt man, daß sie ein Gaskörper ohne feste Grenze ist, dessen große Helligkeit auf die geringe Entfernung zu uns zurückzuführen ist. Die Sonne leuchtet 25mal schwächer als Sirius, erscheint uns aber trotzdem 400 000mal heller als der Vollmond. Dennoch darf man nie direkt – weder mit bloßem Auge oder durch dunkles Glas noch mit Fernglas oder Fernrohr – in die Sonne schauen, da ihr Licht zur Erblindung führen kann.

Im Grunde ist die Sonne ein ruhiger, gleichmäßig strahlender Stern, der sein heutiges Erscheinungsbild erst etwa 3,7 Milliarden Jahre nach Beginn der Kernfusion angenommen hat. Weitere 800 Millionen Jahre vergingen, bis sich die jetzigen Helligkeits- und Temperaturwerte einstellten. Heute bestehen etwa 60 Prozent der Sonne aus Wasserstoff, so daß zumindest für die nächsten 1,5 Milliarden Jahre keine merkbare Helligkeitsänderung zu erwarten ist. Erst dann wird sich die Sonne vermutlich im Laufe einiger Jahrmilliarden zu einem roten Riesen entwickeln, um nach insgesamt etwa zehn Milliarden Jahren langsam zu einem weißen Zwerg zu verblassen.

Die Temperatur im Sonnenkern, wo die Kernfusion abläuft, beträgt 15 Millionen K. Die Materie besteht hier aus reinen Atomkernen und den Elektronen, die ihnen entzogen wurden. Der Weg der Energie nach außen ist schwierig. Nach ihrer Entstehung liegt sie zunächst als hochenergetische Gamma- und Röntgenstrahlung vor. Diese wird vom dichten Gas im Inneren wiederholt aufgenommen und dann erneut abgestrahlt. Aufnahme- und Abgabepunkt der Strahlung liegen dabei höchstens einen Zentimeter voneinander entfernt. Auf diesem Weg braucht die Energie für die Durchquerung dieser „Strahlungszone" zwischen 8 000 und 80 000 Jahren.

In einem Abstand von 600 000 Kilometern vom Zentrum (etwa 85 Prozent des Sonnenradius) ist das Gas kühl genug, um seine Elektronen wieder aufzunehmen und für die Strahlung undurchlässig zu werden. Da die Strahlungszone somit endet, wählt die Hitze nun einen anderen Weg: Gasmassen steigen an die Oberfläche, geben Licht und Hitze ab, werden kälter und sinken wieder nach unten. Hier wird das Gas wieder aufgeheizt – der Kreislauf (die Konvektion) beginnt erneut.

In den unteren Ebenen zirkulieren große Gasblasen, in den oberen Schichten kleine.

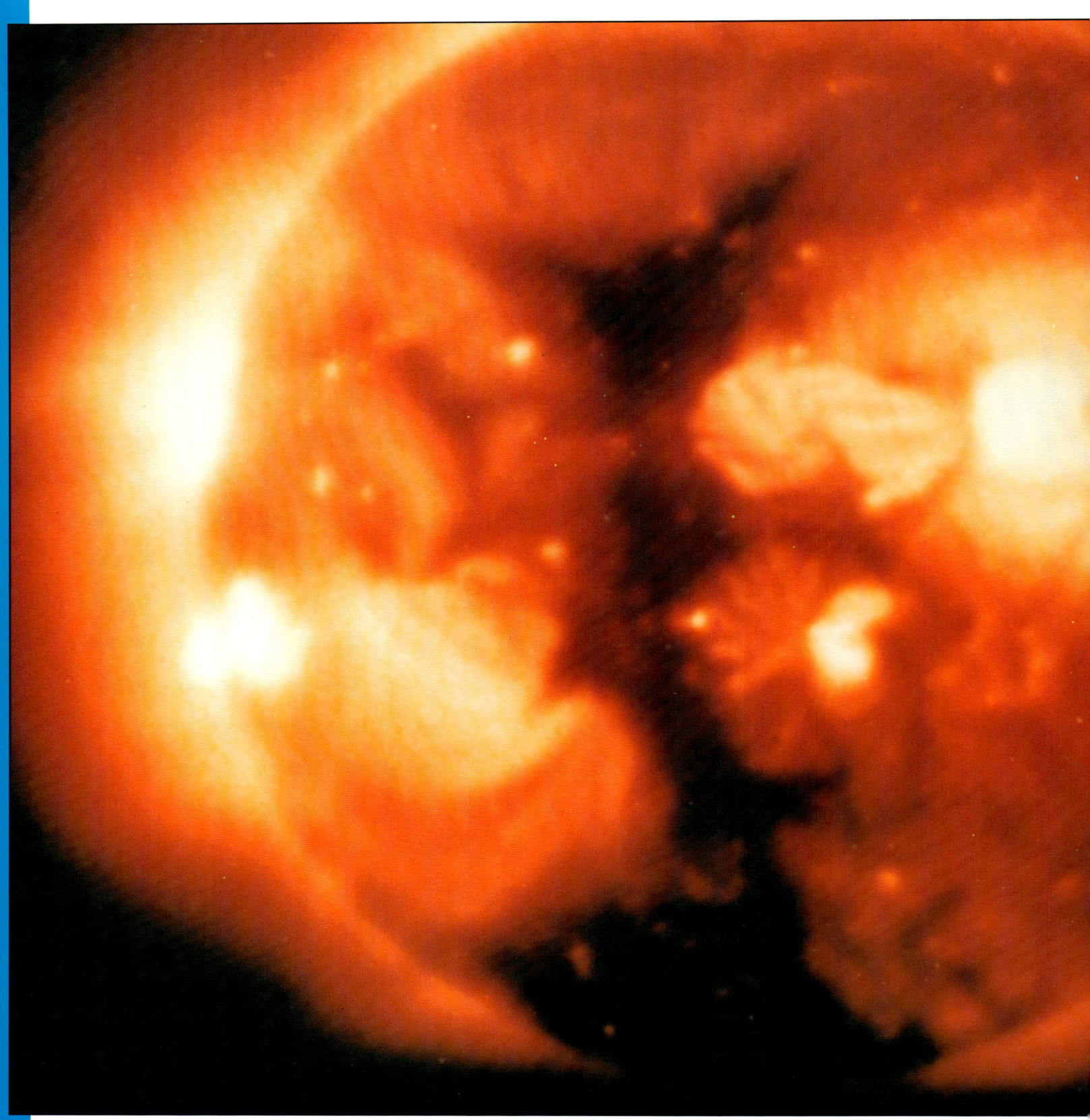

Auf dieser Röntgenaufnahme der Sonnenflares, *die von der Skylab-Raumstation gemacht wurde, erkennt man den Aufruhr der Sonnenoberfläche.*

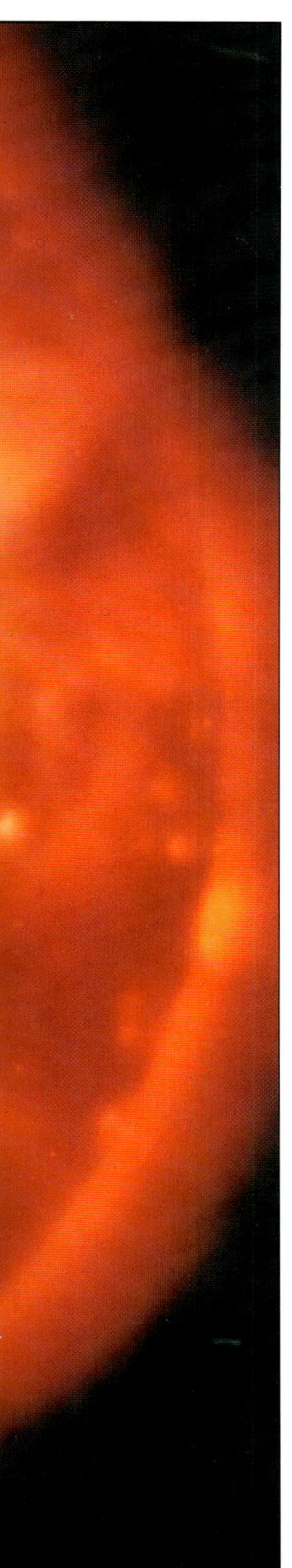

Bei guten Beobachtungsbedingungen kann man die obersten Blasen im Fernrohr als helle Granulen sehen, die sich permanent in Bewegung befinden. Die sichtbare Oberfläche heißt Photosphäre („Sphäre des Lichts"), sie hat eine Temperatur von etwa 6 000 K.

Aus dem Sonnenspektrum läßt sich die Zusammensetzung der äußeren Sonnenschichten direkt ableiten. Sie bestehen zu 73,5 Prozent aus Wasserstoff und zu 25 Prozent aus Helium. Ein Teil davon entstand direkt nach dem Urknall, der Rest bei den Kernreaktionen der Sonne. Man findet jedoch auch Spuren schwererer Elemente, die in Sternen früherer Generationen entstanden und bei deren Explosion im Raum verteilt wurden. Elemente wie Sauerstoff, Kohlenstoff, Eisen, Magnesium usw. waren Bestandteil der Materie, aus der die Sonne entstanden ist. Keines dieser Elemente macht jedoch auch nur ein Prozent der Sonnenmasse aus.

Man fand heraus, daß die etwa 10 000 Kilometer dicke äußere Sonnenhülle oszilliert und dabei ihre Tiefe um etwa 25 Kilometer vergrößert und verkleinert. Die Sonne vibriert wie eine läutende Glocke mit einer Periode von nur fünf Minuten.

Ein Grund für diese Schwingungen könnte in einer schwachen periodischen Veränderung der Durchlässigkeit der Sonne zu finden sein, die wiederum eine Veränderung des Strahlungsdrucks im Inneren nach sich zöge. Eine andere Erklärung wären Druckwellen, die durch Störungen der darunterliegenden Konvektionsschicht entstehen. Dieser Vorgang entspräche dem Prozeß, der in den äußeren Schichten der Cepheiden (S. 86-87) abläuft.

Eine weitere Schwingung, mit einer Periode von zwei Stunden und 40 Minuten, könnte auf Schwankungen bei der Produktionsrate der Protonen im Kern (S. 82-83) zurückzuführen sein. In diesem Fall müßte die Temperatur im Sonnenkern jedoch zehn Prozent unter dem angenommenen Wert liegen. Doch bei einer so geringen Temperatur könnte die Sonne nicht die Helligkeit zeigen, die wir tatsächlich feststellen. Einen weiteren Hinweis geben die Neutrinos, die bei Kernreaktionen freiwerden. Die Tatsache, daß man nur ein Drittel der zu erwartenden Anzahl Neutrinos beobachtet, könnte nur mit einer Temperatur erklärt werden, die zehn Prozent unter dem angenommenen Wert liegt.

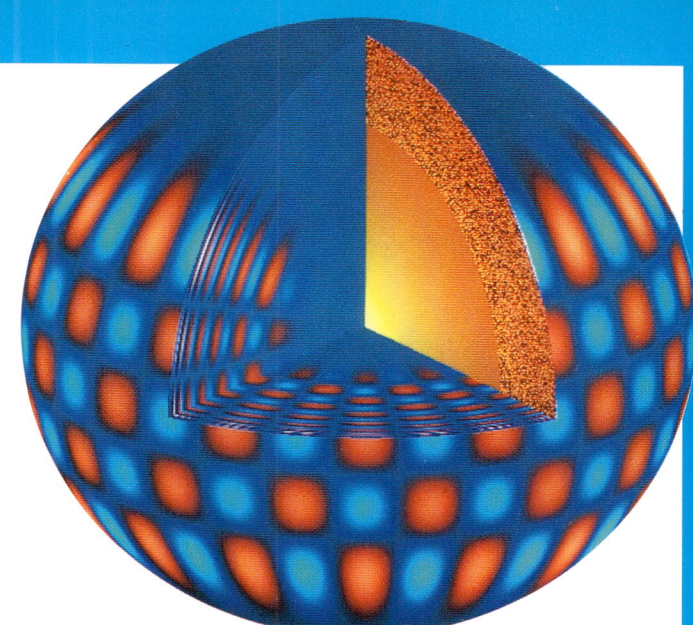

Die Sonne produziert ihre Energie im innersten Bereich, der nur 30% ihres Radius beansprucht. Den Großteil des Weges nach außen legt die Energie als Strahlung zurück, das letzte Stück durch Konvektion. Das Bild zeigt ein Schwingungsdiagramm: Rote Gebiete ziehen sich zurück, blaue kommen uns entgegen.

Oberhalb der Photosphäre befindet sich eine meist nur 5 000 Kilometer dicke Schicht aus rötlichem Gas, die Chromosphäre, die man nur beobachten kann, wenn das helle Licht der Photosphäre (bei einer Sonnenfinsternis oder mit Hilfe spezieller Instrumente) ausgeblendet wird. Ihre Temperatur steigt von etwa 4 000 K in den unteren bis auf etwa 50 000 K in den obersten Gebieten an. Ihre Oberfläche besteht aus Spikulen, senkrechten Gassäulen mit einem Durchmesser von 1 000 und einer Höhe von 10 000 Kilometern. Das Gas schießt in den Spikulen mit Geschwindigkeiten von 15 bis 30 Kilometern pro Sekunde nach oben und fällt von dort wieder auf die Chromosphäre zurück.

Die Chromosphäre enthält auch Fibrillen, gegenüber ihrer Umgebung dunkel erscheinende waagerechte Gasströme mit einer Lebensdauer von nur zehn bis zwanzig Minuten. Ihre Länge beträgt etwa 10 000, ihre Breite ungefähr 1 000 bis 2 000 Kilometer. Sie hängen mit aktiven Gebieten der darunterliegenden Photosphäre zusammen.

Das augenfälligste Phänomen der Photosphäre sind Sonnenflecken, die schon vor über 2 000 Jahren von chinesischen Astronomen beobachtet wurden. Im Westen untersuchte man sie erst ab 1610 mit Fernrohren.

Alle Sonnenflecken bestehen aus einem verhältnismäßig dunklen Gebiet, der Umbra, und einer helleren Umrandung, der Penumbra, doch auch die ist dunkler als die sie umgebende Photosphäre. Die Temperatur

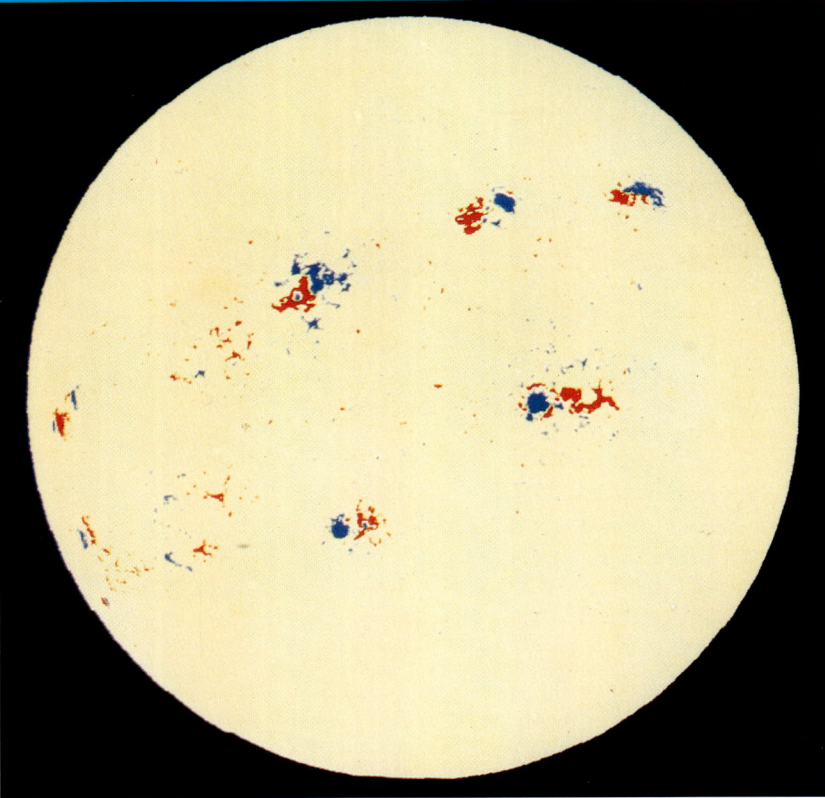

Diese computerverarbeitete Aufnahme zeigt die Magnetfelder der Fleckengruppen. Nord- und Südpol erscheinen rot bzw. blau. Auf der einen Halbkugel überwiegt die Nordpolarität in jedem Fleckenpaar, während auf der anderen die Südpolarität stärker ist. Im nächsten Sonnenfleckenzyklus zeigen die Hauptflecken die entgegengesetzten Pole.

sind als die Erde. Normalerweise treten sie paarweise und nur selten nördlich oder südlich der 45. Breitengrade auf.

Sonnenflecken durchleben einen elfjährigen Zyklus. Zu Beginn des Zyklus ist die Sonne nahezu fleckenfrei, bis hoch im Norden und Süden einige wenige Flecken auftreten. Mit Fortschreiten des Zyklus nimmt ihre Zahl zu – der Breitengrad ihres Erscheinungsortes dagegen ab. Bei etwa 15 Grad erreicht die Fleckenzahl schließlich ihr Maximum, um anschließend wieder abzunehmen – auch wenn in der Nähe des Äquators noch weiterhin Flecken entstehen. Trotz dieser Grundregel ist die maximale Fleckenzahl von Zyklus zu Zyklus verschieden. Gelegentlich mangelt es sogar an Flecken: In der Zeit von 1645 bis 1715, dem Maunder-Minimum, waren faktisch keine Flecken zu sehen.

Werden Sonnenflecken bei Erreichen des Sonnenrandes beobachtet, liegt die Umbra aufgrund einer optischen Täuschung scheinbar unterhalb der Photosphäre. Häufig kann man Gas beobachten, das aus der Umbra herausgeschleudert wird, um anschließend auf den Nachbarfleck zurückzufallen. Die Bewegung des Gases folgt dabei dem Magnetfeld, das mit den Flecken verbunden ist.

Heute findet die Erklärung des Phänomens der Sonnenflecken, die Horace Babcock und Robert Leighton vorlegten, allgemeine Anerkennung, wenn auch über Teilaspekte noch diskutiert wird. Ihr Modell beruht auf einem hypothetischen Magnetfeld, das zu Beginn des Zyklus in der unteren Konvektionsschicht der Sonne angenommen wird. Die magnetischen Feldlinien erstrecken sich zwischen den magnetischen Polen der Sonne und bilden so eine Falle für das hochinduk-

der Penumbra beträgt etwa 5 600 K, die der Umbra 4 000 K, während die Photosphäre 6 000 K heiß ist. Betrachtete man die Umbra eines Sonnenflecks isoliert von der Erde aus vor dem dunklen Hintergrund des Alls, wäre sie etwa 50mal heller als der Vollmond.

Bewegung und Aussehen der Sonnenflecken zeigen, daß sich die verschiedenen Breiten der Sonne mit unterschiedlichen Geschwindigkeiten drehen. Untersuchungen der Dopplerverschiebung ergeben für den Sonnenäquator eine Rotationszeit von etwa 26 Tagen, während sie am 30. Breitengrad bereits 28 Tage beträgt. In der Nähe der Pole beträgt die Rotationszeit 37 Tage. Die Größenunterschiede der Sonnenflecken sind enorm: Einige haben einen Durchmesser von nur 1000 Kilometern, während andere größer

Jeder der elfjährigen Sonnenfleckenzyklen beginnt mit dem Auftreten von Flecken zwischen dem 25. und 30. Breitengrad. Diese Flecken werden durch neue ersetzt, die auf niedrigeren Breiten erscheinen. Trägt man den Breitengrad der Flecken gegen die Zeit auf, erhält man dieses Schmetterlingsdiagramm (Maunder-Karte). Auf dem Äquator sowie oberhalb des 45. Breitengrades Nord und Süd sind Flecken sehr selten.

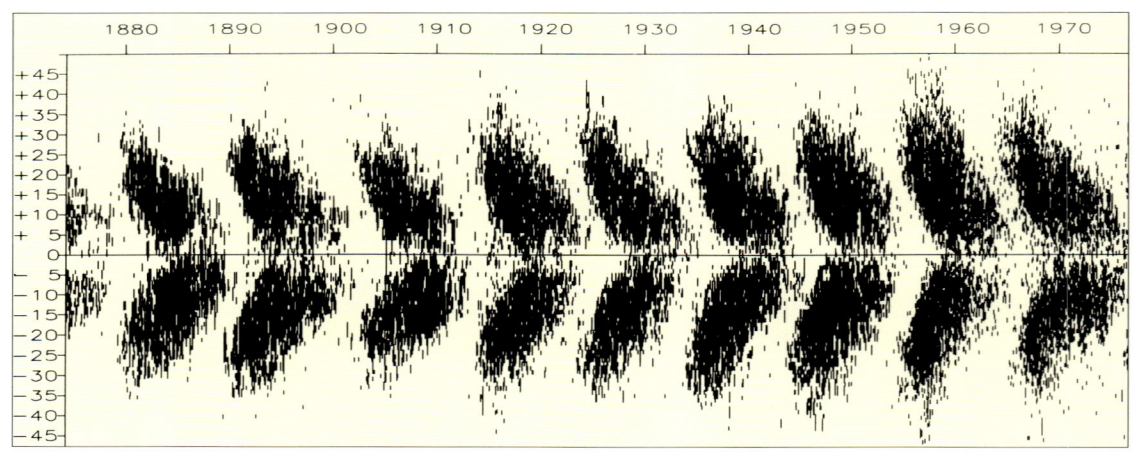

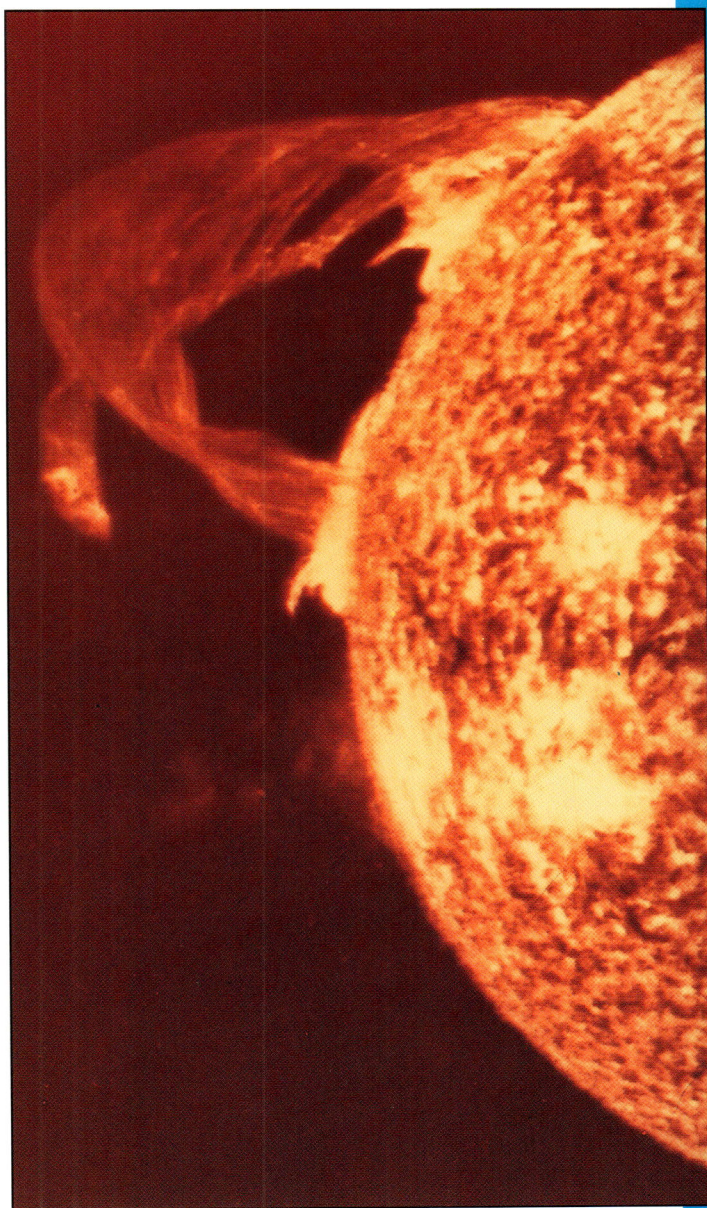

tive Gas. Da die verschiedenen Breitengrade der Sonne unterschiedlich schnell rotieren – an den Polen am langsamsten, am Äquator am schnellsten –, werden die Feldlinien um die Sonne gewickelt. Dort, wo sich zwei Linien einander annähern, verstärkt sich das Feld – aufgrund der beträchtlichen magnetischen Kraft können hier „Gasröhren" entstehen.

Diese magnetischen Röhren werden von der Strömung aufgedreht wie die Stränge eines Seils. Sie beginnen sich aufzurichten, bis die auf sie wirkende Kraft schließlich so groß wird, daß sie in die Photosphäre aufsteigen und Teile von ihnen durch die Oberfläche brechen. Aufgrund der Magnetfelder sinkt die Temperatur des geladenen Gases, folglich bilden sich Flankenpaare: ein Fleck jeweils dort, wo die Feldlinien aus der Photosphäre austreten, der andere an der Stelle, wo sie wieder eintreten.

Astronomen konnten am Verhalten des Sonnenlichtes an den Flecken schon vor langer Zeit ablesen, daß diese Flecken magnetische Pole sind – an der Austrittsstelle des Gases liegt der Nord-, am Eintrittsort der Südpol. Auf einer Halbkugel sind die Hauptflecken während eines Zyklus jeweils die Nordpole, im nächsten Zyklus dann die Südpole. Auf der anderen Halbkugel verhält es sich umgekehrt.

Das von Sonnenflecken verursachte Aufbrechen der Photosphäre bringt noch andere Erscheinungen mit sich. Kurz vor oder nach der Entstehung von Sonnenflecken treten im oberen Teil der Photosphäre helle Flecken, sogenannte Fackeln, auf. Außerdem bilden sich Zonen erhöhter Helligkeit, die Plages (frz. Strände) genannt werden, sowie Filamente aus dunklem, lichtabsorbierendem Gas zwischen den Flecken.

Die Sonne besitzt eine äußere Atmosphäre, die Korona (lat. Krone), die wahrscheinlich bereits im ersten nachchristlichen Jahrhundert entdeckt wurde. Sie ist sehr lichtschwach und mit bloßem Auge daher nur bei einer Sonnenfinsternis zu erkennen.

Steht der Mond zwischen Erde und Sonne, dann tritt eine Sonnenfinsternis ein. Die scheinbaren Größen von Sonne und Mond stimmen zufällig fast überein. Wandert der Mond zentral vor der Sonne vorbei, bedeckt er meist deren Scheibe und verursacht so eine totale Finsternis. Hat der Mond jedoch gerade seinen maximalen Abstand von der Erde, bleibt der Sonnenrand um den Mond herum

Form und Bewegung der Protuberanzen werden von den Magnetfeldlinien der Sonnenflecken bestimmt. Magnetfeldlinien verlassen die Sonne am Nordpol eines Sonnenfleckenpaares, bilden einen Bogen und tauchen am Südpol des Fleckenpaares wieder in die Sonne ein. Trotz des umgekehrten Erscheinungsbildes bewegt sich das Gas in der Regel nach unten. Oft bildet es entlang der Feldlinien einen Bogen, der verflochten oder verdreht sein kann.

Ultraviolettaufnahme einer Protuberanz, die mit Instrumenten an Bord des Skylab am 19. 12. 1973 gemacht wurde. Der Bogen aus ionisiertem Helium überspannt auf der Sonnenoberfläche über 588 000 km – den 45fachen Erddurchmesser. Vor ihrer Ausdehnung auf diese Größe erweckte sie den Anschein einer ruhenden Protuberanz, von der man aufgrund ihrer geringen Aktivität annahm, daß sie noch Monate bestehen bleiben werde.

99

Während einer Sonnenfinsternis wird die perlweiße Korona oder Sonnenatmosphäre sichtbar. Sie ist extrem dünn und heiß, ihre Randgebiete erreichen Temperaturen von mehreren Millionen Grad.

Die Sonne wird ausgeblendet

Der Mond ist von der Erde aus gesehen groß genug, die Sonne abzudecken, wenn die drei Körper auf einer Linie liegen. Eine totale Finsternis entsteht nur im Kernschatten, der auf der Erdoberfläche maximal einen Durchmesser von 268 km hat. Außerhalb dieses Gebiets ist die Finsternis partiell; ein Teil der Sonne bleibt am Mondrand sichtbar.

Sonnenfinsternisse gibt es mindestens zweimal, höchstens fünfmal jährlich. Wäre die Mondbahn gegenüber der Erdbahn nicht geneigt, kämen sie wesentlich öfter vor; der Mond schöbe sich dann jeden Monat einmal zwischen Erde und Sonne.

Mondschatten

totale Finsternis

partielle Finsternis

sichtbar. Es kommt zu einer ringförmigen Sonnenfinsternis.

Totale Sonnenfinsternisse ereignen sich etwa sechsmal pro Jahrzehnt. Sie sind jeweils nur in einem schmalen Bereich der Erde sichtbar, der maximal 268 Kilometer breit und nur wenige tausend Kilometer lang ist. Seitlich von diesem Gebiet, das sich wie ein Band über die Erde zieht, ist die Finsternis partiell.

Eine totale Sonnenfinsternis ist sehr eindrucksvoll: Der Himmel verdunkelt sich, die Sterne gehen auf, Tiere legen sich zum Schlafen nieder, und Gebäude erscheinen seltsam flach, wie Bühnenattrappen. Es wird merklich kälter. Da sich der Mond schnell bewegt, bleibt der Schatten niemals lange an einem Ort: Eine totale Sonnenfinsternis dauert höchstens sieben Minuten und 31 Sekunden.

Während einer Finsternis können riesige flammenähnliche Gebilde, sogenannte Protuberanzen, sichtbar werden, die sich scheinbar aus der Chromosphäre erheben. Ihre Temperatur liegt bei 10 000 K, sie geben sowohl sichtbares Licht als auch Ultraviolett- und Röntgenstrahlung ab. Einige „ruhende" Protuberanzen bilden senkrechte Gassäulen, die über 160 000 Kilometer lang und zwischen 5 000 und 8 000 Kilometer dick sind. Sie erheben sich mehr als 300 000 Kilometer über die Photosphäre und bleiben dort mehrere Monate lang bestehen.

Ruhende Protuberanzen entstehen in den magnetisch neutralen Gebieten zwischen Sonnenfleckenpaaren und scheinen – der roten Farbe nach zu urteilen – aus hochgeschleudertem Gas der Chromosphäre zu bestehen. Bei einigen trifft das auch zu, die meisten bestehen jedoch aus Koronamaterie, die, während sie absinkt, dichter wird.

Aktive Protuberanzen erreichen meist nur 40 Prozent der Länge ruhender Protuberanzen, ihre Aktivität bemißt sich eher nach Minuten als nach Monaten. Einige bestehen aus Material, das aus der Korona abgesunken ist; es folgt den Magnetfeldlinien der Sonnenflecken und bildet daher Bögen von den Nord- zu den Südpolen der Fleckenpaare.

Andere aktive Protuberanzen bestehen aus Chromosphärenmaterie, die hochgeworfen, manchmal mit Geschwindigkeiten von 100 oder 200 Kilometern pro Sekunde ausgeschleudert wird. Diese Protuberanzen sind mit den Flares verwandt. Sie entstehen durch plötzliche Energiefreisetzung in den aktiven

Gebieten, meist in den neutralen Regionen zwischen Sonnenfleckenpaaren. Die Anzahl der Flares hängt unmittelbar mit der Zahl der Sonnenflecken zusammen, die zu diesem Zeitpunkt vorhanden sind. Die Energie eines Flares wird in Form von Strahlung, ausgeworfenen Gasmassen sowie schnellen Elektronen und Protonen frei.

Form und Größe der Korona schwanken. Oberhalb aktiver Fleckengebiete können sich die Strahlen der Korona 140 Millionen Kilometer in den Raum erstrecken – bis sie fast die Erde erreichen. Der im optischen Bereich sichtbare Teil der Korona zeigt während des Sonnenfleckenmaximums seine größte, gleichmäßig verteilte Ausdehnung. Während des Minimums ist er dagegen meist kleiner, bildet an den Polen der Sonne jedoch lange, bürstenförmige Strahlen in der Form ihres Magnetfeldes. Die Korona ist selbst an ihrer dichtesten Stelle noch 10 000mal dünner als die Photosphäre. Dennoch weist sie mit einem bis fünf Millionen K sehr hohe Temperaturen auf. Infolge ihrer geringen Dichte bleibt die Gesamtenergie jedoch gering: Ein Raumschiff würde hier nicht schmelzen.

Ultraviolett- und Röntgenaufnahmen der Sonne zeigen rätselhafte dunkle Gebiete, die koronalen Löcher. Sie treten bei schwachen Magnetfeldern auf, wenn die Feldlinien an einem Pol aufsteigen, jedoch nicht zur Sonne zurückkehren, sondern brechen und sich in den Raum hinein erstrecken. Mit ihrer Hilfe kann heiße Materie in Form des Sonnenwindes entkommen.

Bereits 1900 hielt Sir Oliver Lodge die Sonne für eine Quelle geladenen Gases. Erst 1958 erkannte man, daß sich die Korona ständig ausdehnt und so einen Wind, den Sonnenwind, entstehen läßt. Das elektrisch geladene Gas setzt sich aus Protonen, Elektronen und ionisierten schwereren Atomen zusammen, die mit einer Geschwindigkeit von 450 Kilometern pro Sekunde ausgestoßen werden.

Der Sonnenwind nimmt das Magnetfeld der Sonne mit und beeinflußt so die Magnetfelder der Erde und der anderen Planeten: Gelangen geladene Teilchen in die Atmosphäre, entsteht ein wunderschöner Farbeffekt, das Polarlicht. Alle Phänomene, die wir bei der Sonne beobachten, trifft man auch bei anderen Sternen an: In einigen Fällen wurden bereits Flecken oder Anzeichen für stellare Winde aus geladenen Teilchen entdeckt.

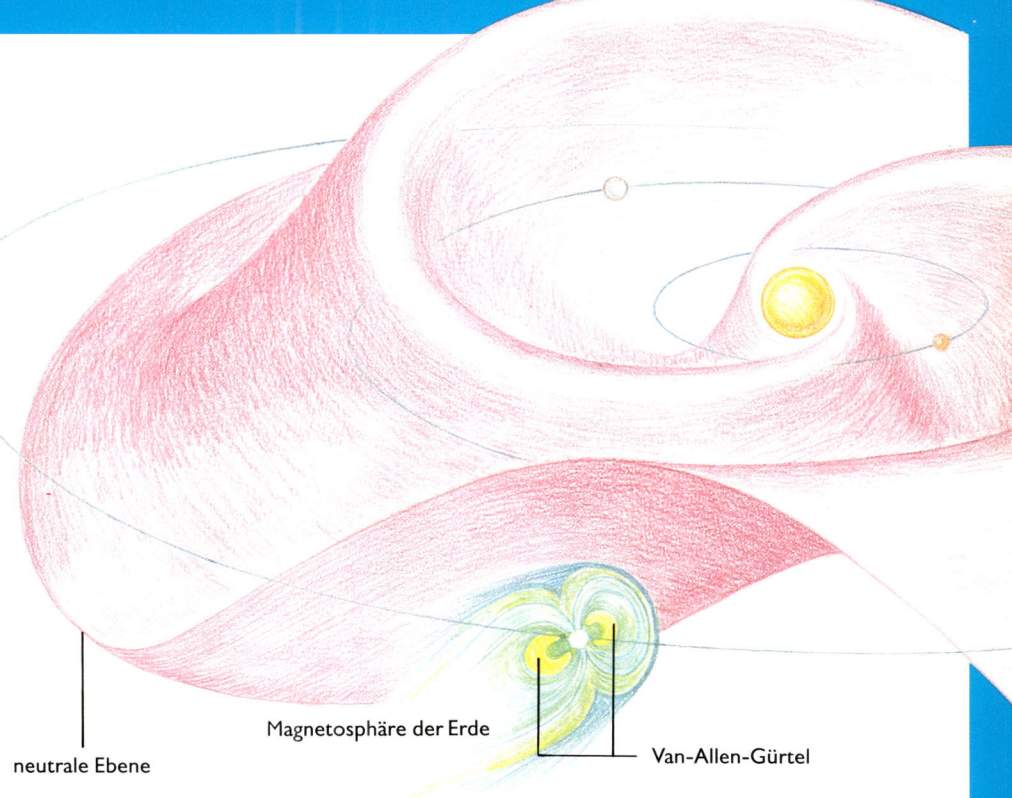

neutrale Ebene

Magnetosphäre der Erde

Van-Allen-Gürtel

Der Sonnenwind verzerrt die Magnetfelder von Sonne und Erde. Schwankungen des Windes – eines Stroms elektrisch geladener Teilchen von der Sonne – lassen das Feld der Sonne auf- und abwippen, hier dargestellt durch Verbiegen der zentralen neutralen Ebene. (Oberhalb dieser Ebene zeigt das Feld von der Sonne fort, unterhalb zu ihr hin.) Der Sonnenwind formt das Erdmagnetfeld zu einem langen Schweif; einige seiner Teilchen werden von den Van-Allen-Gürteln eingefangen.

Leuchtfeuer am Himmel

Nordlichter sind bunte Erscheinungen des Nachthimmels hoher Breiten, die in Form farbenfroher Bögen, Streifen und Tücher auftreten. Sie entstehen durch geladene Teilchen wie Elektronen und Protonen, die von der Sonne kommen. Diese reagieren mit den Teilchen unserer Atmosphäre in meist mehr als 100 km Höhe. Die Teilchen kommen als Sonnenwind und durchdringen die Magnetosphäre der Erde (die Region, in der unser Magnetfeld wirksam ist). Eine bestimmte Zeit werden sie von den Van-Allen-Gürteln gefangengehalten, können jedoch gelegentlich auch entkommen und so den Erdmagnetfeldlinien bis zu den Polen folgen.

Dieses farbenprächtige Bild eines Nordlichts zeigt den Einfluß des Sonnenwindes auf die Erde. Die beste Gelegenheit zur Beobachtung von Polarlichtern bietet sich bei großer Sonnenaktivität; dann tritt auch der Sonnenwind besonders heftig auf.

EIN SONNENSYSTEM ENTSTEHT

● *Von Planetoiden zu Planeten*

Als die Sonne vor etwa 4,56 Milliarden Jahren aus einer Gaswolke entstand, bildeten 99 Prozent dieser Materie zunächst die Protosonne, bis sie sich dann später zu unserer Sonne verdichtete. Der Rest formte eine Scheibe um den entstehenden Stern, den solaren Nebel. Er bestand nicht nur aus leichteren Gasen wie Wasserstoff und Helium, sondern auch aus schwereren Elementen.

Zur gleichen Zeit wie die Sonne scheinen zahlreiche andere Sterne entstanden zu sein – darunter wahrscheinlich auch einige sehr große. Während diese Sterne ihren Lebenszyklus schnell durchliefen und das Supernovastadium erreichten, fuhr die Sonne fort, sich langsam zusammenzuziehen.

In unserer Galaxis hatten einige Sterne früherer Generationen ebenfalls diesen Zustand erreicht. Wird ein Stern zu einer Supernova, entstehen schwere Elemente, die sich nach seiner Explosion im Raum verteilen. Auch in der Nähe der Sonne gab es zwei Quellen schwerer Elemente. Ein Teil dieser Materie ging in die Sonne ein, mindestens ein Prozent blieb jedoch im solaren Nebel zurück.

Am Anfang war der solare Nebel heiß und undurchsichtig. Er begann sich aufgrund seiner Gravitation zusammenzuziehen, folglich stieg seine Temperatur. Die Zentren wurden sehr heiß, da der dichte Nebel die Infrarotstrahlung zurückhielt. Dennoch entkam die Hitze langsam in den Raum, und der Nebel kühlte entsprechend ab.

Während der Abkühlung kondensierten aus dem Nebel verschiedene chemische Substanzen. Sobald die Temperatur unter 2 000 K lag, entstanden Aluminium, Kalzium, Magnesium und Titan; bei Temperaturen unter 1000 K bildeten sich Silizium und Metalloxide. Bei 180 K entstand aus Wasserdampf Eis. In den Randzonen des Nebels herrschten Temperaturen von 20 K, so daß sich dort sogar Methan verdichten konnte. Das Ergebnis dieser chemischen Kondensation waren kleine Körnchen.

Aus mathematischen Studien weiß man, daß sich kondensierende Materie in einer Scheibe stellenweise dichter zusammenlagert. Im solaren Nebel entstanden aus den verschiedenartigen Materiekörnchen Klumpen mit einem Durchmesser von wenigen Kilo-metern. Nach kosmischen Maßstäben dauerte der gesamte Vorgang von der Abkühlung über die Kondensation bis hin zur Klumpenbildung nicht lange: ungefähr 1000 Jahre.

So entstand aus dem solaren Nebel bis zum Ende dieser Periode eine Scheibe, die hauptsächlich aus kleinen Körpern, den sogenannten Planetoiden, bestand.

Zunächst gab es Zusammenstöße von Planetoiden. Waren die kollidierenden Körper sehr schnell, brachen sie auseinander. Lief der Zusammenstoß jedoch gemäßigter ab, fügten sich einzelne Fragmente aufgrund ihrer gegenseitigen Anziehungskraft zu größeren Einheiten mit Durchmessern von etwa 1000 Kilometern zusammen. So entstand aus dem solaren Nebel eine beachtliche Anzahl Protoplaneten. In einem zweiten Prozeß verschmolzen – durch gegenseitige Anziehung – die Protoplaneten zu richtigen Planeten.

Beide Prozesse verbrauchten einen Großteil des planetoiden Materials; die Umlaufbahnen der so entstandenen Planeten waren annähernd kreisförmig. Jeder der neuen Planeten verfolgte seine eigene Bahn. Die beiden Vorgänge benötigten einen Zeitraum von 100 Millionen Jahren.

Die Gravitationskraft der Sonne auf den solaren Nebel zwang die Bahnen der Planeten in eine Ebene. Dies galt jedoch nicht für das restliche planetoide Material. Ein Teil davon verschmolz zu Satelliten, die wiederum in die Umlaufbahn der größeren Planeten gezogen wurden. Unseren Mond, den man einst für einen Teil der Erde gehalten hatte, der durch Zentrifugalkräfte abgespalten worden war, hält man heute für das Ergebnis einer Verschmelzung planetoider oder – in Anbetracht seiner Größe – protoplanetarer Materie.

Der Teil planetoider Materie, der sich nicht zu größeren Körpern zusammenfügte, blieb als Asteroiden oder Kleinplaneten im Raum (S. 142-143). Berechnungen zeigen, daß ein Teil des planetoiden Materials gar nicht verschmolz. Es bildete eisige Zusammenschlüsse, sogenannte Planetesimale, aus denen Kometen (S. 144-145) und Meteore (S. 147-148) entstanden. Diese Körper enthalten die chemischen Elemente des sehr jungen solaren Nebels und geben daher Aufschlüsse über die Geschichte des Sonnensystems.

Ein Planetensystem entsteht aus der Materie, die bei der Bildung eines Protosterns übrigbleibt (oben). In einem ersten Schritt bilden sich bei der Verschmelzung von Staubkörnchen zahllose Gesteinsklumpen, die Planetoiden (Mitte). Bei weiteren Zusammenstößen zerfallen die Planetoiden, und gleichzeitig entstehen ständig neue, bis sich schließlich eine kleine Anzahl von Protoplaneten zusammenfügt (unten). Während der Stern die Reste seiner Gashülle abstößt, beginnt in seinem Inneren die Kernfusion. Die leichten Gase wie Wasserstoff, Helium, Methan und Ammoniak können von den kleinen Protoplaneten im heißen Inneren des Systems nicht festgehalten werden. Sie bilden eine dicke Atmosphäre um die größeren, kühleren Körper im äußeren Bereich.

ANDERE SONNENSYSTEME

● *Gibt es sie?*

Das Infrarotbild, *das vom Satelliten IRAS aufgenommen wurde, enthüllt vielleicht ein neu entstehendes Planetensystem. Man erkennt eine Scheibe aus Gas und Staub, die sich von dem Stern Beta Pictoris bis zu 100 Milliarden Kilometer weit hinzieht. Das Licht des Sterns wurde mit einer dunklen Maske ausgeblendet.*

Die Vorstellung von anderen Sternen mit Planetensystemen fasziniert die Astronomen schon lange. Die Diskussion, ob es sie gibt oder nicht, wurde jeweils von der gerade vorherrschenden Meinung über die Entstehung unseres eigenen Sonnensystems beeinflußt.

Als man die Planeten noch für das Ergebnis eines Zusammentreffens glücklicher Umstände hielt, galt die Existenz eines Planetensystems bei anderen Sternen als zweifelhaft. Um 1940 sah man die zufällige Annäherung der Sonne an einen anderen Stern als Entstehungsursache unseres Systems an.

Nach dieser Theorie zog die gegenseitige Anziehungskraft Materie aus beiden Sternen heraus, die ein langes Filament bildete, in der Mitte dicker als an den Enden. Das Filament brach auseinander und ließ einen Teil der Materie auf einer Umlaufbahn um die Sonne zurück. Diese Materie kondensierte allmählich zu Planeten. Am dünnen Ende, in der Nähe der Sonne, entstanden die terrestrischen Planeten, aus der weiter entfernten Ausbuchtung dagegen die Gasriesen. Mathematische Analysen zeigten später, daß aus einem derartigen Szenario kein Planetensy-

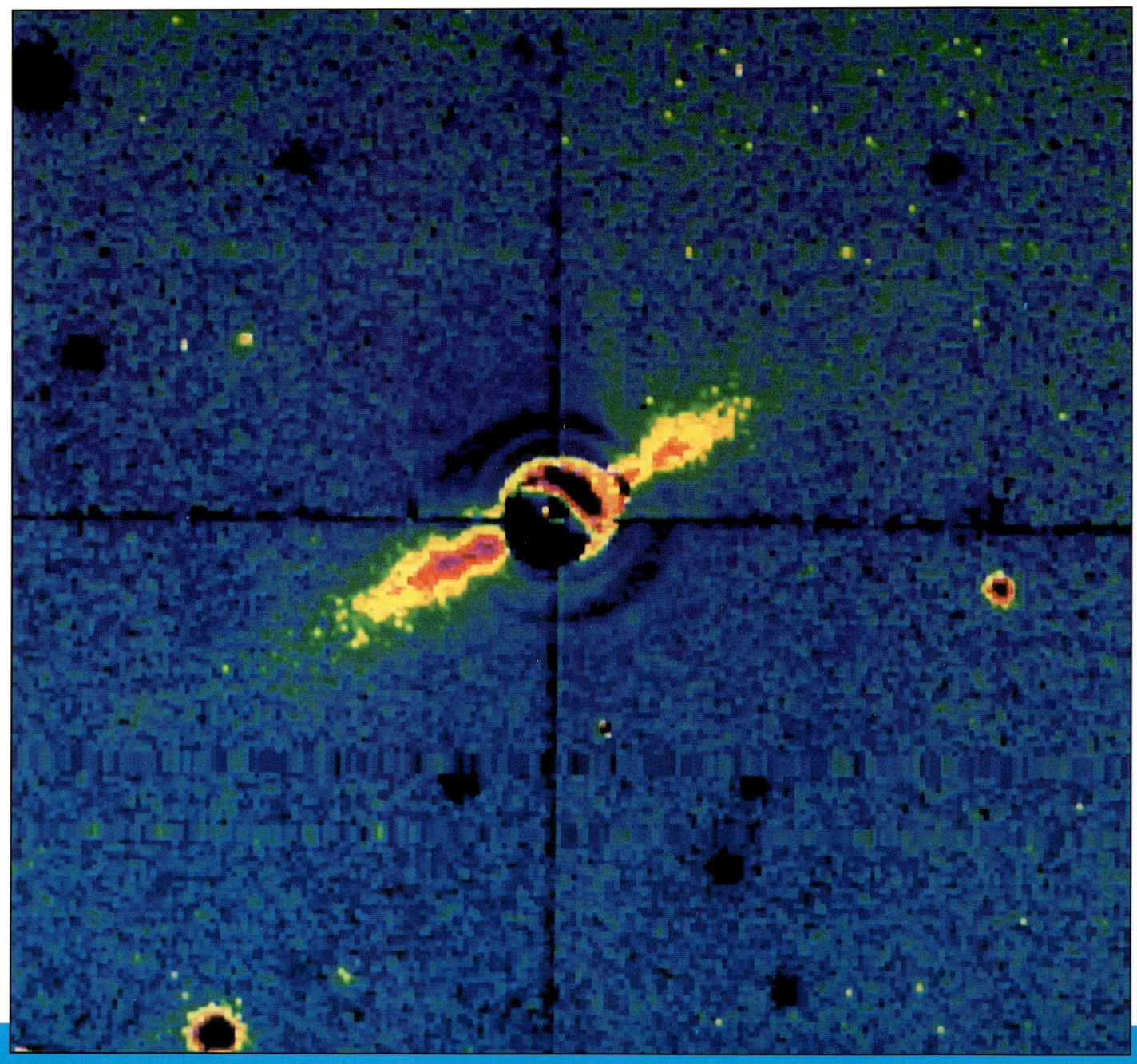

stem entstehen würde. Auch das mittlerweile größere Wissen über die Sternentstehung machte die Wachstumstheorie (S. 102-103) wahrscheinlicher. Mathematische Studien bestätigen diese Theorie, und neuere Beobachtungen beweisen sie beinahe.

Das Sproul-Observatorium in Pennsylvania entdeckte Hinweise auf die Existenz von Planetensystemen bei anderen Sternen. Beobachtungen des (nahe gelegenen) Barnards Sterns zeigen, daß er gegenüber dem Hintergrund weiter entfernter Sterne eine Taumelbewegung aufweist. Dieses Taumeln entspricht genau der Bewegung, die zu erwarten wäre, wenn der Stern von zwei Körpern der Größe des Jupiter umkreist würde.

Barnards Stern ist kein Einzelfall. Ein anderer nahe gelegener Stern, Epsilon Eridiani, zeigt ähnliche Taumelbewegungen. Nicht alle Astronomen sind jedoch überzeugt, daß derartige Abweichungen vom geraden Weg wirklich existieren und daß sie, wenn es sie gibt, auf Planeten zurückzuführen sind.

Akzeptiert man die Wachstumstheorie als Erklärung für die Entstehung des Sonnensystems, ist der Weg frei, diese Theorie durch direkte Beobachtungen zu bestätigen, indem man nach solaren Nebeln bei nicht zu weit entfernten Sternen sucht.

Im Jahr 1983 entdeckte der Infrarotsatellit IRAS tatsächlich eine helleuchtende Struktur um den Stern Wega (Alpha Lyrae), einen weißen A-Stern mit etwa 60facher Sonnenhelligkeit. Diese Struktur erstreckt sich beinahe über einen halben Lichttag, das entspricht dem 2,8fachen Wert der Entfernung Sonne–Neptun; sie besitzt etwa die Masse unseres eigenen Sonnensystems.

IRAS entdeckte auch noch einen weiteren Stern, der von einem Nebel umgeben ist: Formalhaut (Alpha Piscis Austrinis), ein A-Stern erster Magnitude. Besonders aufregend ist jedoch die Beobachtung des nur 78 Lichtjahre entfernten Beta Pictoris. Untersuchungen von IRAS zeigten einen solaren Nebel, den die Astronomen der Universität Arizona sogar photographieren konnten. Der scheibenförmige Nebel ist etwa 7,5 Grad gegenüber der Sichtlinie geneigt, er konnte über eine Entfernung von 100 Milliarden Kilometern vom Zentrum nach außen verfolgt werden.

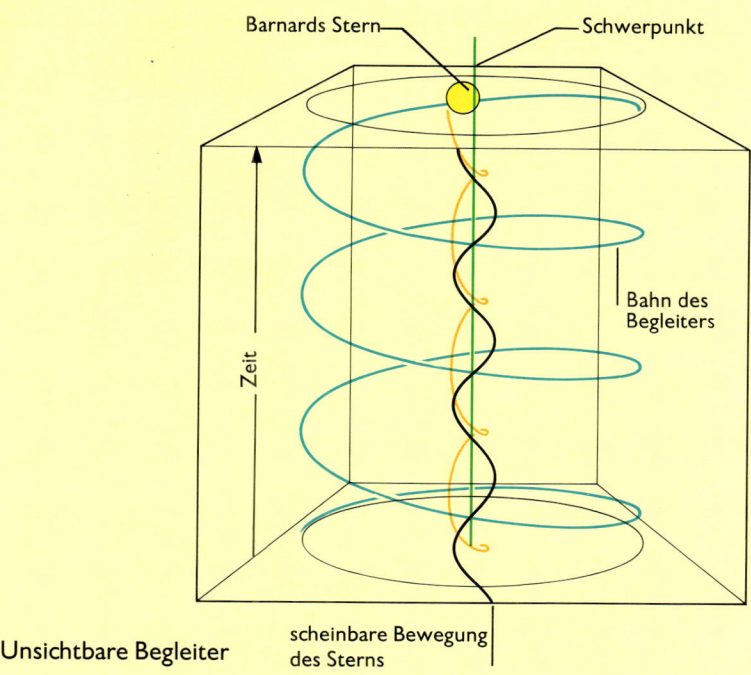

Barnards Stern ⸺ Schwerpunkt

Zeit

Bahn des Begleiters

Unsichtbare Begleiter

scheinbare Bewegung des Sterns

Die Taumelbewegung eines der nächsten Nachbarn der Sonne, des Barnards Sterns, legt den Verdacht eines unsichtbaren Begleiters nahe. Barnards Stern ist ein sechs Lichtjahre von der Erde entfernter roter Zwerg. Er bewegt sich wellenförmig und hat die scheinbar schnellste Eigenbewegung aller Sterne. Man nimmt an, daß Barnards Stern Teil eines Mehrfachsystems ist, dessen Schwerpunkt sich auf einer geraden Linie bewegt. Die Abweichung des Sterns von dieser Linie ist minimal, sie beträgt nur wenige Hundertstel Bogensekunden.

Entsprechend den Messungen, die Peter van de Kamp über mehrere Jahre durchführte, hat der Stern vermutlich einen Begleiter von der Größe des Jupiter; dieser Begleiter könnte ein Planet sein. Aus weiteren Untersuchungen schloß Kamp auf zwei Begleiter, die Barnards Stern in 11,5 bzw. in 20–25 Jahren einmal umkreisen.

Entstehende Planetensysteme scheint es noch bei einer anderen Gruppe von Himmelskörpern zu geben, den T-Tauri-Sternen. Sie wurden nach einem typischen Vertreter im Sternbild Taurus (Stier) benannt. Diese Sterne, die mit nur einigen Millionen Jahren noch sehr jung sind, verändern periodisch ihre Helligkeit. 1989 und 1990 untersuchten Astronomen die Strahlung der T-Tauri-Sterne bei verschiedenen Wellenlängen. Daraus schlossen sie, daß diese Sterne von flachen Materiescheiben mit der Masse unseres eigenen Sonnensystems umgeben sind.

Es scheint deutliche Hinweise auf andere Sonnensysteme zu geben. Gibor Basri von der Berkeley-Universität, Kalifornien, stellte fest, daß „etwa ein Drittel aller neu entstehenden Sterne mit höchstens einfacher Sonnenmasse alle Bedingungen erfüllt, die für die Entstehung von Planeten notwendig sind."

UNSER SONNENSYSTEM

● *Die Familie der Sonne*

Die Umlaufbahnen der größeren Planeten zeigen Eigenschaften, die für eine Entstehung unseres Sonnensystems durch Akkretion aus einem scheibenartigen solaren Nebel sprechen (S. 102-103). Die Umlaufbahnen liegen alle annähernd in einer Ebene. Es gibt jedoch Ausnahmen wie die Venus, deren Bahnneigung 3,4 Grad beträgt, und den sonnennächsten Planeten Merkur, dessen Inklination sogar 7 Grad aufweist. Alle anderen Planeten besitzen geringere Bahnneigungen – abgesehen von dem Außenseiter Pluto, der als sonnenfernster Planet eine Inklination von 17 Grad besitzt. Aus dieser Tatsache sowie anderen Eigenheiten folgern Astronomen, daß Pluto nicht zu den Großplaneten gehört (S. 133).

Asteroiden, Kometen und die damit verbundenen Meteorströme sowie andere kleine Schuttbrocken und besonders die Kometen zeigen in ihrer Bahnneigung eine größere Vielfalt. Die Inklinationen einiger Kometen sind so groß, daß sie die Sonne in bezug auf die großen Planeten und die Asteroiden in entgegengesetzter Richtung umfliegen. Der Halley-Komet, dessen Bahnneigung 162 Grad beträgt, kann hier als Paradebeispiel dienen.

Die zweite bedeutende Eigenschaft der Planetenbahnen besteht in ihrer Stabilität und annähernden Kreisform. Auch hier gibt es Ausnahmen. Merkur wandert zum Beispiel auf einer ausgesprochenen Ellipse, deren Exzentrizität bei 0,206 liegt, etwa dem Fünffachen der mittleren elliptischen Exzentrizität der anderen Großplaneten.

Das dritte Kennzeichen besteht in der Tatsache, daß alle großen Planeten die Sonne in derselben Richtung umkreisen: von oben gesehen entgegen dem Uhrzeigersinn. Hier liegt ein weiterer Hinweis für ihre Entstehung in einem rotierenden solaren Nebel.

Die großen Planeten lassen sich in zwei Gruppen unterteilen. Der Sonne am nächsten liegen die terrestrischen Planeten Merkur, Venus, Erde und Mars, die Ähnlichkeiten mit der Erde aufweisen. Die zweite Gruppe, die der sogenannten „Gasriesen", liegt weiter außen jenseits des Mars. Zu dieser Gruppe gehören Jupiter, Saturn, Uranus und Neptun.

Die Gasriesen haben alle einen festen Kern, der von einer ausgedehnten kalten Atmosphäre umgeben wird, in der sich große Mengen Methan, Ammoniak, Helium und Wasserstoff befinden. Diese leichten Gase waren ursprünglich auch auf den terrestrischen Planeten vorhanden.

Die terrestrischen Planeten stehen der Sonne erheblich näher als die Gasplaneten; sie erhielten daher weitaus mehr Wärme, so daß die leichten Gasmoleküle zu sehr schneller Bewegung angeregt wurden. Da diese Planeten jedoch weniger Masse besaßen als die Gasriesen, reichte ihre schwerkraftbedingte Anziehung nicht aus, um derartig schnelle Moleküle zurückzuhalten.

Der am weitesten entfernte Riesenplanet, Neptun, steht in einer mittleren Entfernung von 4 497 Millionen Kilometern oder gut 4 Lichtstunden. Im Vergleich zum nächsten Fixstern, der Proxima Centauri, die 4,3 Lichtjahre entfernt liegt, erscheint der Maßstab des Sonnensystems winzig. Neben den Planeten umfaßt das Sonnensystem zahlreiche kleine Körper wie Asteroiden und Kometen. Noch liegen keine Beweise vor, ob sich die Umlaufbahnen der Asteroiden bis in große Entfernungen erstrecken (die Mehrzahl kreist zwischen Mars und Jupiter), mit den Kometen verhält es sich dagegen anders.

Astronomen sind sich heute darüber einig, daß Wolken aus Trümmern die Sonne umkreisen und immer dann, wenn sie eine Störung erfahren, Material ausstoßen, das wir in Form von Kometen sehen. Offenbar existieren mehrere derartiger Wolken. Die erste gilt als Ursprung der kurzperiodischen Kometen, deren Umlaufzeit höchstens 150 Jahre währt. Sie heißt „Kuiper-Gürtel" (nach dem Astronomen Gerard Kuiper) und erstreckt sich in einer Entfernung zwischen 6 und 24 Lichtstunden von der Sonne. 20mal weiter außen könnte noch ein schmalerer Gürtel liegen.

Dem Oortschen Gürtel wird die größte Bedeutung zugemessen: Er ist nach dem Astronomen Jan Oort benannt und wird für die ergiebigste Quelle kometarischen Materials gehalten. Er zieht sich als breiter Streifen durch den Raum über eine Entfernung zwischen 4 500 Milliarden und 15 000 Milliarden Kilometern; das sind 6 bis 18 Lichtmonate. Die Oortsche Wolke führt uns somit in größere Entfernungen hinaus, auf mehr als ein Drittel der Distanz zur Proxima Centauri.

Pluto

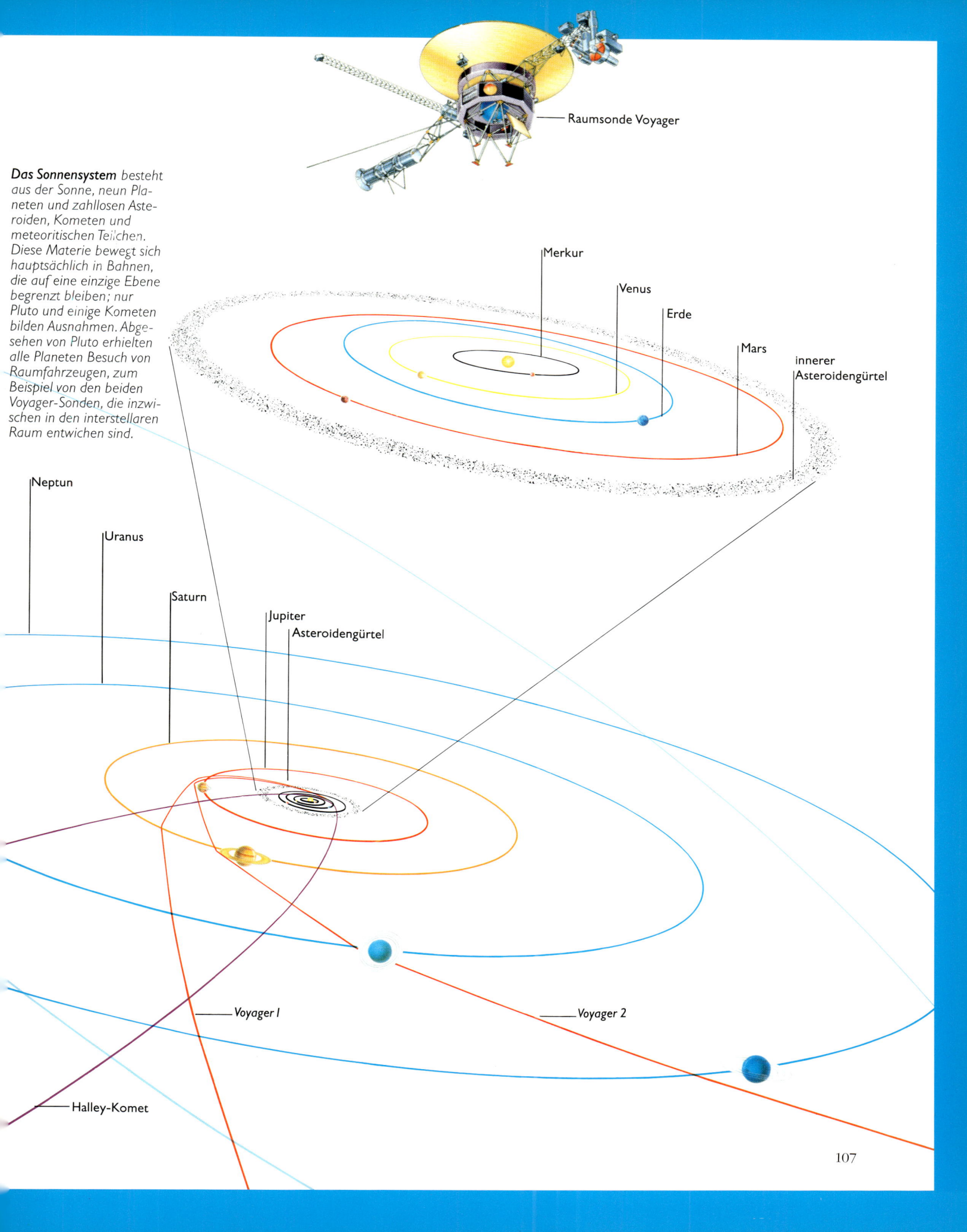

Raumsonde Voyager

Das Sonnensystem besteht aus der Sonne, neun Planeten und zahllosen Asteroiden, Kometen und meteoritischen Teilchen. Diese Materie bewegt sich hauptsächlich in Bahnen, die auf eine einzige Ebene begrenzt bleiben; nur Pluto und einige Kometen bilden Ausnahmen. Abgesehen von Pluto erhielten alle Planeten Besuch von Raumfahrzeugen, zum Beispiel von den beiden Voyager-Sonden, die inzwischen in den interstellaren Raum entwichen sind.

Merkur

Venus

Erde

Mars

innerer Asteroidengürtel

Neptun

Uranus

Saturn

Jupiter

Asteroidengürtel

Voyager I

Voyager 2

Halley-Komet

MERKUR

- *Der Gefährte der Sonne*

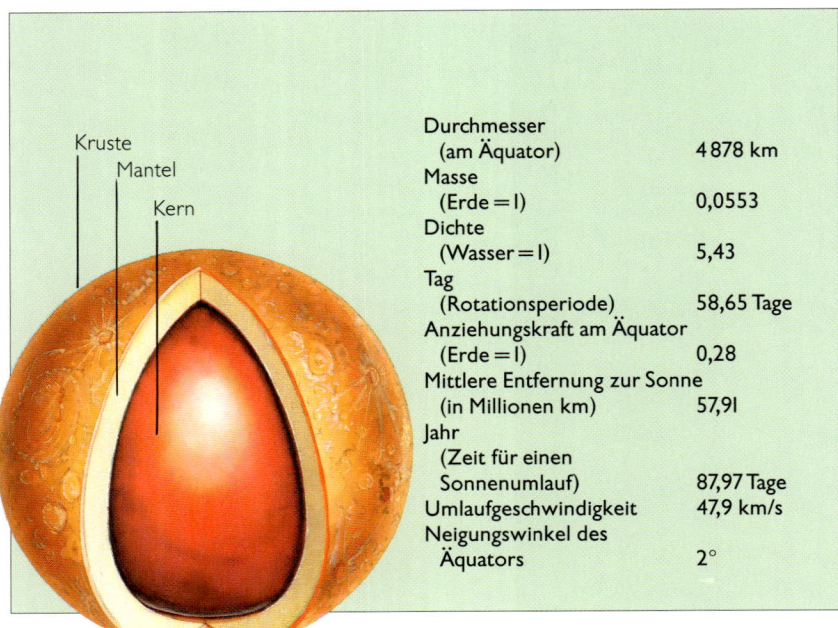

Kruste
Mantel
Kern

Durchmesser (am Äquator)	4 878 km
Masse (Erde = 1)	0,0553
Dichte (Wasser = 1)	5,43
Tag (Rotationsperiode)	58,65 Tage
Anziehungskraft am Äquator (Erde = 1)	0,28
Mittlere Entfernung zur Sonne (in Millionen km)	57,91
Jahr (Zeit für einen Sonnenumlauf)	87,97 Tage
Umlaufgeschwindigkeit	47,9 km/s
Neigungswinkel des Äquators	2°

Auf dem Merkur kann man an einigen Orten den Tagesanbruch doppelt erleben. Die erste Morgendämmerung erreicht einen dieser Orte (roter Punkt), sobald Merkur seine Geschwindigkeit bei der Annäherung an die Sonne steigert (1). Bevor der Planet an ihr vorbeischwingt, dreht er sich nur um einen kleinen Winkel (2-3) weiter, so daß die Nacht den Ort wieder einholt (4). Kurz darauf setzt der zweite Tagesanbruch ein (7). Der Tag (8-13) dauert beinahe ein Merkurjahr.

chenbeobachtungen anzustellen. Erst 1965, als man Funkimpulse hinausgesandt und sie nach der Reflexion an der Planetenoberfläche wieder auf der Erde empfangen hatte, war es zum erstenmal möglich, einen exakten Wert von der Rotationsperiode des Merkurs zu bekommen. Doch erst ein Jahrzehnt später konnte man mit Hilfe der Raumsonde *Mariner 10*, die in den Jahren 1974 und 1975 knapp an Merkur vorbeigezogen war, die errechnete Dauer von 58,6461 Tagen bestätigen.

Die Merkuroberfläche ist von Kratern bedeckt wie die unseres Mondes, doch fehlen bei Merkur die ausgedehnten Lavaebenen oder „Meere", die große Bereiche der lunaren Landschaft prägen. Von der Vielzahl der Merkurkrater wurden bereits mehr als 230 mit Namen versehen. Der größte namens Beethoven weist einen Durchmesser von 625 Kilometern auf. Planetenforscher sind der Auffassung, daß sich wie beim Mond auch auf dem Merkur laufend neue Krater bilden.

Merkur steht nie weiter als 69,7 Millionen Kilometer von der Sonne entfernt und nähert sich ihr auf seiner elliptischen Bahn bis auf 45,9 Millionen Kilometer. Aus dieser geringen Entfernung beherrscht die Sonne den Planeten: Er erhält im Vergleich zur Erde pro Flächeneinheit 4,7mal mehr Wärme, Licht und andere Strahlung. Seine Oberflächentemperatur erreicht Werte von bis zu 467 °C.

Bereits vor Äonen ließen die Hitze und das schwache Gravitationsfeld des Merkurs die ursprünglichen atmosphärischen Planetengase in den Raum entweichen. Die heute

Merkur ist der sonnennächste Planet, er läßt sich knapp vor der Morgendämmerung oder kurz nach Sonnenuntergang als helles, silbriges, sternähnliches Objekt beobachten.

Da seine Umlaufbahn innerhalb der Erdbahn liegt, zeigt Merkur ähnliche Phasen wie unser Mond. Steht Merkur der Erde am nächsten, kann man ihn sogar durch die größten Teleskope nur als schmale Sichel sehen. Die komplette Scheibe läßt sich nur betrachten, wenn er auf der gegenüberliegenden Seite der Sonne am weitesten von uns entfernt ist.

Diese Hindernisse machten es den Astronomen schwer, genaue Messungen und Oberflä-

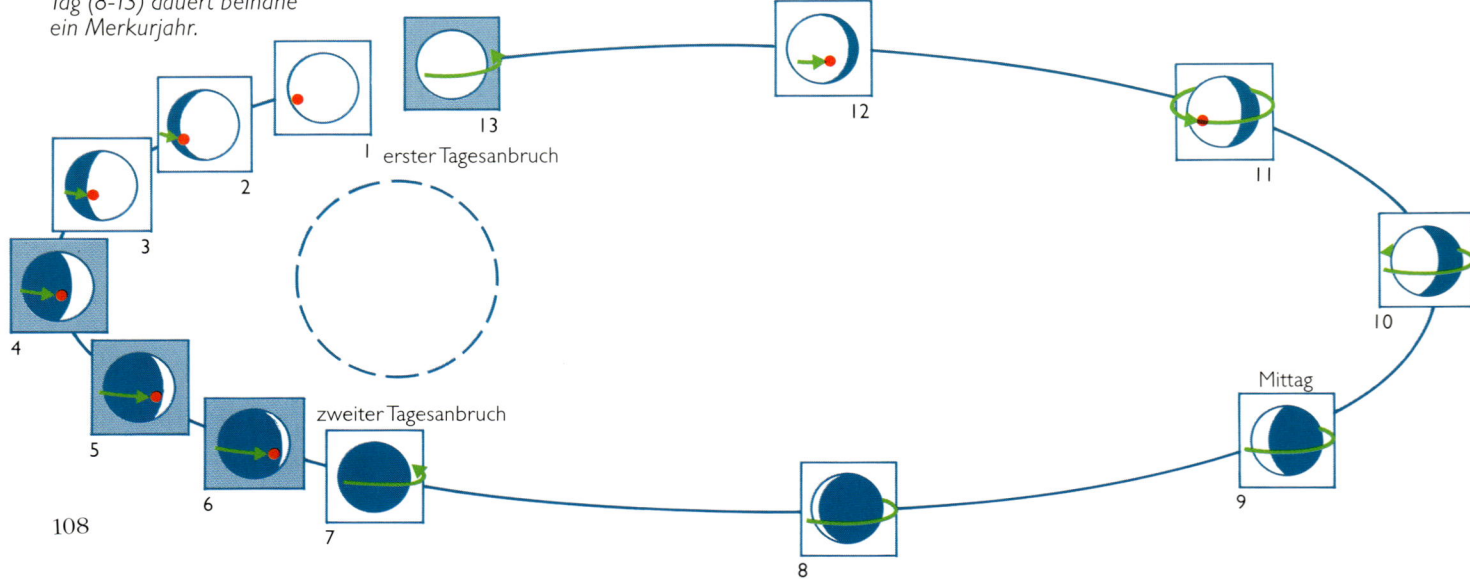

1 erster Tagesanbruch

zweiter Tagesanbruch

Mittag

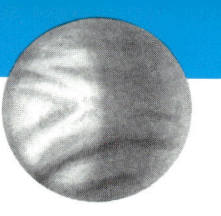

noch vorhandene Atmosphäre besteht aus Wasserstoff und Helium, aus Gasen, die der Planet dem vorbeiströmenden Sonnenwind entnimmt. Ihre Dichte beträgt jedoch nur ein millionmilliardstel der Erdatmosphäre.

Die geringe Masse des Merkurs trägt zu seiner Unfähigkeit bei, eine Atmosphäre zu halten. Mit nur 5,5 Prozent der Erdmasse ist seine Fluchtgeschwindigkeit um das 2,6fache kleiner. Obwohl der Durchmesser des Merkurs den des Mondes um das 1,4fache übertrifft und er ihm mit seiner kraterübersäten Oberfläche recht ähnlich sieht, ist seine Dichte 1,7mal größer. Das entspricht der 5,4fachen Dichte des Wassers und nahezu der Erddichte. Planetenforscher folgern daraus, daß Merkur mit einem Kern aus Nickel und Eisen in seinem inneren Aufbau der Erde ähnlich sieht.

Um aber der Theorie zu entsprechen, müßte sein Kern etwa doppelt soviel Eisen wie der Erdkern enthalten und einen Durchmesser von 3600 Kilometern besitzen. Der äußerst dichte, feste Merkurkern scheint tatsächlich größer zu sein als unser Mond. Man vermutet, daß ein relativ dünner Felsmantel mit einer Dicke von etwa 600 Kilometern diesen riesigen Kern umschließt. Über dem Mantel lagert eine leichte Kruste, die an ihrer stärksten Stelle 66 Kilometer dick sein dürfte.

Trotz seiner öden Oberfläche ist Merkur nicht völlig erstarrt. Vulkanische Tätigkeiten unter der Oberfläche schaffen „heiße" Zonen, die als „Wärmepole" bezeichnet werden, da sie sich auf dem Planeten genau gegenüberliegen. *Mariner 10* wies nach, daß Merkur ein schwaches Magnetfeld mit einem Hundertstel der Stärke des Erdmagnetfeldes besitzt. Wie bei der Erde fallen die Magnetpole des Merkurs nicht mit seiner Drehachse zusammen; sie weichen um 11 Grad voneinander ab. Die Existenz dieses Feldes ist jedoch nicht an das Vorhandensein eines Kerns aus festem Eisen gebunden, denn vermutlich werden Magnetfelder durch geschmolzene Eisenkerne erzeugt. Ein Magnetfeld bietet einen gewissen Schutz vor der Sonnenstrahlung, doch das schwache Feld des Merkurs und das fast völlige Fehlen einer Atmosphäre bewirken, daß seine Oberfläche ununterbrochen mit gefährlicher Ultraviolett- und Röntgenstrahlung bombardiert wird.

Merkur ist mit Kratern bedeckt (oben), die wie bei unserem Mond von schwerem Meteoriten-Bombardement verursacht wurden. Die Raumsonde Mariner 10 fertigte dieses Bildmosaik im März 1974.

Ein relativ junger Krater (links) mit etwa 12 km Durchmesser liegt innerhalb eines großen älteren Kraterbeckens. Dieses Bild wurde aus etwa 20700 km Entfernung aufgenommen.

VENUS

● *Die Treibhauswelt*

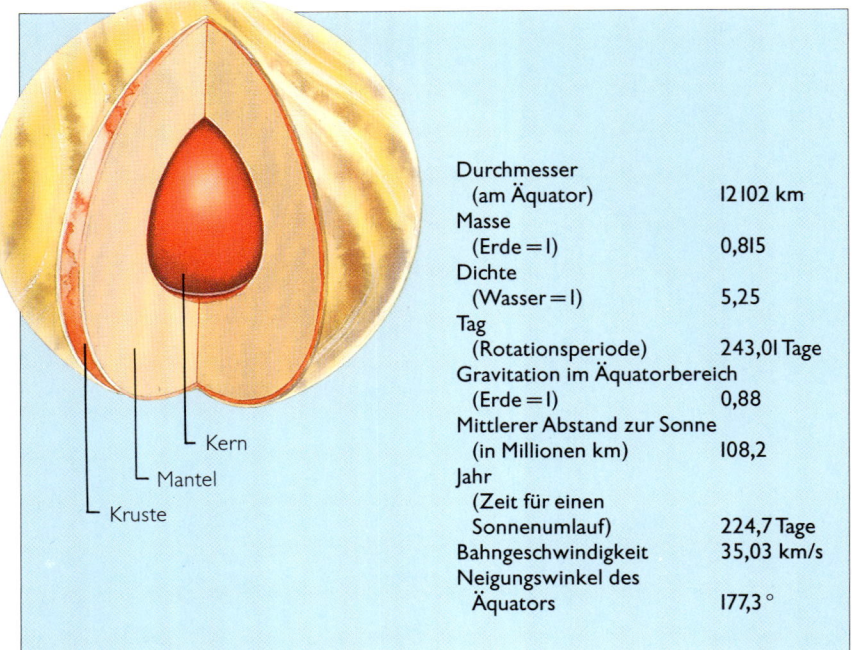

Durchmesser	
(am Äquator)	12 102 km
Masse	
(Erde = 1)	0,815
Dichte	
(Wasser = 1)	5,25
Tag	
(Rotationsperiode)	243,01 Tage
Gravitation im Äquatorbereich	
(Erde = 1)	0,88
Mittlerer Abstand zur Sonne	
(in Millionen km)	108,2
Jahr	
(Zeit für einen	
Sonnenumlauf)	224,7 Tage
Bahngeschwindigkeit	35,03 km/s
Neigungswinkel des	
Äquators	177,3 °

Kern

Mantel

Kruste

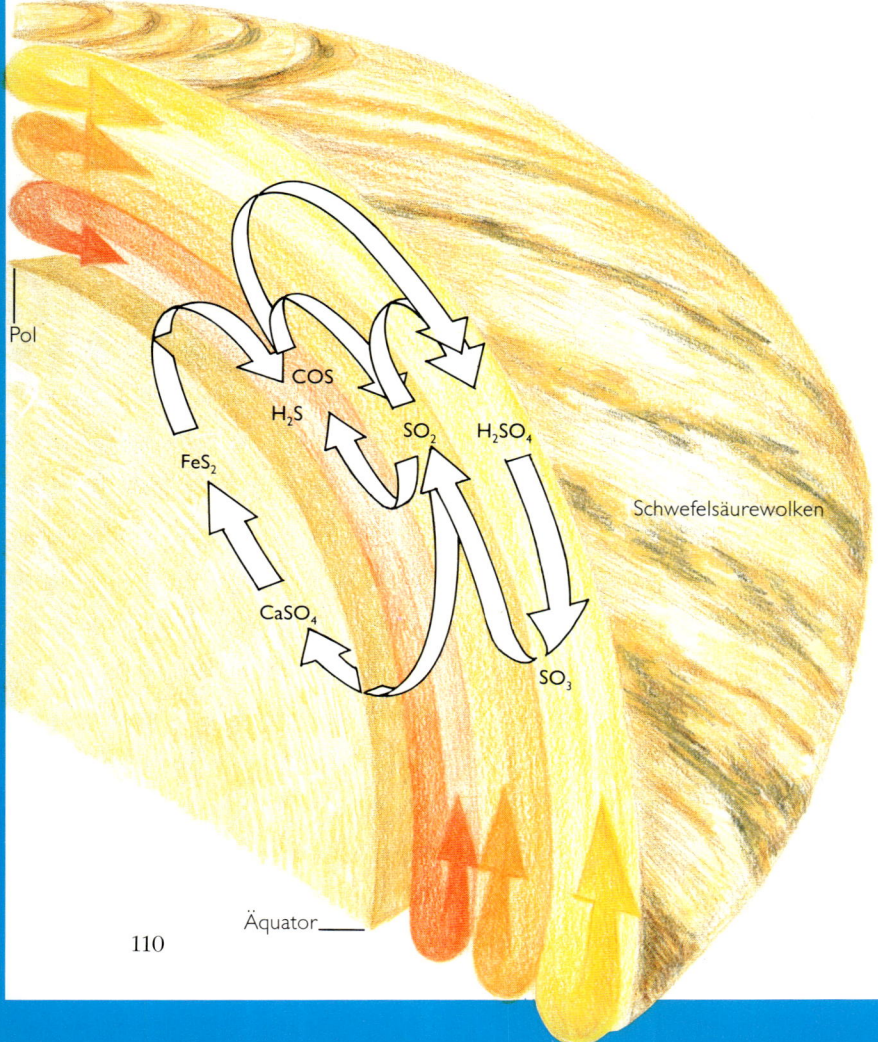

Pol

COS

H_2S

FeS_2

SO_2 H_2SO_4

Schwefelsäurewolken

$CaSO_4$

SO_3

Äquator

Abgesehen vom Mond, den Meteoriten und Kometen kommt die Venus der Erde näher als jedes andere Objekt im Sonnensystem. In bezug auf Größe, Masse und Aufbau gleicht sie der Erde, und auch die Form ihrer Umlaufbahn innerhalb der Erdbahn ist nicht wesentlich anders. Doch während die Erde bei gemäßigten Bedingungen Leben ermöglicht, ist es auf der Venus in einer erstickenden, trockenen, zermalmenden Atmosphäre (der Oberflächendruck liegt bei über 90 Kilogramm pro Quadratzentimeter) bei ständigem Schwefelsäureregen unerträglich heiß.

Wie der Merkur steht auch die Venus der Sonne näher als die Erde. Folglich zeigt auch sie Phasen und kann von einem erdgebundenen Beobachter nur kurz vor Sonnenaufgang oder kurze Zeit nach Sonnenuntergang gesehen werden. Somit gestaltet sich die Beobachtung ihrer Planetenscheibe besonders schwierig, um so mehr, als ihre Oberfläche von einer dichten, undurchsichtigen Atmosphäre verdeckt wird.

Da die Venus ungefähr dieselbe Größe wie die Erde besitzt – ihr Durchmesser ist nur etwas mehr als 650 Kilometer kleiner –, entspricht ihr innerer Aufbau dem der Erde; sie verfügt über einen ähnlich großen dichten, wahrscheinlich zum Teil flüssigen Nickel-Eisen-Kern. Über dem Kern liegt ein Mantel aus Fels, dessen Größe in etwa dem der Erde gleicht. Die äußere Kruste der Venus ist mit 60 Kilometern doppelt so dick wie die der Erde.

Die Venus ist wie die Erde von einer Atmosphäre umgeben; die der Venus ist erheblich dichter und hüllt ihre Oberfläche vollständig ein, so daß ein erdgebundener Beobachter nur die oberen Wolkenschichten sehen kann. Es war daher lange Zeit schwierig, die Rotationsperiode der Venus zu bestimmen.

Wie bei Merkur konnte 1965 aufgrund von Radarmessungen eine Rotationsperiode für den festen Planetenkörper abgeleitet werden; sie beträgt etwa 243 Tage in einer retrograden (von Ost nach West laufenden) Richtung. Diese Periode kommt zufällig der venusischen Umlaufzeit von 224,7 Tagen nahe.

Seit den sechziger Jahren wurde die Venus von Raumsonden beobachtet. Die Sowjetunion schickte eine ganze Serie von Sonden – ausgehend von *Venera 1* im Jahre 1961 bis zu

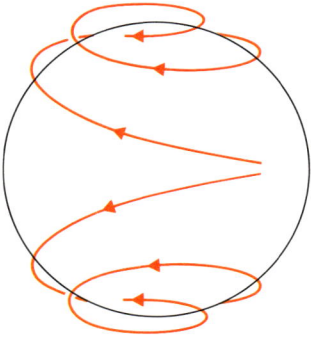

Venera 16 im Jahre 1983 sowie 1984 die Sonden *Vega 1* und *Vega 2*. Die Vereinigten Staaten
sandten die *Mariners 2, 5* und *10* aus, dazu
kamen 1978 die beiden *Pioneer*-Raumfahr-
zeuge und 1990 die Sonde *Magellan*.

Die Venusatmosphäre wird von Winden
durchzogen, die von Ost nach West, in Richtung der Achsdrehung des Planeten, wehen.
Zusätzlich zirkuliert die gesamte Atmosphäre
von Süd nach Nord und wieder zurück.
Direkte Messungen, die 1974 von *Mariner 10*
und 1979 vom *Pioneer Venus Orbiter* beim
Endanflug auf den Planeten durchgeführt
wurden, ergaben, daß die Wolken in der
Hochatmosphäre sehr schnell rotieren. Mit
Geschwindigkeiten von 100 Metern pro Sekunde (360 km/h) an der Obergrenze der
Atmosphäre benötigen sie für einen Umlauf
um den Planeten nur vier Tage. In Bodennähe
wehen diese Winde mit nur etwa einem Meter
pro Sekunde vergleichsweise langsam.

Die Venusatmosphäre ist mit der Lufthülle
der Erde nicht zu vergleichen. Sie wird vom
Kohlendioxid beherrscht, das 96 Prozent des
vorhandenen Gases ausmacht. Es folgt Stickstoff mit 3,5 Prozent und die restlichen 0,5
Prozent entfallen auf: Schwefeldioxid, Wasserdampf, Argon und Kohlenmonoxid.

Allein die große Menge an Kohlendioxid
verleiht der Atmosphäre eine enorme Tiefe
und Dichte, und so übt der atmosphärische
Druck an der Oberfläche mit dem 90fachen
des irdischen Luftdrucks eine zermalmende
Wirkung aus. Die Tröpfchen aus Schwefel-
säure treten innerhalb der Atmosphäre in
zwei Schichten auf. Die untere liegt zwischen
50 und 80 Kilometer über dem Grund. In der
höheren und kühleren Schicht verbindet sich
Wasserdampf mit Schwefel und bildet Wolken aus Schwefelsäuretröpfchen.

Die große Dichte der Venusatmosphäre
und das Übergewicht an Kohlendioxid füh-

ren zu einem ausgeprägten Treibhauseffekt: Die Sonnenstrahlung wird von der Atmosphäre eingefangen und heizt den Planeten kräftig auf. Die Temperatur auf der Venus beträgt 457 °C und liegt damit weit über dem Schmelzpunkt von Blei.

Die Eigenschaften der Venus waren lange Zeit Gegenstand von Spekulationen. Die meisten Theorien beruhten auf Ähnlichkeiten in der Größe von Erde und Venus, auf der Tatsache, daß die Venus in geringerem Abstand die Sonne umkreist und daher doppelt soviel solare Strahlung erhält wie die Erde, und auf der Erkenntnis, daß die Albedo (das Reflexionsverhalten) des Planeten relativ hoch liegt. Wissenschaftler folgerten daraus, daß riesige Ozeane die Venusoberfläche bedecken könnten, eine Vorstellung, die bis zu den Erkundungsflügen der Raumsonden populär war.

Dreizehn Sonden landeten auf dem Planeten, von denen einige während ihres Abstiegs bis zum Aufprall auf der Oberfläche Messungen in der Atmosphäre vornahmen, andere weich auf der Oberfläche aufsetzten und Videobilder übertrugen oder Bodenproben analysierten. Die Datenübermittlung der Sonden dauerte jeweils einige Stunden.

Venera 13 und *14* schickten beide nach einer weichen Landung im Jahre 1982 Fernsehbilder verschiedener Oberflächenregionen mit einem Panorama von 180 Grad zur Erde zurück. *Venera 13*, eröffnete den Blick auf ein relativ glattes Terrain, dessen Oberfläche mit einem sandigen Überzug aus kleinen, möglicherweise erodierten Körnchen bedeckt zu sein schien. Einige Forscher vermuteten eine durch Wasser bedingte Erosion, die Körnchen schienen durch atmosphärische Tröpfchen und Gase zusammengebacken zu sein. Die Oberfläche war zusätzlich mit Bruchstücken kleiner Felsbrocken übersät.

Venera 14, fast 950 Kilometer von *Venera 13* entfernt, zeigte ein etwas anderes Panorama. Außer mit verstreuten Felsen und Steinchen war das Gelände hier auch von flachen Stücken oder Platten eines Materials bedeckt, das Anzeichen einer Erosion sowie eines anschließenden Zusammenbackens aufwies. Die Platten boten einen scharf umrissenen, kantigen Anblick, sie waren jedoch frei von irgendeinem sandigen oder körnigen Belag. Planetarische Geologen vermuten, daß es sich hier um ein Gebiet handelt, das erst vor etwa 10 Millionen Jahren entstanden sein dürfte. Die Bodenanalyse ergab eine Art Basalt, der dem auf irdischen Meeresböden vorkommenden Gestein ähnelt, jedoch eine größere Konzentration an Kalium enthält.

Das zweite Verfahren bei der Erforschung der Venus bestand in Radarmessungen, die Raumsonden bei ihren Annäherungen an den Planeten vornahmen. Sie schickten kurzwellige Funkimpulse auf die Venusoberfläche, von der sie reflektiert und vom selben Radarsystem wieder aufgefangen wurden.

Die Venusoberfläche (unten) in einer Kompositaufnahme der russischen Sonde Venera 13, von der ein Teil im Vordergrund des Bildes zu sehen ist. Die Ursache für die Verwitterung der Felsen ist noch unbekannt, da es auf der Oberfläche kein Wasser und zuwenig Wind gibt, um eine Erosion zu bewirken. Ein Radarbild, das gegen Ende 1990 von der Raumsonde Magellan aufgenommen wurde (links), zeigt drei Krater in einer der nördlichen Ebenen der Venus. Die hellen Schattierungen weisen auf einen rauhen, die dunkleren Farben auf glatteren Boden hin. Die Durchmesser der Krater betragen 35 bis 65 km.

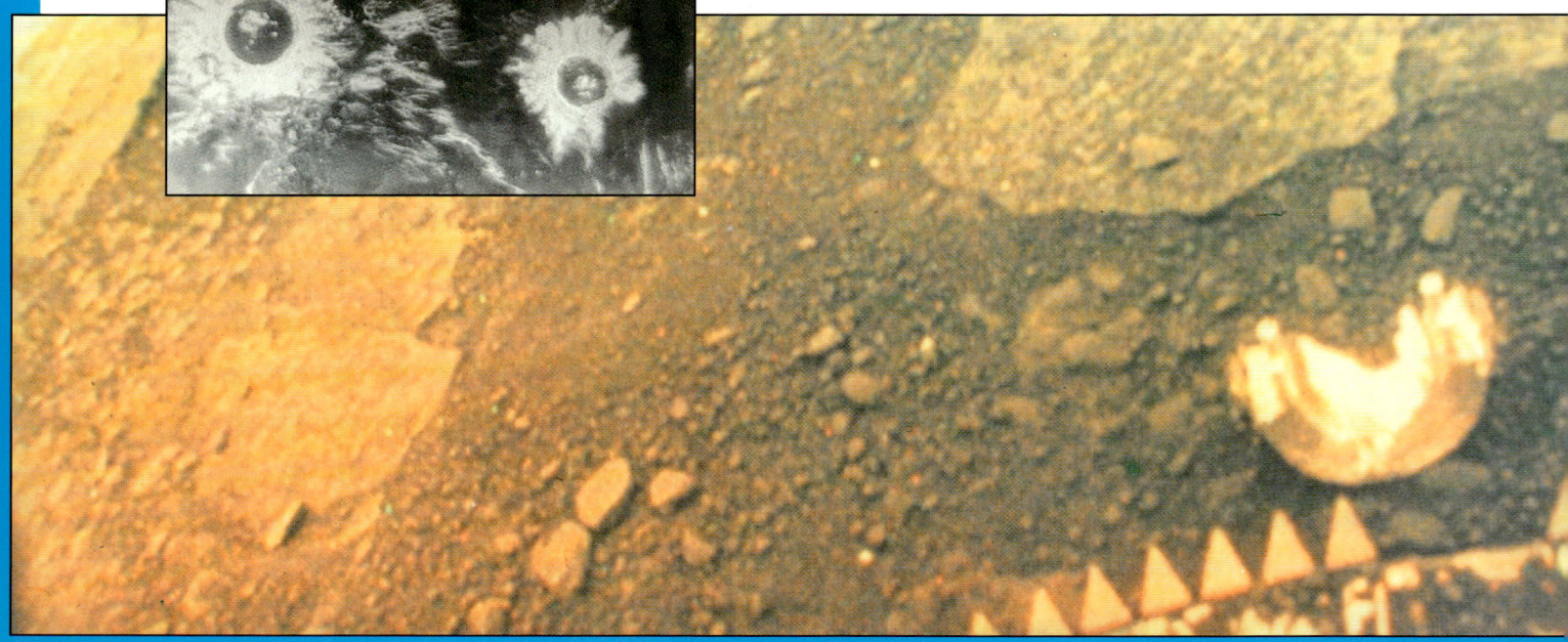

Die Computeranalyse der Ergebnisse ermöglichte eine Kartierung der Oberfläche.

Die Oberfläche setzt sich zu etwa 70 Prozent aus Ebenen und zu 30 Prozent aus Gebieten zusammen, die tiefer liegen als die Ebenen. Das Gegenstück bilden Hochländer, die vor allem im Norden und entlang des Venusäquators zu finden sind. Die nördliche Region erhielt den Namen „Ishtar Terra", dazu gehören die Maxwell- und Akna-Bergketten im Osten beziehungsweise in westlicher Richtung. Ishtar Terra, das nicht nur aus reinem Hochland besteht, erstreckt sich über ein weites Gebiet, größer als der nordamerikanische Kontinent. Das Hochland am Äquator, „Aphrodite Terra", umfaßt eine Fläche, die halb so groß ist wie Afrika. Es scheint rauher und komplexer zu sein als Ishtar. Die tiefen, schnurgeraden Cañons, die das östliche Zentralgebiet durchziehen, sind Hunderte von Kilometern breit, über 1000 Kilometer lang und einige sogar fast 3 Kilometer tief.

Die Form der venusischen Tiefebenen ist rund oder breit und lang. Hier und dort finden sich einige flache, kreisförmige Bodensenken mit Durchmessern von 40 bis 1700 Kilometern, in deren Mitte häufig ein „Berg" steht. Sollten sie sich, wie ihre Form vermuten läßt, bei Meteorimpakten gebildet haben, so könnte das als Hinweis darauf gelten, daß zumindest Teile der Venusoberfläche mehrere Milliarden Jahre alt sind. Die Oberfläche zeigt sich heute überraschend vielgestaltig und gibt damit Anlaß zu der Annahme, daß die prägenden geologischen Veränderungen stattgefunden haben müssen, bevor sich die Venusatmosphäre zu ihrem gegenwärtigen Zustand entwickelt hatte.

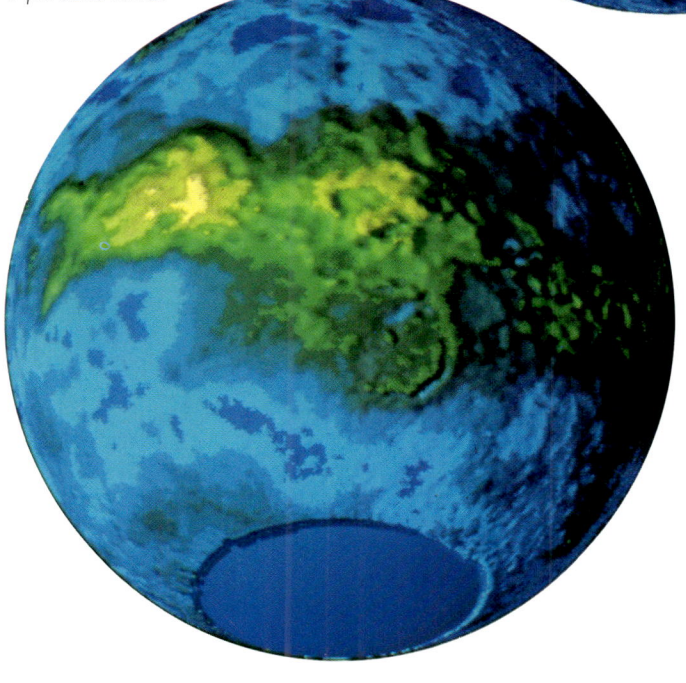

Die mit Radar kartierte Venus ist hier (rechts und unten) in computerverarbeiteten Bildern dargestellt. Die obere Kugel zeigt in der Nähe des unkartierten Nordpols die Hochlandregionen der Ishtar Terra in Gelb. Die ausgedehnte äquatoriale Hochlandzone der Aphrodite Terra erscheint unten links in Grün. Der größte Teil des Planeten besteht aus Tiefland, das blau dargestellt ist. Die untere Kugel bietet einen schönen Blick auf die Region Aphrodite Terra.

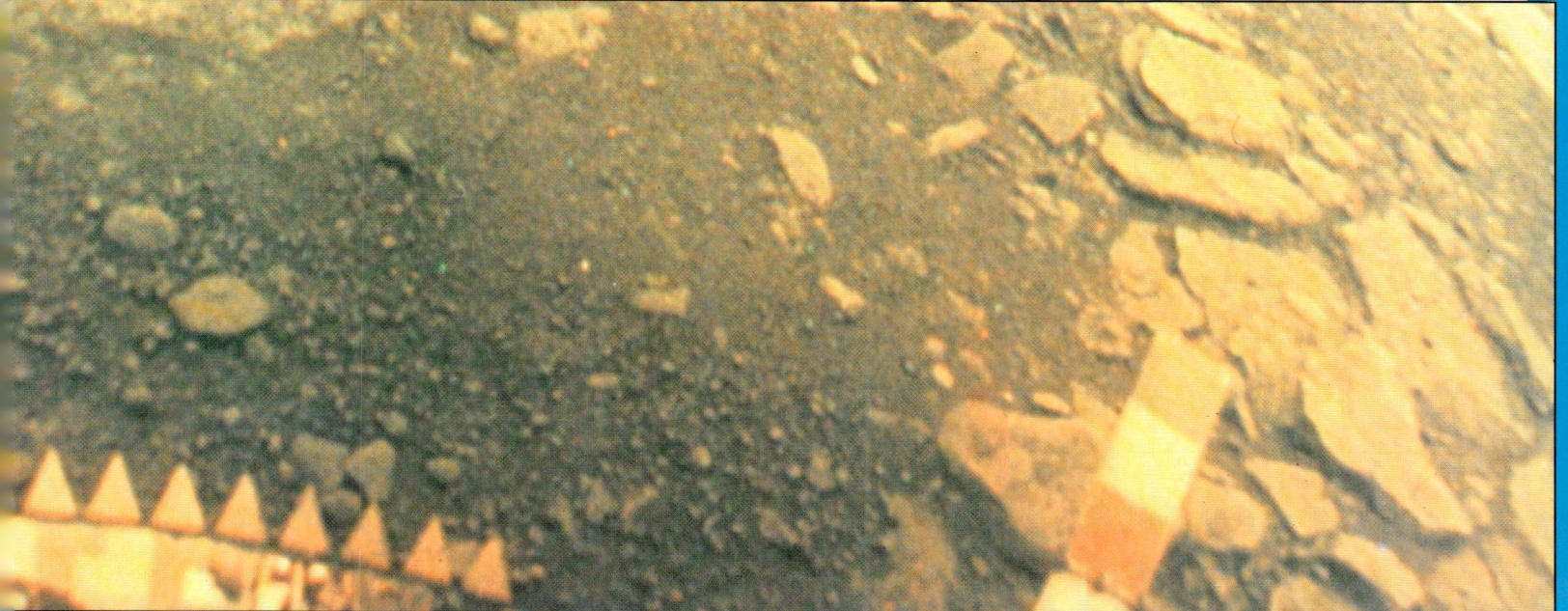

DIE ERDE

● *Der lebendige Planet*

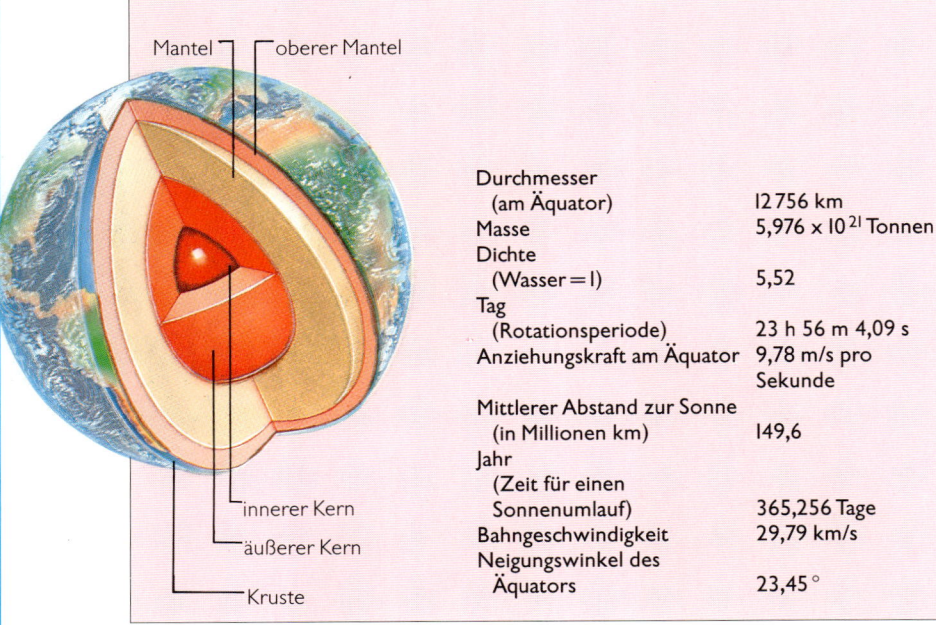

Durchmesser (am Äquator)	12 756 km
Masse	$5,976 \times 10^{21}$ Tonnen
Dichte (Wasser = 1)	5,52
Tag (Rotationsperiode)	23 h 56 m 4,09 s
Anziehungskraft am Äquator	9,78 m/s pro Sekunde
Mittlerer Abstand zur Sonne (in Millionen km)	149,6
Jahr (Zeit für einen Sonnenumlauf)	365,256 Tage
Bahngeschwindigkeit	29,79 km/s
Neigungswinkel des Äquators	23,45°

Natürlich wissen die Forscher über unsere schöne, klimatisch gemäßigte Welt wesentlich mehr als über irgendeinen anderen Ort im Universum. Sie können an Ort und Stelle experimentieren, Befunde deuten und daraus Folgerungen ableiten.

Die Planetenforscher sind sicher, daß im Erdzentrum ein Kern aus Nickel-Eisen liegt, der sich aus zwei Teilen zusammensetzt: einem metallischen Zentrum mit 2 500 Kilometern Durchmesser und einer darüberliegenden Schicht aus flüssigem Nickel und Eisen. Der flüssige Bereich ist ungefähr 2 200 Kilometer dick. Über dem Kern befindet sich der „Mantel", eine Schicht aus Felsgestein, die eine Tiefe von etwa 2 900 Kilometern aufweist. Der untere Erdmantel ist recht fest, während der obere aus einer eher plastischen Schicht, der „Asthenosphäre", sowie aus einer dünnen, festen Außenschicht, der „Lithosphäre", besteht. Letztere ist einige hundert

Die Erdkruste

Geologen sind heute der Auffassung, daß sich die Erdkruste in sechs größere und eine Reihe kleinerer fester Schollen gliedert, die auf einer „plastischen" Schicht des Erdmantels driften. Diese Platten werden durch aufsteigende Konvektionsströme, die Wärme vom flüssigen Erdkern an die Oberfläche bringen, in Bewegung gehalten. Überall, wo dies geschieht – meist auf dem Grund eines Ozeans –, bildet sich neuer Ozeanboden, der die Kruste nach beiden Seiten wegdrückt. Der neu entstandene Meeresgrund besteht aus relativ dichtem Basaltgestein. Gegenwärtig driften Europa und Nordamerika etwa zwei Zentimeter pro Jahr auseinander. Dort, wo neues Material entsteht, befindet sich im Ozean ein Gebirgskamm, an dem rotglühendes neues Krustenmaterial mit dem eiskalten Meerwasser in Berührung kommt.

Wenn unter einem Kontinent aus den heißen Regionen des Mantels Magma emporquillt (rechts oben), *kann es die Kruste in einzelne Fragmente spalten. Die dünne Kruste dürfte an diesem Punkt neuen Meeresboden entstehen lassen. Dort, wo zwei Schollen zusammenprallen, kann sich ein Graben bilden* (rechts unten), *indem eine Scholle unter die andere abtaucht.*

Die Krustenplatten bewegten sich im Laufe der Zeit über die Erde und schufen damit das heute vorhandene Muster aus Ozeanen und Kontinenten. Vor 300 Millionen Jahren gab es nur einen einzigen riesigen Kontinent, „Pangaea".

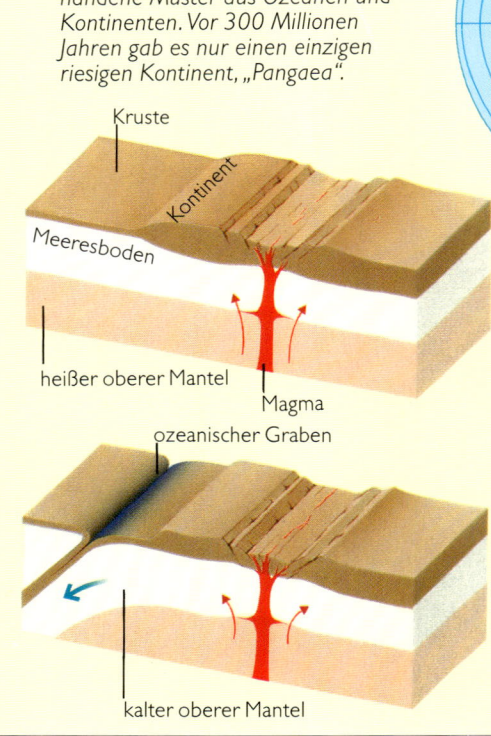

Pangaea zerfiel in Laurasien, das aus Nordamerika und Eurasien bestand, und in Gondwana, das Südamerika, Australien, Afrika, die Antarktis und Indien umfaßte. Man vermutet, die ursprüngliche Kontinentalscholle sei so groß gewesen, daß sich darunter ein emporquellender Konvektionsstrom gebildet, die Scholle zerbrochen und die Bewegung der kleineren Schollen ausgelöst habe.

Kilometer dick; ihr oberster Teil bildet die Erdkruste – den Boden, auf dem wir leben. Die kontinentalen Krusten sind zwischen 30 und 40 Kilometer dick, während die Dicke des Meeresbodens nur 5 Kilometer beträgt.

Die lithosphärische Schicht setzt sich aus vielen Platten zusammen, die über den Mantel wandern. Die Beweise für eine großräumige Bewegung der kontinentalen Landmassen und des Meeresbodens beruhen auf Untersuchungen von Felsformationen und Fossilien sowie der magnetischen Polarität der Gesteine und der Umrisse der Kontinente. Offenkundig bildeten in einem früheren Abschnitt der Erdgeschichte – vor etwa 160 Millionen Jahren – die Weltkontinente zwei ausgedehnte Landmassen, die auseinanderbrachen und die Kontinente entstehen ließen. Die Kontinentaldrift dauert heute noch an.

Über der Erdoberfläche befindet sich die Atmosphäre, die für die Entstehung und Erhaltung des Lebens auf der Erde unverzichtbar ist. Sie besteht aus einer Anzahl von Gasen: aus Stickstoff (77 Prozent), Sauerstoff (21 Prozent), Wasserdampf (1 Prozent) und dem Edelgas Argon (0,93 Prozent). Außerdem enthält sie Spuren von Kohlendioxid, Neon, Helium und Schwefel.

Eine der wichtigsten Eigenschaften der Atmosphäre besteht darin, daß sie die Erde wie eine Wolldecke umschließt und so eine Abstrahlung der Sonnenwärme in den Raum verhindert. Das ist der sogenannte „Treibhauseffekt", bei dem Gase in der Atmosphäre die Infrarotstrahlung reflektieren und so daran hindern, in den Raum zu entweichen. Zu diesen Gasen gehören die Stickoxide, Methan und Kohlendioxid. Seit Beginn der industriellen Revolution hat sich der Anteil des Kohlendioxids in der Atmosphäre verdoppelt. Als Ursachen gelten die Verbrennung „fossiler Brennstoffe" wie Kohle, Öl und Gas sowie in großem Maßstab durchgeführte Abholzungsaktionen. Aufgrund dieser Zunahme des Kohlendioxids rechnen Wissenschaftler gegenwärtig mit einem Anstieg der durchschnittlichen Temperatur der Erdatmosphäre.

Das Wettergeschehen auf der Erde wird durch die Zirkulation der Atmosphäre ausgelöst, die wiederum von der Sonnenwärme ihren Antrieb erhält. Feuchtwarme Luft steigt

über den Tropen auf und bewegt sich in Richtung der Pole; bei etwa 30 Grad nördlicher und südlicher Breite verliert sie an Wärme, sinkt ab und kehrt zum Äquator zurück. Die Temperaturunterschiede zwischen den Ozeanen und den Landmassen lassen Strudel entstehen, und die relativ schnelle Erdrotation reißt diese Ströme und Wirbel mit sich herum.

Die Zirkulation der Erdatmosphäre läßt sich einfach beschreiben: Die Ostwinde von den Polen treffen auf Westwinde, die den gemäßigten Breiten entstammen; in den Tropen gibt es Passatwinde, die auf der Nordhalbkugel aus Nordosten und auf der Südhemisphäre aus Südosten wehen. Die Passatwinde bleiben durch „Depressionen" tiefen Drucks im Äquatorbereich voneinander getrennt.

Für einen Beobachter im **Weltraum** *stehen die ständig wechselnden Wolkenmuster in krassem Gegensatz zu den festen Umrissen der Kontinente und Meere. Ein Sturm bricht los, sobald erwärmte Luft aufsteigt. Die Luft kühlt dabei ab, und Wasserdampf kondensiert, der Wolkenbildung und Regen verursacht. Neue Luft wird angesogen, um die aufgestiegene zu ersetzen. Aufgrund der Erdrotation strömt sie spiralig nach und läßt so das typische Wolkenmuster eines Sturms entstehen.*

115

MARS

● *Der rote Planet*

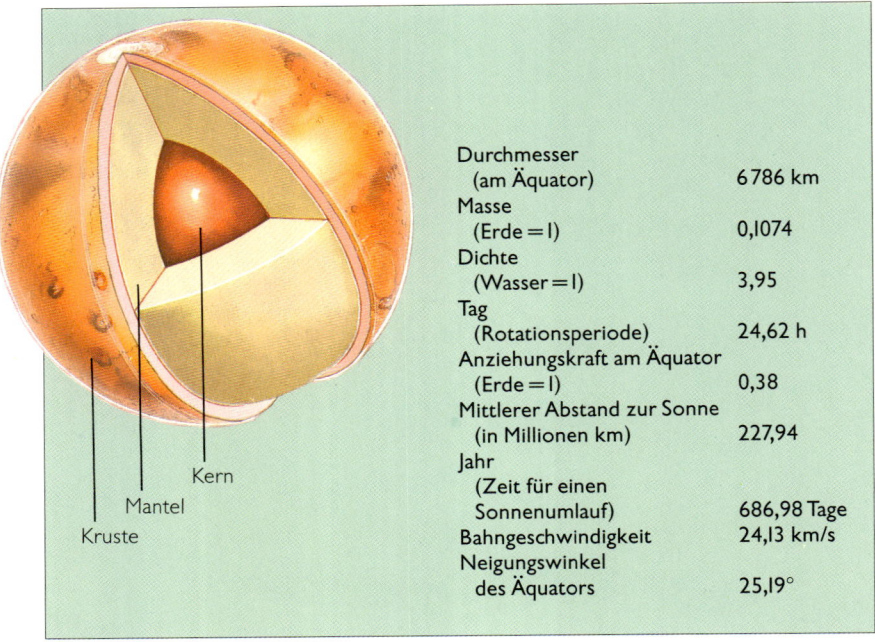

Durchmesser (am Äquator)	6 786 km
Masse (Erde = 1)	0,1074
Dichte (Wasser = 1)	3,95
Tag (Rotationsperiode)	24,62 h
Anziehungskraft am Äquator (Erde = 1)	0,38
Mittlerer Abstand zur Sonne (in Millionen km)	227,94
Jahr (Zeit für einen Sonnenumlauf)	686,98 Tage
Bahngeschwindigkeit	24,13 km/s
Neigungswinkel des Äquators	25,19°

Kern
Mantel
Kruste

Mars, der strahlend rote Planet mit weißen Polkappen, weckt schon seit langer Zeit die Neugier der Menschen. Seine Faszination verdankt er ganz besonders dem Vergleich mit Eigenschaften unserer Erde, einschließlich der Frage, ob auf diesem letzten terrestrischen Planeten Leben möglich ist. Doch erst in den beiden letzten Jahrhunderten rückte der Mars zu einem Ziel ernsthafter wissenschaftlicher Forschung auf, die in den Enthüllungen durch die Raumfahrtmissionen gipfelte.

Der Durchmesser des Mars ist etwa halb so groß wie der der Erde und seine Dichte um 30 Prozent niedriger. Da der Hauptanteil der Masse eines terrestrischen Planeten in seinem Kern konzentriert ist, kann der Kern des Mars nicht allzu groß sein. Astronomen gehen von einem Kern aus Eisen- und Nickelbestandteilen aus, dessen Durchmesser ungefähr 3 000 Kilometer beträgt. Über dem Kern liegt ein etwa 1800 Kilometer dicker Mantel aus Silikatmaterialien, der wiederum von einer etwas mehr als 100 Kilometer starken Kruste umhüllt wird.

Der Mars benötigt 686,98 Tage – ungefähr 1,9 Erdenjahre – für einen Umlauf um die Sonne; da er in 24,623 Stunden einmal um die eigene Achse rotiert, liegt seine Tageslänge nur knapp über der eines Erdentages. Die Jahreszeiten auf dem Mars sind denen auf der Erde sehr ähnlich. Das hängt mit der Neigung seiner Rotationsachse zusammen, die knapp über 25 Grad liegt (die Achsneigung der Erde

Valles Marineris, der gigantische Marscañon, zeigt anscheinend Spuren einer Erosion durch fließendes Wasser; er wurde von den Kameras der Viking 1 aufgenommen, die den Mars 1976 besuchte (oben). Ein Mosaik von Bildern des Mariner 9 diente zur Herstellung dieser Nahaufnahme (rechts) der nordpolaren Eiskappe im Jahre 1971. Das auffällige Spiralmuster entstand wahrscheinlich durch Winderosion.

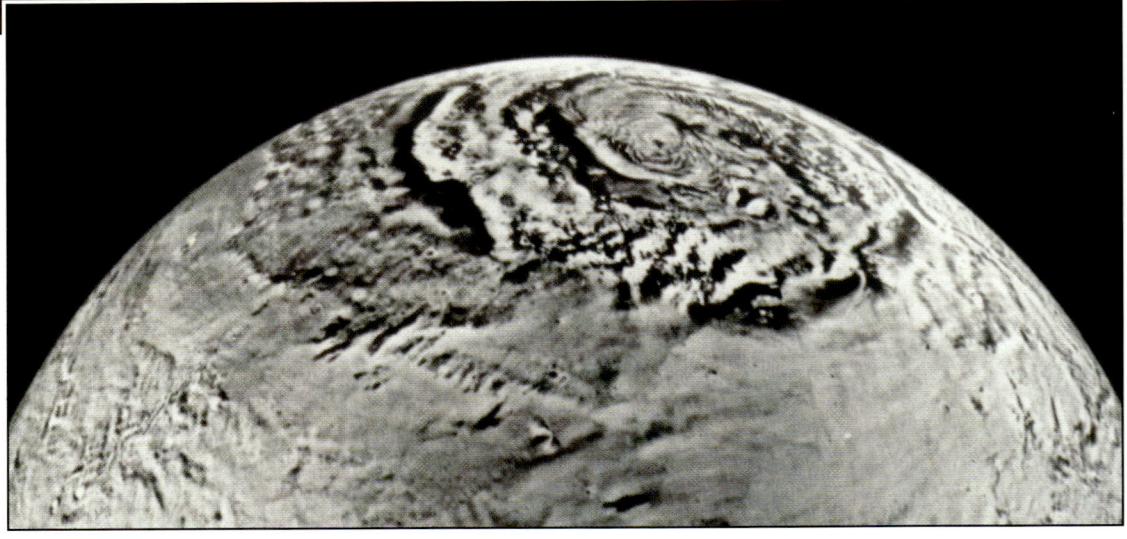

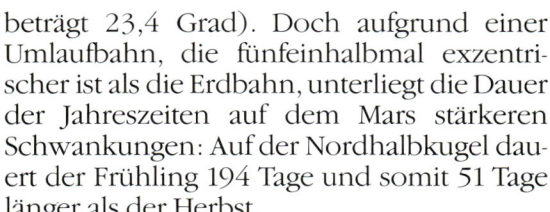

beträgt 23,4 Grad). Doch aufgrund einer Umlaufbahn, die fünfeinhalbmal exzentrischer ist als die Erdbahn, unterliegt die Dauer der Jahreszeiten auf dem Mars stärkeren Schwankungen: Auf der Nordhalbkugel dauert der Frühling 194 Tage und somit 51 Tage länger als der Herbst.

Die jahreszeitlichen Veränderungen auf dem Mars erregten bereits im 19. Jahrhundert die Aufmerksamkeit der Astronomen, da man zwei auffällige Erscheinungen auch von der Erde aus beobachten kann. Die erste ist die Verfärbung der rötlichen Oberfläche: Gebiete, die weniger rot, manchmal sogar eher grau oder grün erscheinen, breiten sich im marsianischen Frühling aus. Das zweite Phänomen besteht im Rückgang der weißen Polkappen während des Frühlings in der jeweiligen Hemisphäre. Astronomen brachten früher die beiden Erscheinungen miteinander in Verbindung. Sie nahmen an, die Verfärbungen seien auf Vegetationsgebiete zurückzuführen, die mit Schmelzwasser von den Polkappen bewässert werden und sich dann ausbreiten.

Der Mars besitzt wie die Venus eine Atmosphäre, die zu 95 Prozent aus Kohlendioxid besteht; der Rest setzt sich zusammen aus 2,7 Prozent Stickstoff, 1,6 Prozent Argon, 1,3 Prozent Sauerstoff und höchstens 0,3 Prozent Wasserdampf. Die Marsatmosphäre ist jedoch wesentlich dünner als die der Erde. Am Boden beträgt der Druck nur 0,7 Prozent des irdischen Luftdrucks. Da Kohlendioxid als äußerst wirksamer Wärme-(Infrarot-)Strahler wirkt, kann die Bodentemperatur nachts auf weit unter -53 °C absinken und im Polarwinter sogar -133 °C erreichen.

Auf dem Mars gibt es keine Ozeane, so daß seine gesamte Oberfläche sehr schnell auf Temperaturschwankungen reagiert. Diese Temperaturunterschiede verursachen kräftige Winde, die an der Marsoberfläche Geschwindigkeiten von 45 bis 90 Metern pro Sekunde erreichen. Derartige gezeitengesteuerte Winde wirbeln Sandkörner über den Boden und Staub in die Atmosphäre hinauf, wo die winzigen Staubkörnchen – etwa einen hundertstel Millimeter groß – monatelang herumschweben. Die meist örtlich begrenzten Staubstürme breiten sich zweimal im

Marsjahr so weit aus, daß große Bereiche oder gar die gesamte Marsoberfläche von der Erde aus nicht mehr zu sehen sind.

Bei sehr guten Beobachtungsbedingungen kann man auf der Marsoberfläche lange, gerade Linien erkennen. Der Astronom Giovanni Schiaparelli entdeckte ein ganzes Netz dieser Linien, die er „canali" (ital. Kanäle) nannte, und hielt sie zeichnerisch fest.

Die typischen weißen Kappen am Nord- und Südpol des Mars bestehen aus einer Mischung von festem Kohlendioxid mit Wassereis.

Die Vorstellung einiger Astronomen von einem „künstlichen" Kanalsystem führte zu der stillschweigenden Annahme, auf dem Mars müßten intelligente Wesen existieren, die sich vermutlich durch Pflanzenanbau versorgten, für den die graugrünen Regionen einen guten Beweis abzugeben schienen. Als wichtigster Vorkämpfer für diese weitverbreitete Ansicht trat der Astronom Percival Lowell auf, der während der neunziger Jahre des vergangenen Jahrhunderts mit großer Sorgfalt Pläne der Marskanäle zeichnete.

Bis zu den Raumsonden der sechziger und siebziger Jahre hielten die meisten Astronomen die Existenz langer, gerader Linien auf dem Mars für gegeben; man nannte sie „Kanäle", wenngleich kaum jemand sie als Hinweise auf die Existenz von Marswesen ansah. Erst im Jahre 1965 erbrachte *Mariner 4* mit einigen Nahaufnahmen von der Marsoberfläche eindeutig den Beweis, daß es gar keine Kanäle gab; statt dessen zeigte sich der Mars als dürrer, mit Kratern übersäter Planet, dem Mond gleicher als der Erde.

Die weiteren Mariner-Sonden lieferten ähnlich anschauliche Belege. Als *Mariner 9* im Jahr 1979 Bilder mit Einzelheiten bis zu 100 Metern Durchmesser lieferte, waren darauf riesige Cañons, Vulkane und Formationen zu erkennen, die aussahen wie ausgetrocknete Flußläufe. Fünf Jahre später landeten zwei Viking-Raumfahrzeuge auf dem Mars; neben Nahaufnahmen von Steinen führten sie eine chemische Analyse des Bodens durch.

Viking 1 landete in einem kraterbedeckten Gebiet der Chryse Planitia („Chryse-Ebene"). Die Bilder der Sonde zeigten in der Nähe vereinzelte Felsbrocken, während in der Ferne

Krater mit Durchmessern bis zu 600 Metern zu erkennen waren. Die Oberfläche wirkte „sandig". *Viking 2* ging 8 846 Kilometer nordöstlich auf ebenem Boden nieder. Ungefähr 200 Kilometer südlich der Landestelle lag ein großer Krater mit 100 Kilometern Durchmesser, der heute den Namen „Mie" trägt. Anscheinend hatte Viking auf dem Kraterwall aufgesetzt. Die umherliegenden Felsen waren mit Löchern durchsetzt, die als Austrittsstellen von Gas angesehen werden könnten oder aber als Narben einer fortwährenden Erosion durch windgepeitschten Staub.

Die Farbe der Marsoberfläche ist, wie Nahaufnahmen zeigen, mit Sicherheit rot. Zwei Drittel der Sandpartikel bestehen aus Silizium und Eisen, außerdem ist eine starke Konzentration an Schwefel vorhanden – mehr als hundertmal soviel wie in irdischem Material. Die rote Färbung entsteht ganz einfach durch Rost (Eisenoxid mit anderen Eisenverunreinigungen, vor allem Eisensulfide). Andere Befunde zeigen die Oberfläche als „eisenreichen Lehm". Die Verfärbungen, die man einst für Vegetation gehalten hatte, beruhen auf einer chemischen Reaktion der felsenübersäten Oberfläche. Beide Viking-Sonden führten uns vor Augen, daß der Marshimmel nicht blau, sondern rosa aussieht; diese Farbe entsteht durch Staubteilchen aus Eisenoxid, die in der Atmosphäre schweben.

Die Orbiter-Komponenten der Viking-Raumsonden umkreisten den Planeten und kartierten die Marsoberfläche bis hinunter zu Einzelheiten, die nur 150 Meter, an einigen Stellen sogar nur 8 Meter groß sind. Sie enthüllten unter anderem den gigantischen Vulkan Olympus Mons und das Valles Marineris,

Das Dünenfeld auf dem Mars, 1976 von Viking 1 im ersten Morgenlicht aufgenommen, zeigt eine bemerkenswerte Ähnlichkeit mit irdischen Wüsten. Die scharf umrissenen Dünenkämme und die kleinen Felsablagerungen im Umkreis der Dünen wurden vom Wind geformt. Der große Felsbrocken ganz links, der „Big Joe", ist etwa 2 m lang. Der Streifen in der Bildmitte zeigt den meteorologischen Ausleger, einen ausfahrbaren Arm, der die Wetterinstrumente trägt.

ein System aus riesigen Cañons im Äquatorbereich, das mehr als 5 000 Kilometer lang und etwa 7 Kilometer tief ist.

Eine faszinierende Entdeckung der Vikings sind die Strukturen, die wie ausgetrocknete Wasserläufe aussehen. (Das sind *nicht* die „Kanäle", die sich bei genauer Untersuchung als optische Täuschungen erwiesen.) Heute gibt es auf der Marsoberfläche kein flüssiges Wasser mehr, doch die Flußläufe scheinen die Vorstellung zu unterstützen, der Planet habe in der Frühzeit des Sonnensystems eine kurze

Periode intensiver Bestrahlung durchlaufen. Diese Strahlung könnte die ursprüngliche Planetenatmosphäre zerstört haben, die möglicherweise reich an Wasserdampf und Kohlendioxid war und damit die Voraussetzungen für das Vorhandensein flüssigen Wassers auf dem Mars geboten hätte. Nach einer anderen Theorie bildeten sich die Wasserläufe in Zeiten intensiver vulkanischer Aktivitäten durch das Abschmelzen von Eis. Mittlerweile gilt es als sicher, daß auf dem Mars keine Belege für Lebensformen zu finden sind.

Der Olympus Mons (oben), *ein riesiger Schildvulkan, der durch eine Folge von Lavaeruptionen aufgetürmt wurde, hat einen Durchmesser von 600 km und eine Höhe von 24 km. Als größte entsprechende Struktur auf der Erde gilt der Mauna Kea auf Hawaii, der sich 9,7 km über den Meeresboden erhebt.*

JUPITER

● *Der Herr der Planeten*

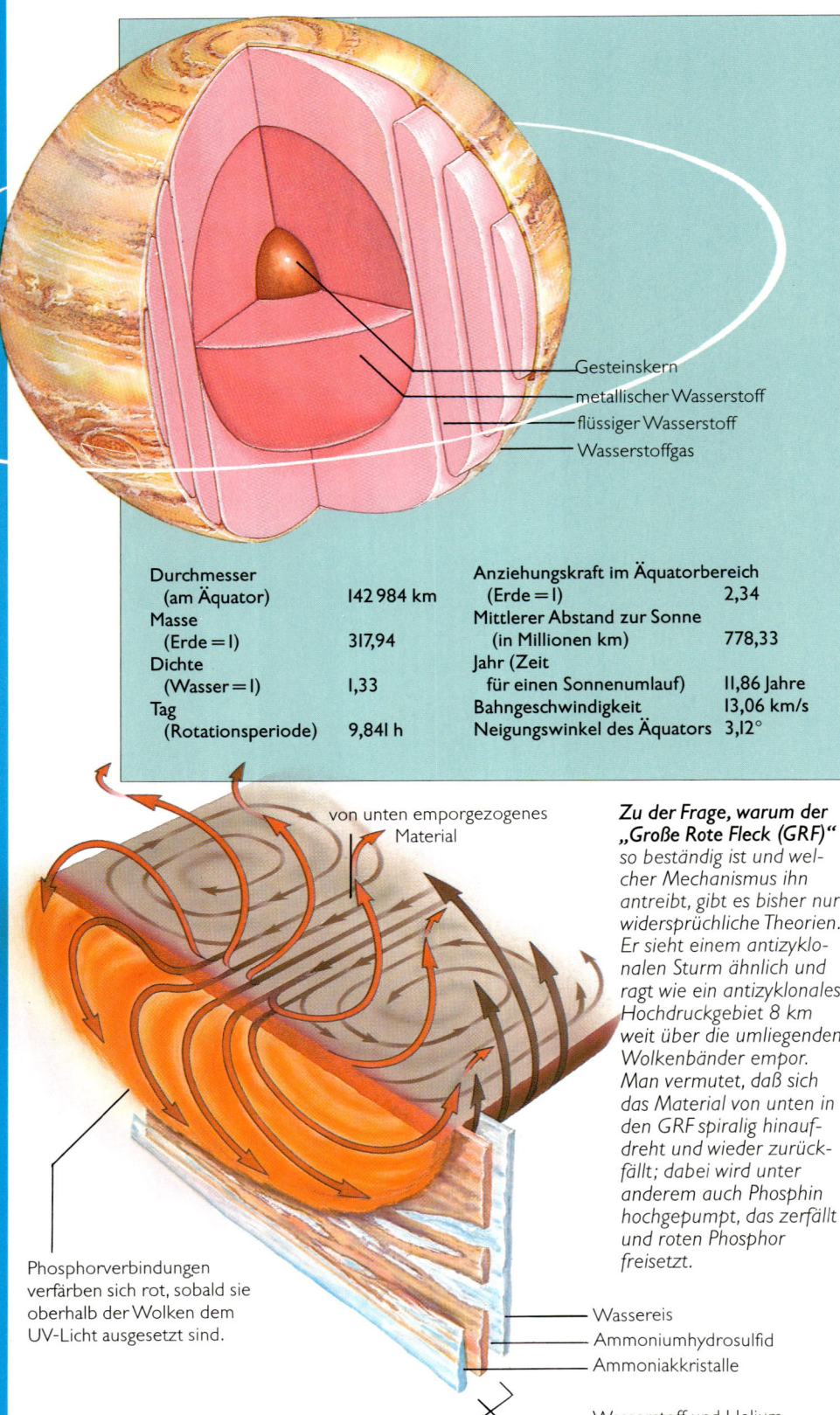

Gesteinskern
metallischer Wasserstoff
flüssiger Wasserstoff
Wasserstoffgas

Durchmesser		Anziehungskraft im Äquatorbereich	
(am Äquator)	142 984 km	(Erde = 1)	2,34
Masse		Mittlerer Abstand zur Sonne	
(Erde = 1)	317,94	(in Millionen km)	778,33
Dichte		Jahr (Zeit	
(Wasser = 1)	1,33	für einen Sonnenumlauf)	11,86 Jahre
Tag		Bahngeschwindigkeit	13,06 km/s
(Rotationsperiode)	9,841 h	Neigungswinkel des Äquators	3,12°

von unten emporgezogenes Material

Phosphorverbindungen
verfärben sich rot, sobald sie
oberhalb der Wolken dem
UV-Licht ausgesetzt sind.

Zu der Frage, warum der „Große Rote Fleck (GRF)" *so beständig ist und welcher Mechanismus ihn antreibt, gibt es bisher nur widersprüchliche Theorien. Er sieht einem antizyklonalen Sturm ähnlich und ragt wie ein antizyklonales Hochdruckgebiet 8 km weit über die umliegenden Wolkenbänder empor. Man vermutet, daß sich das Material von unten in den GRF spiralig hinaufdreht und wieder zurückfällt; dabei wird unter anderem auch Phosphin hochgepumpt, das zerfällt und roten Phosphor freisetzt.*

Wassereis
Ammoniumhydrosulfid
Ammoniakkristalle
Wasserstoff und Helium

Von den Gasriesen des Sonnensystems steht Jupiter der Sonne am nächsten. Gasriesen besitzen eine ausgedehnte, dichte Atmosphäre, die sich Tausende von Kilometern in den Raum erstreckt. Sie enthalten den Hauptanteil der im Sonnensystem kreisenden planetarischen Masse, an der Jupiter allein mit mehr als 71 Prozent beteiligt ist.

Jupiter besteht im wesentlichen aus einem mächtigen Gasball mit einem dichten Kern; dieser hat einen Durchmesser von 30 000 Kilometern, in seinem Zentrum herrscht eine Temperatur von 20 000 bis 30 000 K. Aufgrund von Berechnungen scheint der Kern hauptsächlich aus einer Mischung von Eisen und Silikaten zu bestehen, dazu kommen eine Art Eis aus Wasser, Ammoniak und Methan, das durch den immensen Druck des darüberliegenden Materials in eine metallische Form übergeführt wurde. Der an der Oberfläche des Kerns herrschende Druck beträgt das 45millionenfache des irdischen Atmosphärendrucks oder 450 Millionen Kilogramm pro Quadratzentimeter.

Außerhalb des zentralen Kerns befindet sich eine Zone aus Wasserstoff, die ebenfalls einem großen Druck ausgesetzt ist – in diesem Fall dem zweimillionenfachen unseres atmosphärischen Druckes auf der Erde oder über zwei Millionen Kilogramm pro Quadratzentimeter. Unter einem solchen Druck nimmt der Wasserstoff die Eigenschaften von Metall an, seine Dichte beträgt dann das Vierfache des gasförmigen Zustandes. Dieser äußere Kern reicht etwa 30 000 Kilometer über den zentralen Kern hinaus.

Außerhalb des metallischen Wasserstoffs liegt eine weitere Wasserstoffregion, die nicht mehr aus metallischem, sondern flüssig-molekularem Wasserstoff besteht. Über dieser Zone, die weitere 25 000 Kilometer nach außen reicht, lagert eine gasförmige, wasserstoffreiche Atmosphäre mit einer Dicke von 1000 Kilometern. Diese äußere Schicht kann man von der Erde aus betrachten; aus geringerer Entfernung wurde sie von den Voyager-Raumsonden untersucht.

Selbst in relativ kleinen Teleskopen bietet Jupiter mit seiner gebänderten Atmosphäre und seinen vier hellen Monden (S. 138-139) einen prächtigen Anblick. An Jupiter fällt

seine leicht gequetschte oder abgeplattete Scheibe auf, die am Äquator breiter erscheint als an den Polen. Diese Form entsteht durch seinen größtenteils flüssigen Zustand sowie seine schnelle Eigenrotation; ein Jupitertag dauert nicht 24, sondern nur 9,8 Stunden.

Die Jupiteratmosphäre gliedert sich in Bänder und zeigt einige Merkmale, die auf ein kräftiges Zirkulationssystem in den äußeren gasförmigen Regionen hinweisen. Die Zirkulation läuft im Äquatorbereich am schnellsten ab und verlangsamt sich in Richtung der Pole. Die verschiedenen Rotationsgeschwindigkeiten führen zu einem ständig wechselnden Erscheinungsbild der Atmosphäre. Manchmal belebt sich ihr Anblick durch das Auftauchen des Großen Roten Flecks (GRF), der bereits seit den fünfziger Jahren des 17. Jahrhunderts mit Fernrohren beobachtet wurde. Zudem kann man die vier größeren Monde verfolgen, die den Planeten umrunden und dabei, während sie seine Scheibe durchqueren, ihre Schatten auf die wolkige Oberfläche

werfen. Ist Jupiter schon für erdgebundene Beobachter ein spektakuläres Objekt, so zeigte er sich noch weitaus eindrucksvoller, als man ihn 1979 mit Hilfe der Raumsonden *Voyager 1* und *2* aus der Nähe untersuchte. Seitdem wissen wir, daß die Oberflächenwolken des Jupiters aus 90 Prozent Wasserstoff und beinahe 10 Prozent Helium sowie den Spurengasen Ammoniak, Methan und Wasserdampf bestehen.

Die Zirkulation der Wolkenbänder sorgt für die Verteilung der Wärme aus dem Planeteninneren. Die Windgeschwindigkeiten, in bezug auf die in östlicher Richtung drehende Atmosphärenmasse gemessen, erreichen bei den Ostwinden bis zu 120 Meter pro Sekunde und bei Westströmungen (bei denen der Wind langsamer als die allgemein rotierende Masse weht) mehr als 50 Meter pro Sekunde.

Mit Kameras und Infrarotdetektoren konnten die Voyager-Raumsonden in die äußere Wolkenoberfläche und die darüberliegende Atmosphäre hineinspähen. An der Wolken-

Der Große Rote Fleck gilt als markanteste Erscheinung der südlichen Hemisphäre des Jupiters. Diese farbverstärkte Aufnahme von Voyager 1 zeigt den GRF deutlich als zirkulierende Erscheinung mit kleinen bauschigen Strukturen innerhalb des Flecks. Er dreht sich mit einer Periode von annähernd 6 Tagen entgegen dem Uhrzeigersinn; augenblicklich ist er etwa 26 200 km lang und 13 800 km breit.

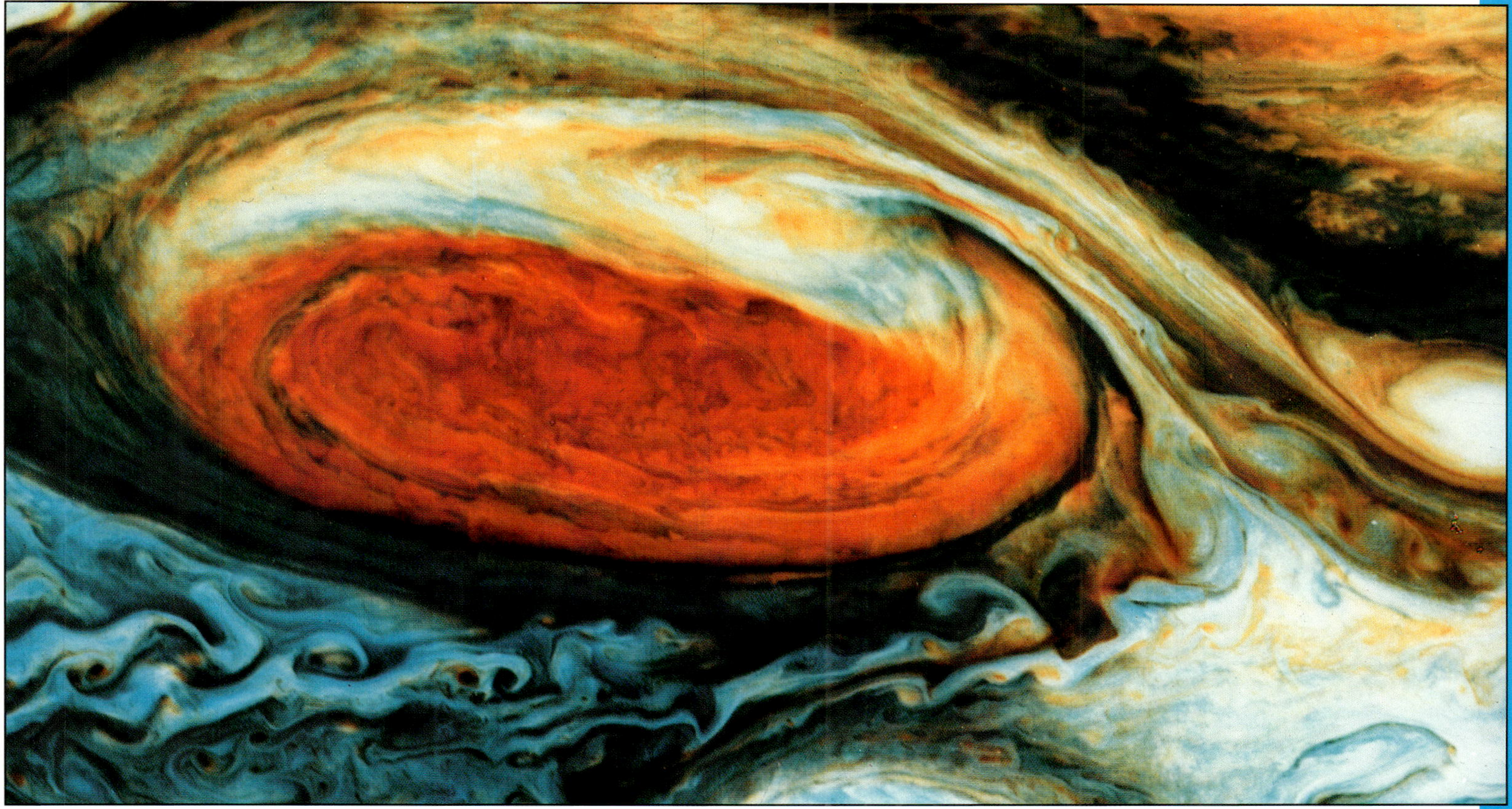

Ein Plasmaring oder Torus (unten) umgibt Jupiter. Er besteht aus elektrisch geladenen Teilchen, die von der vulkanischen Aktivität auf Io in einem Schweif zurückgelassen wurden. Die Kraftlinien des Jupitermagnetfelds halten die Partikel gefangen. Der Torus, dessen Form und Größe fast der Umlaufbahn des Io entsprechen, ist so stark geneigt, daß er in der Ebene des magnetischen Äquators von Jupiter liegt.

Ring aus geladenen Teilchen

Umlaufbahn des Io

Rotationsachse

Magnetfeldachse

eingefangene geladene Partikel

Io

obergrenze, wo der Druck fünfmal höher liegt als auf dem irdischen Meeresniveau, gibt es braune Wolken, die vermutlich aus Wasserdampf und bislang unbekannten Verbindungen – wahrscheinlich aus Schwefel – bestehen. Die Temperatur liegt hier bei 7 °C. Etwa 30 Kilometer darüber findet man rötlichbraune Wolken aus Ammoniumhydrogensulfid und anderen nicht identifizierten Verbindungen. In diesem Bereich beträgt die Temperatur nur noch –73 °C.

Ungefähr 65 Kilometer über den braunen Wolken hängen faserige Ammoniakwolken; das Thermometer zeigt hier –133 °C. Die Temperatur beginnt jedoch bei 90 Kilometern – an der Tropopause des Jupiters – wieder zu steigen; doch selbst bei 150 Kilometern erreicht sie nicht mehr als –113 °C, da Jupiter 780 Millionen Kilometer von der Sonne entfernt steht. Unter den Wolken, in der Schicht des molekularen Wasserstoffs, vermuten die Planetenforscher eine Reihe zylindrisch geformter Hüllen, die sich an ihren Außenseiten berühren. Jede besitzt ihre eigene Rotationsperiode und bewirkt damit die Windströmungen in der oberen Wolkenschicht.

Der Große Rote Fleck (GRF) gehört zu einer Anzahl ovaler Flecke in der wolkigen Jupiteratmosphäre, die Monate oder gar Jahre überdauern können. Der GRF, der außergewöhnlichste der beobachteten Flecke, ist bereits mehr als 340 Jahre sichtbar, er erhebt sich etwa acht Kilometer über die umgebende Wolkenmasse, umspannt zehn Längengrade des Jupiters und erscheint daher ungefähr so groß wie die gesamte Erde.

Die Ovale, auch der GRF, bleiben auf demselben Breitengrad, doch sie driften in der

Die komplexe Natur der Wolkenbänder des Jupiters ist auf einer Voyager-1-Aufnahme (links) erkennbar, die im Februar 1979 entstand, als die Sonde 28,4 Millionen km vom Planeten entfernt war. Auch der innere Mond Io und der Mond Ganymed sind sichtbar.

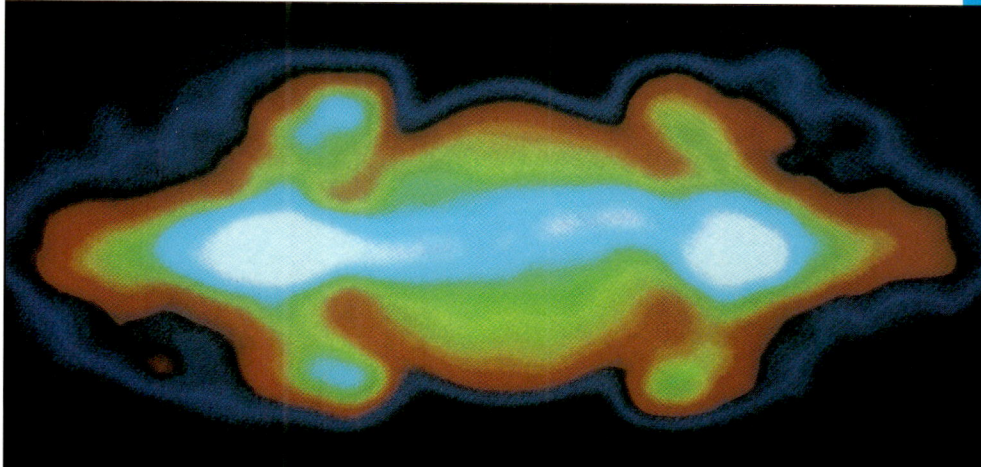

Die Strahlungsgürtel des Jupiters sind hier in einem Falschfarbenbild dargestellt, aufgenommen vom „Very Large Array"-Radioteleskop in New Mexico. Das starke Jupitermagnetfeld hält die Elektronen in Gürteln gefangen, die den Van-Allen-Gürteln der Erde entsprechen. Diese Elektronen senden im Radiobereich Synchrotronstrahlung aus. Das Bild wurde bei einer Wellenlänge von 21 cm aufgenommen.

Länge; dabei scheinen sie zwischen den verschiedenen Schichten der schnellen Wolken zu rollen. Nahaufnahmen des GRF zeigen, daß er wie eine Art Wirbelsturm aussieht und ein kompliziertes Muster wirbelnder atmosphärischer Bewegungen aufweist.

Jupiter strahlt Radiowellen ab und besitzt ein starkes Magnetfeld. Wie bei der Erde hat dieses Feld zwei Pole. Die Magnetpole liegen zur Rotationsachse des Jupiters um 11 Grad geneigt; zudem liegt die magnetische Achse um ein Zehntel des Jupiterradius versetzt. Sie läuft etwa 71 400 Kilometer am Zentrum des Planeten vorbei. Das Magnetfeld an der Oberfläche der Jupiterwolken ist daher nicht an jedem Punkt gleich, sondern differiert, besonders zwischen der nördlichen und der südlichen Hemisphäre.

Die Magnetosphäre des Jupiters, die sich weit in den Raum ausdehnt, weist im Vergleich zur Erde erhebliche Unterschiede auf: Das Jupitermagnetfeld ist etwa 100mal größer als das der Erde, außerdem übt der Sonnenwind eine etwa 25mal geringere Wirkung aus, da Jupiter weiter von der Sonne entfernt steht.

Auf der der Sonne zugewandten Seite des Jupiters reicht die Magnetosphäre etwa zwei Millionen Kilometer, auf der sonnenabgewandten Seite noch viel weiter in den Raum hinein. Die der Sonne abgewandte Hälfte wird vom Sonnenwind „fortgeblasen". Diese Ausbuchtung ist ungeheuer lang; der Schweif der Jupitermagnetosphäre reicht möglicherweise bis zur Saturnbahn, also mehr als 600 Millionen Kilometer hinaus. Die der Sonne zugewandte Magnetosphäre ist dagegen nur wenig in Richtung Sonne ausgebuchtet.

Der Sonnenwind und die elektrisch geladenen Teilchen in der Magnetosphäre des Jupiters sorgen auf dem ganzen Planeten für Nordlichterscheinungen, wie wir sie auf der Erde in den Polargebieten kennen. *Voyager 1* konnte im Endanflug auf den Planeten einen Nordlichtbogen am Jupiterhimmel beobachten.

Jupiter emittiert mehr Strahlung, als er von der Sonne empfängt, da er durch allmähliches Schrumpfen seines Kerns und zusätzliche radioaktive Aufheizung ständig erwärmt wird. Die thermische Strahlung aus dem Kern des Jupiters liegt im Radiowellenbereich, mit Wellenlängen vom Zentimeterbereich bis zu zehn Metern und drei Kilometern Länge. Diese Sendungen werden von einem der innersten Jupitermonde, dem eruptiven Io (S. 138-139), gestört, der mit knapp 350 000 Kilometern Abstand an der Wolkenobergrenze des Planeten vorüberzieht.

Jupiter ist auch von einem System dünner Ringe umgeben. Der Außenrand des Hauptrings liegt 50 000 Kilometer über der Wolkenoberfläche – jenseits davon erstreckt sich noch ein weiterer, sehr zarter Ring.

SATURN

● *Die beringte Welt*

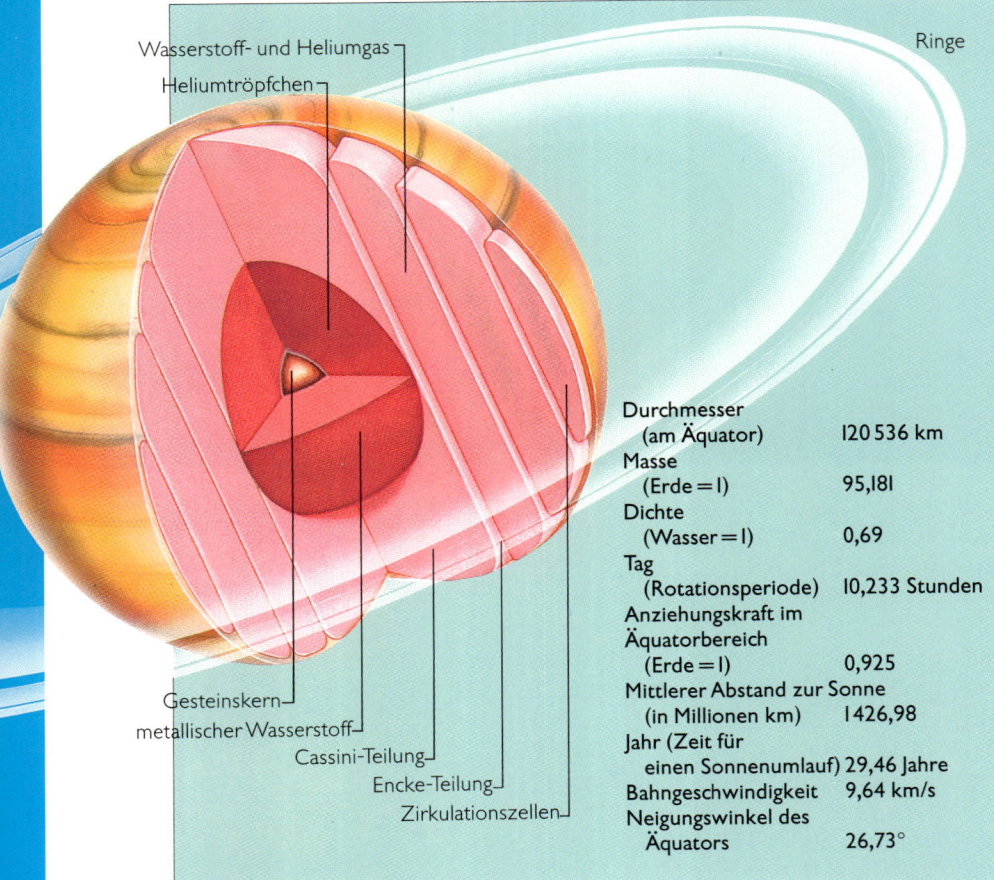

Wasserstoff- und Heliumgas

Heliumtröpfchen

Ringe

Gesteinskern

metallischer Wasserstoff

Cassini-Teilung

Encke-Teilung

Zirkulationszellen

Durchmesser (am Äquator)	120 536 km
Masse (Erde = 1)	95,181
Dichte (Wasser = 1)	0,69
Tag (Rotationsperiode)	10,233 Stunden
Anziehungskraft im Äquatorbereich (Erde = 1)	0,925
Mittlerer Abstand zur Sonne (in Millionen km)	1426,98
Jahr (Zeit für einen Sonnenumlauf)	29,46 Jahre
Bahngeschwindigkeit	9,64 km/s
Neigungswinkel des Äquators	26,73°

Die auf dem Saturn erkennbaren Einzelheiten bestehen aus Bändern und anderen Wolkenmustern – Ovalen, Wirbeln und Flekken, die sich gegenseitig beeinflussen. Dieses Falschfarbenbild der Nordhalbkugel des Saturns wurde 1980 von Voyager 1 aus einer Entfernung von 9 Millionen km aufgenommen; es zeigt eine einzelne konvektive Wolke in der hellbraunen Zone sowie eine schmale langgezogene Welle im blauen Gürtel. Die kleinsten, gerade noch auflösbaren Details des Bildes haben einen Durchmesser von 175 km.

Von allen die Sonne umkreisenden Planeten bietet Saturn mit seinem Ringsystem den spektakulärsten Anblick. Auch Jupiter, Uranus und Neptun besitzen Ringsysteme, doch keines kommt dem Saturnsystem im Hinblick auf Größe und Detailreichtum gleich, und nur die Saturnringe kann man mit dem Fernrohr von der Erde aus beobachten.

Saturn ist ein weiterer Gasriese, der nicht ganz die Größe Jupiters erreicht; er besitzt 21 Prozent der Gesamtmasse aller Planeten. Seine Durchschnittsdichte liegt mit der 0,69fachen Dichte des Wassers niedriger als die Dichte Jupiters, die das 1,33fache des Wassers ausmacht. Saturn könnte daher schwimmen, wenn er in einem ausreichend großen Wasserbassin läge.

Berechnungen ergeben, daß Saturn einen Kern aus Silikaten, Mineralien und verschiedenen Arten von Eis beherbergt mit einem Durchmesser von etwa 25000 Kilometern. Die Temperatur des Kerns beträgt annähernd 14000 K, der darauf lastende Druck das Zehnmillionenfache des atmosphärischen Drucks auf der Erde.

Über dem Kern liegt eine Schale aus metallischem Wasserstoff, die mit etwa 11460 Kilometern nur knapp ein Zehntel so dick ist wie die entsprechende Zone des Jupiters. Es folgen eine 4200 Kilometer dicke Schicht aus Heliumtröpfchen und darüber das restliche Material des Saturns, das sich 29000 Kilometer nach außen erstreckt. Es setzt sich aus 93 Prozent molekularem Wasserstoff und 7 Prozent Helium zusammen und bildet die äußere Schicht des Saturns, die sich von der Erde aus betrachten läßt und von den Voyager-Raumsonden photographiert wurde.

Wie Jupiter ist auch der Saturn an den Polen abgeflacht; der Grad der Abplattung ist aufgrund seines geringen Gewichts und seiner zehnstündigen Rotationsperiode größer als der aller anderen Planeten. Die für uns sichtbare Oberfläche wird von Wolkenbändern durchzogen. Die Wolkenmuster mit ihren Jetstreams aus rasch dahineilenden Wolken lassen wie auf dem Jupiter Wirbel und sogar einen dauerhaften ovalen, rötlichen Fleck auf 55 Grad südlicher Breite entstehen. Er sieht dem Großen Roten Fleck (GRF) des Jupiters ähnlich, doch mit 6000 Kilometern Länge

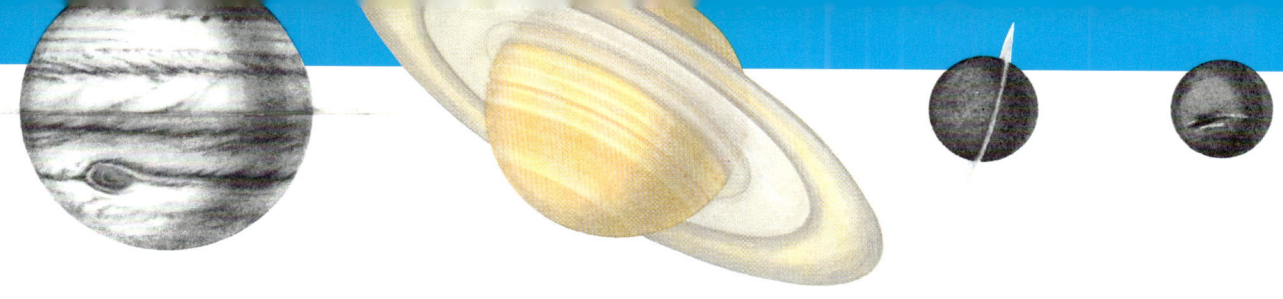

von Ost nach West ist er im Vergleich zu den 26 200 Kilometern des GRF wesentlich kleiner. Saturn zeigt auf verschiedenen Breitengraden noch weitere Ovale. Wenn sich auf dem Saturn Flecke und Ovale begegnen, wandern sie umeinander herum, während sie auf dem Jupiter zusammenwachsen.

Saturn besitzt in seiner Wolkenhülle eine dauerhafte, markante dunkle Wellenlinie, die sich bei einer nördlichen Breite von 45 Grad über 5 000 Kilometer von Ost nach West erstreckt. Über die Wolkenhülle Saturns und die darüberliegende Atmosphäre ist noch nicht allzuviel bekannt, außer, daß die Wolkenbänder wie auf dem Jupiter mit hoher Geschwindigkeit zirkulieren. Knapp über und unter dem Saturnäquator erreichen die Geschwindigkeiten etwa 480 Meter pro Sekunde, während sie sich unweit der Pole auf Null verringern und mit der Eigendrehung des Planeten kaum noch Schritt halten.

Über der Wolkenobergrenze in einer Höhe von ungefähr 30 Kilometern befinden sich Wolken aus Ammoniak. Die Voyager-Sonden wiesen in der Hochatmosphäre des Saturns farbige Wolken nach, deren Höhen jedoch noch nicht bestimmt werden konnten.

Saturn gibt 1,76mal mehr Strahlung ab, als er von der Sonne empfängt. Man vermutet, daß die Wärme oder Energie in seinem Innern von einer Kontraktion des Saturnzentrums verursacht wird oder aber von Heliumtröpfchen, die kondensieren und ins Planeteninnere hinabfallen.

Das Magnetfeld des Saturns wird von elektrischen Strömen im metallischen Wasserstoff seines Kerns erzeugt. Die Magnetosphäre des Feldes dehnt sich weit in den Raum aus und bildet in der von der Sonne abgewandten Richtung einen Schweif; auf der der Sonne zugewandten Seite zeigt sie eine längliche Ausbuchtung, die sich über 1 bis 1,5 Millio-

Saturn und sein großartiges Ringsystem wurden so mit Hilfe der Kameras von Voyager 2 unter einem großen Öffnungswinkel gesehen. Das Bild entstand viereinhalb Tage nach dem Zeitpunkt der größten Annäherung an den Planeten. Von der Erde aus kann der Saturn nie in einer derartigen Halbphase beobachtet werden, da die Sonne aus unserer Sicht immer die volle Planetenscheibe ausleuchtet.

Die Saturnringe sind nur 1000 m dick. Ihre Entstehung ist immer noch rätselhaft. Zwei Theorien liegen im Widerstreit. Die erste besagt, sie seien als Trümmer anzusehen, die übrigblieben, als ein Mond von den Gravitationskräften des Saturns zerrissen wurde. Die zweite behauptet, sie bestünden aus Material, das zur Entstehungszeit des Planeten nicht zu einem Mond zusammenwachsen konnte. Man hält heute die zweite Theorie für wahrscheinlicher.

nen Kilometer erstreckt. Die Magnetpole des Saturns liegen nahe an seiner Drehachse und sorgen somit für eine nahezu symmetrische Form der Magnetosphäre.

Das Magnetfeld und die Magnetosphäre deuten auf das Vorhandensein einer Ionosphäre hin. Sie liegt Tausende von Kilometern über der sichtbaren Wolkenoberfläche und reflektiert Radiowellen, da sie hauptsächlich aus ionisierten Wasserstoffatomen besteht.

Darüber hinaus sendet Saturn im Radiowellenlängenbereich zwischen 15 und 300 Metern elektromagnetische Strahlung aus. Die kräftigen Emissionen stammen aus zwei Quellen, deren stärkere nur 10 Grad vom Nordpol entfernt auf der Tagseite des Planeten liegt,

während sich die schwächere an einem ähnlichen Ort auf der Südhemisphäre befindet. Die Intensität beider Quellen ändert sich mit der Eigendrehung des Saturns und durchläuft alle 10,65 Stunden ein Maximum. Möglicherweise sind die Quellen mit der Rotationsperiode des tief im Planeten verborgenen Magnetfelds gekoppelt.

Die Ursache dieser Signale hängt wahrscheinlich mit Partikeln zusammen, die aus dem Sonnenwind stammen und in der Magnetosphäre beschleunigt werden; sie fallen nämlich zeitlich mit dem Erscheinen von Polarlichtern an den Saturnpolen zusammen. Diese an der Planetenoberfläche weitverbreiteten Polarlichterscheinungen werden von

langsamen Elektronen ausgelöst, die mit der Ionosphäre des Saturns in Wechselwirkung treten. Sechs Saturnmonde kreisen innerhalb der magnetosphärischen Gebiete, wo auch das berühmte Ringsystem zu finden ist.

Betrachtet man das Ringsystem des Saturns von der Erde aus, so bietet sich je nach dem Stand des Planeten zur Erdumlaufbahn ein unterschiedliches Bild. Alle 14 oder 15 Jahre scheinen die Ringe zu verschwinden, da wir dann genau auf ihre extrem dünnen Kanten blicken, die mit dem Himmelshintergrund verschmelzen. Zwischenzeitlich kann man die Ringe von so weit oberhalb oder unterhalb ihrer Ebene betrachten, daß sie große Gebiete des Planeten verdecken.

Zum erstenmal wurde das Ringsystem des Saturns 1610 von Galileo Galilei mit dem von ihm entwickelten Teleskop gesichtet. Die Qualität seines Instrumentes reichte nicht aus, um die Ringe deutlich darzustellen, obwohl sie zu dieser Zeit unter dem größten Öffnungswinkel zu sehen waren. Galilei konnte nur verkünden, daß Saturn anscheinend ein dreifacher Planet sei. Als er ihn etwa sieben Jahre später wieder beobachtete, befand er sich beinahe in Kantenstellung, und die Ringe blieben ihm verborgen. Saturn, so erklärte er, habe seine eigenen Kinder verschlungen.

Das Geheimnis wurde 1655 von dem holländischen Astronomen Christiaan Huygens gelüftet, der beobachtete, daß Saturn tatsächlich von einem Ring umgeben ist. Doch die wahre Natur der Saturnringe wurde erst 1856 erkannt, als James Clerk Maxwell vorliegende Befunde analysierte und darlegte, daß das Gravitationsfeld des Saturns jeden festen Ring in Stücke reißen würde. Maxwell folgerte, daß die Ringe aus winzigen Teilchen bestehen könnten, die den Planeten umkreisen. Spätere Studien und die Ergebnisse der Voyager-Sonden bestätigten dies.

Da erdgebundene Beobachter schon etliche separate Ringe am Planeten entdeckt hatten, erwartete niemand, daß die Voyager-Sonden noch so viele neue photographieren könnten. Die Messungen von Voyager machten deutlich, daß die Ringe höchstens einen Kilometer dick sind; das ist erheblich weniger, als man früher angenommen hatte.

Die Gravitationswirkung einiger kleiner Monde, der „Schäfer-Monde", ist vermutlich verantwortlich dafür, daß die Ringe so extrem dünn sind. Sie umkreisen Saturn nahe der Ringebene und verhindern eine Ausdehnung der Ringe nach oben oder unten. Die Ringe bieten einen großartigen Anblick; sie reichen von 7000 Kilometern über der Wolkenobergrenze des Saturns bis in mehr als 74000 Kilometer Höhe. Die neuesten Zählungen ergeben mindestens 10000 Einzelringe.

Die Voyager-Bilder zeigten auch dunkle Flecken, die wie die Speichen eines Rades das Ringsystem durchziehen. Diese Flecken, mehr als 10000 Kilometer lang und etwa 2000 Kilometer breit, umkreisen den Saturn. Sie zerfallen und erstehen wieder aufs neue. Ihre Umlaufzeit stimmt mit derjenigen des Saturnmagnetfelds überein, und es ist fast sicher, daß die Flecken aus Partikeln bestehen, die von diesem Feld beeinflußt werden.

Die radial verlaufenden dunklen Muster sehen aus wie Speichen, die sich ständig auflösen und wieder erscheinen; sie rotieren mit den Ringen. Anscheinend bestehen sie aus Wolken elektrisch geladener Teilchen, deren Größe etwa einem tausendstel Millimeter entspricht; sie schweben über der Ringebene und bewegen sich unter dem Einfluß des Saturnmagnetfelds. Man konnte beobachten, daß sie binnen weniger Minuten dort, wo die Ringe aus dem Saturnschatten heraustreten, entstehen, einen oder zwei Planetenumläufe überdauern und wieder verschwinden.

URANUS

- *Der umgekippte Planet*

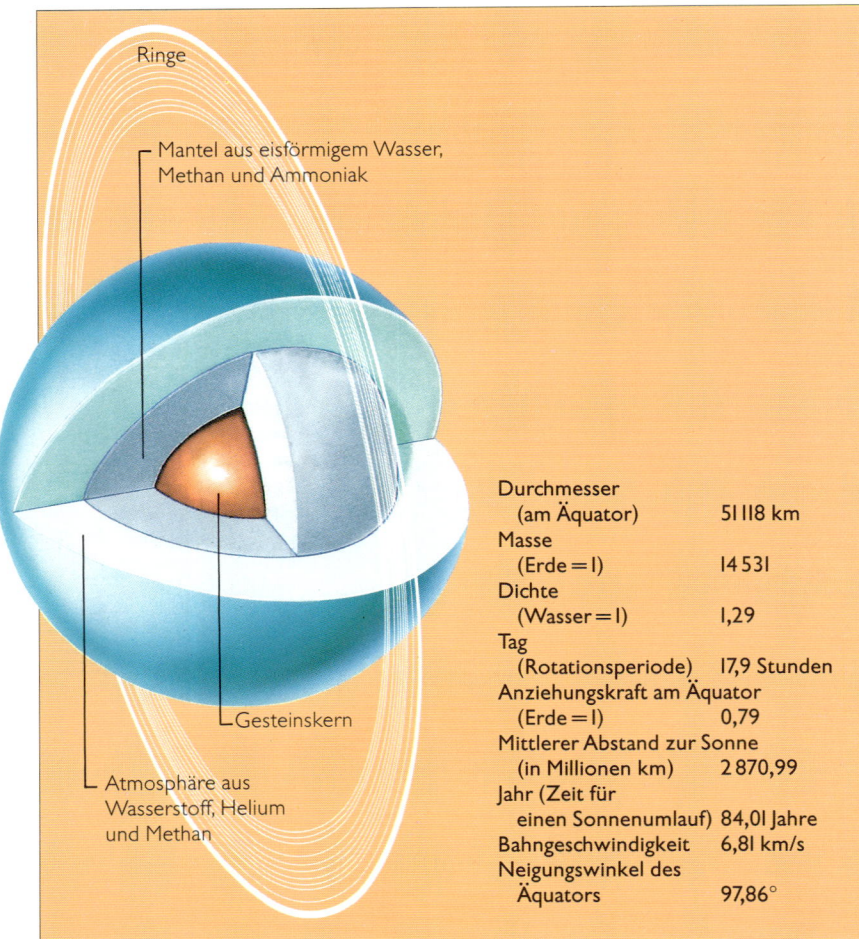

Ringe

Mantel aus eisförmigem Wasser, Methan und Ammoniak

Gesteinskern

Atmosphäre aus Wasserstoff, Helium und Methan

Durchmesser	
(am Äquator)	51 118 km
Masse	
(Erde = 1)	14 531
Dichte	
(Wasser = 1)	1,29
Tag	
(Rotationsperiode)	17,9 Stunden
Anziehungskraft am Äquator	
(Erde = 1)	0,79
Mittlerer Abstand zur Sonne	
(in Millionen km)	2 870,99
Jahr (Zeit für	
einen Sonnenumlauf)	84,01 Jahre
Bahngeschwindigkeit	6,81 km/s
Neigungswinkel des	
Äquators	97,86°

Uranus, ein weiterer Gasriese, ist der erste größere Planet, dessen Entdeckung noch nicht lange zurückliegt; die anderen – von Merkur bis Saturn – waren schon im frühen Altertum bekannt. Uranus wurde 1781 von Wilhelm Herschel entdeckt.

Seit jener Zeit erweiterte sich unsere Kenntnis dieses Planeten in gewaltigen Sprüngen, besonders aufgrund der Daten von *Voyager 2*. Berechnungen ergaben, daß Uranus möglicherweise einen Kern aus Eisen und Silikaten mit etwa 14 500 Kilometern Durchmesser besitzt; sein Kern ist somit wenig größer als die Erde. Außerhalb des Kerns befindet sich ein etwas mehr als 10 000 Kilometer dicker Mantel, der vermutlich aus Wassereis sowie Ammoniak und Methan besteht, letztere in eisförmigem oder eventuell sogar flüssigem Aggregatzustand.

Darüber lagert eine 9 000 Kilometer dicke Schicht aus molekularem Wasserstoff, Helium und vielleicht auch Methan. Ganz sicher bildet das Methan die dichte Atmosphäre des Planeten, die von der Erde aus zu sehen ist und die auch *Voyager 2* photographierte, als er 1986 am Südpol des Planeten vorüberflog. Die Struktur und die Innentemperatur – etwa 7 000 K – des Uranus unterscheiden ihn deutlich von Jupiter und Saturn. Obwohl er nur 0,1 Prozent mehr Wärme abstrahlt, als er von der Sonne empfängt, scheint der Kern des Uranus einige Elemente zu enthalten, die ihm als interne Wärmequelle dienen.

Der Druck im Zentrum des Kerns entspricht zwar dem 20millionenfachen atmosphärischen Druck auf der Erde, doch er reicht für eine Verflüssigung des Wasserstoffs (die ihn elektrisch leitfähig machen würde) nicht aus. Seine Masse liegt knapp unter fünf Prozent der Jupitermasse, weist aber in etwa die gleiche Durchschnittsdichte wie Jupiter auf, also die 1,3fache Dichte von Wasser; Uranus ist somit dichter als Saturn.

Die Oberfläche des Uranus rotiert mit einer Umdrehung in etwa 18 Stunden wesentlich langsamer als Jupiter und Saturn. Doch die Drehachse des Uranus ist, vermutlich aufgrund einer Kollision mit einem größeren Himmelskörper, so weit gekippt, daß sie beinahe in der Umlaufbahnebene des Planeten liegt. Der Nordpol befindet sich knapp unterhalb der Bahnebene, so daß Uranus im Vergleich zu den anderen Planeten um seine Achse retrograd oder entgegengesetzt rotiert.

Das Magnetfeld des Uranus wird wahrscheinlich in seinem Mantel erzeugt. Das zweipolige Feld ist mit 60 Grad Neigung zur Drehachse des Planeten das am stärksten geneigte Magnetfeld eines größeren Planeten im Sonnensystem.

Die oberste Wolkenschicht des Uranus ist gebändert und dreht sich in derselben retrograden Richtung (von Ost nach West) wie der feste Planetenkörper; sie rotiert jedoch schneller. Die Wolken des Uranus drehen sich, anders als bei Jupiter und Saturn, um so schneller, je näher sie an die Pole geraten.

Die Wolken der oberen Uranusatmosphäre sehen denen der beiden größeren Gasriesen ähnlich. Unglücklicherweise blieben die Ein-

zelheiten des planetarischen Wettersystems bislang sogar für *Voyager 2* verborgen, da die Hochatmosphäre des Uranus größtenteils von Dunst verschleiert wird, der durch Einwirkung des Sonnenlichtes auf das dort vorhandene Azetylen und Äthan entsteht.

Das Ringsystem des Uranus wurde im März 1977 noch vor der Ankunft von *Voyager 2* entdeckt, als der Planet vor einem Stern neunter Größe vorüberzog; dieser Stern „blinkte" beziehungsweise durchlief fünf sehr kurze Verfinsterungen, bis er von der Uranusscheibe selbst verdeckt wurde. Man zog daraus den Schluß, Uranus müsse von einem Ringsystem umgeben sein; die Bestätigung erfolgte durch *Voyager 2*. Wir wissen heute, daß es mindestens neun Ringe gibt. Sie liegen zwischen 42 000 und 52 000 Kilometer vom Uranuszentrum entfernt in einer Höhe zwischen 16 000 und 26 000 Kilometern über der bewölkten Oberfläche. Mit einer durchschnittlichen Breite von weniger als zehn Kilometern sind acht der neun Ringe extrem schmal.

Einige Ringsegmente weichen von diesen Zahlen ab: Die Dicke des äußersten oder Epsilon-Rings liegt zwischen 20 und 100 Kilometern. Er ist elliptisch geformt und kommt daher an einer Stelle 800 Kilometer näher an den Planeten heran. Fünf der übrigen acht Ringe sind ebenfalls elliptisch, drei zeigen eine Kreisform.

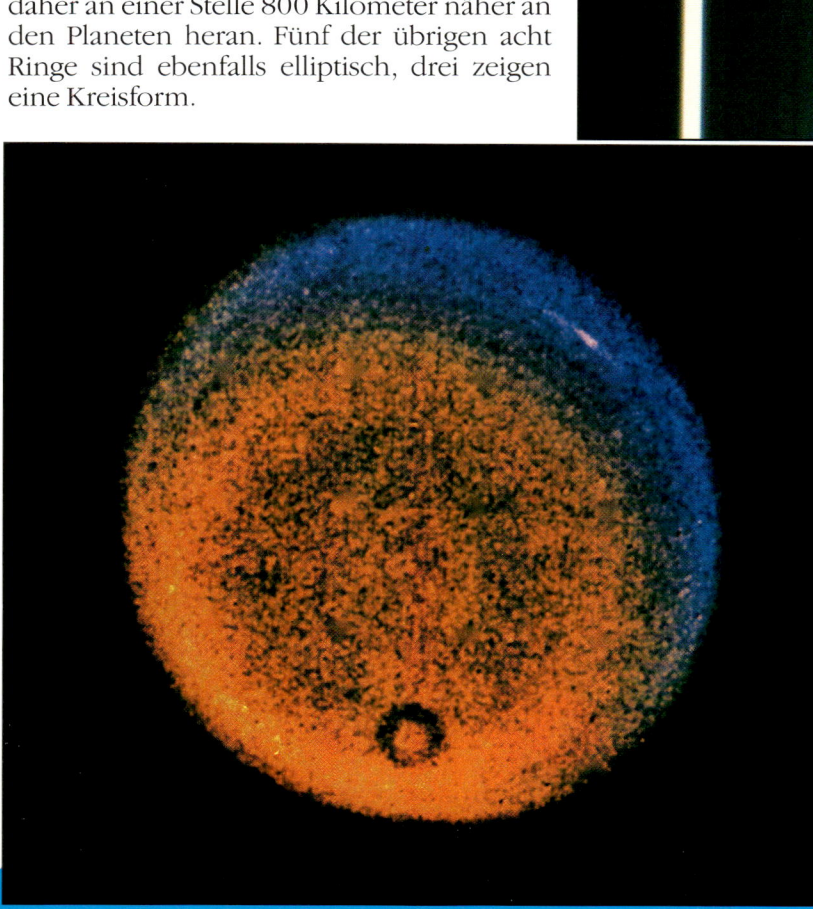

Methandunst verhüllt den Planeten (links) und verwehrt den Blick auf die Wolkensysteme. Doch die Falschfarben dieses Bildes, das ein Computer aufbereitete, verstärken die Details, z.B. die Höhenwolke oben rechts.

Die Ringe des Uranus (oben) bestehen aus Teilchen zweier unterschiedlicher Größenordnungen. Viele sind zwischen einigen Zentimetern und Metern groß, doch die meisten sind nicht größer als einige tausendstel Millimeter.

NEPTUN UND PLUTO

● *An den Grenzen des Sonnensystems*

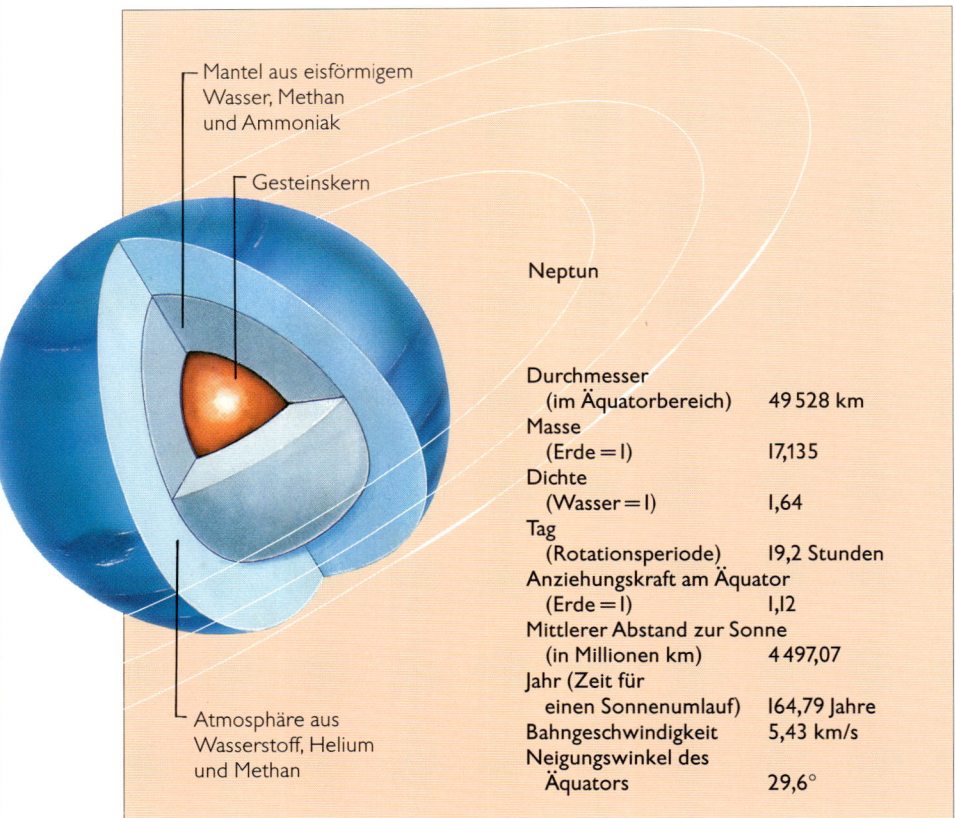

Mantel aus eisförmigem Wasser, Methan und Ammoniak

Gesteinskern

Atmosphäre aus Wasserstoff, Helium und Methan

Neptun

Durchmesser (im Äquatorbereich)	49 528 km
Masse (Erde = 1)	17,135
Dichte (Wasser = 1)	1,64
Tag (Rotationsperiode)	19,2 Stunden
Anziehungskraft am Äquator (Erde = 1)	1,12
Mittlerer Abstand zur Sonne (in Millionen km)	4 497,07
Jahr (Zeit für einen Sonnenumlauf)	164,79 Jahre
Bahngeschwindigkeit	5,43 km/s
Neigungswinkel des Äquators	29,6°

Die Existenz des Gasriesen Neptun, der am weitesten von der Sonne entfernt steht, sagten im 19.Jahrhundert die beiden Astronomen John Couch Adams (England) und Urbain Le Verrier (Frankreich) voraus. Beide wurden durch ihre Bemühungen, die Unregelmäßigkeiten in der Uranusbahn zu erklären, zur Suche nach einem achten Planeten angeregt.

Wie alle Astronomen jener Zeit gingen sie von dem Newtonschen Gesetz einer universellen Gravitation aus und folgerten unabhängig voneinander aufgrund der Formeln Newtons, daß die Ursache für die Bahnstörungen des Uranus in der gravitationsbedingten Anziehung eines anderen Planeten außerhalb seiner Umlaufbahn liegen müsse. Ihre Behauptung war nur schwer zu beweisen: Um den Standort eines derartigen Planeten zu finden, mußte man eine bestimmte Masse und Umlaufbahn annehmen und daraus Ergebnisse ableiten. Fundierte Kenntnisse der Dynamik des Sonnensystems halfen ihnen, die

Auswahlmöglichkeiten einzugrenzen, doch für die meisten Astronomen blieb die Herausforderung entmutigend.

1843 löste Adams, nachdem er den ersten akademischen Grad erreicht hatte, in seinem ersten Forschungsprojekt dieses Problem. Da er gerade 24 Jahre alt war, hielt man ihn für zu jung und unerfahren und nahm seine Ergebnisse nicht ernst. Zudem verfügte damals keine britische Sternwarte über eine aktuelle Sternkarte des Himmelsausschnitts, in dem nach Adams Berechnungen dieser Planet stehen mußte.

Leverrier war acht Jahre älter als Adams und traf bei seinen Kollegen auf geringeren Widerstand, als er 1846 ähnliche Ergebnisse verkündete. Zum Glück hatte die Berliner Sternwarte gerade eine neue Karte der betreffenden Himmelsregion fertiggestellt, und ihr Direktor, Johann Galle, setzte eine Suchaktion in Gang. Am 23. September 1846 wurde Neptun um weniger als ein Grad von der vorhergesagten Position zum erstenmal beobachtet.

Neptun läuft in einer durchschnittlichen Entfernung von 4,497 Millionen Kilometern um die Sonne. Da er sich von der Erde aus nur schwer beobachten läßt, wurden unsere Kenntnisse des Planeten durch die Informationen von *Voyager 2* im Jahre 1989 von Grund auf korrigiert.

Vor der *Voyager-2*-Mission hatten Astronomen die Struktur des Neptuninneren anhand der bekannten Masse, Größe und Position des Planeten berechnet und daraus richtig abgeleitet, daß er wie die anderen Gasriesen einen zentralen Gesteinskern aus mit Silikaten durchmischtem Eisen haben müsse. Dieser Kern ist dem des Uranus ähnlich.

Der Mantel des Neptuns unterscheidet sich vermutlich sehr von dem des Uranus: Er besteht aus ionisierten Wasser-, Ammoniak- und wahrscheinlich auch Hydroxylmolekülen und wird zuweilen als „Ionenozean" beschrieben. Über diesem Mantel befindet sich eine Hülle aus Helium, Wasserstoff und Methan, die der des Uranus sehr ähnelt.

Neptun strahlt 2,8mal mehr Energie ab, als er von der Sonne erhält. Damit liegt er höher als Uranus, dessen ausgestrahlte Energie nur 0,1 Prozent über der empfangenen Strahlung liegt. Die Messungen von *Voyager 2* bestätig-

Blau, kalt und fern: Neptun ist der äußerste der bekannten Gasriesen. Dieses Voyager-Bild zeigt über der blauen Wolkenoberfläche die weißen faserigen Methanwolken. Die hohen Wolken rotieren eher mit dem Planeten als mit den schneller dahinziehenden, tieferliegenden Wolken.

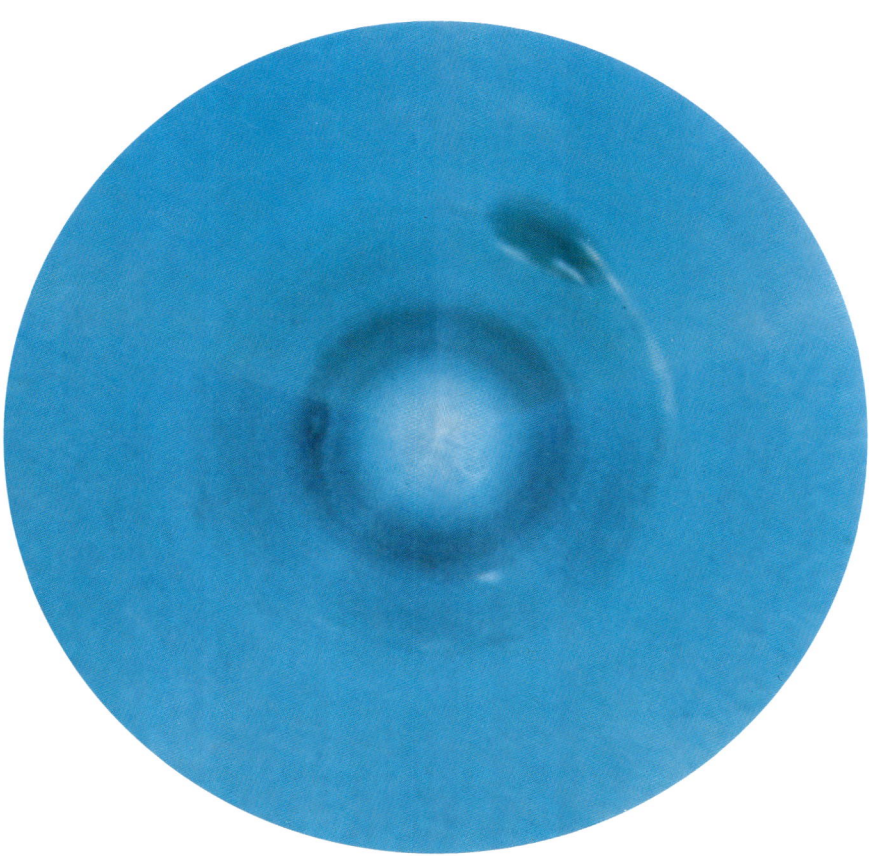

Weiße Wolken aus Methankristallen, eindrucksvolle Merkmale des Neptun, sind auf dieser Voyager-2-Aufnahme zu erkennen. Sie hängen hoch über den blauen Wolkenschichten und bewegen sich unabhängig von diesen. Eine Wolke, die den Namen „Scooter" (Roller) trägt, bewegt sich so schnell, daß sie in Abständen von wenigen Neptuntagen stets aufs neue den Großen Dunklen Fleck überholt.

ten die Theorie, Neptun müsse ein Magnetfeld besitzen. Das Feld zeigte sich jedoch schwächer als das der anderen drei Gasriesen; außerdem ist es um 50 Grad zur Rotationsachse des Planeten geneigt. Die erstaunliche Feststellung, daß das Feld nicht durch die Planetenmitte, sondern etwa 10 000 Kilometer seitlich versetzt verläuft, führte zu der Vermutung, daß die elektrischen Ströme, die das Magnetfeld und die Magnetosphäre erzeugen, knapp unter der Oberfläche liegen müßten.

Der Punkt, an dem die Magnetosphäre mit dem Sonnenwind zusammentrifft, befindet sich mehr als 800 000 Kilometer vom Planeten entfernt – etwa doppelt so weit wie bei Uranus. Neptun strahlt auch auf einigen Radiowellenlängen und zeigt oberhalb seiner Äquatorgebiete Nordlichterscheinungen.

Das Ringsystem des Neptuns besteht aus drei Ringen, die weniger ausgeprägt sind als die der anderen Gasriesen. Vor dem Vorbei-

flug von *Voyager 2* hielt man die Ringe für unterbrochene Materiebögen, in Wirklichkeit ist ihre Form jedoch vollständig. Dennoch weisen sie tatsächlich einzelne Bögen auf, die heller aufscheinen als andere Teile. Das liegt wahrscheinlich an einer ungleichmäßigen Verteilung der Partikel. Ringpartikel mit einem Durchmesser von einigen Kilometern werden als „Möndchen" bezeichnet.

Die dunkleren Teile der Neptunringe sind so lichtschwach, daß *Voyager 2* sie gerade noch orten konnte. Zu jedem Ring gehört ein einzelner „Hirtenmond"; die beiden helleren Ringe stehen mit zwei neu entdeckten Neptunmonden in Beziehung. Die Materie in den Ringen ist sehr weit verstreut und nimmt nur etwa ein Zehntel des Ringvolumens in Anspruch. Die Ringe werden jedoch von einer Scheibe winziger Teilchen begleitet, die sich über den gesamten die Ringe umfassenden Raumbereich verteilt.

Die aufregendsten Informationen, die *Voyager 2* zur Erde sandte, betrafen das Wolkensystem des Neptuns. Die Wolkenoberfläche des Planeten, von starken Winden mit Geschwindigkeiten bis zu 30 Metern pro Sekunde durchtost, zeigt eine wunderschöne blaue Farbe. Neptun besitzt auch einen langlebigen „Großen Dunklen Fleck" (GDF), der sich langsamer bewegt als die Wolken, die ihn auf der Südhalbkugel umgeben. Der GDF hat eine Länge von 14 000 Kilometern und mißt in der Nord-Süd-Richtung beinahe 6667 Kilometer.

Etwa 50 Kilometer über den blauen Oberflächenwolken schweben weiße, faserige, cirrusähnliche Wolken aus Methan, die an der schnellen Bewegung der darunterliegenden Wolkendecke nicht teilnehmen. Statt dessen scheinen sie wie Wolken über den hohen Bergen der Erde stillzustehen und nur mit der Planetenrotation Schritt zu halten. Die Neptunatmosphäre, die über die Methanwolken hinausreicht, besteht aus 85 Prozent Wasserstoff, 13 Prozent Helium und 2 Prozent Methan. Das ultraviolette Licht von der Sonne spaltet das Methan in Kohlenstoff, Wasserstoff und eine Mixtur aus Kohlenwasserstoffen, darunter Azetylen.

Die Kohlenwasserstoffe sinken in kühlere Atmosphäreschichten ab, wo sie zu eisförmi-

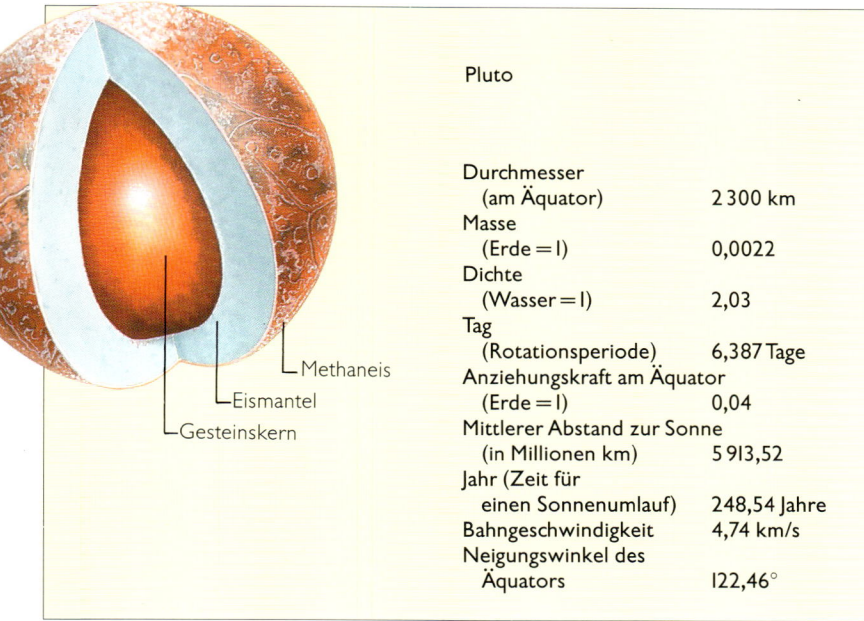

Pluto	
Durchmesser	
(am Äquator)	2 300 km
Masse	
(Erde = 1)	0,0022
Dichte	
(Wasser = 1)	2,03
Tag	
(Rotationsperiode)	6,387 Tage
Anziehungskraft am Äquator	
(Erde = 1)	0,04
Mittlerer Abstand zur Sonne	
(in Millionen km)	5 913,52
Jahr (Zeit für	
einen Sonnenumlauf)	248,54 Jahre
Bahngeschwindigkeit	4,74 km/s
Neigungswinkel des	
Äquators	122,46°

Methaneis
Eismantel
Gesteinskern

gem Kohlenwasserstoff kondensieren. Das Eis sackt noch tiefer in wärmere Bereiche der Atmosphäre, verdampft und verbindet sich erneut zu Methan, das wieder emporsteigt.

Auch nach der Entdeckung des Neptuns beobachteten Astronomen weiter Unregelmäßigkeiten in den Bewegungen des Uranus und selbst des Neptuns. Deshalb folgten Percival Lowell und William Pickering dem Beispiel von Adams und Leverrier und berechneten den Ort eines weiteren Planeten, den sie für die Ursache dieser Störungen hielten. 1905 begann die Suche nach diesem Planeten, doch erst 1930 photographierte ein junger Astronom namens Clyde Tombaugh am Lowell-Observatorium in Arizona ein winziges Objekt, das sich etwa 5 Grad abseits der vorhergesagten Position befand. Es folgte einer planetarischen Umlaufbahn und erhielt den Namen „Pluto".

Von der Erde aus kann man Pluto, da er so weit entfernt steht und sehr klein ist, extrem schlecht beobachten. Sein Durchmesser liegt bei etwa 2 300 Kilometern, und seine Masse beträgt 0,22 Prozent der Erdmasse. Die Plutobahn erwies sich im Vergleich zu allen anderen Planetenbahnen des Sonnensystems als extrem exzentrisch – sie übertrifft Merkur in dieser Hinsicht bei weitem. Auf seiner Bahn um die Sonne kreist er zeitweise 2 800 Millio-

nen Kilometer jenseits des Neptuns, während er zu anderen Zeiten der Sonne näher kommt als Neptun. Seine Umlaufbahn ist zur Ebene des Sonnensystems um 17 Grad geneigt, also deutlich steiler als die der Großplaneten.

Größe, Masse und Umlaufbahn stützen die Ansicht, Pluto sei kein Großplanet, sondern ein großer Asteroid oder ein entkommener Planetenmond. Seine gravitationsbedingte Anziehungskraft wirkt zu schwach, um die Bahnen von Neptun und Uranus zu stören; diese Störungen müssen eine andere Ursache haben, vielleicht den Einfluß eines weiteren, bislang unentdeckten Planeten.

Infrarotbeobachtungen mit einem Spektroskop zeigten, daß die dünne und dunstige Atmosphäre des Plutos mit Eis bedeckt ist. Es besteht hauptsächlich aus gefrorenem Methan, das im Sonnenlicht eine rötliche Färbung annimmt; außerdem finden sich dort Wassereis und gefrorenes Ammoniak.

Sollte es sich bei Pluto um einen riesenhaften Asteroiden handeln, dann wäre er insofern einzigartig, als er einen eigenen Mond, Charon, besitzt. Dieser wurde 1978 von James Christy am Lowell-Observatorium entdeckt. Charon umkreist Pluto in einem Abstand von ungefähr 20 000 Kilometern. Die synchronisierten Eigenrotationen von Pluto und Charon sind auf die Gezeitenkräfte zwischen den beiden Objekten zurückzuführen, die einander so nahe umkreisen. Charon ist von einer Kruste aus Wassereis umgeben.

Pluto und Charon wurden kartiert, indem man die Bedeckungen des Planeten durch seinen Mond studierte. Aufgrund jahrelanger Beobachtungen der veränderlichen Helligkeit dieses Zweiersystems konnten Einzelheiten wie die Polkappen erfaßt werden.

MONDE

● *Die Begleiter der Planeten*

Die Erde ist nicht der einzige Planet, der von einem Mond umrundet wird. Diese Tatsache blieb jedoch unbekannt, bis Galileo Galilei 1608 durch das unlängst erfundene Teleskop die vier größten Monde des Jupiters beobachtete. In der Folgezeit entdeckte man, daß außer Merkur und Venus alle Großplaneten von Monden umkreist werden.

Während das Sonnensystem aus dem solaren Nebel kondensierte (S. 102-103), blieben Bruchstücke in Form von Planetesimalen übrig, die teilweise von den Gravitationsfeldern der größeren Planeten eingefangen wurden und diese heute als Satelliten umrunden.

Betrachtet man Erde und Mond, so stellt sich heraus, daß die Mondbahn zur Ebene der Ekliptik um fünf Grad geneigt ist. Sie stellt damit eine Ausnahme dar, denn die meisten größeren Mitglieder anderer Satellitensysteme umkreisen ihre Mutterplaneten näher zur Äquatorebene.

So hat auch Mars zwei winzige Satelliten, die ihn in seiner Äquatorebene umrunden. Die vier größten Monde des Jupiters sowie seine nächststehenden, jedoch sehr winzigen

Trabanten Metis, Adrastea, Amalthea und Thebe laufen ebenfalls in der Ebene seines Äquators. Nur die äußeren Jupitermonde zeigen stärker geneigte Bahnen.

Eine Gruppe aus vier Monden – Leda, Himalia, Lysithea und Elara – umkreist Jupiter mit einer Bahnneigung von etwa 27 Grad. Eine zweite Gruppe, zu der die vier äußersten Monde – Ananke, Carme, Pasiphae und Sinope – gehören, läuft auf etwa 150 Grad steilen Bahnen und bewegt sich somit in gegenläufiger Richtung.

Abgesehen von seinem äußersten Trabanten Phoebe, laufen sämtliche Saturnmonde in der Äquatorebene. Phoebe könnte erst später eingefangen worden sein, denn er bewegt sich auf einer exzentrischen Bahn und ist etwa 13 Millionen Kilometer jenseits seines Nachbarmondes Japetus zu finden. Auch Uranus wird von seinen 15 Monden in der Äquatorebene umkreist.

Die inneren sechs Neptunmonde haben äquatoriale Umlaufbahnen. Von den beiden äußersten ist die Bahn des größten Mondes, Triton, um mehr als 160 Grad geneigt und verleiht ihm somit eine rückläufige Bewegungsrichtung. Der andere Mond, Nereide, kreist 16mal weiter außen und zeigt eine Bahnneigung von etwa 27 Grad.

Die Anzahl der Monde, die zu den großen Planeten gehören, variiert erheblich. Die inneren, terrestrischen Planeten haben nur wenige Satelliten: Bei Merkur und Venus finden sich keine Begleiter, die Erde wird von einem, der Mars von zwei Monden umkreist. Die Gasriesen gehören zu einer anderen Gruppe: Jupiter besitzt 16 Monde, Saturn 18, Uranus 15 und Neptun 8. Die vier Gasriesen verfügen über größere Massen und stärkere Schwerefelder als die terrestrischen Planeten; sie konnten daher auch mehr in Planetesimale gebundene Materie einfangen.

Die Masse der Erde beträgt nur das 81fache der Mondmasse, während die Masse des Jupiters mehr als 12 000mal größer ist als die seines massereichsten Satelliten. Saturn ist 4 000mal größer als sein Riesenmond Titan.

Im Fall des Uranus zeigen Messungen, daß seine Masse 4 000mal über der seines Begleiters Oberon liegt, und Neptun ist 800mal massereicher als sein riesiger Satellit Triton.

Der große Jupitermond Europa kreist in der Äquatorebene des Planeten. Er ist mit einem Durchmesser von etwa 3 100 km nur wenig kleiner als der Erdmond.

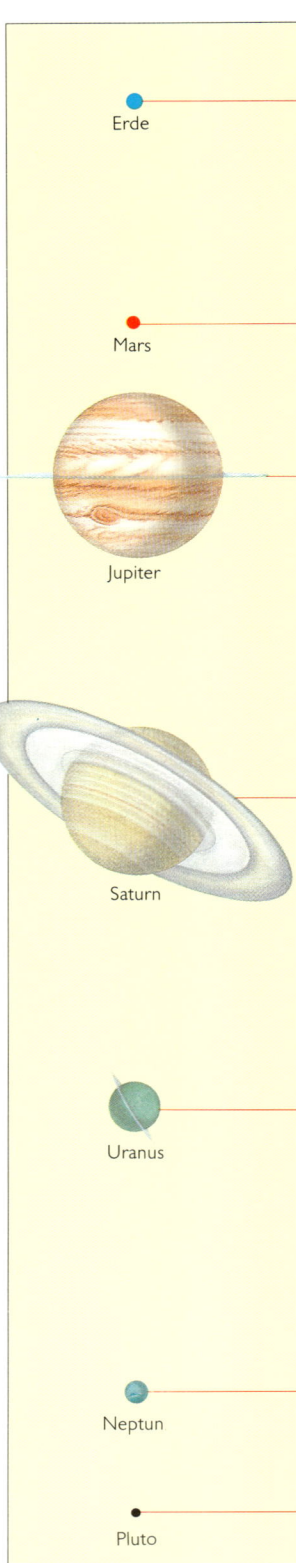

Erde

Mars

Jupiter

Saturn

Uranus

Neptun

Pluto

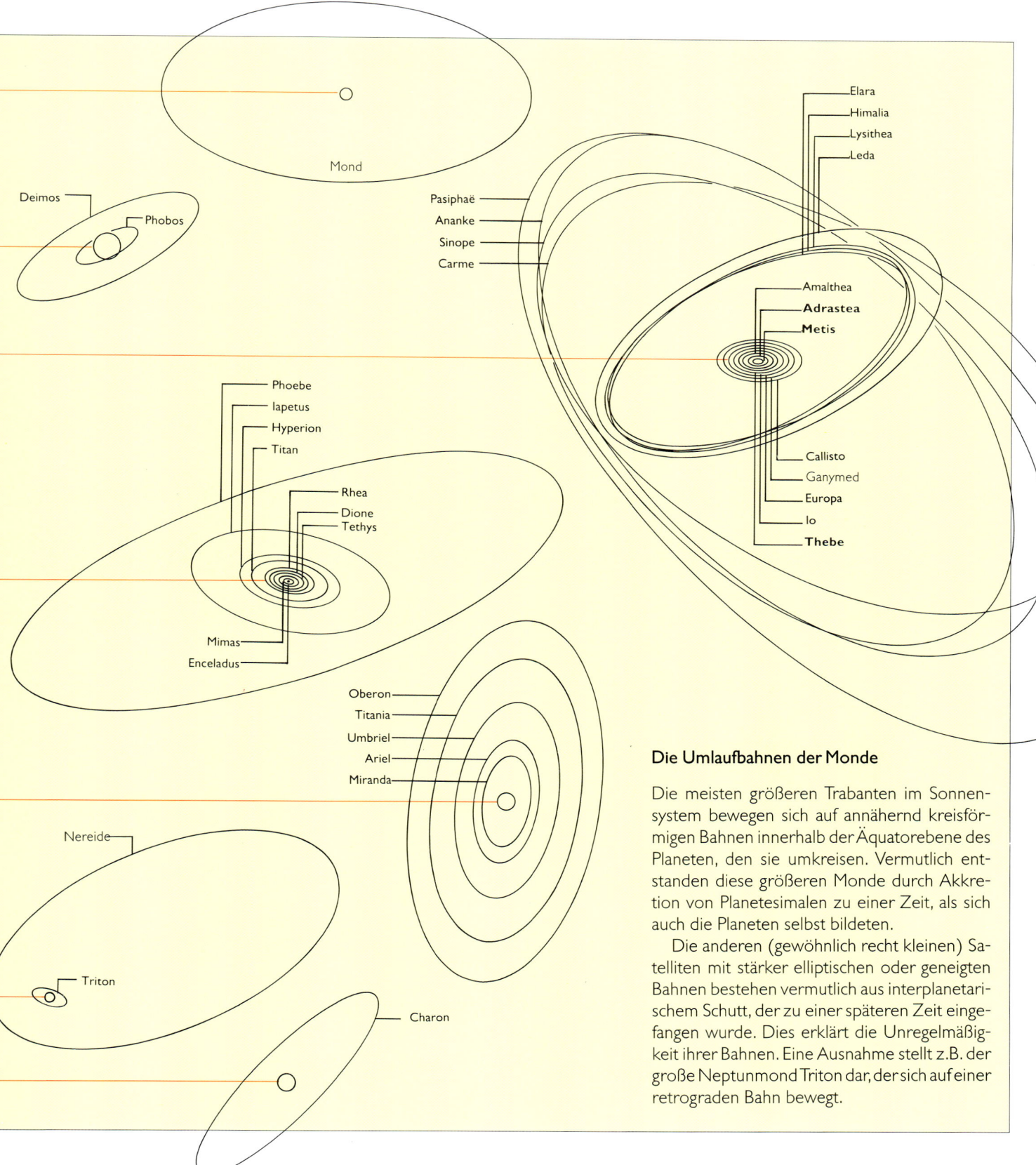

Mond

Deimos

Phobos

Elara
Himalia
Lysithea
Leda

Pasiphaë
Ananke
Sinope
Carme

Amalthea
Adrastea
Metis

Phoebe
Iapetus
Hyperion
Titan

Rhea
Dione
Tethys

Callisto
Ganymed
Europa
Io
Thebe

Mimas
Enceladus

Oberon
Titania
Umbriel
Ariel
Miranda

Nereide

Triton

Charon

Die Umlaufbahnen der Monde

Die meisten größeren Trabanten im Sonnensystem bewegen sich auf annähernd kreisförmigen Bahnen innerhalb der Äquatorebene des Planeten, den sie umkreisen. Vermutlich entstanden diese größeren Monde durch Akkretion von Planetesimalen zu einer Zeit, als sich auch die Planeten selbst bildeten.

Die anderen (gewöhnlich recht kleinen) Satelliten mit stärker elliptischen oder geneigten Bahnen bestehen vermutlich aus interplanetarischem Schutt, der zu einer späteren Zeit eingefangen wurde. Dies erklärt die Unregelmäßigkeit ihrer Bahnen. Eine Ausnahme stellt z.B. der große Neptunmond Triton dar, der sich auf einer retrograden Bahn bewegt.

Der Erdmond leuchtet durch Reflexion des Sonnenlichts. Er zeigt Phasen, die von einer schmalen Sichel bis zum Vollmond reichen, da er uns ständig verschiedene Anteile seiner beleuchteten Seite zeigt. Vergleicht man ihn mit den anderen Trabanten, ist der Mond im Verhältnis zur Erde sehr groß. Man darf Erde und Mond daher als Doppelplanetensystem betrachten.

Für die Mondbeobachtung braucht man kein leistungsfähiges Fernrohr, er ist für jeden mit bloßem Auge zu sehen. Lange Zeit faszinierte er die Astronomen, und es gab verschiedene Theorien über die Entstehung des Mondes und über seinen inneren Aufbau.

Zu Beginn dieses Jahrhunderts war man der Auffassung, der Mond sei aus der Erde herausgebrochen, als sich diese in einem noch „plastischen" Zustand mit hoher Geschwindigkeit drehte. Mittlerweile wird die Vorstellung akzeptiert, er habe sich unabhängig von der Erde durch Akkretion gebildet. Der Mond kann daher als großes Planetesimal angese-

hen werden, das sich mit der Erde zu einem Doppelplanetensystem verbündete, in dem sich beide Komponenten umkreisen.

Wie alle Planeten und Monde im Sonnensystem leuchtet der Mond durch Reflexion des Sonnenlichts, er zeigt dem erdgebundenen Beobachter daher während seines Umlaufs verschiedene Phasen. Ein vollständiger Zyklus, ein „synodischer Monat", dauert 29,5 Tage. Doch wenn wir einen Monat als die Zeit definieren, die der Mond für einen vollständigen Umlauf entlang der Sterne des Nachthimmels benötigt, kommen wir nur auf 27,3 Tage, da die Bewegung der Erde um die Sonne mit in Betracht gezogen werden muß.

Während der wechselnden Phasen kann man auch mit bloßem Auge zahlreiche Flekken auf dem Mond erkennen, große, dunkle Flächen, die man einst als Ozeane und Meere ansah und lateinisch als „oceanus" und „mare" bezeichnete. Doch optische Beobachtungen, Daten von Mondsonden und bemannte Landungen auf dem Mond führten zu der Erkenntnis, daß es sich nicht um Meere handelt, sondern um weite Ebenen aus geschmolzener Lava. Diese Ebenen, häufig von Bergketten begrenzt und von vereinzelten Kratern durchsetzt, zeigen auch Spuren geologischer Faltungsprozesse.

Die Mondkrater weisen eine enorme Größenvielfalt auf. Etliche zeigen sich mit einem zentralen Berggipfel. Man geht allgemein davon aus, daß die meisten durch ein Oberflächenbombardement mit Kometenmaterial und Planetesimalen entstanden.

Ebenen und Verwerfungen auf dem Mond dienten als Hinweise auf geologische Umformungen. Doch erst die seismischen Geräte, die Astronauten auf der Mondoberfläche aufstellten, bestätigten schließlich, daß der Mond nach wie vor geologisch aktiv ist. Diese Daten sowie die Untersuchungsergebnisse der lunaren Gesteinsproben, die von den bemannten Landungen mitgebracht wurden, machten nun einen Einblick in den inneren Aufbau des Mondes und seine Entstehung möglich.

Möglicherweise besitzt der Mond einen zentralen Kern mit einem Durchmesser von 600 Kilometern, der von einem 350 Kilometer dicken, teilweise geschmolzenen Gesteinskern umgeben wird. Oberhalb dieses äußeren Kerns liegen Mantel und Kruste – die Lithosphäre, die sich 1070 Kilometer nach oben erstreckt. Im geschmolzenen (äußeren)

Kern sowie näher an der Oberfläche wurden tiefe Mondbeben nachgewiesen. Die Mondgesteinsproben sind mit 4,5 Milliarden Jahren älter als die ältesten bekannten irdischen Gesteine, deren Alter bei 3,8 Milliarden Jahren liegt. Irdische Gesteine, deren Alter noch höher anzusetzen wäre, könnten durch Erosion, Gebirgsfaltung und Vulkanausbrüche zerstört worden sein. Das Alter des Mondes stimmt mit dem Alter der Meteoriten überein (S. 146-147) und reicht in die Entstehungszeit des Sonnensystems zurück. Erde und Mond wurden wahrscheinlich in derselben Epoche geboren.

Es gibt Belege dafür, daß die äußeren lunaren Schichten während der ersten 100 Millionen Jahre der Geschichte des Mondes bis zu einer Tiefe von mehreren hundert Kilometern vollständig geschmolzen waren. Diese Tatsache ist entweder auf heftiges Bombardement mit Planetesimalen oder auf Erhitzung durch raschen Zerfall des radioaktiven Metalls Aluminium 26 zurückzuführen.

Während der Mond abkühlte, schuf ein fortwährender Beschuß durch Planetesimale, mit Durchmessern bis zu 250 Kilometern, riesige Becken wie das Mare Imbrium (Meer des Regens) und das Mare Orientale (Ostmeer). Als vor etwa vier Milliarden Jahren das Bombardement nachließ, blieben Hochländer zurück, die mit Kratern übersät und von einer

hohen Schicht aus zertrümmertem Gestein bedeckt waren. Die unterhalb der Kruste durch radioaktives Material erzeugte Hitze führte in einer Tiefe von etwa 200 Kilometern zu einem Schmelzprozeß. In der Folge quollen Lavaströme empor, die sich vielleicht 500 Millionen Jahre lang über die Oberfläche ergossen und weite, dunkle Ebenen aus erstarrter Lava zurückließen. Nach diesem aktiven Zeitalter vor etwa 3,1 Milliarden Jah-

Die Mondberge im Gebiet der Hadley-Apenninen wurden im Rahmen der Apollo-15-Mission erforscht. Das „Mondauto" erleichterte das Einsammeln von Gesteinsproben; es legte dabei etwa 23 km zurück. Die Untersuchung der Mondsteine ergab ein maximales Alter von 4,5 Milliarden Jahren.

Das wechselnde Gesicht des Mondes

Der durch Akkretion entstandene Mond war zunächst geschmolzen; dauerhafte Oberflächenmerkmale gab es noch nicht. Während er abkühlte, hinterließ das Bombardement mit Planetesimalen bis zu 250 km Größe Narben, so daß er vor etwa 4 Milliarden Jahren, am Ende dieser Phase, stark zerfurcht war. 200 km unter der Kruste schmolzen wahrscheinlich infolge radioaktiver Aufheizung Gesteinsschichten, Lava quoll empor, floß in tiefere Mondregionen und bildete so die Mare.

Dieser Vorgang, der viele Krater tilgte, liegt etwa 3,3 bis 3,1 Milliarden Jahre zurück. Seitdem gab es keine großen Veränderungen mehr, abgesehen von einem Aufprall interplanetarischer Trümmer, die neue Krater in die Mare schlugen, z.B. den Krater Kopernikus.

vor 4 Milliarden Jahren

vor 3,1 Milliarden Jahren

Gegenwart

Bei Vulkaneruptionen auf Io, einem der vier Hauptmonde des Jupiters, (oben) *werden Schwefel und andere Chemikalien ausgespien. Ein Teil dieses Materials bleibt als Schweif in der Umlaufbahn des Mondes zurück. Die vulkanische Aktivität wird von der starken Gravitation des Jupiters ausgelöst, die den Io deformiert und in seinem Inneren Hitze erzeugt. Ablagerungen von Schwefelverbindungen auf der Oberfläche von Io* (rechts) *verursachen die rot-orange Farbe.*

ren beruhigte sich der Mond; dennoch gibt es auch heute noch seismische Vorfälle und möglicherweise ein geringfügiges Bombardement.

Die Entdeckung der Satelliten anderer Planeten unseres Sonnensystems mußte bis zur Erfindung des Teleskops warten. Erst in jüngster Zeit enthüllten die Daten der Voyager-Raumsonden, daß die Monde von Jupiter, Saturn, Neptun und Mars in Form, Größe, Aufbau und Oberflächenbeschaffenheit weitgehend variieren.

Die vier großen Monde des Jupiter, Io, Europa, Ganymed und Callisto, die bereits von Galilei entdeckt wurden, zeigen einige verblüffende Eigenschaften. Io, der in einem mittleren Abstand von 421600 Kilometern vom Planetenzentrum kreist, ist wahrscheinlich der faszinierendste von allen.

Mit einem Durchmesser von 3 642 Kilometern wenig größer als unser Mond, umkreist Io den Jupiter in dessen Äquatorebene. Seine Umlaufbahn liegt innerhalb der Magnetosphäre des Jupiters, so daß auf einander gegenüberliegenden Seiten des Io elektrische Energie von einer Milliarde Watt erzeugt wird, mehr als die Stromproduktion aller Kraftwerke in den USA. Das ist auch der Grund für die Verknüpfung der Radiosignale von Jupiter mit der Bahnbewegung des Io (S. 123).

Die Umlaufzeit des Io ist mit 1,77 Tagen nur halb so lang wie die des nächstäußeren Mondes Europa, die 3,55 Tage beträgt. Aufgrund dieser Differenz moduliert Europa die auf Io gerichteten Gezeitenwirkungen des Jupiter. Io erleidet folglich regelmäßig starke Gravitationseffekte, die ihn deformieren, sein Inneres aufheizen und, wie Voyager beobachten konnte, vulkanische Aktivität auslösen.

Die Oberfläche des Io besteht aus Schwefel, der bei den dort herrschenden niedrigen Temperaturen – etwa 120 K oder -153 °C – eine weiße Farbe haben müßte. Vulkanische Tätigkeit und heiße Stellen auf der Oberfläche des Io schmelzen jedoch den Schwefel, der sich orange oder rot verfärbt, sobald er sich auf dem Mond ausbreitet; diese Farben behält er auch, wenn er abkühlt und erstarrt. Auf diese Weise entsteht die auffallend rote und glatte Oberfläche des Io, die allerdings auch einige dunkle Flecken aufweist, an denen der Schwefel bei Eruptionen auf mehr als 300 °C erhitzt wurde.

Europa ist etwas kleiner als unser Mond. Ihre Oberfläche zeigt keine Einschlagkrater, sondern eine Eisschicht, die von Adern durchzogen ist. Dieses Adernetz wurde von schlammigem Eis verursacht, das nach einer Periode meteoritischen Bombardements (S. 146-147) emporgequollen war. Es könnte auch heute noch flüssiges Wasser unter dieser gefrorenen Oberfläche verborgen sein.

Weiter außen kreist in einer mittleren Distanz von mehr als dem 2,5fachen Abstand des Io der riesige Jupitermond Ganymed. Er ist trotz geringerer Masse etwas größer als Merkur. Wahrscheinlich besteht er zu etwa gleichen Teilen aus Eis und Silikaten. Seine eisverkrustete, von Kratern übersäte Oberfläche gliedert sich in zwei Arten von Terrain.

Die erste Art besteht aus dunklen Flecken mit Kratern und großen Furchen; zwischen diesen Furchen befindet sich der zweite Geländetyp in Gestalt hellgefärbter Streifen. Die Streifen enthalten mehrere Kilometer breite Bodensenken, die sich über Hunderte von Kilometern hinziehen. Allem Anschein nach ist Ganymed ein alter Mond, dessen Oberfläche nach schwerem Beschuß später mit Eis überzogen wurde.

Der andere große Jupitermond heißt Callisto. Beinahe so groß wie Ganymed und mit vergleichbarer Dichte, zeigt er eine stark von Kratern durchsetzte Oberfläche. Bemerkenswert ist das sogenannte „Walhalla-Bassin", ein kreisförmiges Gebiet mit einem Durchmesser von ungefähr 600 Kilometern, das etwa 15 konzentrisch verlaufende Höhenzüge umfaßt. Das Gebiet könnte durch den Aufprall eines Meteoriten entstanden sein.

Auch bei den Saturnmonden findet man viele interessante Eigenschaften. Die „Schäfermonde" verhindern eine Ausbreitung des Ringmaterials in den Raum (S. 127). Bemerkenswert sind die beiden kleineren Trabanten Janus und Epimetheus, die knapp am Außenrand der Ringe dahinziehen.

Der zweitgrößte Jupitermond, Callisto, zeigt eine auffällige Formation, die einer Schießscheibe gleicht; es handelt sich vermutlich um ein riesiges Einschlagbecken. Auf diesem Bild, von Voyager 1 aus einer Entfernung von 350 km aufgenommen, sind Einzelheiten bis zu einer Größe von 7 km zu erkennen. Callisto besteht aus Gestein und Eis; auf seiner Oberfläche aus schmutzigem Eis herrscht eine Temperatur von -153 °C. Callisto weist weitaus mehr Krater auf als alle anderen großen Jupitermonde; Astronomen vermuten daher, daß er die älteste Oberfläche besitzt.

Sie verfolgen in einem Abstand von nur 50 Kilometern beinahe identische Umlaufbahnen. Infolgedessen sind ihre Bahngeschwindigkeiten ähnlich, wenn auch ein Mond den anderen alle vier Jahre einholt. Die beiden kleinen, länglichen Trabanten hätten schon vor langer Zeit zusammenstoßen können; doch wechselseitige Schwerkrafteffekte verhindern den Zusammenstoß und zwingen sie bei jeder Annäherung, ihre Umlaufbahnen zu tauschen. Der schnellere Trabant übernimmt die Rolle des langsameren und umgekehrt.

Die Form der Monde läßt vermuten, daß beide einst zu einem einzigen Objekt gehörten, aus dem Epimetheus später herausbrach. Vielleicht sahen sie ursprünglich so aus wie der nächstfolgende Mond Mimas, der mit einem Durchmesser von 398 Kilometern nur wenig größer ist. Mimas setzt sich aus verschiedenen Arten von Eis zusammen; auf seiner an Kratern reichen Oberfläche dominiert ein Riesenkrater, der darauf schließen läßt, daß einst ein gewaltiger Einschlag diesen Trabanten wahrscheinlich beinahe zerfetzt hätte.

Der nächstäußere Saturnmond, Enceladus, gibt uns immer noch Rätsel auf. Er besitzt eine teils von Kratern durchsetzte, teils glatte Oberfläche. Nach einem starken Bombardement vor etwa vier Milliarden Jahren stieg wahrscheinlich Material aus dem Mondinneren auf und bedeckte den Teil der Oberfläche, den wir heute als große, flache Ebene sehen.

Noch weiter außen findet man die größeren Trabanten Tethys, Dione und Rhea sowie das rätselhafteste Mitglied der Satellitenfamilie Saturns, den Riesenmond Titan. Mit einem Durchmesser von 5 150 Kilometern ist er beinahe 1,5mal größer als unser Mond. Seine Atmosphäre besteht aus einem orangefarbenen dicken Smog, der die Oberfläche völlig verfinstert. Infrarotbeobachtungen von *Voyager 2* machten deutlich, daß die Atmosphäre außer einem Stickstoffanteil von 90 Prozent auch Methan und komplexe organische Moleküle wie Äthan und Acetylen enthält. *Voyager 2* entdeckte zusätzlich Wasserstoffcyanid, ein Molekül, das sich zu Adenin verbinden kann, einer der Komponenten der DNS-Helix, und zu einer Substanz, die man im Gewebe von Tieren und Pflanzen findet.

Obwohl es auf Titan kein Wasser gibt, das zum Beispiel die Entstehung von Aminosäuren ermöglichen würde (S. 156-161), könnte er sich dennoch in einem Vorbereitungsstadium für künftiges Leben befinden, das auch einst die Erde durchlaufen hat. Unter diesem Aspekt kann die künftige Beobachtung des Titans zu einem tieferen Verständnis für den Beginn des Lebens auf unserem eigenen Planeten führen.

Jenseits von Titan kreisen Japetus und der äußerste Satellit Phoebe, dessen eigenartige Umlaufbahn darauf schließen läßt, daß er anderen Ursprungs ist als die übrigen Saturnmonde (S. 134).

Die meisten der 15 Uranusmonde sind klein – ihre Durchmesser betragen höchstens 160 Kilometer –, und nur die fünf größten lohnen die nähere Betrachtung: Miranda (472 Kilometer), Ariel (1158 Kilometer), Umbriel (1169 Kilometer), Titania (1578 Kilometer) und Oberon (1523 Kilometer). Die Bilder von *Voyager 2* zeigen dunkle, kraterübersäte Oberflächen und lassen erkennen, daß sie alle aus Eis und Gestein bestehen.

Detaillierte Aufnahmen des kleinsten Mondes, Miranda, enthüllten auf einer mit Kratern bedeckten Oberfläche zwei rechteckige Gebiete, die aussehen, als seien sie mit dem Rücken eines gigantischen Messers geglättet worden. Planetengeologen vermuten, daß Miranda, der innerste der großen Uranusmonde, einst zertrümmert wurde und eine Zeitlang in Gestalt einzelner Brocken weiter den Uranus umkreiste; später ballten sie sich erneut zu einem Mond zusammen. Diese Deutung könnte als Erklärung für die ungewöhnliche Drehachse des Uranus dienen (S. 128-129). Es ist denkbar, daß einst gewaltige Materiebrocken auf den Uranus stürzten,

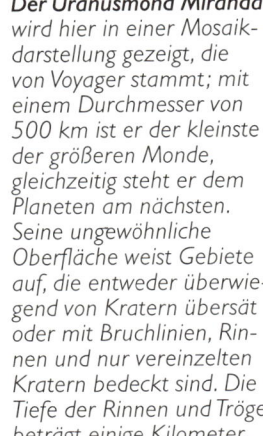

Der Uranusmond Miranda wird hier in einer Mosaikdarstellung gezeigt, die von Voyager stammt; mit einem Durchmesser von 500 km ist er der kleinste der größeren Monde, gleichzeitig steht er dem Planeten am nächsten. Seine ungewöhnliche Oberfläche weist Gebiete auf, die entweder überwiegend von Kratern übersät oder mit Bruchlinien, Rinnen und nur vereinzelten Kratern bedeckt sind. Die Tiefe der Rinnen und Tröge beträgt einige Kilometer.

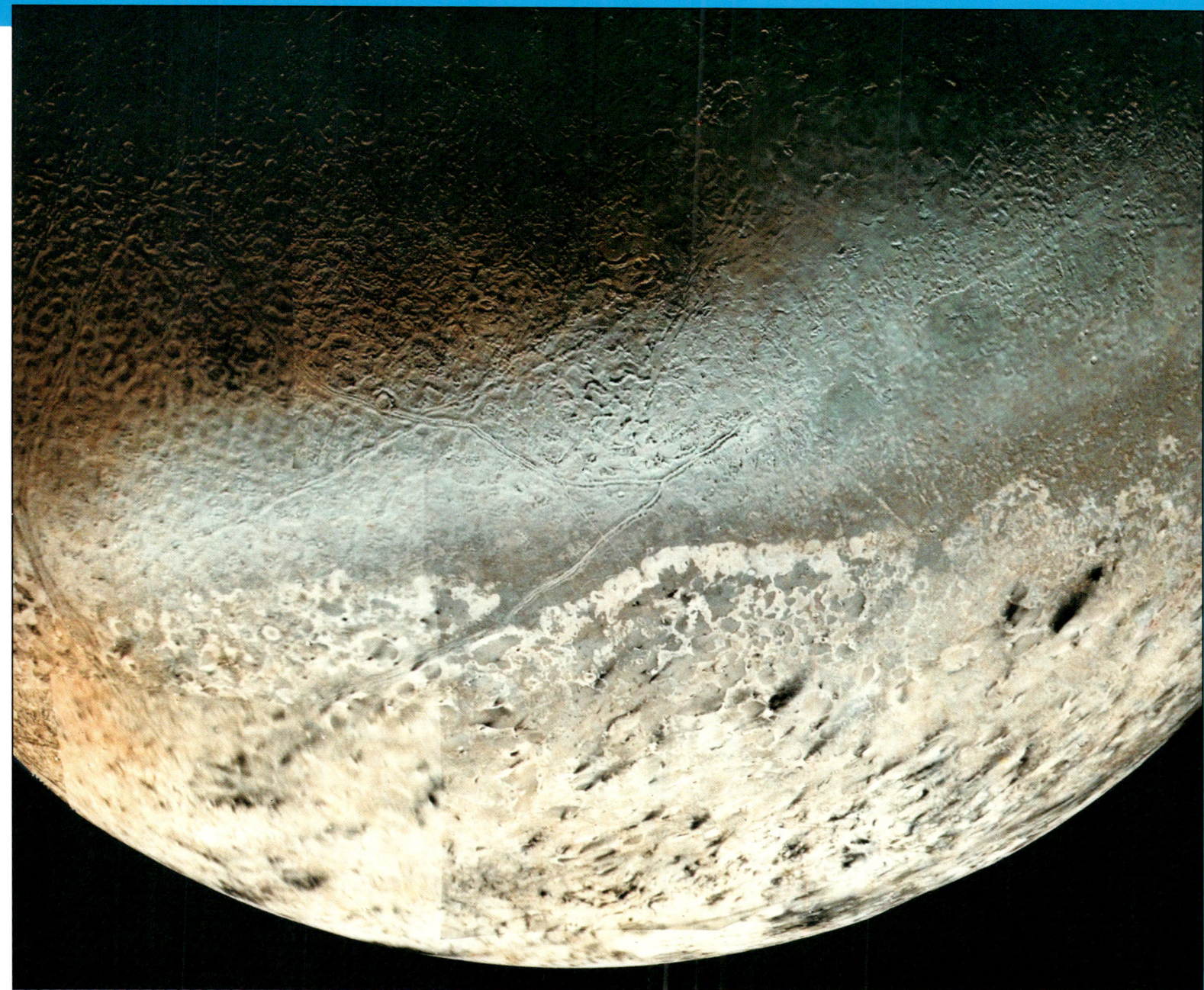

die nicht nur Uranus kippen, sondern aufgrund ihrer Größe und Geschwindigkeit auch noch Miranda zertrümmern konnten.

Neptun besitzt nur einen großen Mond, Triton, mit einem Durchmesser von 2 720 Kilometern. Bei einer Temperatur von nicht mehr als 37 K ist die Oberfläche des Triton noch kälter als flüssiger Stickstoff. Wassereis sowie Eiskrusten aus Methan und Stickstoff bedecken den Trabanten. Die Pole des Triton sind zum Neptunäquator um nahezu 160 Grad geneigt. Während er sich alle 5,9 Tage einmal um seine Achse dreht, weist im Wechsel jeweils einer der Tritonpole ein halbes Neptunjahr lang, das entspricht 82,4 Erdenjahren, in Richtung Sonne. Eine Nacht auf dem Triton währt folglich etwa ein Menschenleben. In dieser Zeit wächst das Eis besonders im Bereich der Mondpole auf eine Dicke von 1,5 Metern an.

Gehen wir in Richtung Sonne zurück und schauen uns die beiden winzigen kartoffelförmigen Monde an, die den Mars umkreisen: Sie sind sehr klein, Deimos ist nur 15, Phobos 27 Kilometer lang. Deimos braucht für einen Umlauf 1,26 Tage, während Phobos den Mars in 7 Stunden und 39 Minuten umkreist und daher dreimal am Tag auf- und untergeht. Sie sind durch Meteoritenbeschuß stark zernarbt. Beide kann man eher als kleine eingefangene Asteroiden betrachten denn als Monde.

Größe und Vielfalt der Monde deuten auf verschiedene Entstehungsprozesse hin, aber auch darauf, daß sie auf unterschiedliche Art von den Planeten eingefangen wurden.

Die südliche Polkappe des Neptunmondes Triton zeigt bei einem hohen Reflexionsvermögen eine rosige Färbung. Astronomen glauben, sie bestehe aus Stickstoffeis, das sich während des langen Winters dort ablagert. In einem größeren Abstand zur Polkappe wird die Oberfläche rot und dunkler. Dies dürfte auf ultraviolette Strahlung und geladene Teilchen der kosmischen Strahlung zurückzuführen sein, die das Methan in der Atmosphäre und auf der Oberfläche beeinflussen.

ASTEROIDEN

● *Die Kleinplaneten*

Asteroiden oder „Kleinplaneten" sind kleine Planetesimale, die um die Sonne kreisen. Der erste Asteroid wurde 1801 beobachtet; doch schon 16 Jahre zuvor hatte Johann Titius eine numerische Beziehung der Planetendistanzen zur Sonne entdeckt und damit bei Astronomen eine regelrechte Jagd auf Asteroiden ausgelöst.

Als Titius die Ziffern 0, 3, 6, 12, 24, 48, 96 und 192 (jede Zahl ist doppelt so groß wie die vorhergehende) niederschrieb und dann zu jeder die Ziffer 4 addierte, erhielt er die Zahlenreihe 4, 7, 10, 16, 28, 52, 100 und 196. Setzte er dann den Abstand zwischen Sonne und Erde mit 10 Maßeinheiten an, so gab die Ziffer 4 die tatsächliche Entfernung von der Sonne zum Merkur wieder, die 7 die Distanz zwischen Sonne und Venus. Die Entfernung von der Sonne zum Mars betrug auf dieser Skala 16 Einheiten, die Strecke zwischen Sonne und Jupiter 52, der Weg von der Sonne zum Saturn 100. Nur die Ziffern 28 und 196 blieben übrig.

Titius veröffentlichte diese Beziehung lediglich als Fußnote in der deutschen Übersetzung eines französischen naturwissenschaftlichen Werkes, aus dem Johann Bode, ein junger Astronom, sie ans Licht holte. Sie wurde

Asteroiden sehen wie die Marsmonde aus – klein, kartoffelförmig und von Kratern übersät. Phobos (unten), der größere Marsmond, mißt an seiner breitesten Stelle 28 km. Hier ist er auf einem Bildmosaik zu sehen, das von der Raumsonde Viking stammt. Bei Phobos und dem anderen Marsmond, Deimos, handelt es sich wahrscheinlich um Asteroiden, die von Mars eingefangen wurden.

als Bodesches Gesetz oder Titius-Bodesche Reihe bekannt.

Als Wilhelm Herschel 1781 Uranus entdeckte, stellte sich heraus, daß dessen Entfernung mit der Zahl 196 im Bodeschen Gesetz übereinstimmte. Schon vorher hatte Bode den Gedanken geäußert, zwischen Mars und Jupiter müsse ein Planet kreisen, der durch die Ziffer 28 gekennzeichnet sei; nach der Entdeckung Herschels wurde seine Vermutung ernstgenommen.

1785 begann der ungarische Baron Xavier von Zach mit der Suche nach dem fehlenden Planeten. Trotz großer Hartnäckigkeit blieb ihm 15 Jahre jeder Erfolg verwehrt. Erst 1801 entdeckte Giuseppe Piazzi, der gerade einen Sternkatalog anfertigte, einen Planeten mit der passenden Entfernung. Er wurde nach der Göttin der sizilianischen Heimat Piazzis „Ceres" genannt.

Nach Ceres sichtete man noch weitere lichtschwache Planeten, die ebenfalls zwischen Mars und Jupiter kreisten. Für diese winzigen Objekte, die, ohne erkennbare Scheibe, wie sternförmige Punkte aussahen, wurde 1802 der Name „Asteroiden" geprägt. Heute kennt man Tausende, doch nur 33 haben einen Durchmesser von mehr als 200 Kilometern.

Die Asteroiden zwischen Mars und Jupiter gruppieren sich zu Bändern, die durch schmale Lücken – die sogenannten „Kirkwood-Lücken" – voneinander getrennt bleiben. Diese Lücken entstehen durch Gravitationseffekte des Jupiter, die man auch dafür verantwortlich macht, daß die Planetesimale zwischen Mars und Jupiter nicht zu größeren Planeten zusammenwachsen konnten.

Berechnungen zufolge kann sich planetesimaler Schutt nur dann auf einer stabilen Umlaufbahn zusammenfinden, wenn ausreichender Abstand zu den Großplaneten gewahrt bleibt. Eine Theorie besagt, daß es außer der Lücke zwischen Mars und Jupiter noch eine weitere innerhalb der Merkurbahn geben müsse.

Einige Asteroiden wurden von Jupiter in seine eigene Umlaufbahn gezwungen und umkreisen seitdem ebenfalls mit der Bodeschen Distanz 52 die Sonne. Diese Asteroiden, als „Trojaner" bezeichnet, fanden sich in zwei Gruppen zusammen. Jede Gruppe hält

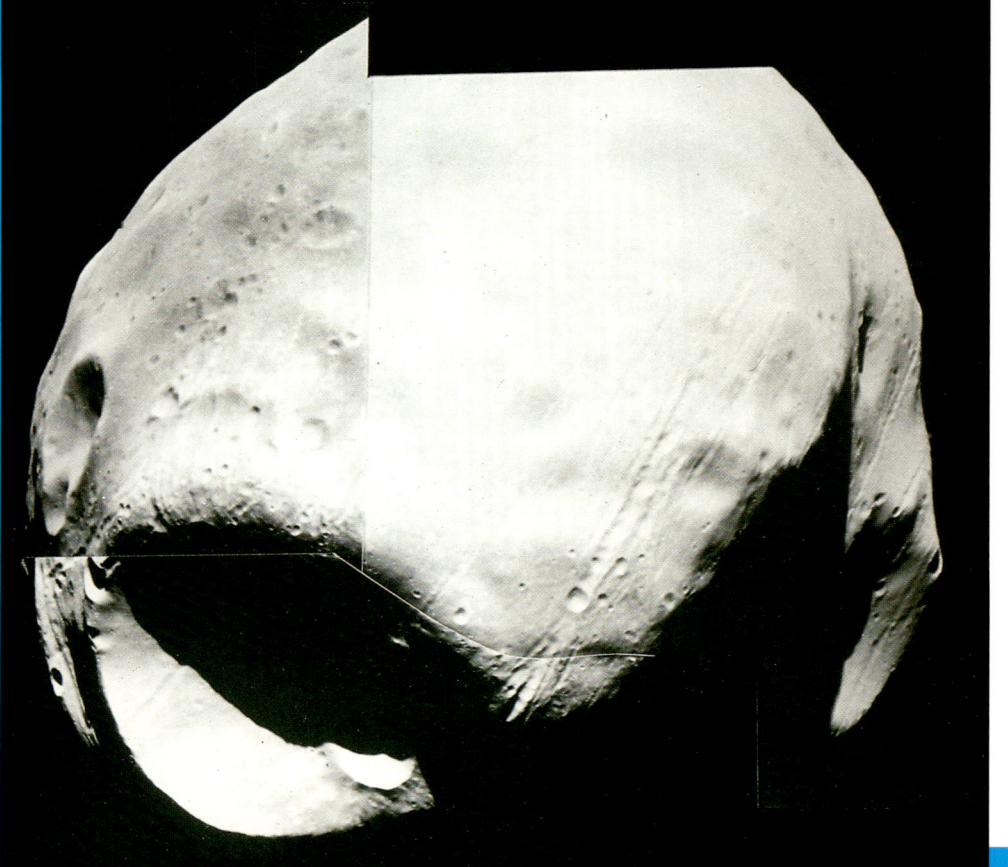

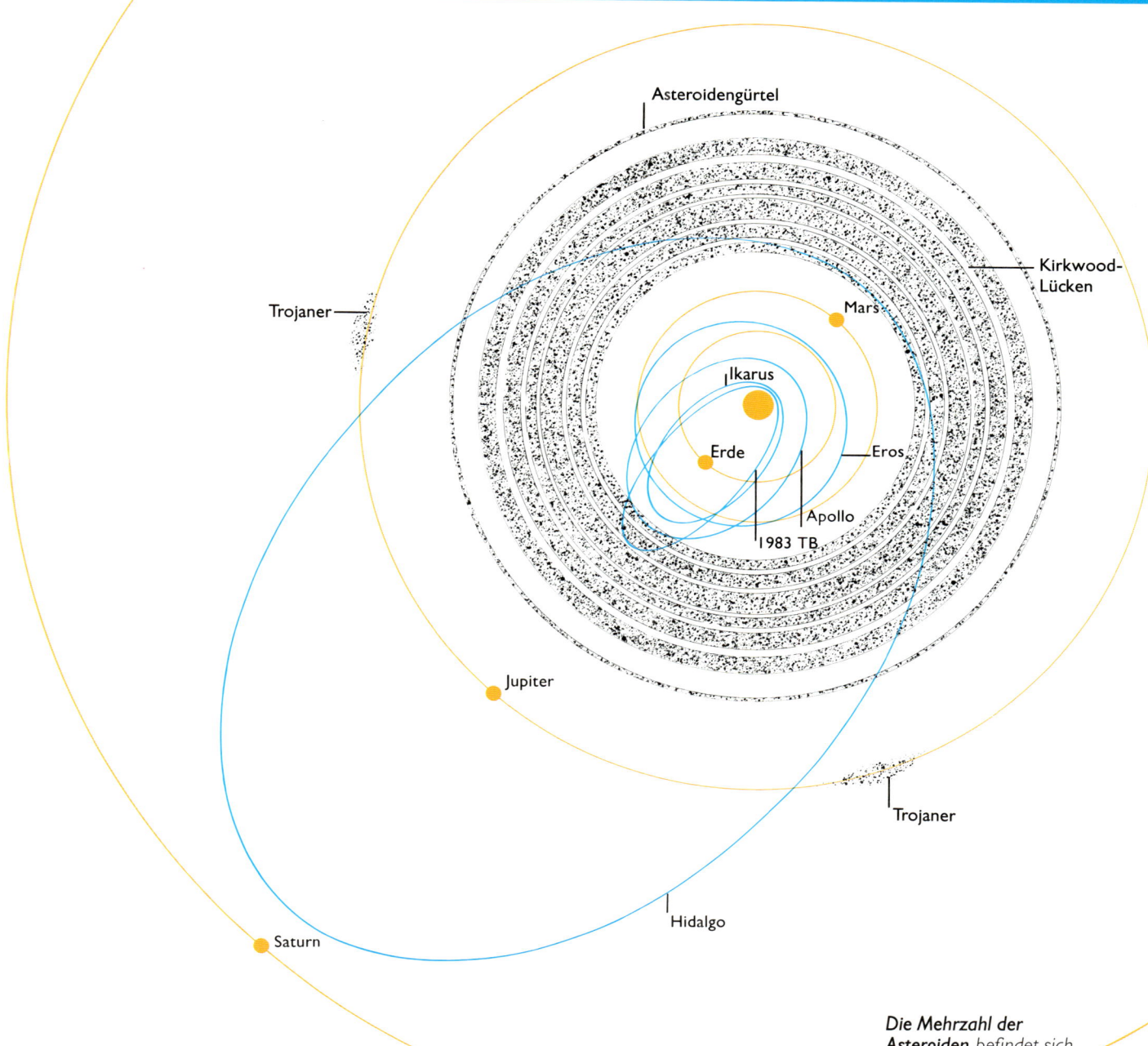

Asteroidengürtel

Kirkwood-Lücken

Mars

Trojaner

Ikarus

Erde

Eros

Apollo

1983 TB

Jupiter

Trojaner

Hidalgo

Saturn

Abstand zu Jupiter, die eine liegt vor, die andere hinter ihm in der Umlaufbahn. Imaginäre Verbindungslinien zwischen Jupiter, einer Trojanergruppe und der Sonne bilden ein gleichseitiges Dreieck.

Etwa fünf Prozent aller Asteroiden weisen stark exzentrische Umlaufbahnen auf, die die Bahnen von Erde, Mars, Jupiter und Saturn kreuzen. Im Fall des Chiron kreuzt der Orbit sogar die Uranusbahn. Derartige Asteroiden können – allerdings ist die Wahrscheinlichkeit gering – mit terrestrischen Planeten zusammenprallen.

Man nimmt an, daß die Mehrzahl der Asteroiden aus kartoffelförmigen oder länglichen Felsbrocken besteht und somit den winzigen Marsmonden Phobos und Deimos gleicht. Wie diese sind die Asteroiden möglicherweise mit Beulen und kleinen Kratern bedeckt, die bei Kollisionen mit planetesimalen Trümmern entstanden sein könnten. Da auf den einzelnen Asteroiden verschiedene Mineralien und chemische Stoffe vorkommen, die auch Wasser enthalten, fallen die Farbe und besonders die Oberflächenbeschaffenheit dieser Objekte sehr unterschiedlich aus.

Die Mehrzahl der Asteroiden befindet sich zwischen Mars und Jupiter. Ihre Bahnen gliedern sich in Bänder, die von den sogenannten „Kirkwood-Lücken" unterbrochen werden; diese Lücken entstehen durch das Gravitationsfeld des Jupiter. Einige Asteroiden kreuzen jedoch mit ihren exzentrischen Umlaufbahnen die Orbits der inneren und äußeren Planeten. Ikarus kommt z.B. der Sonne recht nahe, während Hidalgos Bahnellipse beinahe bis zu Saturn reicht. Zwei Asteroidengruppen, die Trojaner, ziehen jeweils 60° vor und hinter Jupiter dahin.

KOMETEN

● *Besucher aus den Tiefen des Raums*

Die Kometenbahnen um die Sonne haben oft die Form stark gedehnter Ellipsen. Kometen bilden nur dann einen Schweif, wenn sie der Sonne so nahe kommen, daß Materie fortgeblasen wird oder verdampft. Jeder Komet besitzt zwei Schweife; einer besteht aus Staub, der andere aus Plasma oder ionisiertem Gas. Der Staubschweif leuchtet gewöhnlich gelb, da er das Sonnenlicht reflektiert. Der ionisierte Gasschweif erscheint häufig bläulich. Die Schweife erreichen ihre maximale Helligkeit im Perihel, dem sonnennächsten Punkt. Im Aphel (dem sonnenfernsten Bereich) sind Kometen nur leblose Klumpen aus Staub und Eis.

Ein großer Komet mit seinem hellen Kopf und dem langen, glühenden Schweif gehört zu den erstaunlichsten Phänomenen des nächtlichen Himmels. Zu der Zeit, als man die Himmelserscheinungen als Vorboten zukünftiger Ereignisse deutete, galten Kometen als Zeichen bevorstehender Katastrophen; kein Wunder, daß ihr Auftauchen die Menschheit immer wieder in Angst versetzte.

Wir wissen heute, daß Kometen nur dann so spektakulär aussehen, wenn sie in Sonnennähe kreisen. Sie sind viel zu klein und reflektieren zuwenig Sonnenlicht, als daß man sie in den fernen Regionen ihrer höchst exzentrischen Bahnen sehen könnte.

Lange Zeit war man sich uneins darüber, ob sich Kometen entlang gerader oder gekrümmter Linien bewegten. Eine Bestätigung ihrer elliptischen Umlaufbahnen erfolgte 1758, als der helle Komet des Jahres 1680 wieder auftauchte, wie Edmond Halley, dessen Berechnungen auf Newtons Theorien gegründet waren, vorhergesagt hatte.

Der „Halley-Komet" ist seitdem mehrfach erschienen. 1986, bei seiner jüngsten Annäherung an die Sonne, wurde er mit Hilfe zahlreicher Raumsonden untersucht, von denen eine in den Kometen selbst vorstieß.

Kometen bestehen aus Materie, die sich innerhalb des solaren Nebels gebildet haben könnte. Sie sind eisige Konglomerate aus gefrorenen Gasen und Staub, „schmutzigen Schneebällen" vergleichbar. Auch der Halley-Komet mit seinem länglichen, kartoffelförmigen zentralen Kern kann als typischer Komet gelten. Er ist höchstens 15 Kilometer lang, acht Kilometer breit und acht Kilometer dick; seine Oberfläche zeigt sich dunkel. Das ganze Objekt rotiert mit nur einer Umdrehung in 52 Stunden recht langsam. Wenn der Komet in Sonnennähe kommt, wird die der Sonne zugewandte Seite stark aufgeheizt, so daß Staub und Eis aus dem Kern verdampfen. Diese Erscheinung kann man bei jedem Kometen, der das Perihel (den sonnennächsten Bahnpunkt) erreicht, beobachten.

Die dunkle Farbe des Halley-Kerns – er ist schwärzer als Kohle – überraschte die Astronomen. Zudem verdampft seine Materie nicht so schnell, wie es bei einem Konglomerat aus Eis der Fall wäre: Der Komet verliert nur 15 Tonnen Material pro Sekunde, während Eis etwa zehn- bis 100mal schneller verdampft.

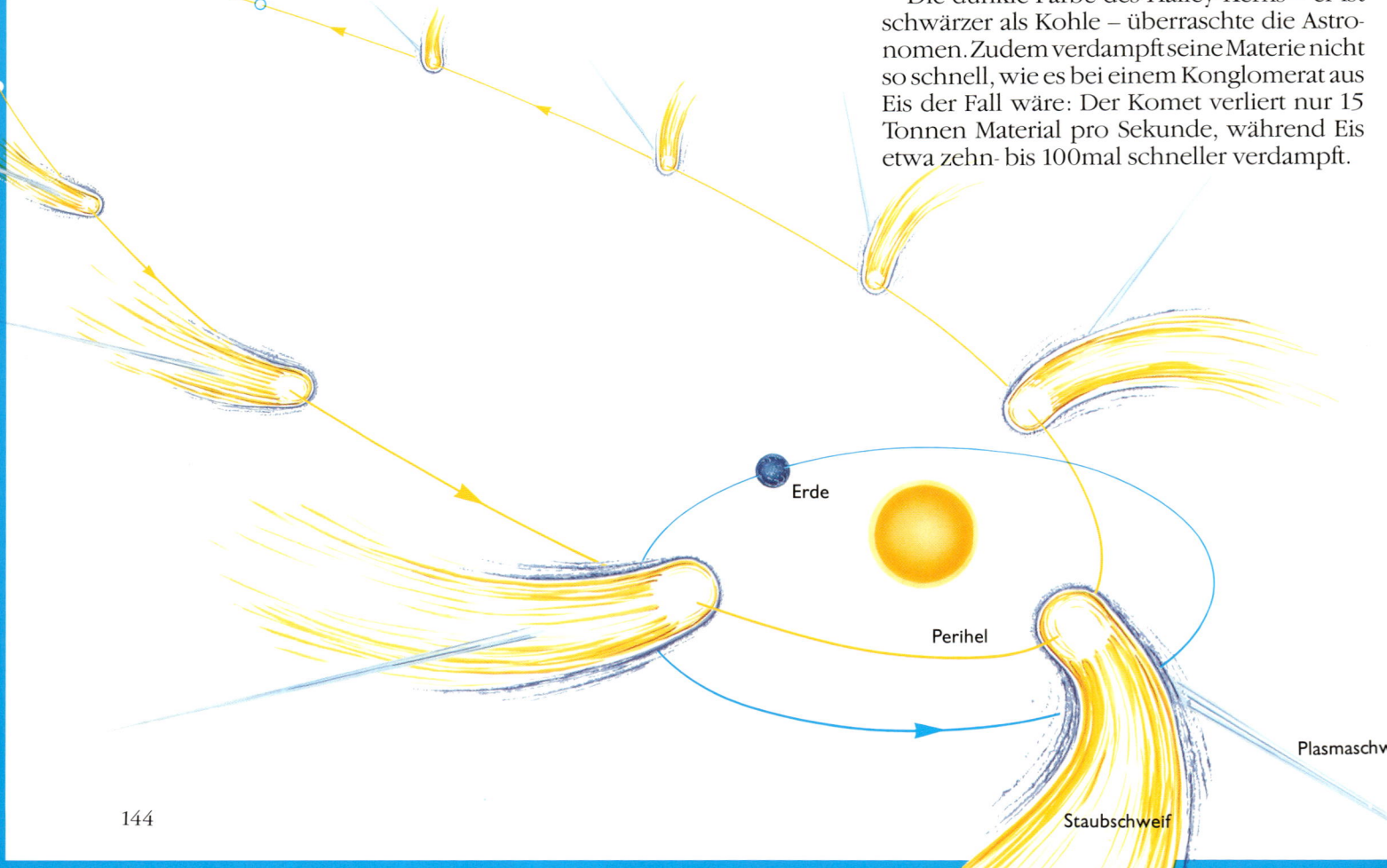

Aphel

Erde

Perihel

Plasmaschw

Staubschweif

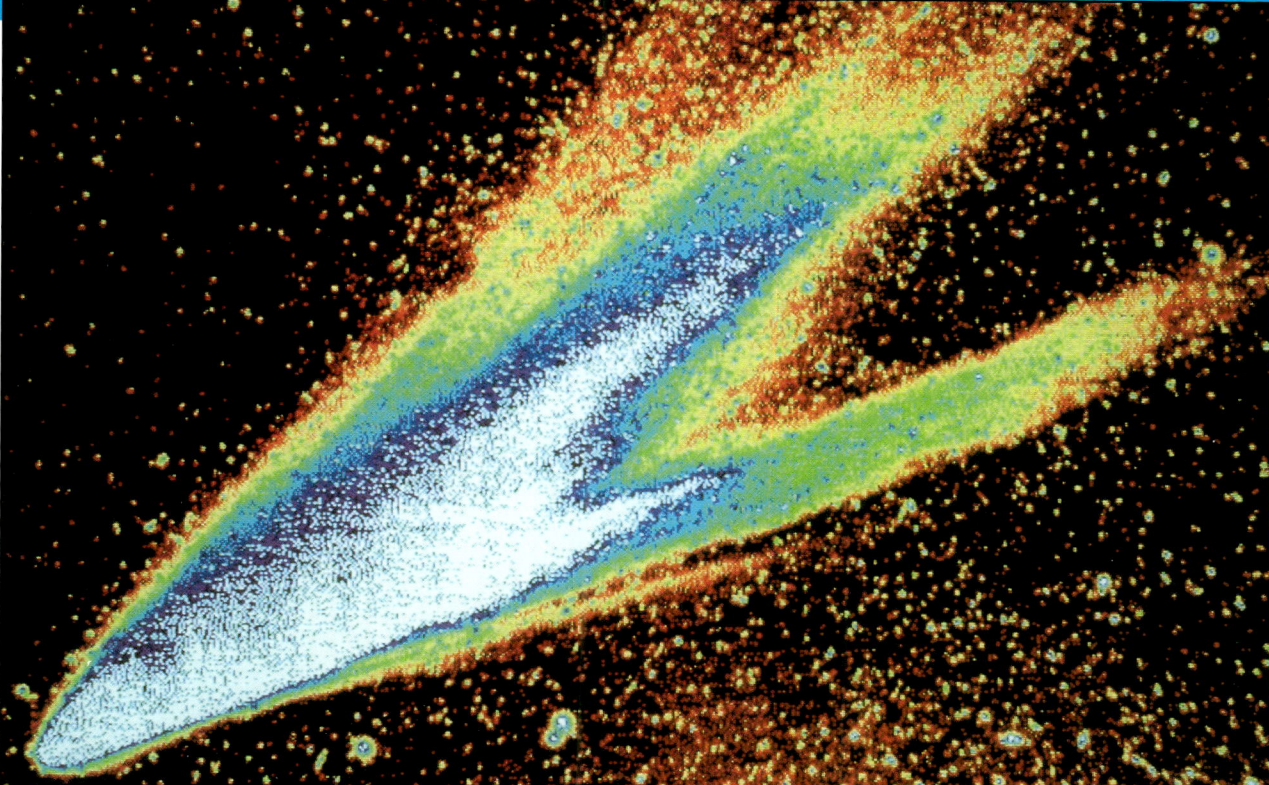

Die beiden Schweife des Kometen West sind hier in einem Falschfarbenbild aus dem Jahre 1976 dargestellt. Der obere, breitere Schweif enthält Staub aus dem Kometenkopf, der einem „schmutzigen Schneeball" gleicht. Der Staub wird durch den Druck des Sonnenlichts aus dem Kern gestoßen. Der untere Schweif besteht aus ionisiertem Gas; er wird durch den Sonnenwind vom Kometen weggetragen.

Aufgrund dieser Beobachtung folgerten Astronomen, der Kern müsse mit einem mehrere Zentimeter dicken Mantel aus porösem dunklen Material umhüllt sein. Ein derartiger Stoff könnte zu schwer sein, um vom Kometen weggeblasen zu werden, oder zumindest so schwer, daß er die Fluchtgeschwindigkeit nicht erreicht und zurückfällt, bevor er weiter hinausgelangt. Dennoch verliert Halley wie jeder andere Komet bei seinem Periheldurchgang einen Teil seiner Substanz; nach einigen Schätzungen stieß er bei seinem Erscheinen im Jahre 1986 etwa 300 Millionen Tonnen ab. Von den mindestens 10 Milliarden Tonnen des Kerns bleibt jedoch noch genug Material für viele künftige Umläufe übrig.

Der Kern des Halley-Kometen setzt sich aus mineralischen Elementen wie Kohlenstoff, Kalzium, Eisen, Magnesium, Sauerstoff, Kalium und Silizium zusammen. Das Raumfahrzeug *Giotto* wies zusätzlich leichte Elemente, vor allem Wasserstoff und Stickstoff, nach. Das vorherrschende Material bestand jedoch aus einer Kombination von leichten und schwereren Elementen, die organische Moleküle bilden. Ihr Vorhandensein verleitete einige Astronomen zu der Annahme, Halley – und andere Kometen – seien nicht aus der Oortschen Wolke (S. 106), sondern aus dem interstellaren Raum hervorgegangen.

Kometenschweife werden von zwei Mechanismen erzeugt, die beide dafür sorgen, daß sie stets von der Sonne weg gerichtet sind.

Beim ersten Mechanismus drängt der Strahlungsdruck der Sonne den Staub aus dem Kometenkörper und bildet, besonders bei der Annäherung an das Perihel, einen großen hellen Schweif. Dieser Schweif sieht zunächst leicht gekrümmt aus, da das zuerst ausgestoßene Material hinter dem später ausgeworfenen zurückbleibt, sobald der Komet im Anflug auf das Perihel seine Geschwindigkeit steigert. Ein derartiger Staubschweif reflektiert das Sonnenlicht und erscheint gelblich.

Beim zweiten Mechanismus stößt der Komet ionisierte Gase aus, die vom Sonnenwind in Form eines geraden Schweifs hinausgetrieben werden. Da der Hauptanteil der Strahlung aus ionisiertem Kohlenmonoxid besteht, erscheint der Gasschweif blau.

Der Kopf des Halleyschen Kometen erscheint auf dieser Darstellung dreidimensional; das Bild, von einem Computer aufbereitet, beruht auf Photographien aus dem Jahre 1910. Die hellen Gasbögen vor dem Kopf bilden die Koma, einen glühenden Halo, der den Kern umgibt. Die Koma besteht aus Wassermolekülen, die von der ultravioletten Strahlung der Sonne ionisiert werden.

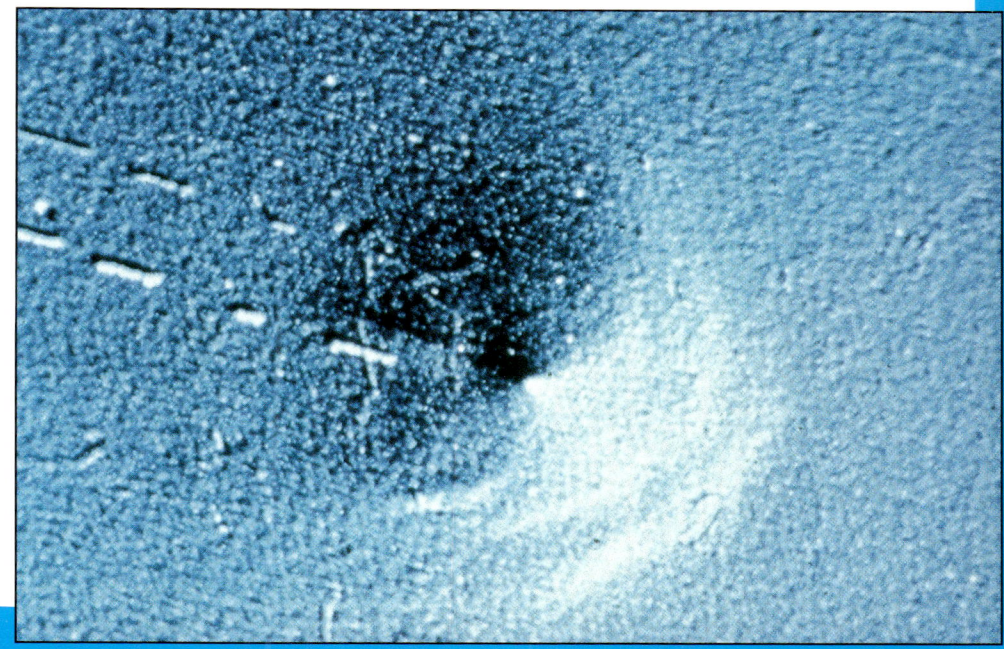

METEORE

Der Meteorkrater in Arizona ist zwischen 40 000 und 25 000 Jahre alt. Er blieb gut erhalten, da das extrem trockene Klima im nordöstlichen Arizona nur eine sehr geringe Erosion bewirkte. Der Durchmesser des Kraters beträgt 800 m, seine Tiefe 200 m. Er ist vermutlich durch den Aufprall eines eisenreichen Meteoriten entstanden, der mehrere tausend Tonnen wog und bei dem heftigen Impakt weitgehend verdampfte. Das größte Bruchstück, das man finden konnte, wiegt 635 kg.

Sternschnuppen oder „herabfallende Sterne" sind allen Kulturen vertraut, doch handelt es sich hier keineswegs um Sterne, sondern um Meteore. Die meisten Meteore erweisen sich als Bruchstücke von Kometen. Während ein Komet die Sonne umkreist, stößt er Gas und Staub ab und hinterläßt eine Materiespur in seiner Umlaufbahn. Glücklicherweise kollidieren nur selten Kometen mit unserer Erde.

Bei einer Kollision wird der Schweif aus gesteinsartigem Staub und größeren Bruchstücken in die Erdatmosphäre hineingefegt, wo das meiste durch Reibung mit den Luftmolekülen verbrennt; die Moleküle werden ionisiert und senden Strahlung aus. Jedes Materiestück erzeugt beim Eintritt in die Erdatmosphäre kurzlebige Schweifspuren.

Wenn die Erde eine Kometenbahn kreuzt, entstehen oft nicht nur ein oder zwei, sondern Tausende von Meteoren; derartige „Meteorschauer" können als wahrhaft spektakuläre Ereignisse gelten. Alle Meteore scheinen einem Punkt am Himmel, dem sogenannten „Radianten", zu entspringen; das Sternbild, in dem dieser Radiant zufällig liegt, verleiht dem Schauer seinen Namen. So gibt es die Perseiden mit ihrem Radianten im Sternbild Perseus, die Leoniden mit einem Radianten im Löwen und so fort. Die Radian-

ten sind jedoch nur ein perspektivischer Effekt, der die Himmelsrichtung anzeigt, aus der der Meteorschauer kommt.

Nicht alle Meteore bestehen aus kometarischen Trümmern. Es gibt auch sporadische Meteore, die aus sämtlichen Richtungen des Raumes eintreffen. Sie setzen sich aus Staub und Gestein zusammen, das vom solaren Nebel übrigblieb und eigene Umlaufbahnen um die Sonne verfolgt. In jeder Nacht kann ein Beobachter etwa zehn pro Stunde sichten.

Diese Schuttkrümel erreichen die Erdatmosphäre mit Geschwindigkeiten zwischen elf und 74 Kilometern pro Sekunde. Ihre Spuren hängen von der Größe des eintreffenden Materials ab. Je nachdem, ob es sich um ein Staubkörnchen oder einen Felsbrocken handelt, kann die Spurlänge zwischen sieben und 20 Kilometern variieren.

Im allgemeinen verglüht das Meteoritenmaterial vollständig in der Erdatmosphäre, nur selten fällt der Rest eines Gesteinsbrokkens tatsächlich zu Boden. Die Untersuchung dieser Meteorite gibt Hinweise auf Entstehung und Zusammensetzung der Asteroide, von denen sie wahrscheinlich stammen.

Die Meteorite lassen sich in drei Hauptklassen einteilen: metallische, lithosideritische und chondritische. Daneben kennt man noch eine kleinere Gruppe, die Achondriten. Die metallischen Meteorite bestehen hauptsächlich aus Eisen und Nickel. Die Kristallstruktur der Metalle weist darauf hin, daß die Asteroiden, von denen sie kommen, entweder eine Phase langsamer Abkühlung oder eine plötzliche Erstarrung erfuhren.

Die Lithosiderite bestehen aus metallischem Material und Silikaten. Diese Meteorite kann man in zwei weitere Typenklassen unterteilen: Mesosiderite und Pallasite. Bei den Mesosideriten bestehen die Silikate vorrangig aus den Mineralien Feldspat (einem Aluminiumsilikat) und verschiedenen Pyroxenen (Silikaten, die Eisen, Magnesium und Kalzium enthalten). Daraus kann man schließen, daß die Asteroiden, zu denen sie gehörten, die metallischen Bestandteile erst nach ihrer Verfestigung erhielten.

Die Pallasite enthalten viel Olivin (ein Silikat aus Eisen und Magnesium). Sie wurden wahrscheinlich durch das Eindringen einer metallischen Flüssigkeit gebildet, die sich zwischen den Kern und den hauptsächlich aus Olivin bestehenden Mantel der Asteroiden drängte, von denen sie stammen.

Chondrite oder Steinmeteorite enthalten kleine kugelförmige Partikel oder „Chondrulen", die ihnen den Namen verleihen. Diese haben Eisen, Feldspat, Olivine und Pyroxene zum Inhalt und sind daher in chemischer Hinsicht vielen irdischen Gesteinen ähnlich. Eine Untergruppe, die „kohlenstoffhaltigen Chon-

driten", bestehen aus einer Mischung kohlenstoffhaltiger Kristalle. Zuletzt gibt es noch die Achondriten, die keine Chondrulen enthalten. Sie haben große Ähnlichkeit mit den Mondsteinen. Die Untersuchung der Meteorite liefert Hinweise auf die chemische Natur des solaren Nebels vor 4,5 Milliarden Jahren. Damals wurden vermutlich Eisen und andere schwere Atome innerhalb jener frühen Sterne synthetisiert, die dann als Supernovae ihren Inhalt im interstellaren Raum ausstreuten.

Der Meteorschauer der Geminiden tritt jedes Jahr in der zweiten Dezemberwoche auf. Die kurzen Striche auf dieser lange belichteten Photographie zeigen Sternspuren, während die längeren zu den Meteoren gehören. Die Geminiden erreichen in der Nacht des 14. Dezember mit etwa 58 Meteoren pro Stunde ihr Maximum.

DAS LEBENDIGE ALL

Vom Augenblick des Urknalls an, seit mindestens 15 Milliarden Jahren, entwickelte sich das Universum zu der riesigen Anzahl expandierender Galaxien, die wir heute beobachten. Sie erstrecken sich weiter in den Raum, als selbst unsere hochempfindlichen modernen Instrumente zu erfassen vermögen. In der Unermeßlichkeit des Alls ist die Erde nur ein winziges Gesteinsbröckchen, das um einen recht unbedeutenden Stern kreist. Dennoch führten die Erkenntnisse der modernen Wissenschaft einige Astronomen und Physiker zu der Auffassung, die Menschheit stelle die höchste Entwicklungsstufe des gesamten Kosmos dar.

Nur der Planet Erde brachte in unserem Sonnensystem Leben hervor, und in diesem Sinne kann man ihn sicherlich als einzigartig bezeichnen. Dieses Leben, das im wesentlichen auf den vielseitigen chemischen Eigenschaften des Elementes Kohlenstoff beruht, brachte nach vielen Millionen Jahren den *Homo sapiens* hervor – eine erstaunliche, höchst intellektuelle und äußerst mitteilsame Spezies, die sich selbst reproduziert.

Der Umfang des Lebens auf der Erde ist so gewaltig und komplex, daß Forscher sich die Frage stellten, ob die Zeitspanne seit dem Urknall ausgereicht haben könne, um diese Evolution zu ermöglichen. Eine andere Erklärung für den Erfolg des Lebens auf der Erde könnte darin liegen, daß komplexe Moleküle aus dem Raum den evolutionären Prozeß unterstützten und beschleunigten.

Der augenblickliche Stand der Evolution zeigt den Menschen mit herausragenden Kräften ausgestattet. Besonders wichtig ist seine Fähigkeit zu kommunizieren, nicht nur in gesprochener Sprache, sondern auch mit Hilfe der universellen Symbole der Mathematik. Doch sind wir wirklich die einzigen intelligenten Wesen im Universum? Wenn nicht, dann ist eine Kommunikation mit fremden Zivilisationen wünschenswert. Die Schwierigkeiten eines Dialogs erscheinen heute jedoch noch unüberwindlich, insbesondere hinsichtlich der unermeßlichen Entfernungen, die zu überbrücken wären.

Betrachten wir unseren Standort im Universum, müssen wir auch über die Entwicklung des Universums als Ganzes nachdenken. Ist unsere Weltsicht zu prosaisch und engstirnig? Wie sehen die neuen Gesetze der Physik aus, die wir benötigen, um die Geheimnisse der Erschaffung, der gegenwärtigen Existenz und der Zukunft des Alls zu enträtseln? Werden sich unsere Vorstellungen vom Urknall und einem expandierenden Weltall als Irrtum erweisen?

Alle bisher gewonnenen Erkenntnisse scheinen unser Weltbild zu bestätigen, doch die zentrale Rolle, die die Menschheit offenbar in diesem Szenario spielt, wirft vor allem die fesselnde Frage auf, ob die Fähigkeit des Menschen, das Universum zu beobachten und zu verstehen, Auswirkung auf dessen Realität haben könnte.

Mit zunehmendem Erkenntnisstand können Physik und Astronomie mehr über die ferne Zukunft unseres Weltalls aussagen. Diese dürfte nicht so unkompliziert und überschaubar ablaufen, wie man einst dachte. Zum Beispiel eröffnen die schwarzen Löcher und der Raum, den sie umschließen, fremdartige Möglichkeiten und lassen vermuten, daß die wissenschaftliche Weltanschauung heute noch zu beschränkt ist, um ein vollkommenes Verständnis des Universums zu ermöglichen.

Das Mondlandungsmodul Eagle steigt nach der Apollo-Mission im Juli 1969 von der Oberfläche des Mondes auf. Zum erstenmal hatten Menschen ihren Fuß auf einen anderen Planeten gesetzt. Nach Ansicht einiger Wissenschaftler waren das Auftreten intelligenter Lebewesen und die Besiedlung des Universums von Anfang an in den kosmischen Gesetzen „festgeschrieben".

HEIMATPLANET

● *Unsere lebendige Welt*

Im Lauf des 20. Jahrhunderts erkannte man, daß die Erde alle notwendigen Bedingungen für Leben erfüllt: Es ist weder zu heiß noch zu kalt, die potentiell tödliche Strahlung wird von der Atmosphäre abgehalten, die chemische und biochemische Umwelt befinden sich in einem perfekten Gleichgewicht, das für den Fortbestand des Lebens und seine Ausbreitung sorgt. Diese Balance entwickelte sich in Milliarden Jahren mit dem Leben selbst. Bringt man sie ins Wanken oder zerstört sie gar, so läuft die reiche Vielfalt des Lebens Gefahr, reduziert oder ausgelöscht zu werden.

Die Temperaturen auf der Erde ermöglichen das Vorhandensein von Wasser – einem unverzichtbaren Bestandteil des Lebens – in flüssiger Form. Die durchschnittliche Oberflächentemperatur der Erde liegt mit 15 °C deutlich über dem Gefrierpunkt und um etwa 33 °C höher als die Temperatur, die allein von der Sonneneinstrahlung erzeugt würde. Ein Teil der von der Erde abgestrahlten Wärme wird von der „Decke" aus Kohlendioxid und Wasserdampf in der Atmosphäre zurückgehalten und erwärmt so die Landmassen und Ozeane.

Sollte jedoch eine derartige Aufheizung zunehmen und ungehindert fortschreiten, dann könnte diese Erwärmung als sogenannter Treibhauseffekt wie auf der Venus außer Kontrolle geraten (S. 110-113). Folglich würden steigende Temperaturen den Fortbestand des Lebens unmöglich machen. Es erscheint denkbar, daß der Mensch durch Eingriffe in seine Umwelt diesen galoppierenden Effekt bisher verhindern konnte.

Mit diesem Problem befaßt sich die Gaia-Hypothese, die Ende der sechziger Jahre von dem britischen Atmosphärenforscher James Lovelock aufgestellt wurde. Mit dem amerikanischen Biologen Lynn Margulis und anderen Kollegen hatte er begonnen, das natürliche Kontroll- und Ausgleichssystem der Erde zu untersuchen. Lovelock und Margulis betrachteten die Erde wie früher die Chinesen als lebendigen Orga-

Die Erde verdankt ihre Wärme dem Kohlendioxid in der Atmosphäre, das einen Teil der Sonnenenergie daran hindert, in den Raum zurückzustrahlen. Zwischen Erdkruste und Atmosphäre herrscht ein Gleichgewichtszustand: Vulkanische Aktivitäten setzen Kohlendioxid frei, während Verwitterung und biologische Prozesse es wieder aus der Luft entfernen.

Sonnenlicht

reflektiertes Sonnenlicht

Erde

Oberfläch

in den Raum abgestrahlte Energie

atmosphärischer Kohlenstoff

Mars

absorbierte Strahlung

Venus

im Gestein gebundener Kohlenstoff

Der Mars ist nicht vulkanisch aktiv, daher verbleibt das Kohlendioxid im Gestein. Seine Kohlendioxidatmosphäre ist zu dünn, um Wärme zurückzuhalten.

Die Venus steht der Sonne so nahe, daß Wasser in flüssiger Form nicht vorkommt; es gibt keine Verwitterung, die den Überschuß an Kohlendioxid verringert.

nismus und legten dar, daß sie sich trotz ständiger klimatischer Veränderungen zu jeder beliebigen Zeit in einem klimatischen Gleichgewichtszustand befindet. Kohlendioxid und Wasser seien an der Erwärmung der Oberfläche beteiligt, ein unkontrollierbar ausufernder Effekt bleibe jedoch aus, da beide auf verschiedene Weise wiederaufbereitet würden.

Ein solches „Recycling" kann viele Formen annehmen. Das Sonnenlicht versetzt Grünpflanzen beispielsweise in die Lage, durch Photosynthese mit Hilfe von Kohlendioxid und Wasser

Kohlehydrate zu erzeugen – Substanzen wie Zucker, Stärke und Zellulose. Im Austausch wird Sauerstoff als Abfallprodukt frei, den wiederum die Tiere für ihre Atmung verwenden.

Wenn Pflanzen absterben und verrotten, verbindet sich der in ihrem Gewebe vorhandene Kohlenstoff wieder mit dem atmosphärischen Sauerstoff; es entsteht Kohlendioxid, das den Treibhauseffekt fördert. Ein Teil des Kohlenstoffs verläßt jedoch den Kreislauf und gelangt mit den Schalen der Meerestiere als unlösliches Kalziumkarbonat in die Sedimente des Meeres

Die Photosynthese in Grünpflanzen erzeugt *Sauerstoff, der unserer Erdatmosphäre den im ganzen Sonnensystem einzigartigen Charakter verleiht.*

bodens. Auf diesem Wege wird nach der Gaia-Hypothese eine übermäßige Zunahme des Kohlenstoffs verhindert.

Auch die Lebewesen sind an der Kontrolle weiterer Zyklen sowie der Regulierung des Treibhauseffektes beteiligt. Winzige Meerespflanzen, das Phytoplankton, wirken im Schwefel-Jod-Kreislauf mit. Partikel, die diese Elemente enthalten, werden von Pflanzen ausgeschieden und bilden Kerne, an denen atmosphärisches Wasser zu Wolken kondensiert.

Wolken kommen zustande, sobald sich aufsteigender Wasserdampf abkühlt und kondensiert. Je höher die Temperatur steigt, desto mehr Wasserdampf bildet sich über den Ozeanen, die zwei Drittel der Erdoberfläche bedecken. Die weißen Wolken reflektieren das Sonnenlicht in den Raum und bewirken damit eine Abkühlung. Im Lauf der Zeit regnen die Wolken ab und führen das Wasser zum Boden zurück.

Zur Zeit geben uns zwei Phänomene Anlaß zu großer Sorge, die vom Menschen hervorgerufen wurden: „Löcher" in der Ozonschicht und eine globale Erwärmung.

Ozon, ein aus drei Sauerstoffatomen zusammengesetztes Molekül, entsteht bei der Spaltung des atmosphärischen Sauerstoffs durch ultraviolettes Sonnenlicht. Der Hauptanteil des atmosphärischen Ozons liegt 13 bis 24 Kilometer über der Erdoberfläche. Es ist für das Leben auf der Erde von entscheidender Bedeutung, daß das Ozon die kurzwellige ultraviolette Strahlung absorbiert, da sie bei Menschen und Tieren tödliche Krebserkrankungen auslösen kann. Sie bedroht auch die Existenz des Phytoplanktons, der Pflanzen, die für den Kreislauf der Elemente unverzichtbar sind, sowie die Ernteerträge der Feldfrüchte. Die Abkühlung der Hochatmosphäre durch Ozonabbau wird wahrscheinlich auch klimatische Veränderungen bewirken.

Anscheinend erfolgt die Zerstörung des Ozons hauptsächlich durch Einsatz der Fluorchlorkohlenwasserstoffe (FCKWs), die man als Aerosole und Kühlmittel verwendet. In Gebieten mit extrem kalter Luft, zum Beispiel über der Antarktis, reagieren die FCKWs mit

Kohlenstoff und Wasser durchlaufen ständig einen natürlichen Wiederaufbereitungsprozeß. Das Wasser verdunstet über Land und Meer, zudem wird es bei der Pflanzenatmung abgegeben. Wenn Luft aufsteigt und abkühlt, setzt sie Wasser in Form von Regen, Schnee oder Graupel frei. Dieses Wasser fließt letztlich wieder ins Meer zurück, um dort in einen neuen Zyklus einzutreten. Landpflanzen absorbieren das Kohlendioxidgas aus der Atmosphäre, während Wasserpflanzen gelöstes Kohlendioxid aufnehmen, um es bei ihrer Photosynthese einzusetzen. Wenn Pflanzen absterben, verrotten sie und entlassen das Kohlendioxid wieder in die Atmosphäre. Tiere verzehren pflanzlichen Kohlenstoff, den sie mit ihren Ausscheidungen oder nach ihrem Tod durch Verwesung wieder abgeben.

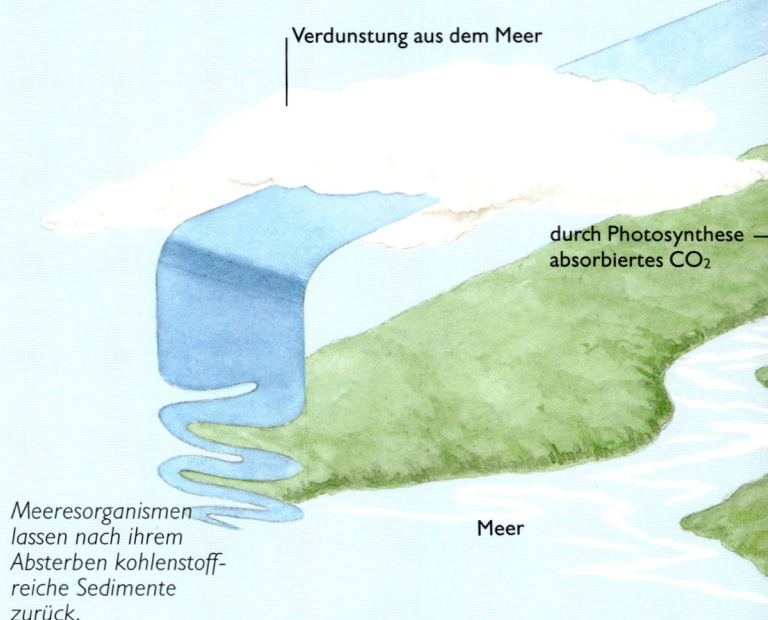

Verdunstung aus dem Meer

durch Photosynthese — absorbiertes CO_2

Meer

Meeresorganismen lassen nach ihrem Absterben kohlenstoffreiche Sedimente zurück.

den Stickoxiden der Atmosphäre und bilden Chlorverbindungen. Ein einziges Chlormolekül kann 100 000 Ozonmoleküle vernichten.

Der Einsatz von FCKWs trägt vermutlich auch zur globalen Aufheizung bei – einem langfristigen Anstieg der Temperaturen auf der Erde. Diese Erwärmung scheint sich hauptsächlich aufgrund der Verwendung fossiler Brennstoffe wie Kohle und Öl zu beschleunigen, bei deren Verbrennung Kohlendioxid in die Atmosphäre gelangt, die daher ständig mehr Wärme speichert.

Sollten die Kohlendioxidemissionen nicht zurückgehen, werden die Durchschnittstemperaturen unseres Planeten bis Mitte des 21. Jahrhunderts etwa um 1,5 °C bis 4,5 °C steigen. Ein starkes Abschmelzen landgestützter Eismassen sowie ein Ansteigen des Meeresspiegels um etwa einen Meter wären die Folgen. New York, London und Tokio könnten teilweise überflutet

werden, während kleine Atolle wie die Malediven in den Fluten versänken.

Die Klimaveränderungen, die mit einer globalen Erwärmung einhergehen, hätten unterschiedliche Auswirkungen: Teile des nördlichen Kanada und Skandinavien könnten Getreide anbauen; die Ernteerträge in Mittelaustralien, Teilen Afrikas, China, Indien und Südamerika würden steigen, da diese Regionen mehr Regen erhielten; für die getreideerzeugenden Gebiete Amerikas und der GUS wären Dürrekatastrophen die Folge.

Es bleibt abzuwarten, ob die Kräfte der Gaia den Planeten tatsächlich vor einem heftigen Klimaumschwung bewahren werden. Chemisches und biologisches Gleichgewicht bleiben für den Fortbestand des irdischen Lebens unverzichtbar. Gäbe es ein totales chemisches Gleichgewicht – einen Zustand ohne chemische Zyklen –, dann könnte die Erde kein Leben tragen.

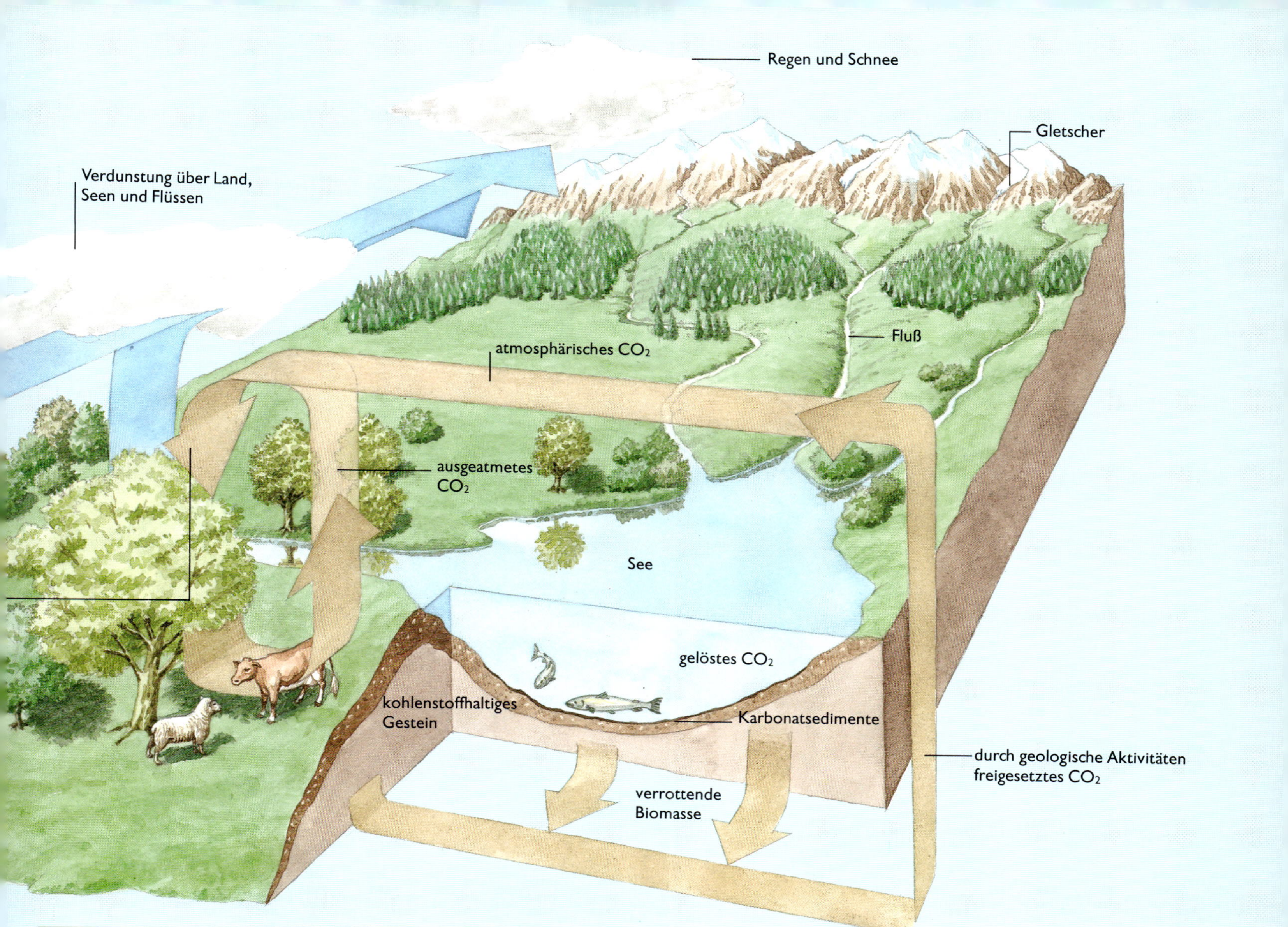

Regen und Schnee

Verdunstung über Land,
Seen und Flüssen

Gletscher

atmosphärisches CO_2

Fluß

ausgeatmetes
CO_2

See

gelöstes CO_2

kohlenstoffhaltiges
Gestein

Karbonatsedimente

durch geologische Aktivitäten
freigesetztes CO_2

verrottende
Biomasse

Die Gänseblümchenwelten

Die Kritik an der Gaia-Hypothese zielt vor allem darauf ab, daß die beteiligten Organismen stets im voraus „wissen" müßten, was erforderlich ist, um den Planeten im Gleichgewicht zu halten. James Lovelock trat ihr mit dem Entwurf eines „Gänseblümchenwelt"-Computerprogramms entgegen, das auf einer hypothetischen, erdähnlichen Welt abläuft. Die Gänseblümchen waren entweder schwarz oder weiß, begannen bei 5°C zu wachsen, blühten bei 20°C und stoppten ihr Wachstum schließlich bei 40°C.

Bei 5°C gediehen die schwarzen Gänseblümchen am besten, da sie mehr Sonnenlicht absorbierten und sich deshalb stärker erwärmten als der Boden. Stieg die Umgebungstemperatur, starben die schwarzen Gänseblümchen ab, während gleichzeitig die weißen Blumen erblühten, da ihre Blütenblätter durch Reflexion des Sonnenlichtes für Abkühlung sorgten. Ging die Umgebungstemperatur wieder zu-

rück, setzte erneut das Wachstum der schwarzen Gänseblümchen ein. Bei der Untersuchung von Gänseblümchen mit zehn verschiedenen Schattierungen stellte sich heraus, daß die Regelmechanismen weiterliefen, jedoch mit weitaus höherer Empfindlichkeit.

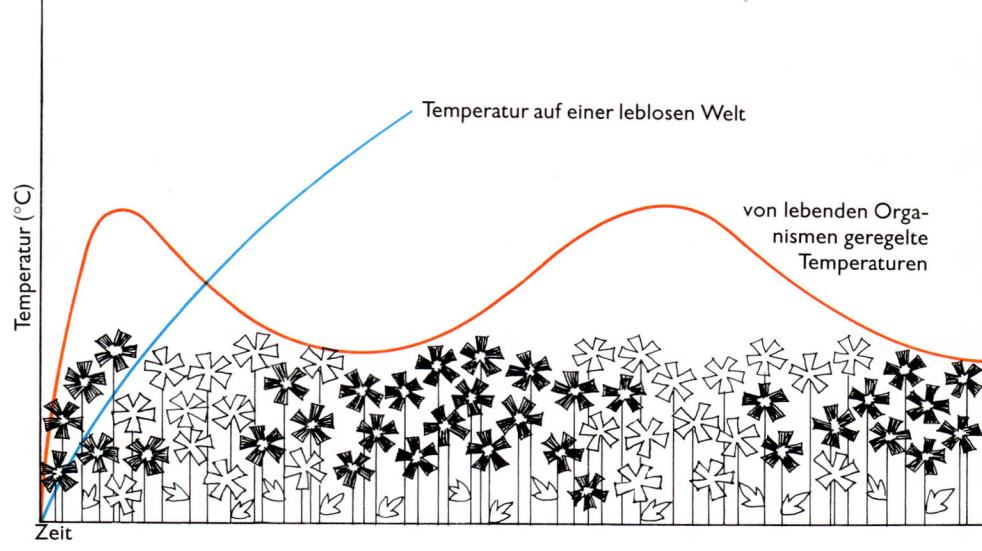

Temperatur auf einer leblosen Welt

von lebenden Organismen geregelte Temperaturen

Temperatur (°C)

Zeit

DIE NATUR DES LEBENS

● *Die Eigenschaften lebendiger Organismen*

Leben ist auf der Erde zwar allgegenwärtig, vom Meeresgrund bis zu den Gipfeln der Berge, doch kann man es im Labor nicht künstlich „erschaffen". Neues Leben vermag auch in einem Reagenzglas zu keimen, sobald eine menschliche Eizelle „in vitro" befruchtet wird, sie kann sich jedoch außerhalb des Mutterleibes nicht zu einem lebensfähigen Kind entwickeln.

Vor mehr als 2 500 Jahren sagte der griechische Philosoph Aristoteles: „Wir verstehen unter dem Begriff ‚lebendig sein', daß sich etwas selbst nähren kann, wächst und vergeht." Es gibt allerdings noch andere erkennbare Merkmale lebendiger Materie.

Kristalle sind beispielsweise als nicht lebendige Materie anzusehen, obwohl ihr Verhalten der Beschreibung des Ari-

stoteles entspricht. Hängt man einen Faden in eine gesättigte Zuckerlösung, so überzieht er sich mit Zuckerkristallen. Die Schnur wird vom Zucker „genährt", und im Lauf der Zeit wachsen und vermehren sich die Kristalle, bis der Zucker auskristallisiert ist.

Dieses Wachstumsverhalten ist für lebendige Materie charakteristisch, doch offenbar nicht für Lebewesen allein. Der Zucker kann sich wieder auflösen, so daß die Kristalle zerfallen oder „sterben", doch auch das macht sie nicht zu lebenden Wesen.

Lebende Organismen besitzen die Fähigkeit, sich selbst zu reproduzieren und zu reparieren; zudem müssen sie auf ihre Umwelt reagieren können – doch auch hier lassen sich mit leblosen Objekten gültige Vergleiche anstellen.

Der aus Ungarn stammende US-Mathematiker John von Neumann entwarf die mathematische Darstellung einer idealisierten, sich selbst reproduzierenden Maschine. Sie besteht aus zwei Teilen – einer Konstruktionseinheit und einem Computerprogramm, das alle Daten und Anweisungen enthält. Die Aktionen der Konstruktionseinheit sind vom Computerprogramm und von der Umwelt abhängig.

Um funktionieren zu können, muß die sich selbst reproduzierende Maschine in der Lage sein, die ihr zur Verfügung stehenden Materialien aufzunehmen und zu verwenden. Unter günstigen Umständen besitzt die von ihr hergestellte neue „Tochtermaschine" wieder ihre eigene Datenbank und kann sich erneut reproduzieren. Da sie sich der Rohstoffe bedient, die ihr von außen zugänglich sind, kann man von der Maschine behaupten, sie stehe zumindest in einer begrenzten Wechselwirkung mit der Umwelt. Die Maschine war nicht fähig, sich selbst zu reparieren, doch auch das muß nicht als Unmöglichkeit gelten.

Vergleicht man nun eine derartige Maschine mit einem lebenden Organismus, werden wesentliche Unterschiede deutlich. Die gesamte belebte Materie besteht aus Zellen, die komplexe Konstruktionen einfacher biochemischer Materialien darstellen. Diese Zellen können wachsen, sich teilen und sich so reproduzieren.

Lebende Organismen und leblose Dinge unterscheiden sich grundlegend in der Art und Weise, wie Materialien verwendet werden. Wachstum, Reproduktion und selbsttätige Reparaturen geschehen innerhalb des lebenden Körpers. Anders als Kristalle oder die Neumannsche Maschine, die Material so, wie es ist, aufnehmen und verwenden, vermag sich eine Zelle aus einfachsten Zutaten in einen komplizierten Organismus umzuformen, der Millionen von Zellen enthält. Das Material im Kristall oder in der Maschine bleibt unverändert. Leblose Objekte sind nicht imstande, Substanzen aufzunehmen, ihren Bedürfnissen anzupassen

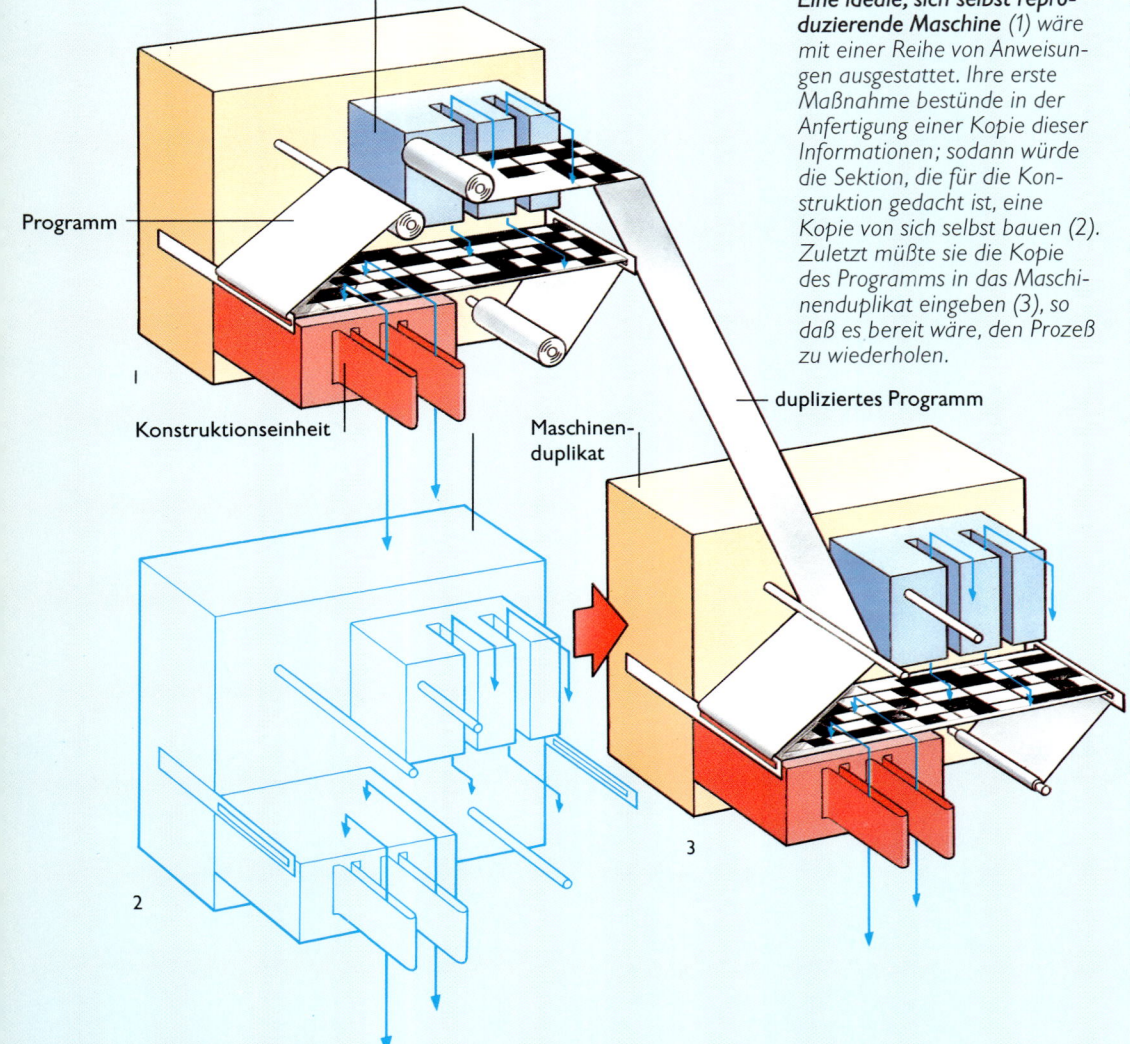

Eine ideale, sich selbst reproduzierende Maschine (1) wäre mit einer Reihe von Anweisungen ausgestattet. Ihre erste Maßnahme bestünde in der Anfertigung einer Kopie dieser Informationen; sodann würde die Sektion, die für die Konstruktion gedacht ist, eine Kopie von sich selbst bauen (2). Zuletzt müßte sie die Kopie des Programms in das Maschinenduplikat eingeben (3), so daß es bereit wäre, den Prozeß zu wiederholen.

Programmkopierer

Programm

Konstruktionseinheit

Maschinen-duplikat

dupliziertes Programm

Kristalle scheinen zu
wachsen und sich zu
reproduzieren (oben
und links), wenn
bestimmte Umweltbe-
dingungen vorliegen –
meist eine Flüssigkeit,
in der die Substanz,
aus der Kristalle
bestehen, in gelöster
Form vorhanden ist.
Doch sie können nicht
auf Veränderungen
ihrer Umwelt reagie-
ren oder eigene
Schäden beheben.

Ein Virus benutzt eine
Wirtszelle, um weiter-
zubestehen und sich
fortzupflanzen. Hier
entwickeln sich aus
einer Wirtszelle neue
Viruskörper (unten).
Der Virus kann von
sich selbst keine Ko-
pien anfertigen, son-
dern überwältigt dazu
eine Zelle. Daß er sei-
ne eigene Reproduk-
tion veranlassen kann,
qualifiziert ihn gerade
noch als Lebewesen.

und für ihre Vermehrung einzusetzen,
wie es in den Zellen geschieht.

Die Fähigkeit, Reparaturen selbst aus-
zuführen, hat für alles Lebende große
Bedeutung: Ein verlorener Seestern-
arm kann nachwachsen, eine tiefe
Hautwunde ausheilen, die menschliche Leber vermag sich zu regenerieren.

Die Reaktionen der Lebewesen auf
ihre Umwelt zeigen eine große Vielfalt.
Bakterien antworten auf Veränderungen ihrer Umwelt mit subtilen Umstel-
lungen interner chemischer Prozesse.
Die Venusfliegenfalle, eine fleischfres-
sende Pflanze, kann mit Hilfe chemischer „Sinnesorgane" ihr Futter wahrnehmen und entsprechend reagieren.
Tiere benützen ihre Sinne für die Wahr-
nehmung der Umweltsignale; dazu gehören vor allem die Futtersuche und
die Wahl eines geeigneten Fortpflan-
zungspartners.

Der Mensch steht unbestritten als
Höhepunkt der Entwicklung da. Unsere komplexen Reaktionen auf die
Umwelt, die Fähigkeiten unseres Ge-
dächtnisses und der konstruktiven
Gedankenführung sowie unser Bewußtsein erheben uns weit über jede
andere Spezies.

DIE CHEMIE DES LEBENS

● *Die fundamentalen Bausteine*

Alles Lebendige auf der Erde, von den Bakterien zu den Pflanzen und Tieren, basiert auf dem chemischen Element Kohlenstoff. Das Kohlenstoffatom zeigt eine einzigartige Fähigkeit, sich mit weiteren Kohlenstoffatomen und den Atomen anderer Elemente, vorrangig des Wasserstoffs, zusammenzutun.

Kohlenstoffatome können sich miteinander verbinden, indem sie sich Elektronen teilen. Auf diesem Wege der kovalenten Bindung kann sich ein Kohlenstoffatom an seinesgleichen

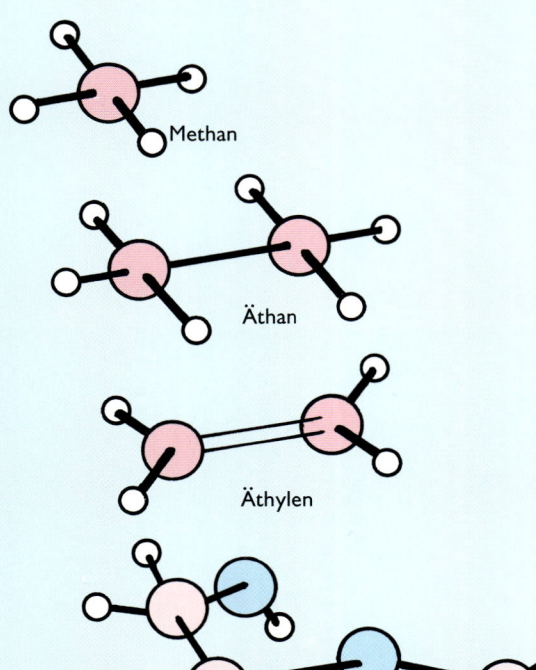

Methan

Äthan

Äthylen

Glukose

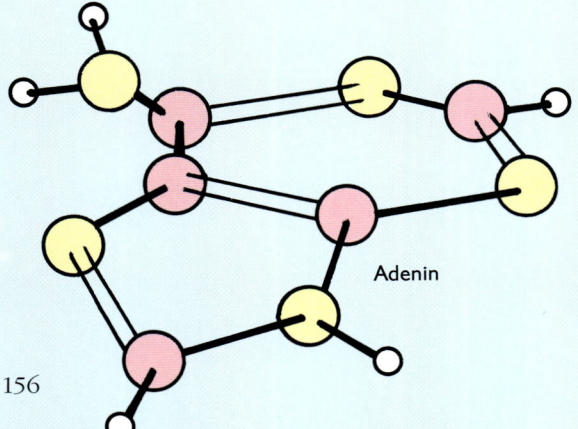

Adenin

und gleichzeitig an weitere Elemente oder Verbindungen hängen. Somit vermag der Kohlenstoff Moleküle zu formen, die auf einer Ringstruktur von sechs Kohlenstoffatomen beruhen. Derartige zum Teil wasserlösliche Moleküle sind für viele Lebensvorgänge wie auch die Photosynthese von zentraler Bedeutung.

Der Kohlenstoff ist auch imstande, sich mit seinesgleichen zu langen Ketten oder Polymeren zusammenzufinden, die in der Natur das chemische Rückgrat komplexer organischer Moleküle darstellen und daher für die Struktur und Erhaltung des Lebens unverzichtbar sind. Sie bilden die stützenden Wände der Pflanzenzellen sowie Insulin, ein Hormon, das Menschen für den Zuckerstoffwechsel benötigen.

Der Temperaturbereich des auf Kohlenstoff beruhenden Lebens erweist sich nach irdischen, wenn nicht auch nach kosmischen Maßstäben als gewaltig. Er umfaßt annähernd 100 °C – den Bereich zwischen Gefrier- und Siedepunkt des Wassers, der Substanz, die am Aufbau aller lebenden Organismen einen großen Anteil trägt. Einige Algen gedeihen noch bei Temperaturen von 70 °C und 80 °C, während bestimmte Bakterien selbst bei 95 °C noch aktives Wachstum zeigen. Im Labor überleben sie sogar oberhalb des Siedepunktes, bei 104 °C. Viele Flechten können sowohl in der Hitze der Sahara wie auch in der Kälte der Arktis existieren. Auch Fische, deren Blut besondere Eigenschaften aufweist, vermögen einige Grade unter dem Gefrierpunkt zu überleben.

Kohlenstoff ist einzig in seiner Fähigkeit, Moleküle zu bilden. Methan ist eines der einfachsten organischen Moleküle. Bei Äthan und Äthylen verkoppelt eine Einfach- oder Doppelbindung zwei Kohlenstoffatome. Glukose und Adenin bestehen aus Kohlenstoffringen. Kohlenstoffatome sind hier rosa, Wasserstoff weiß, Sauerstoff blau und Stickstoff gelb dargestellt.

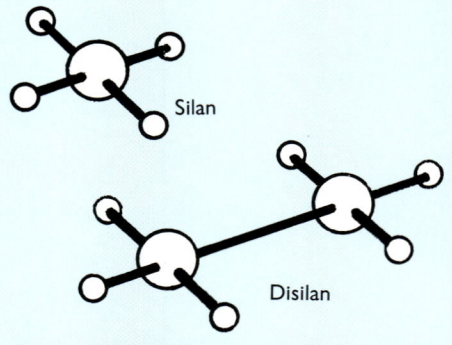

Silan

Disilan

Silizium ähnelt dem Kohlenstoff in seiner Fähigkeit, große Kettenmoleküle zu bilden. Die Moleküle der Verbindungen Silan und Disilan sind z.B. Entsprechungen des Methans bzw. des Äthans. Diese Siliziumverbindungen zeigen sich jedoch im allgemeinen weniger stabil als die entsprechenden kohlenstoffhaltigen Verbindungen.

Die komplexen Moleküle lebender Materie werden durch kurzwellige Strahlung gefährdet, die sie zerstört oder verändert, wie das Beispiel der Bräunung weißer Haut durch ultraviolettes Licht veranschaulicht. Die UV-Strahlung regt die Produktion des Pigmentes Melanin an, das die Strahlung von einer Durchdringung der Haut abhalten soll. Da diese Strahlung im Universum allgegenwärtig ist, kann nur dort Leben bestehen, wo beispielsweise eine Planetenatmosphäre ausreichend Schutz bietet.

Auf unserer Erde bildet das Element Sauerstoff einen wichtigen Bestandteil der Lebewesen und gleichzeitig einen

Winzige Diatomeen (links) stehen in den Ozeanen am Anfang der Nahrungskette. Sie haben eine Methode gefunden, das Element Silizium zur Härtung ihrer Schalen einzusetzen.

Ohne Sonnenlicht leben diese 2 m langen Röhrenwürmer auf dem Grund der Tiefseegräben. Sie ernähren sich von Bakterien, die Energie aus dem heißen Wasser ziehen, das, mit Schwefelwasserstoff angereichert, aus Thermalquellen strömt. Diese Gemeinschaften sind die einzigen, die ihre Energie letztlich nicht durch Photosynthese gewinnen.

Teil der Atmosphäre. Atmosphärischer Sauerstoff wird von Grünpflanzen als Abfallprodukt der Photosynthese freigesetzt und von Tieren für die Atmung gebraucht. Man stellte fest, daß Schwefel auf ähnliche Weise wie Sauerstoff wirken kann; tatsächlich dient er etlichen Tiefseekreaturen als Energiequelle. Biochemiker zogen daher die Möglichkeit von Lebenssystemen in Betracht, die eher auf dem Element Silizium als auf Kohlenstoff beruhen. Wenn es auch keine ringförmigen Moleküle bilden kann, so verbindet sich Silizium doch bereitwillig mit Sauerstoff. Sand oder andere Silikate bilden die häufigsten Chemikalien auf der Erde; Silikatverbindungen mit Kalzium und Aluminium lassen sich in vielen Gesteinen auf der Erde finden.

Da diese Verbindungen nicht wasserlöslich sind, erscheinen sie als Lebensgrundlage ungeeignet. Allerdings zeigen sich einige Bakterien in der Lage, unlösliche Substanzen wie Schwefel zu erzeugen und perfekt zu verarbeiten.

Siliziummoleküle sind allgemein hitzebeständiger als Kohlenstoffverbindungen. Silikone – Polymere mit einer zentralen Kette aus abwechselnd Sauerstoff- und Silizium-Atomen, die meist in Schmiermitteln oder synthetischem Gummi Verwendung finden – bleiben bis 350°C stabil. Sollte ein Leben auf Siliziumbasis möglich sein, so könnte es nach Auffassung der Biochemiker bis etwa 250°C stabil bleiben. Wenn die an der Seite einer Siliziumkette liegenden Atome eine größere Vielfalt besäßen, könnten sie möglicherweise als Grundlage für Leben irgendwo im Universum dienen, auf Planeten, auf denen höhere Temperaturen herrschen als im irdischen Bereich.

Unlängst faßten Biochemiker noch weitere Alternativen zu Kohlenstoff und Silizium ins Auge, und zwar Verbindungen aus Germanium, Selenium und Schwefel. Doch wie Silizium scheinen auch sie Leben nur mit großen Einschränkungen zuzulassen.

DER BEGINN DES LEBENS

● *Entstehung der grundlegenden Moleküle*

Die Entstehung des Lebens auf der Erde bleibt ein Rätsel, für dessen Lösung wahrscheinlich nur zwei Möglichkeiten in Frage kommen: Entweder entwickelten sich hier geeignete Bedingungen für die Synthese der chemischen Grundlagen des Lebens, oder es entstand mit Hilfe komplexer organischer Materie aus dem All.

Etwa 1930 kamen der russische Wissenschaftler Alexandr Oparin und seine amerikanischen Kollegen Melvin Calvin und Harold Urey zu dem Schluß, daß Leben auch in einer Atmosphäre ohne freien Sauerstoff entstehen könne – dieser war in der Frühzeit unserer Erde vollständig an andere chemische Elemente gebunden. Der Chicagoer Chemiker Stanley Miller unterstützte diese These mit einem Experiment, das die Bedingungen auf der Erde vor 3,5 bis 4 Milliarden Jahren simulierte.

In einem mit destilliertem Wasser gefüllten Glaskolben schickte Miller Strom durch ein Gemisch aus Ammoniak, Wasserstoff und Methan. Das Gasgemisch simulierte die Bestandteile der Uratmosphäre, der Strom die dort auftretenden Lichtblitze. Bereits nach einer Woche hatte sich das Wasser tief rot verfärbt und enthielt neben einfachen Säuren auch Aminosäuren – die organischen Moleküle, aus denen Proteine bestehen und die einen wichtigen Bestandteil des Lebens darstellen.

Dieses Gemisch entspricht der Ursuppe, die man für den Entstehungsort des Lebens hält. Später erkannte man, daß sich unter ähnlichen Bedingungen auch aus anderen Elementen die Grundformen organischer Moleküle, zum Beispiel Zucker und Nukleotide (die Bausteine des genetischen Materials DNS), bilden können.

Dieses Szenario erscheint plausibel, wirft aber ein Zeitproblem auf. Versteinerungen einfacher Organismen wie Bakterien und Algen lassen auf ein Alter von mindestens 3,2 Milliarden Jahren schließen. Sie besitzen trotz ihres einfachen biologischen Aufbaus bereits eine relativ komplexe chemische Struktur. Nach dem hier beschriebenen Experiment wären die ersten biologischen

Die Entwicklung des Lebens könnte vor etwa 4 Milliarden Jahren begonnen haben, als die Energie elektrischer Stürme auf die Ursuppe aus Methan, Ammoniak, Kohlenmonoxid, Kohlendioxid und Wasser einwirkte und Aminosäuren wie Phenylalanin, Tryptophan, Histidin, Glycin und Valin entstehen ließ.

Bausteine jedoch höchstens eine Milliarde Jahre älter. Genügte diese Zeitspanne für die nötigen evolutionären Veränderungen?

Die Entstehung der Aminosäuren könnte schon mehr als 4,2 Milliarden Jahre zurückliegen und die Synthese komplexer Materie schneller abgelaufen sein als die nachfolgenden Evolutionsschritte, etwa die Entwicklung dieser versteinerten Organismen. Möglicherweise gelangte organisches Material auch aus dem All auf die Erde.

Seit Radioastronomen Ende der sechziger Jahre in Dunkelnebeln organische Moleküle entdeckten, zieht man das All als Herkunftsort komplexerer Moleküle in Betracht. Sie müßten jedoch auf dem Weg zur Erde der Zerstörung durch kurzwellige Strahlung entgangen sein. Als Quelle wie Transportmittel dieser Moleküle kommen nur Meteoriten oder Kometenstaub in Frage.

Bei der Analyse eines 1969 auf der Erde eingeschlagenen Meteoriten fand man mindestens 74 Aminosäuren, die teils den irdischen ähnlich waren, teils aber auch Unterschiede aufwiesen. Letztere konnten also nicht erst nach dem Einschlag aufgenommen worden sein. Die atomaren Bestandteile einer Aminosäure sind mit der Kohlenstoffkette im Inneren entweder rechts- oder linksdrehend verbunden. Auf der Erde gibt es nur linksdrehende Aminosäu-

ren, die des Meteoriten waren dagegen sowohl rechts- als auch linksdrehend.

Vor etwa 70 Millionen Jahren verteilte ein riesiger Komet Meteore und Staub in unserem Sonnensystem. Etwa 20 000 Jahre später schlug einer dieser Meteoriten an der dänischen Küste bei Stevns Klint ein. Das Ereignis hinterließ deutliche Spuren an der Grenze zwischen den Schichten von Kreidezeit und Tertiär, die sich damals gerade abgelagert hatten. Der Staub des Kometen gelangte jedoch schon etwa 15 000 Jahre vor und noch Jahrtausende nach diesem Einschlag auf die Erde. Im Inneren des Meteoriten wurden beim Einschlag vermutlich alle Aminosäuren zerstört; in dem feinen Staub blieben sie vielleicht erhalten und gelangten so auf die Erde. Tatsächlich fand man entsprechende Moleküle am Übergang der Schichten aus Kreidezeit und Tertiär.

Primitive Atmosphäre
Methan
Kohlendioxid
Energie aus Lichtblitzen
Wasserstoff
Ammoniak
Entstehung von Aminosäuren
Wasser
Kohlenmonoxid
Glycin
Histidin
Phenylalanin
Valin
Tryptophan

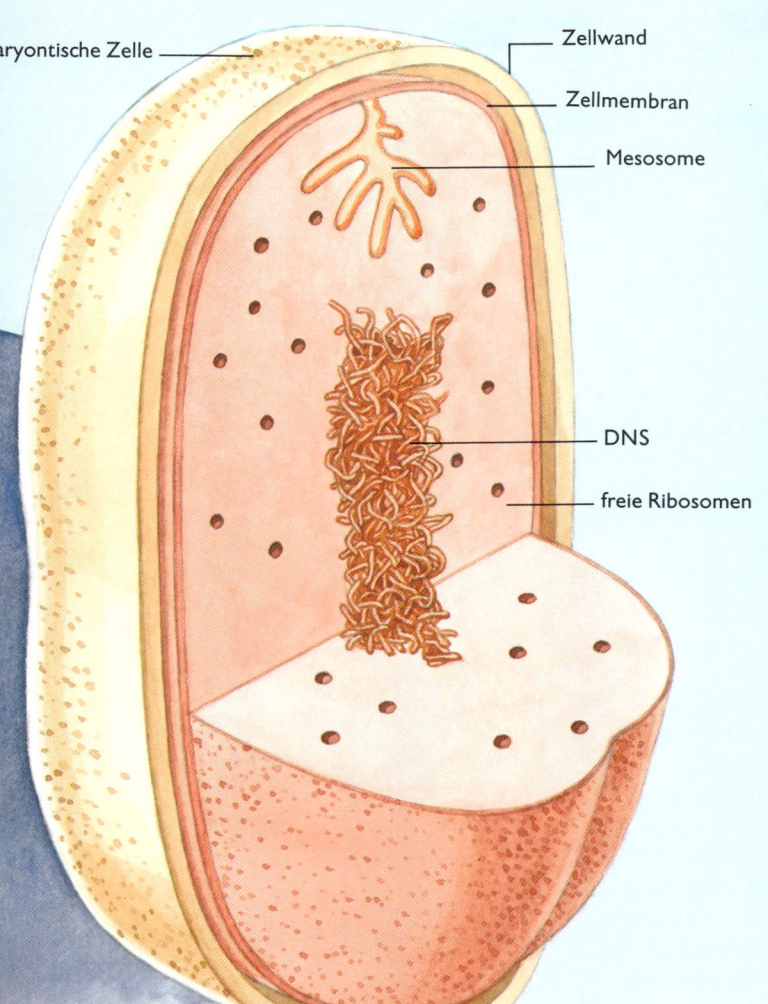

aryontische Zelle ———————— Zellwand

Zellmembran

Mesosome

DNS

freie Ribosomen

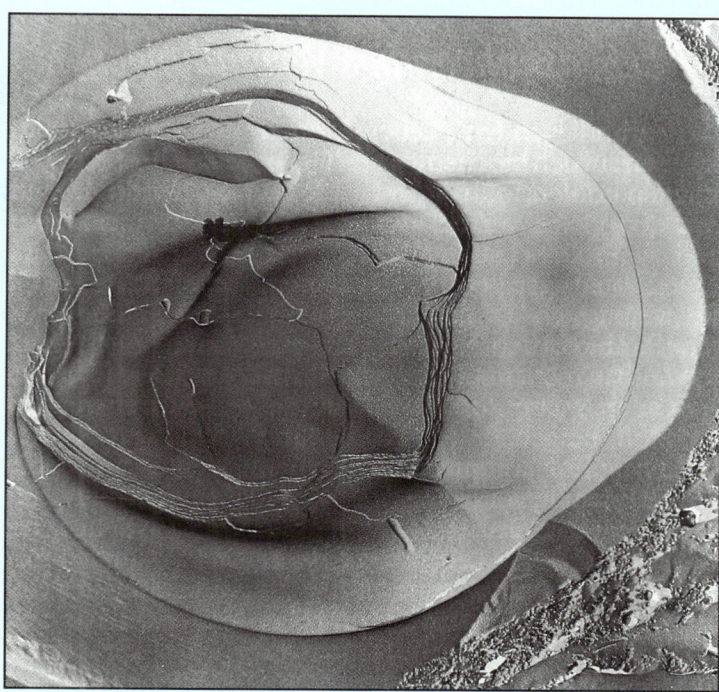

Die frühesten Belege für Leben auf der Erde findet man in etwa 3,8 Milliarden Jahre alten Versteinerungen primitiver Einzeller, den sogenannten prokaryontischen Zellen, die noch keinen festen Zellkern besitzen. Ein Großteil ihrer chemischen Aktivität läuft in stark gefalteten Öffnungen der Zellmembran, den Mesosomen, ab.

Im Labor entdeckten Wissenschaftler, daß Phosopholipide – Moleküle, deren eines Ende in Wasser, das andere dagegen in Fett löslich ist – im Wasser spontan kugelförmige mehrschichtige Strukturen, die Liposome, bilden (oben). Die äußere Schicht des Liposoms wirkt als Membran, die für die Entstehung des Lebens ebenso wichtig ist wie die Bildung der DNS.

Moleküle aus dem All

Als der Halley-Komet (rechts) 1986 seine minimale Entfernung von der Erde hatte, zeigten Aufnahmen von Sonden, daß der zentrale Kern des Kometenkopfes ausreichend Schutz für das Formaldehyd in seinem Inneren bot. Eine derartige Substanz könnte als Grundlage vieler organischer Moleküle gedient haben. Ähnliche Bedingungen wie im Halley-Kometen herrschten womöglich auch in großen Meteoriten, die auf der Erde einschlugen. Organische Substanzen könnten uns daher mit dem Kometenstaub erreichen, den die Erde auf ihrer Umlaufbahn „aufsaugt".

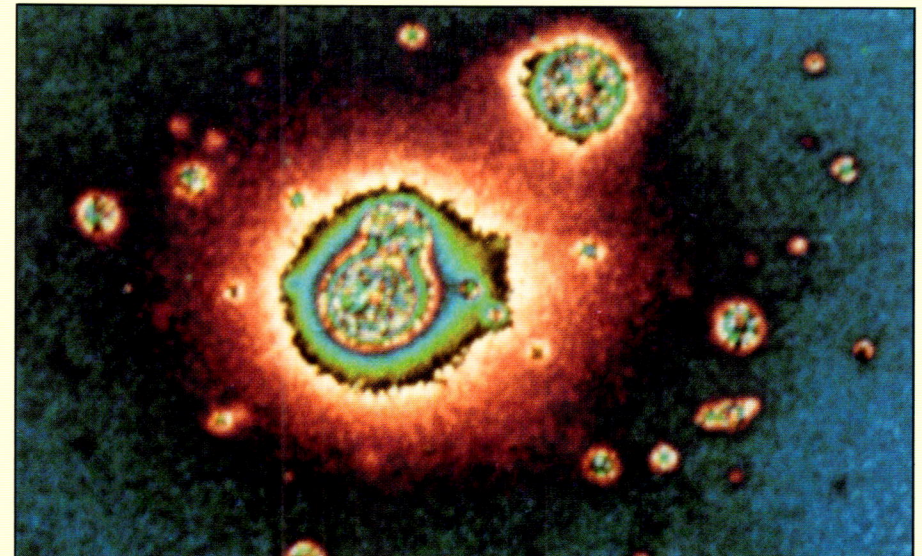

Kometen könnten im Kern Moleküle des Lebens beherbergen und schützen.

MOLEKÜLE DES LEBENS

● *Lebensnotwendige Verbindungen*

Alle grundlegenden Lebensformen beruhen auf den biochemischen Eigenschaften kohlenstoffhaltiger Moleküle. Von den vielen verschiedenen Arten sind die Proteine, strangförmige, dreidimensional gefaltete Aminosäuren, die wichtigsten. Es gibt 20 verschiedene Aminosäuren, in deren komplexen Aufbau nicht nur Kohlenstoff, sondern auch Wasserstoff, Sauerstoff und Stickstoff eingehen. Schwefel, Eisen und Phosphor kommen in Proteinen ebenfalls häufig vor.

Proteine spielen bei der Enstehung und Erhaltung des Lebens eine wichtige Rolle. Strukturproteine bilden das Grundgerüst der pflanzlichen und tierischen Zellen. Andere Proteine überwachen die Reaktionen in und zwischen Zellen. Sie wirken als Katalysatoren, die lebenswichtige biochemische Reaktionen ermöglichen und beschleunigen. Von den Katalyseproteinen der Lebewesen, den Enzymen, kontrolliert jedes einzelne eine bestimmte biochemische Reaktion: Die Aminosäurekette auf der Rückseite des Proteins kann genau das Element aufnehmen, auf das das Enzym wirken soll.

Zwar gibt es nur 20 Aminosäuren, doch können sie auf so vielfältige Weise angeordnet werden, daß eine enorme Zahl verschiedener Reaktionsmöglichkeiten entsteht. Ein Protein aus nur 10 Aminosäuren könnte 10^{20} mögliche Verhaltensweisen und Formen entwickeln. Tatsächlich bestehen Proteine aus mehreren hundert Aminosäuren, die ein nahezu unendliches Spektrum biochemischer Aktivität ermöglichen.

Alle Lebensformen enthalten neben Proteinen auch Nukleinsäuren, unter anderem die Desoxyribonukleinsäure (DNS). Der Aufbau dieses großen, langkettigen organischen Moleküls ist relativ einfach. Es besteht aus chemischen Einheiten, die jeweils einen Zucker und ein Phosphat einschließen. Jeder Zucker ist auf beiden Seiten mit einer Base – einer wasserlöslichen Gruppe von Atomen, aus der bei Zugabe von Säure Salze entstehen – verbunden. Die DNS enthält vier Basen: Adenin, Cytosin, Guanin und Thymin.

Jeder Abschnitt der DNS – bestehend aus Phosphat, Zucker und Base – heißt Nukleotid. Die gesamte DNS zeigt die Form einer Doppelhelix. Sie kann sich zwar aus 300 Millionen Atomen zusammensetzen und bis zu einem Meter Länge auseinandergezogen werden – durch eine mehrfache Faltung nimmt sie jedoch nur wenig Platz ein.

Bei den meisten Zellen befindet sich die DNS in Form stabförmiger Chromosomen im Zellkern. Die Chromosomen enthalten die Gene, Abschnitte reiner DNS, in denen sich die codierten Anweisungen für die Entstehung und Erhaltung des Organismus befinden – sie bilden das Genom.

Der genetische Code ist durch die Reihenfolge der Atome verschlüsselt. Im allgemeinen codiert ein Gen die Produktion eines Enzyms, das dann wiederum bestimmte Reaktionen der Zelle kontrolliert. Zusätzlich können sich die Gene auch gegenseitig kontrollieren – zum Beispiel als An- und Ausschalter.

Die DNS ermöglicht nicht nur die einmalige biochemische Entstehung des Lebens, sondern auch den lebenswichtigen Prozeß der Selbstreparatur und -reproduktion. Bei der einfachsten Form der Reproduktion – einer exakten Zellkopie – löst die Doppelhelix ihre Spiralstruktur auf und fertigt eine

Kopie ihrer komplementären Kette an. Es entstehen so vor der Zellteilung zwei gleiche Ketten. Bei der Verdopplung der Keimzellen verläuft der Prozeß ähnlich, nur wird er durch Verminderung und Austausch genetischen Materials noch komplizierter.

Eine Vermischung des genetischen Materials bewirkt nur ein verändertes Aussehen (einen anderen Phenotyp) des Individuums. Eine genetische Veränderung oder Mutation ist dagegen eine bleibende Änderung der Nukleotidfolge der DNS.

Mutationen treten spontan auf oder werden von Umwelteinflüssen wie Strahlung oder bestimmten Drogen ausgelöst. Sie können für angeborene Mißbildungen verantwortlich sein und einen Organismus zerstören aber auch günstige Folgen haben und einen Organismus besser an die Umwelt anpassen. Derartige Mutationen machen die Evolution erst möglich.

Im Gegensatz zu einzelligen Bakterien, die sich selbständig reproduzieren können, sind Viren für die erfolgreiche Verdopplung ihrer DNS von äußeren Umständen abhängig. Ein Virus ist nur imstande, sich zu verdoppeln, indem er die chemischen Bestandteile einer geeigneten Wirtszelle nutzt. Zu diesem Zweck „kidnappt" er die Ribonuklein-

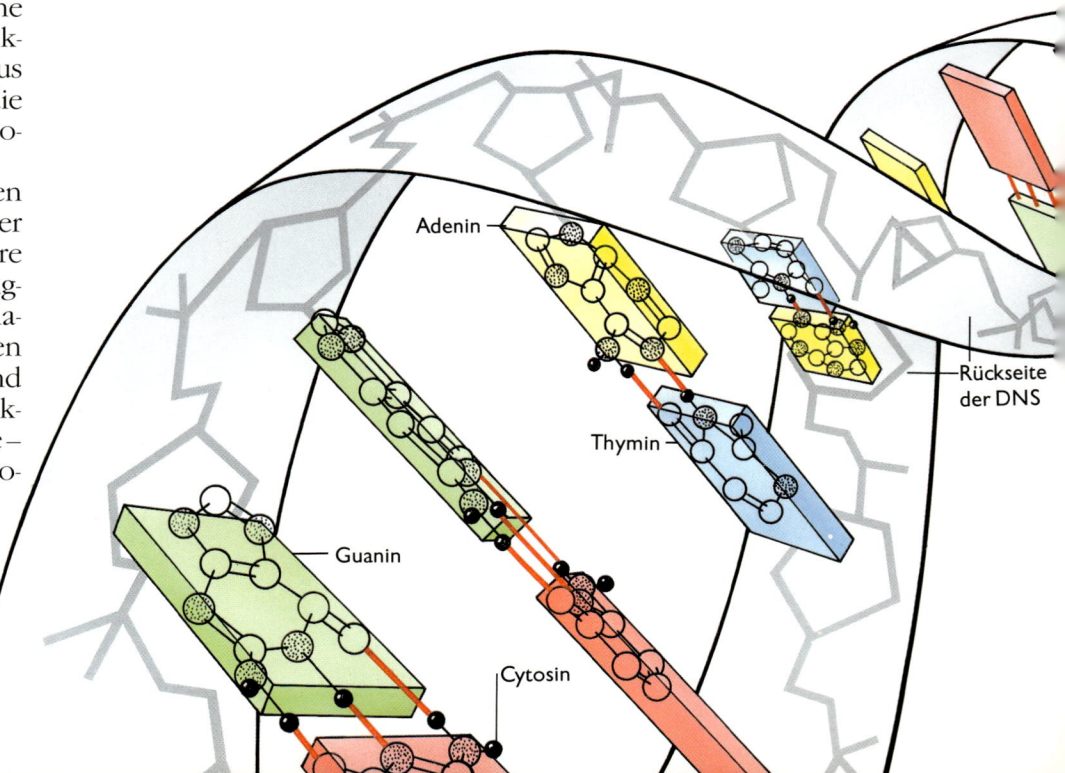

Adenin

Thymin

Guanin

Cytosin

Rückseite der DNS

säure (RNS) der Zelle, ein Botenmolekül, das bei der Verdoppelung und Produktion von Proteinen benötigt wird und der DNS gleicht. Viren stellen eine Art Bindeglied zwischen Leben und Nichtleben dar. Isolierte Viren klumpen sich wie leblose Kristalle zusammen. Das Lebensmolekül DNS befähigt sie jedoch, unter günstigen Bedingungen für eine Reproduktion zu sorgen. Man vermutet seit langem, daß Viren aus dem All auf die Erde gelangten.

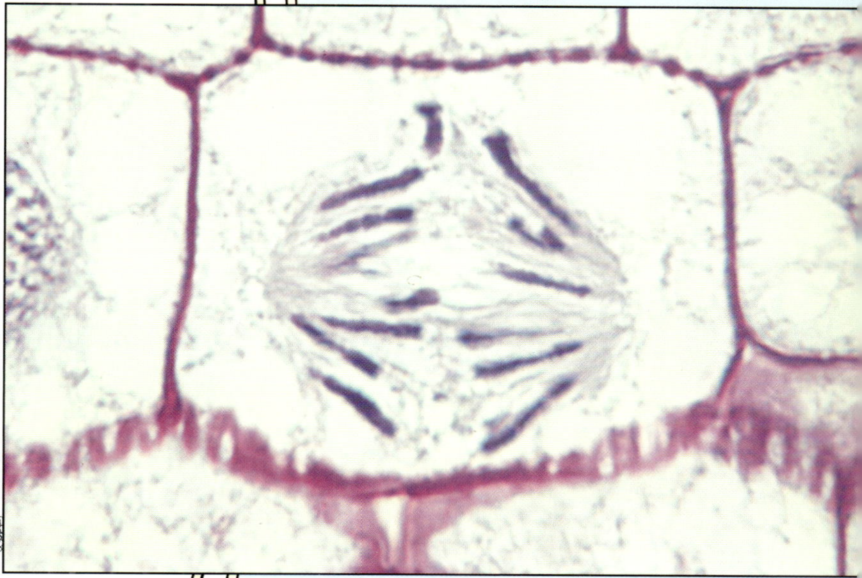

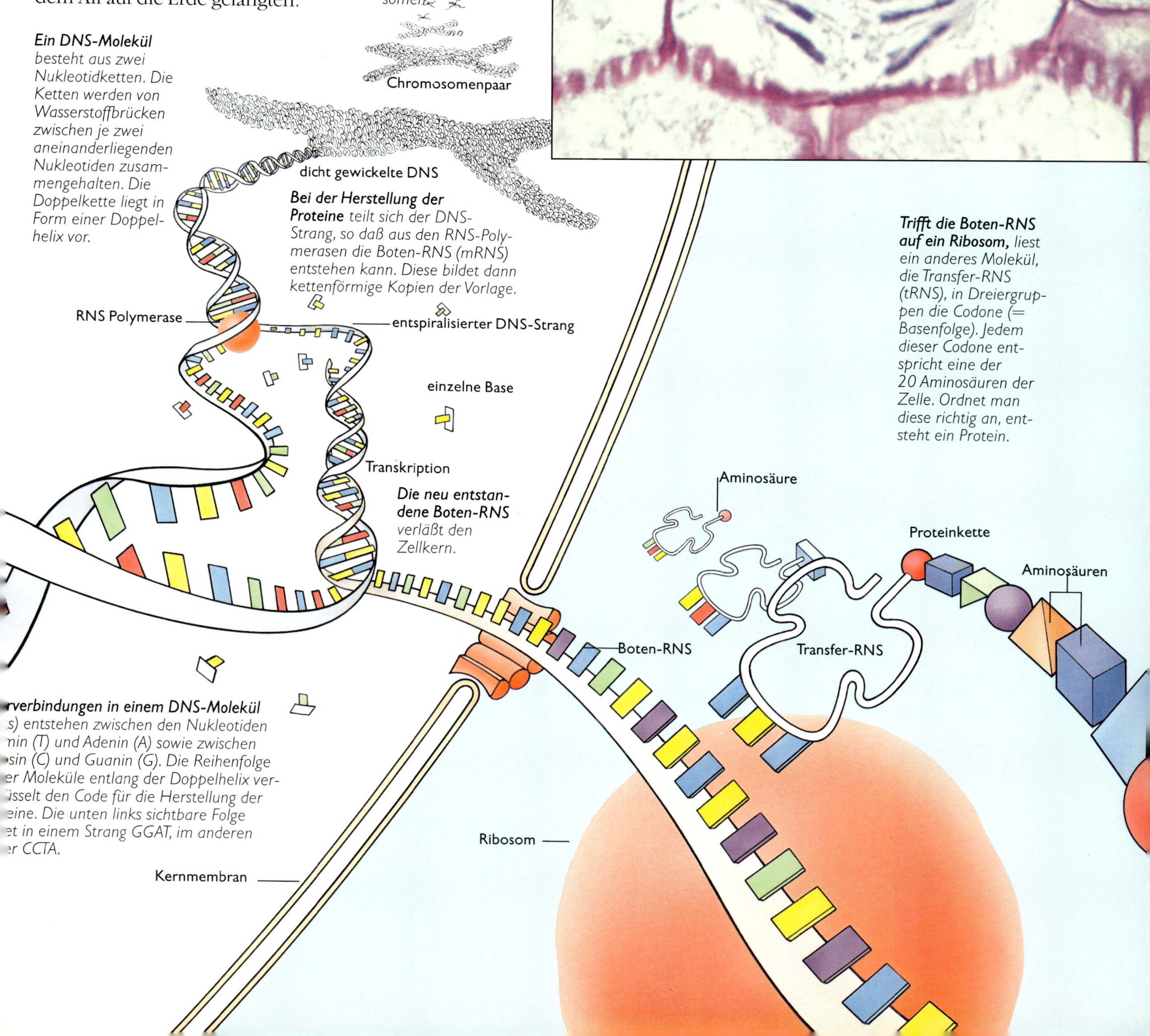

Ein DNS-Molekül
besteht aus zwei Nukleotidketten. Die Ketten werden von Wasserstoffbrücken zwischen je zwei aneinanderliegenden Nukleotiden zusammengehalten. Die Doppelkette liegt in Form einer Doppelhelix vor.

Zellverdopplung (rechts) erfordert eine genaue Kopie aller genetischen Informationen der Ursprungszelle. Während sich zwei Nukleotidketten der alten DNS entwirren, entstehen neue Nukleotidketten an ihrer Oberfläche. Auf diesem Bild sieht man die Trennung der neu entstandenen Chromosomen.

Chromosomenpaar

dicht gewickelte DNS

Bei der Herstellung der Proteine teilt sich der DNS-Strang, so daß aus den RNS-Polymerasen die Boten-RNS (mRNS) entstehen kann. Diese bildet dann kettenförmige Kopien der Vorlage.

RNS Polymerase

entspiralisierter DNS-Strang

einzelne Base

Transkription

Die neu entstandene Boten-RNS verläßt den Zellkern.

Trifft die Boten-RNS auf ein Ribosom, liest ein anderes Molekül, die Transfer-RNS (tRNS), in Dreiergruppen die Codone (= Basenfolge). Jedem dieser Codone entspricht eine der 20 Aminosäuren der Zelle. Ordnet man diese richtig an, entsteht ein Protein.

Aminosäure

Proteinkette

Aminosäuren

Boten-RNS

Transfer-RNS

...rverbindungen in einem DNS-Molekül
...s) entstehen zwischen den Nukleotiden
...nin (T) und Adenin (A) sowie zwischen
...sin (C) und Guanin (G). Die Reihenfolge
...er Moleküle entlang der Doppelhelix ver-
...isselt den Code für die Herstellung der
...eine. Die unten links sichtbare Folge
...et in einem Strang GGAT, im anderen
...er CCTA.

Kernmembran

Ribosom

HERRSCHAFT DES PLANETEN

● *Der Bereich des Lebens*

Die Zelle ist die Universaleinheit des Lebens, der Baustein, aus dem alle Lebewesen auf der Erde, Pflanzen und Tiere, zusammengesetzt sind. Bei gleichem Grundaufbau unterscheiden sich die Zellen nur im Detail. Jede Zelle besitzt eine mehrlagige äußere Hülle, die Membran, deren Schichten jeweils aus Proteinen oder Fettkügelchen bestehen. Sie zeigt sich in beiden Richtungen für verschiedene Substanzen durchlässig. Bei Pflanzen wird die Membran mit Zellulose stabilisiert.

Die Zelle enthält eine gallertartige Masse, das Zytoplasma, in dem subzelluläre Teilchen, die Organellen, liegen. Hier laufen Vorgänge wie die Energiegewinnung und die Protein- und Fettherstellung ab. Viele dieser Proteine dienen als Katalysatoren, die in der eigenen oder in angrenzenden Zellen selbst chemische Reaktionen ablaufen lassen. Andere Organellen verarbeiten das zum Teil auch schädliche Material, das in die Zelle geschleust wird.

Das Herz aller Zellen ist der Zellkern. Er beherbergt das genetische Material, das zusammen mit Proteinen die Chromosomen bildet. Hier werden auch die Aktivitäten der Zelle koordiniert; eine Zelle ist ohne Kern nicht lebensfähig.

Die Organellen der Pflanzenzellen, die Chloroplasten, enthalten kleine Häufchen grüner Farbstoffe, das Chlorophyll. Hier findet die Photosynthese statt, bei der unter Einwirkung der Sonnenenergie Kohlenhydrate entstehen.

Die ersten Zellen, die aus der Ursuppe hervorgingen und vor etwa vier Milliarden Jahren eigenständig auf der Erde existierten, waren vermutlich Bakterien, die sich von organischen Molekülen ihrer chemikalienreichen Umgebung ernährten. Aus ihnen entwickelten sich wahrscheinlich die ersten Pflanzen, die heutigen einzelligen Algen glichen.

Mit Beginn der Photosynthese erhöhten diese primitiven Pflanzen den Sauerstoffgehalt des Wassers, in dem sie lebten (Sauerstoff ist ein Abfallprodukt der Photosynthese). Nur so konnte tierisches Leben überhaupt entstehen, das von Sauerstoff abhängt.

Die Geschichte der Evolution offenbart sich beim Studium der DNS. Ein Gen, das man bei verschiedenen Arten findet, kontrolliert die Produktion des Enzyms Cytochrom-Oxidase. Dieses Enzym wirkt beim Sauerstoffverbrauch der Zelle mit; es zeigt bei jedem Lebewesen eine andere Zusammensetzung und unterscheidet sich somit auch im Aufbau der DNS. Die Ähnlichkeit dieses Gens bei verschiedenen Arten bringt den jeweiligen Verwandtschaftsgrad zum Ausdruck. Diese Karte der Evolutionsgeschichte bestimmter Arten beruht auf der Ähnlichkeit ihrer Gene, die für die Herstellung der Cytochrom-Oxidase verantwortlich sind.

Mensch
Affe
Hund
Kaninchen
Taube
Schwein
Känguruh
Pferd
Esel

Die Entwicklung zu höheren Lebensformen dauerte Millionen von Jahren. Schrittweise bildeten sich mehrzellige Organismen, deren Zellen auf bestimmte Aufgaben, zum Beispiel Reproduktion sowie Spüren und Reagieren auf die Umwelt, spezialisiert waren. Zu Beginn des Kambriums, vor etwa 560 Millionen Jahren, gab es bereits so komplizierte Organismen wie große Meerespflanzen und Tiere.

Mit Beginn dieses neuen Zeitalters der Evolution kam es zu einer sprunghaften Vermehrung der Korallen und der mehrgliedrigen Trilobiten. Ihnen folgten die ersten Fische. Doch noch immer spielte sich alles Leben im Meer ab. Die Landmasse der Erde, die damals noch einen einzigen Megakontinent bildete, blieb ohne Leben. Die ersten Landpflanzen erschienen vor etwa 400 Millionen Jahren und leiteten die devonische Zeit ein. Sie entwickelten sich zu einer Artenvielfalt von kleinen Moosen bis zu riesigen Baumfarnen und veränderten die Lebensbedingungen auf der Erde. Die Atmosphäre erhielt freien Sauerstoff, so daß die ersten Landtiere – Insekten, Lungenfische und die ersten Amphibien – den Planeten besiedeln konnten.

Während der Karbonzeit, die vor etwa 345 Millionen Jahren begann, tauchten die ersten Reptilien sowie geflügelte Insekten auf. Letztere entwickelten sich gleichzeitig mit den blühenden Pflanzen, deren Befruchtung sie ermöglichten. In den folgenden prähi-

Jede Linie in diesen Vierergruppen von Bändern steht für eine der vier Nukleotidbasen Adenin, Guanin, Cytosin oder Thymin, aus denen sich der genetische Code der Nematoden zusammensetzt. Der genetische Code dieses Fadenwurms ist zwar sehr umfangreich, mit der Komplexität des menschlichen Genoms jedoch nicht vergleichbar.

Neurospora

Candida

Saccharomycia

Motte

Schraubfliege

Thunfisch

Schlange

Schildkröte

Pinguin

Huhn

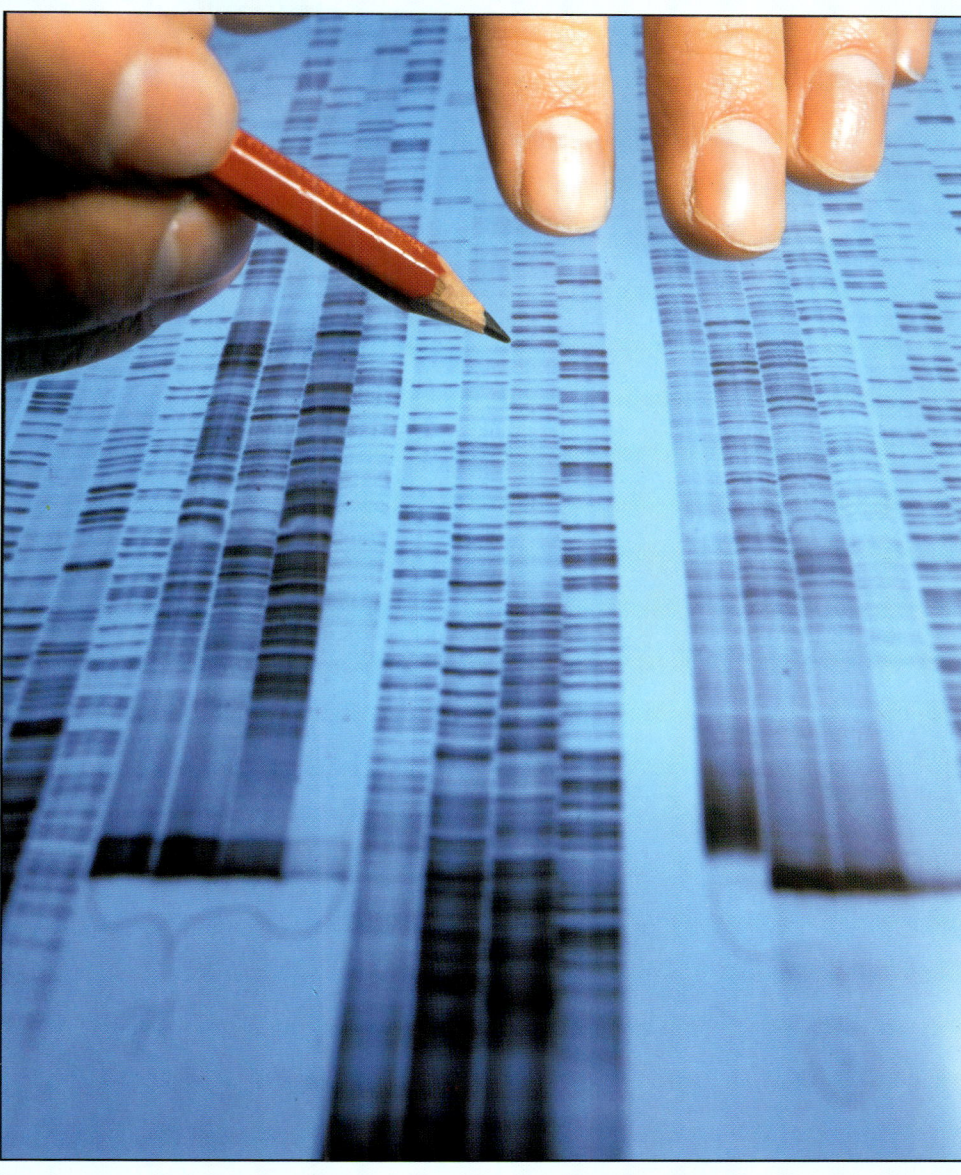

storischen Perioden eroberten Pflanzen und Tiere schrittweise alle ökologischen Nischen. Weitere Meilensteine waren das Auftreten der ersten Frischwasserfische, das Auftreten der Reptilien, das Zeitalter der Dinosaurier, die ersten Vögel und – ein Wendepunkt der Evolution – die ersten Säugetiere.

Erst mit dem Verschwinden der Reptilien vor etwa 65 Millionen Jahren – vielleicht infolge einer Klimaänderung durch den Einschlag eines großen Kometen – machte die Entwicklung der Säugetiere Fortschritte. Aus den ersten Säugetieren, kleinen spitzmausartigen Kreaturen, entstanden im Laufe der Zeit verschiedene Stämme, von denen es einige heute noch gibt – so auch die Huftiere und Primaten. Die

Urahnen der Menschheit erschienen jedoch erst vor etwa vier Millionen Jahren auf der Erde.

Die Säugetiere sind – verglichen mit den Dinosauriern – sehr klein, trotzdem aber ein großer Erfolg der Evolution, da ihr – im Verhältis zum Körpergewicht – stark ausgeprägtes Gehirn ihnen einen wesentlich höheren Intelligenzgrad bescherte als allen anderen Arten.

Der Mensch besitzt von allen Säugetieren das größte Gehirn im Verhältnis zum Körpergewicht, ein Merkmal, das sich auf das gesamte menschliche Verhalten auswirkt. Dennoch bleibt dieses Phänomen nicht auf Primaten beschränkt, es zeigt sich auch bei Walen und Delphinen. Bei ihnen scheint die

Gehirnentwicklung jedoch vor etwa 20 bis 30 Millionen Jahren zum Stillstand gekommen zu sein.

Warum das Gehirnwachstum bei den großen Meeressäugern so früh beendet war, ist ungewiß. Es könnte damit zusammenhängen, daß der zugehörige Körper große Energiemengen produzieren muß, also eine sehr hohe Stoffwechselrate benötigt. Diese Voraussetzung konnten Delphine und verwandte Tiere offenbar nicht erfüllen. Eine ähnliche Beschränkung war vermutlich auch für das Aussterben der Dinosaurier verantwortlich.

Die zunehmende Vergrößerung des Gehirns hatte lange Trächtigkeitszeiten zur Folge. Die hilflosen Jungen müssen ihr großes Gehirn intensiv trainieren,

bis es vollständig funktioniert. Dies könnte als evolutionärer Nachteil gelten – dem jedoch die Flexibilität und Fähigkeit eines großen Gehirns gegenübersteht. Die Menschen benutzten ihr Gehirn, um die Umwelt zu ihrem Vorteil zu verändern.

Die Intelligenz des Homo sapiens ließ zwischen den Säugetieren der höchsten Entwicklungsstufe und den primitivsten Menschen eine riesige Kluft entstehen. Affen mögen die Fähigkeit zur Imitation besitzen oder sich „logisch überlegen" können, wo sie einen Stuhl hinstellen müssen, um an die unerreichbare Banane zu gelangen – doch stellt das bereits den Gipfel ihrer Problemlösungsfähigkeit dar.

Zusätzlich brillieren die Menschen mit ihrer Kommunikationsfähigkeit. Natürlich verständigen sich auch Tiere untereinander – jedoch nur in beschränktem Umfang. Insekten, die in Gemeinschaften leben, wie die Biene, praktizieren eine Art der Informationsübermittlung, die uns gut bekannt ist. Um Mitgliedern des Schwarms zu zeigen, wo Futter zu finden ist, führen sie Tänze nach einem bestimmten Muster auf. Trotz der Komplexität dieser Abläufe endet hier die Kommunikationsfähigkeit der Bienen. Auch Ameisen bildeten ausgefeilte Kommunikationssysteme aus, die jedoch auf bestimmte Zwecke beschränkt bleiben.

Selbst bei Vögeln und Säugetieren sind die Kommunikationsmöglichkeiten sehr begrenzt und beziehen sich meist auf das Lebensnotwendige: Räubern ausweichen, einen Gefährten finden sowie Brutpflege. Bei vielen Lebewesen schließt diese Kommunikation den Geruchssinn, die Körpersprache und, besonders bei den Primaten, die Mimik ein.

Diese Kommunikationsformen sind zwar auch für den Menschen wichtig, doch unterscheidet er sich von allen anderen Lebewesen auf der Erde durch seine ausgeprägten sprachlichen Fähigkeiten. Dazu gehört nicht nur das Sprechvermögen, sondern auch die abstrakte und die technische Sprache. Zudem kann eine Information mit Hilfe der Schrift oder auf Tonbändern dauerhaft aufgezeichnet werden.

Die Sprachfähigkeit des Menschen hängt, wie viele andere Fähigkeiten, von der großen Speicherkapazität des Gehirns ebenso ab wie von der hochentwickelten Fähigkeit zu lernen, zu denken und zu verstehen. Im Gehirn verarbeiten 15 Milliarden Nervenzellen, die Neuronen, alle Informationen, die sie von Auge, Ohr und den übrigen Sinnesorganen sowie von Muskeln und anderen Körperteilen erhalten.

Dennoch kann das Gehirn nicht allein arbeiten. Als Kontrollzentrum des Körpers benötigt es ausgefeilte

Unterstützungsmechanismen, die sowohl bei der Überwachung der Umgebung helfen als auch bei der Ausführung der Befehle. Vom menschlichen Gehirn laufen daher zu jedem Körperteil Verbindungsdrähte, die Informationen aufnehmen und übermitteln.

Diese Drähte sind ein Nervengeflecht, das aus Neuronen besteht. Jedes Neuron ist gleichzeitig Empfänger, Leiter und Sender von Nervensignalen. Diese elektrischen und chemischen Informationen beinhalten alle Daten, die zur Überwachung und Kontrolle menschlicher Aktivität nötig sind: vom Gehen und Sprechen bis zur Entwicklung eines Raumschiffs.

Die meisten Nerven verlassen das Gehirn über das Rückenmark. Dieses verbindet die Nerven aller Körperteile, die sich bis in die einzelnen Organe und Gewebe immer feiner verzweigen. Das Gehirn erhält seine Informationen von den Sinnesorganen über die sensorischen Nerven; die motorischen Nerven übermitteln den Organen Verhaltensregeln, die vom Gehirn ausgehen.

Das Nervensystem besteht aus zwei untergeordneten Systemen: dem bewußten sowie dem unbewußten oder vegetativen Nervensystem. Letzteres übernimmt die Koordination der lebensnotwendigen Funktionen wie Atmung und Verdauung, die wir ausführen, ohne darüber nachzudenken.

Die Fähigkeit zur Problemlösung ist eine der erstaunlichsten Gaben des Menschen. Dieser Prozeß erfordert oft komplexe Konzepte, geistige Bewegiichkeit und großes Hintergrundwissen. Besonders bemerkenswert ist, daß Menschen immer wieder neue, originelle Lösungen für ihre Probleme finden.

Nikolaus Kopernikus löste eines der größten Rätsel seiner Zeit (1), als er die Mathematik der Bewegung von Sternen und Planeten untersuchte. Die Genauigkeit seiner Berechnungen war der geozentrischen Theorie überlegen.

Die Lösung eines so komplexen Problems erforderte eine genaue Kenntnis bekannter Fakten und bisheriger Theorien. Die Suche wurde von der philosophischen und religiösen Weltanschauung des Kopernikus und seiner Zeit geprägt (2). Zur Problemlösung waren abstraktes Denken und mathematische Berechnungen nötig.

Die Lösung des Kopernikus sah nicht die Erde, sondern die Sonne im Zentrum des Sonnensystems (3). Kopernikus veröffentlichte seine Theorie 1543, im Jahr seines Todes. Wie jede neue Idee wurde sie erst zum Allgemeingut der Menschheit, nachdem sie die kritische Diskussion der Wissenschaftler überstanden hatte.

165

KOMMUNIKATION IM ALL

● *Ist dort draußen jemand?*

Die Menschheit unterscheidet sich von den anderen Bewohnern der Erde durch ihre Fähigkeit zur komplexen, differenzierten Kommunikation. Diese Fähigkeit verleiht uns nicht nur einen einzigartigen Status, sondern eröffnet uns auch die Möglichkeit, mit anderen Lebewesen im Universum – sollte es sie geben – Kontakt aufzunehmen.

Diese Möglichkeit besteht erst seit den letzten Jahrzehnten, seit mit der Funktechnik ein Instrument zur Kommunikation über die riesigen Entfernungen des Raums zur Verfügung steht. Zu diesem Zweck eignen sich nur Radiowellen; auch der stärkste Lichtstrahl, den wir erzeugen können, wäre zu schwach. Die Ernsthaftigkeit, mit der Wissenschaftler eine interstellare Kommunikation aufzubauen versuchen, verdeutlicht folgendes Beispiel: Als 1967 Radiopulse aus dem Weltall entdeckt wurden, vermuteten Radioastronomen, es seien verschlüsselte Botschaften einer fremden Zivilisation.

Der amerikanische Astronom Frank Drake, einer der Hauptverfechter interstellarer Kommunikation, unterscheidet zwei Wege der Kontaktaufnahme mit anderen Zivilisationen. Der eine besteht in der Übermittlung einer Botschaft in Form von Zeichnungen oder Diagrammen, die eine astronomische Beschreibung ihres Herkunftsortes enthalten. Die zweite Technik bedient sich der Mathematik – der einzigen möglicherweise universellen Sprache.

Die Zeichensprache weist Parallelen zur bildhaften Schrift der alten Ägypter und zu der chinesischen Schreibweise, einer Schrift ohne Buchstaben, auf. Bei der Botschaft, die Drake und sein amerikanischer Kollege Carl Sagan entwickelten und 1973 mit der *Pioneer*-Sonde ins All schickten, fand diese Methode Verwendung.

Eine goldbeschichtete Platte im Innern des Raumschiffes präsentiert Zeichnungen von Mann und Frau. Der Mann hat die Hand zum Zeichen von Frieden und Willkommen erhoben. Die Figuren stehen vor der Silhouette der Raumsonde, um einen Eindruck ihrer Größe zu vermitteln. Weiterhin enthält die Platte eine Zeichnung des atomaren Wasserstoffs (des einfachsten Elements), einen Plan der Planeten unseres Sonnensystems mit der Route der Raumsonde sowie die relative Position der Sonne gegenüber den vierzehn damals bekannten Pulsaren. Für die Darstellung ihrer Pulsationsrate wurden Symbole verwendet. Aus dem Vergleich dieser Werte mit dem Zeitraum der Annäherung sollen Wesen einer anderen Zivilisation den Starttermin der Sonde ermitteln können.

Für die beiden *Voyager*-Sonden, die vier Jahre später starteten, erstellten Sagan und Drake eine Videoplatte mit wissenschaftlichen Informationen sowie Ansichten und Geräuschen von der Erde. Sie enthielt unter anderem Botschaften des Generalsekretärs der Vereinten Nationen und des amerikanischen Präsidenten in mehreren Sprachen sowie Musik von Johann Sebastian Bach bis zum Rock'n Roll.

Die zweite Mitteilungsart beruht auf dem Binärsystem – dem Zahlensystem, das vom Computer bis zum CD-Spieler alle digitalen Geräte verwenden. Das System benutzt nur die Null und die Eins. 01 entspricht daher der Zahl Eins, 10 der Zahl Zwei, 11 der Drei, 100 der Vier und so weiter. Dieses System erscheint zwar kompliziert, ist jedoch für Computer optimal geeignet, da 0 und 1 durch Schaltkreise realisiert werden können, die an- oder ausgeschaltet sind. Zur Übung erstellte Drake eine

Botschaft, die im Falle ihrer Übersetzung einem intelligenten Außerirdischen einfache symbolische Bilder des Menschen, des Sonnensystems sowie der atomaren Strukturen von Kohlenstoff und Sauerstoff vermitteln sollte. Für diese Mitteilung benötigte er nur 551 Nullen und Einsen.

Selbst wenn wir in der Lage sein sollten, Botschaften an eine außerirdische Zivilisation zu schicken oder von Wesen aus dem All zu empfangen, erscheint die Wahrscheinlichkeit interstellarer Dialoge doch sehr gering – besonders wegen der ungeheuren Entfernungen. Selbst wenn der nur 5,9 Lichtjahre entfernte Barnards Stern ein Planetensystem haben sollte, das auf einem seiner Planeten eine Zivilisation beherbergt, so braucht dennoch jede Botschaft, die wir dorthin schicken, beinahe sechs Jahre bis zu ihrer Ankunft.

Wir können nicht davon ausgehen, daß es innerhalb so geringer Entfernungen intelligente zivilisierte Wesen gibt. Dehnt man das Suchgebiet auf einen Umkreis von 100 Lichtjahren aus, träfe die Antwort auf eine Botschaft der Menschen erst sieben Generationen später auf der Erde ein.

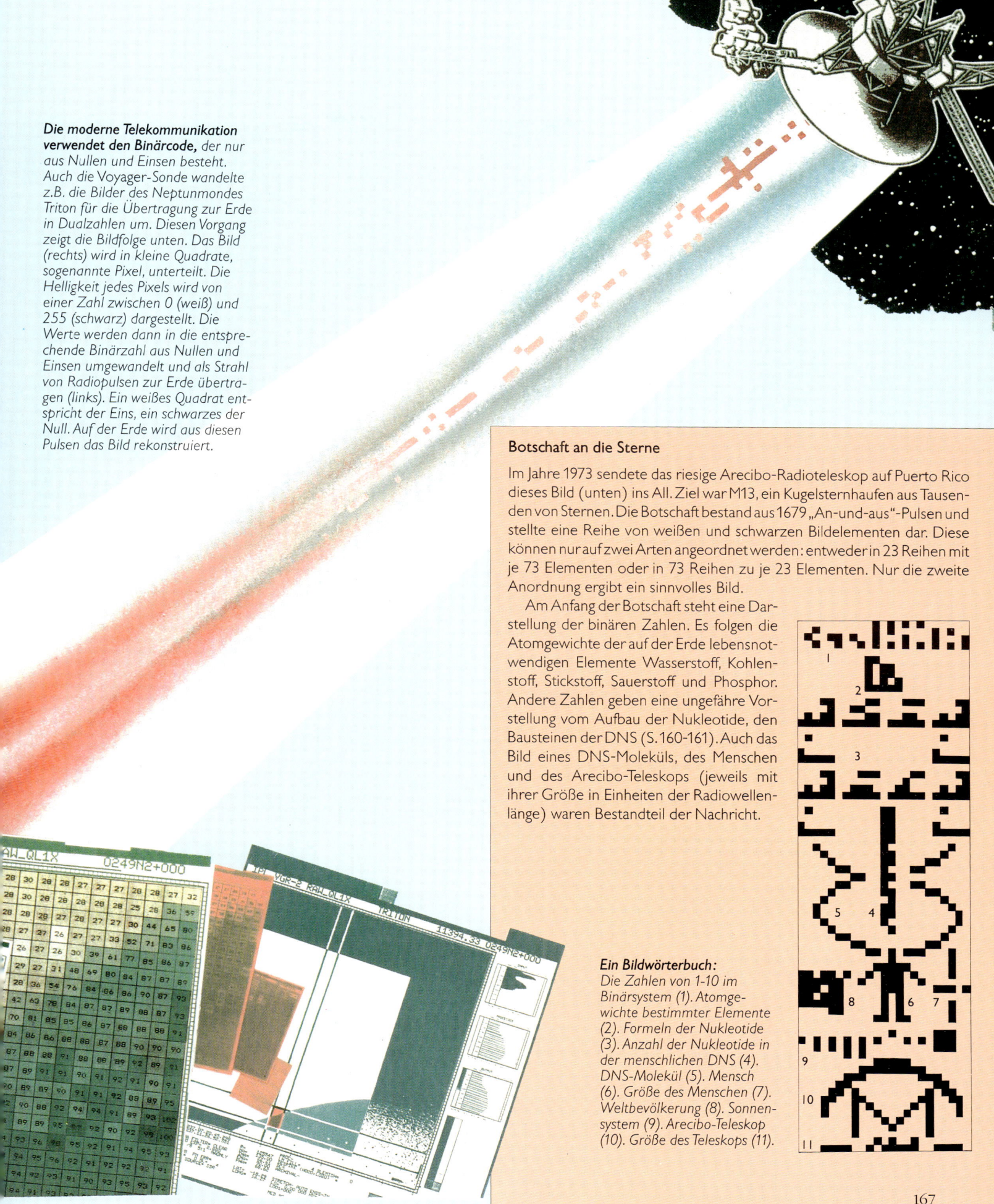

Die moderne Telekommunikation verwendet den Binärcode, der nur aus Nullen und Einsen besteht. Auch die Voyager-Sonde wandelte z.B. die Bilder des Neptunmondes Triton für die Übertragung zur Erde in Dualzahlen um. Diesen Vorgang zeigt die Bildfolge unten. Das Bild (rechts) wird in kleine Quadrate, sogenannte Pixel, unterteilt. Die Helligkeit jedes Pixels wird von einer Zahl zwischen 0 (weiß) und 255 (schwarz) dargestellt. Die Werte werden dann in die entsprechende Binärzahl aus Nullen und Einsen umgewandelt und als Strahl von Radiopulsen zur Erde übertragen (links). Ein weißes Quadrat entspricht der Eins, ein schwarzes der Null. Auf der Erde wird aus diesen Pulsen das Bild rekonstruiert.

Botschaft an die Sterne

Im Jahre 1973 sendete das riesige Arecibo-Radioteleskop auf Puerto Rico dieses Bild (unten) ins All. Ziel war M13, ein Kugelsternhaufen aus Tausenden von Sternen. Die Botschaft bestand aus 1679 „An-und-aus"-Pulsen und stellte eine Reihe von weißen und schwarzen Bildelementen dar. Diese können nur auf zwei Arten angeordnet werden: entweder in 23 Reihen mit je 73 Elementen oder in 73 Reihen zu je 23 Elementen. Nur die zweite Anordnung ergibt ein sinnvolles Bild.

Am Anfang der Botschaft steht eine Darstellung der binären Zahlen. Es folgen die Atomgewichte der auf der Erde lebensnotwendigen Elemente Wasserstoff, Kohlenstoff, Stickstoff, Sauerstoff und Phosphor. Andere Zahlen geben eine ungefähre Vorstellung vom Aufbau der Nukleotide, den Bausteinen der DNS (S. 160-161). Auch das Bild eines DNS-Moleküls, des Menschen und des Arecibo-Teleskops (jeweils mit ihrer Größe in Einheiten der Radiowellenlänge) waren Bestandteil der Nachricht.

Ein Bildwörterbuch:
Die Zahlen von 1-10 im Binärsystem (1). Atomgewichte bestimmter Elemente (2). Formeln der Nukleotide (3). Anzahl der Nukleotide in der menschlichen DNS (4). DNS-Molekül (5). Mensch (6). Größe des Menschen (7). Weltbevölkerung (8). Sonnensystem (9). Arecibo-Teleskop (10). Größe des Teleskops (11).

DIE ZUKUNFT DES ALLS

● *Der Einfluß verschwundener Materie*

Wohin auch immer die Astronomen blicken, sie sehen Galaxien und Quasare, die sich von uns entfernen. Es liegt daher nahe anzunehmen, daß diese Bewegung sich unendlich fortsetzen werde, um die Galaxien immer weiter auseinanderstreben zu lassen. Nach der Relativitätstheorie und der daraus abgeleiteten Kosmologie eröffnen sich jedoch drei Möglichkeiten für die ferne Zukunft des Universums.

Die Relativitätstheorie beschreibt die Raumzeit als gekrümmt (S. 18-19). Im ersten Fall ist der mathematische Wert dieser Krümmung größer als Null und bedeutet einen geschlossenen Raum. Er wäre in sich gekrümmt und begrenzt – wenn auch unendlich. Das Universum würde bis zu einem maximalen Wert expandieren, um dann wieder kleiner zu werden.

Im zweiten Fall ist diese Krümmung kleiner als Null. Der Raum hätte dann die Form einer Hyperbel (S. 18) und wäre somit unendlich. Die Galaxien würden ins Unendliche auseinanderstreben. Das gleiche geschähe auch bei der dritten Möglichkeit, wenn die Krümmung gleich Null und der Raum folglich euklidisch und wiederum unendlich wäre.

Astronomen bemühen sich, die Änderung der Raumkrümmung im Laufe der Zeit zu verfolgen, um daraus die Zukunft des Universums mit Sicherheit voraussagen zu können. Zu diesem Zweck versuchen sie zu messen, wie sich der Skalenwert des Universums – die relative Entfernungszunahme zwischen zwei willkürlichen Punkten – mit der Zeit verändert. Dieser Skalenwert hängt mit der Rotverschiebung zusammen. Messen wir die Rotverschiebung einer Galaxie oder eines Quasars, können wir daraus im Prinzip den Skalenfaktor zur Zeit der Aussendung des Lichts ableiten.

Kosmologen können das Problem auch von einer anderen Seite angehen. Das Universum wird heute von Materie beherrscht. Die Materiedichte ist 1000-mal höher als die der gesamten Strahlung, die hauptsächlich aus Hintergrundstrahlung besteht. Diese Dichte

hat Auswirkungen auf die Zukunft. Aus Berechnungen ergibt sich, daß ein Universum, dessen Masse über einem kritischen Wert liegt, seine Ausdehnung aufgrund der Gravitation allmählich verlangsamen wird, bis sich die Bewegung umkehrt. Es folgt eine Kontraktion des Universums und damit der gesamten Materie, bis es zu einem großen Zusammenprall kommt.

Liegt die Dichte des Universums unterhalb dieses kritischen Wertes, reicht die Gravitationskraft nicht aus, die Galaxien zurückzuhalten; das Universum expandiert endlos weiter. Entspricht die Dichte genau dem kritischen Wert, kommen die Galaxien theoretisch an einem unendlich weit in der Zukunft liegenden Zeitpunkt zum Stillstand. Das Ergebnis käme dem einer unendlichen Ausdehnung gleich.

Es stellt sich daher die schwierige Frage, wieviel Materie das Universum enthält. Bis vor kurzem schien die Materiemenge unterhalb der kritischen Masse zu liegen. Neuere Forschungen ergeben jedoch ein anderes Bild.

Untersuchungen unserer eigenen und anderer Spiralgalaxien ergaben, daß ihre Rotationsgeschwindigkeiten nur erklärt werden können, wenn sie mindestens zweimal soviel Masse besitzen, wie selbst auf extrem lange belichteten Aufnahmen sichtbar wird. Die vor kurzem entdeckten schwachen, massearmen Sterne in unserer Galaxis erklären, wo ein Teil der verschwundenen Materie zu finden ist.

Man weiß heute auch, daß die Galaxien, die sich in Galaxienhaufen befinden, in intergalaktische Materie eingebettet sind; diese Materie wird nur bei unsichtbaren Wellenlängen erkennbar. Hier liegt ein Großteil der Masse, die für ein geschlossenes Universum nötig wäre: Innerhalb eines Haufens gibt es etwa fünfmal mehr Materie als bisher angenommen. Zudem könnte es in den Galaxien eine unbekannte Anzahl schwarzer Löcher mit unbekannter Masse geben. Wir wissen ebenfalls noch nicht, wie sich exotische, noch nicht nachgewiesene Teilchen wie WIMPs (weakly interacting massive

particles = schwach reagierende, massereiche Teilchen) im Raum verteilen.

Vielleicht entdecken wir bald, daß die Materiedichte im Universum oberhalb des kritischen Wertes liegt. Dann würde das Universum zu einem dicht gedrängten Zustand zurückkehren – ähnlich dem, mit dem es begann.

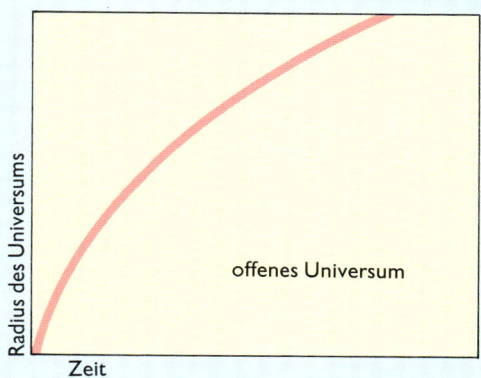

In einem offenen Universum genügt die vorhandene Materiemenge nicht, um die Expansion aufzuhalten, da die Gravitationskraft nicht ausreicht. Sollte das Universum nur die Materie beinhalten, die wir direkt beobachten oder aufgrund ihres Gravitationseffektes entdecken können, ist es offen und expandiert immer weiter.

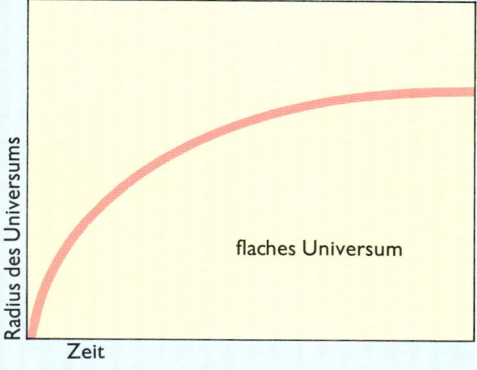

In einem flachen Universum weist die Dichte genau den kritischen Wert an der Grenze zwischen Expansion und Kontraktion auf. Ein derartiges Universum wäre im großen und ganzen euklidisch; seine Ausdehnung käme niemals ganz zum Stillstand. Die moderne Urknalltheorie deutet stark auf ein flaches Universum hin.

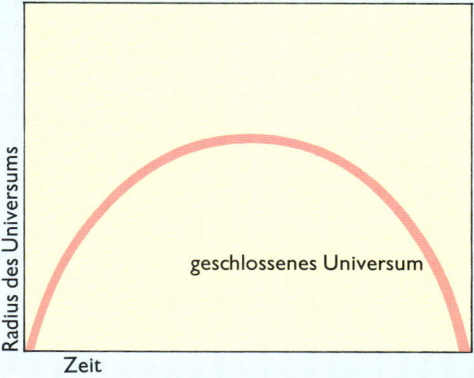

Ein geschlossenes Universum fällt wieder in sich zusammen, da seine Dichte zu hoch ist.

Neutrinodetektoren könnten Licht in die Zukunft des Universums bringen. Neutrinos sind geisterhafte Teilchen, die man überall im Universum findet. Sie zeigen sich so inaktiv, daß sie einen ganzen Planeten durchqueren können, ohne dabei auch nur mit einem einzigen Atom zu reagieren. Dieser Detektor gehört zum CERN, dem europäischen Kernforschungszentrum in Genf. Jede Neutrinoreaktion verursacht einen schwachen Lichtblitz, der von einer der vielen tausend Photomultiplierröhren auf der Außenseite des Gerätes aufgefangen wird. Experimente mit derartigen Geräten könnten enthüllen, ob Neutrinos eine Masse besitzen. Wenn das der Fall ist, muß sie sehr klein sein. Dennoch könnte ihre Masse ausreichen, die Ausdehnung des Universums zu überwinden und womöglich in eine Kontraktion umzuwandeln.

NACHRUF AUF DAS UNIVERSUM

● *Tod oder Wiedergeburt?*

Sollte sich das Universum endlos ausdehnen, vermitteln uns die Zeilen des Dichters T.S. Eliot ein anschauliches Bild dieser Situation:

So endet die Welt nicht mit einem Knall, sondern mit einem Wispern. Unsere heutige Kenntnis der physikalischen Grundlagen befähigt uns, die Entwicklung der Materie über lange Zeiträume vorherzusagen. Um über diese fernen Zeiten überhaupt reden zu können, müssen wir Zahlen verwenden, die um viele Größenordnungen höher liegen als die bisher verwendeten. Die Lebenserwartung eines sonnenähnlichen Sterns beträgt etwa 10^{10} (10 Milliarden) Jahre, während die schwächeren, extrem langsam brennenden Sterne möglicherweise eine 10 000mal höhere Lebenserwartung aufweisen. So wird es vermutlich noch etwa 10^{14} (100 000 Milliarden) Jahre dauern, bis alle Sterne ihre Aktivitäten eingestellt haben und es im Universum keine Sterne mehr gibt, sondern nur noch kalte, dunkle Materie.

Nochmals eine Milliarde Milliarden (10^{18}) Jahre später werden die Galaxien entsprechend der Relativitätstheorie in sich zusammenfallen, da sie wie jedes rotierende System ihre Energie in Form von Gravitationswellen abgeben. Ein Teil dieser Materie könnte in unaufhörlich wachsende schwarze Löcher und deren Zentren eingehen.

Sollten die Protonen – wie manche Physiker annehmen – nicht stabil sein, sondern nach einer extrem langen Lebensdauer zerfallen, müßte in fernster Zukunft auch die Materie selbst zerfallen. In ungefähr 10^{32} Jahren (von heute an gerechnet) wären die Protonen langsam verschwunden und in leichtere Teilchen wie Positronen oder Myonen zerfallen. Alle Atome im Universum, die bis dahin noch nicht in ein schwarzes Loch gefallen wären, verschwänden ebenfalls und würden durch ein Meer leichterer Teilchen sowie Strahlung ersetzt.

Sollte ein derartiger Protonenzerfall stattfinden, würde das Ende des Universums mit dem Zerfall aller schwarzen Löcher (S. 65) erreicht, der sich über viele Zeitalter hinzöge, da die Geschwindigkeit, mit der ein schwarzes Loch verschwindet, von dessen Masse abhängt. Ein schwarzes Loch mit zehnfacher Sonnenmasse wird in 10^{68} Jahren verschwunden sein. Eines, das zehnmal schwerer ist, wird 1000mal länger, also 10^{71} Jahre brauchen.

Zerfallen Protonen jedoch nicht, entsteht eine andere Situation. Nach dem ungeheuren Zeitraum von 10^{1600} Jahren würden alle weißen Zwerge zu Neutronensternen kollabieren; wiederum lange Zeit später – sie kann nicht einmal mehr mit Hilfe der hier verwendeten Potenzschreibweise sinnvoll dargestellt werden – würden alle Neutronensterne zu schwarzen Löchern verschmelzen. Das Ende könnte ein Verdampfen der schwarzen Löcher und somit ein konturloses Universum voller Strahlung und Teilchen sein.

Die meisten Menschen werden die Aussicht auf ein derartig langsames Verschwinden der Materie weniger angenehm finden als die Alternative des geschlossenen Universums, in der die Gravitation das letzte Wort hätte und das Ende heftig wäre. Da man ständig fehlende Materie entdeckt, scheint diese Version eindeutig im Bereich des Möglichen zu liegen. In diesem Fall entstünde eine völlig andere Situation mit einem wesentlich kürzeren Zeitplan.

Der tatsächliche Zeitpunkt, an dem die Expansion des Alls in eine Kontraktion überginge, ist von der Hubble-Konstante abhängig, deren genauer Wert unbekannt ist. Nach einer Jahrbillionen dauernden Kontraktion würden sich ungefähr eine Milliarde Jahre vor dem großen Zusammenbruch die Galaxienhaufen vermischen. Bis zur Auflösung der Galaxiengrenzen wären weitere Hunderte von Millionen Jahren nötig.

Das Ergebnis dieser Galaxienverschmelzung wäre eine einzige Hypergalaxie mit einer enormen Anziehungskraft auf alle vorhandenen Sterne. In der nächsten Jahrmillion nähme die Sterndichte zu, bis der Nachthimmel so hell leuchtete wie die Sonne. Die Raumtemperatur stiege, bis sie möglicherweise die der Sterne überschritte, die dann explodierten. Die schwarzen Löcher nähmen in der zusammenstürzenden heißen Materie rasch an Größe zu, bis sie etwa 100 000 Jahre vor dem großen Zusammenbruch eine katastrophale Wachstumsrate erreichen und alles in ihrer Nähe aufsaugen würden.

Das Ende aller Dinge könnte ein Zusammenbruch des Universums zu einer Singularität sein – einem einzelnen Punkt in Raum und Zeit mit unendlich hoher Dichte und Temperatur, für den physikalische Gesetze keine Gültigkeit haben. Es könnte jedoch auch eine Wiederholung der Zustände und Bedingungen vor dem Urknall geben, das heißt eine Vereinigung der vier Grundkräfte, verbunden mit der Rückkehr des Universums in seinen ursprünglichen Zustand – bereit, erneut zu expandieren.

1 Sollte sich das Universum in ferner Zukunft zusammenziehen, könnte es die Vergangenheit wie einen rückwärts laufenden Film erleben. Wenige Milliarden Jahre vor dem großen Zusammenbruch werden die Galaxien einander näher sein als heute. Der Himmel wird heller leuchten und die Temperatur des Alls höhere Werte erreichen.

5 Eine Wiedergeburt des Universums in einem neuen Urknall wäre durchaus denkbar. In diesem Fall würde das Universum den Zyklus von Expansion und Kollaps immer wieder durchlaufen. Einige Theorien besagen, daß jeder Zyklus länger dauern wird als der vorhergehende.

4 Im letzten Jahrzehnt des Zusammenbruchs beginnen die schwarzen Löcher miteinander zu verschmelzen, bis das gesamte Universum in einem einzigen supermassiven schwarzen Loch vereinigt ist. Dies könnte das Ende des Universums und das Ende der Zeit selbst bedeuten.

3 Liegt der endgültige Zusammenbruch nur noch wenige Jahrhunderte entfernt, erhöht sich die Temperatur der Hintergrundstrahlung, die den Raum ausfüllt. Sie erreicht schließlich einen Punkt, an dem die Sterne explodieren. Gleichzeitig werden die schwarzen Löcher beginnen, Materie und Strahlung zu schlucken.

2 Die Abstände zwischen den Galaxien werden möglicherweise nur noch die Größenordnung ihres eigenen Durchmessers aufweisen. Folglich werden sie sich stärker gegenseitig beeinflussen und öfter miteinander verschmelzen als heute. Die zunehmende Anzahl schwarzer Löcher innerhalb der Galaxien wird den Vorgang des Zusammenbruchs kennzeichnen.

VERBORGENE DIMENSIONEN

● *Die Superstringtheorie der Elementarteilchen*

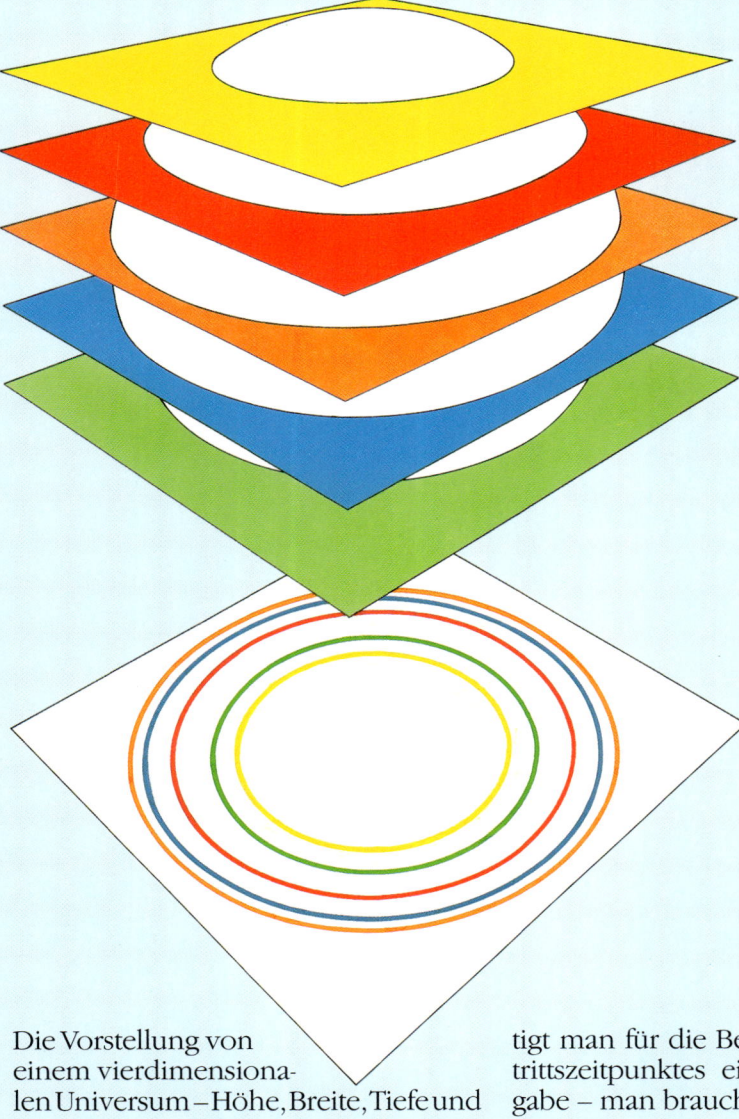

Sollte in die zwei-dimensionale Welt der Flachmenschen ein dreimensionaler Körper, zum Beispiel eine Kugel, eintauchen (obere Zeichnung), so wäre diese nur als Folge zweidimensionaler Gebilde wahrzunehmen. Den Flachmenschen erschiene die Kugel als eine aus dem Nichts auftauchende Scheibe, die zuerst größer, dann wieder kleiner wird (untere Zeichnung). Lebewesen, die wie wir in einem dreidimensionalen Raum leben, hätten ebenso viele Schwierigkeiten, vierdimensionale Objekte wahrzunehmen.

Die Vorstellung von einem vierdimensionalen Universum – Höhe, Breite, Tiefe und Zeit – ist seit Albert Einstein allgemein akzeptiert. Zwar erfordert Einsteins Arbeit eine neue Betrachtungsweise dieser Dimensionen, doch scheint sich seine Idee gut in unsere Erfahrung einzufügen. Kosmologen halten es heute für möglich, daß der Raum weitere Dimensionen aufweist.

Ursprünglich wurde der Raum als dreidimensional beschrieben, da man mit nur drei Koordinaten jeden Standort im Raum bestimmen kann. Die Position eines Flugzeugs läßt sich zum Beispiel mit Hilfe von Länge, Breite und Höhe exakt definieren.

Möchte man jedoch den Ort eines Ereignisses in Raumzeit angeben, benö-tigt man für die Bestimmung des Eintrittszeitpunktes eine zusätzliche Angabe – man braucht zur Beschreibung der Raumzeit also vier Dimensionen. Ein Mathematiker kann diese Idee auf weitere Dimensionen übertragen, ganz gleich, ob man sie für möglich hält oder nicht. Bei fünf Dimensionen braucht man fünf Koordinaten, bei sechs Dimensionen sechs und so weiter.

Welche Bedeutung hat dieses mathematische Gedankenspiel für die Wirklichkeit? Sollte es tatsächlich vier Dimensionen des Raums geben, in welcher Richtung liegt dann die vierte? Sind zusätzliche Dimensionen eine reine Erfindung der Mathematik?

Wie man sich zusätzliche Dimensionen erschließen kann, läßt sich am Beispiel der Flachmenschen verdeutli-chen – Wesen, die auf einer flachen Oberfläche leben und nur zwei Dimensionen kennen.

Nehmen wir an, ein Flachmensch säße ruhig am Strand und beobachte das Meer (das in Flachland immer glatt und ruhig ist). Dann geschieht plötzlich etwas Unvorhersehbares: Ein Ball durchquert diese zweidimensionale Welt. Was würde der Flachmensch beobachten? Sicherlich keinen Ball, da er sich eine Kugel nicht vorstellen kann. Zunächst sieht er dort, wo der Ball die Meeresoberfläche berührt, einen Punkt. An der Stelle, wo der Ball in das Meer eintaucht, wird ein kreisförmiges Gebiet sichtbar. Der Flachmensch sieht also einen größer werdenden Kreisrand. Wenn der Ball genau bis zur Hälfte eingetaucht ist, erreicht der Kreis seine maximale Größe, bis er langsam wieder auf einen einzelnen Punkt zurückgeht, um anschließend spurlos zu verschwinden.

Der Flachmensch hat etwas sehr Seltsames beobachtet: eine Erscheinung, die zunächst größer, dann wieder kleiner wurde und schließlich verschwand. Für Lebewesen, deren Vorstellungskraft nicht auf den zweidimensionalen Raum beschränkt ist, hat das Phänomen jedoch eine absolut einfache Erklärung. Ein flachländischer Mathematiker könnte durch abstraktes Denken die dreidimensionale Form des Balles ableiten.

Sind wir als dreidimensional denkende Wesen in unserer Erfahrung ähnlich beschränkt? Für diese Annahme gibt es gute Gründe. Vor 70 Jahren versuchte der polnische Physiker Theodor Kaluza, die Einsteinsche Relativitätstheorie zu erweitern, so daß der Einsteinraum nicht nur die Gravitation, sondern auch den Elektromagnetismus umfaßt. Dieses Ziel erreichte er ohne Veränderung der Maxwellschen Gleichungen (S. 14-15).

Er zeigte, daß Elektromagnetismus und Gravitation in einem aus der Zeit und den drei räumlichen Dimensionen aufgebauten vierdimensionalen Raum unterschiedliche Phänomene darstellen, während sie in einem aus der Zeit und vier räumlichen Dimensionen aufgebauten fünfdimensionalen Raum aber Erscheinungen desselben Phänomens sind. Kaluza hatte also die Vereinheitlichung von Gravitation und Elektromagnetismus durch die Einführung einer neuen Raumdimension erreicht.

Fünf Jahre nachdem Kaluza seine Theorie vorgestellt hatte, äußerte der schwedische Physiker Oscar Klein die Vermutung, die vierte Raumdimension sei so „aufgerollt", daß wir sie nicht wahrnehmen können. In der Geometrie wird ein Punkt als eindimensional, ohne Länge oder Breite, angenommen. Nun stelle man sich vor, jeder Punkt auf Flachland werde durch einen kleinen Kreis dargestellt, der rechtwinklig auf dieser ebenen Welt steht. Diese Kreise würden eine dritte Dimension darstellen, die aber so eng gerollt wäre, daß sie von den Flachmenschen nicht wahrgenommen werden könnte. Jeder Punkt unserer vierdimensionalen Raumzeit sollte nach Kleins Vorstellung durch einen winzigen Bogen ersetzt werden, der jeweils eine kleine Strecke in der vierten Raumdimension darstellt.

Das Konzept der vierten Raumdimension ist leicht verständlich, wenn man sich dem Phänomen schrittweise nähert – ebenso wie der Flachmensch

Die dreidimensionale Natur eines Würfels (links) ist daran zu erkennen, daß von jeder Ecke drei Kanten ausgehen, die senkrecht aufeinanderstehen.

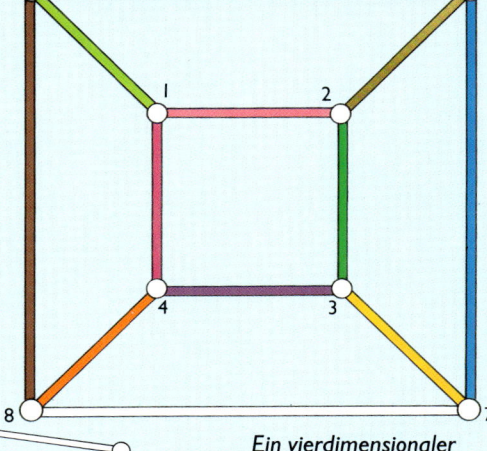

Die Darstellung eines Würfels in zwei Dimensionen kann auch der geschickteste Künstler Flachlands nicht befriedigend ausführen. Das Gitter (rechts) gibt einige Beziehungen richtig wieder – so zeigt es zum Beispiel, daß jede der acht Ecken direkt mit drei Nachbarecken verbunden ist. Preßt man drei Dimensionen jedoch in zwei, werden einige Winkel und Längen zwangsläufig verzerrt dargestellt.

Ein vierdimensionaler Hyperwürfel kann im dreidimensionalen Raum durch ein Gitter (links) dargestellt werden, dessen Ecken jeweils mit vier Nachbarn verbunden sind. Bei einem Hyperwürfel stehen alle Kanten senkrecht aufeinander; das ist jedoch innerhalb des Gitters – wie in jedem anderen dreidimensionalen Körper – bei vier Linien unmöglich.

Die Bedeutung der Koordinaten

Landkarten sind ein Beispiel für zweidimensional dargestellte Räume. Jeder Punkt auf der Kartenoberfläche läßt sich mit zwei Koordinaten festlegen. Ihre Benennung beginnt an einem bestimmten Punkt – zum Beispiel unserer eigenen Position. Von dort werden zwei Abstände gemessen – x Kilometer nach Osten und y Kilometer nach Norden. (Negative Werte für x und y bedeuten entsprechend die Richtungen West und Süd.)

Zusätzlich könnten Informationen über Höhe oder Tiefe nötig sein. Für diese dritte Dimension benötigen wir auch eine dritte Koordinate z, die ab Seehöhe gemessen wird (mit negativen Werten für Orte unterhalb der Seehöhe).

Auf einer zweidimensionalen Karte (oben) kann jeder Ort mit zwei Koordinaten, x und y, dargestellt werden. Eine solche Karte kann flache Dinge abbilden, jedoch keine Räume wie die lokale Galaxiengruppe.

Bei Hinzunahme einer dritten Dimension – dargestellt durch die z-Koordinate – werden die wahren Positionen der Galaxien im Raum deutlich.

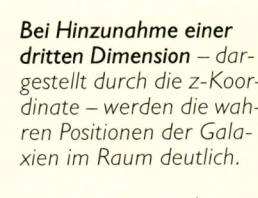

zwei Dimensionen

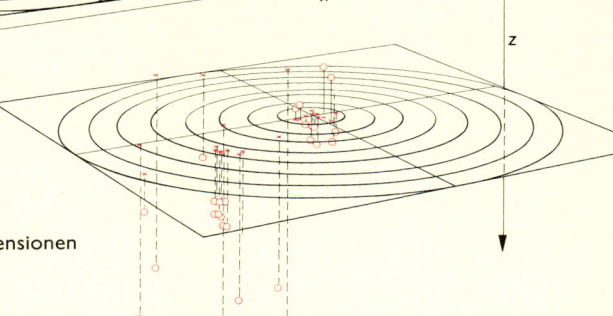

drei Dimensionen

unserer Phantasie den Raum stufenweise erkunden könnte. Mit den Methoden der Mathematik ist es einfach, genaue Aussagen über die Eigenschaften dieses Raums zu machen. Doch bei der Vorstellung der fünften, zehnten oder elften Dimension versagt unsere Vorstellungskraft.

Die Entwicklung einer neuen Superstringtheorie der Elementarteilchen stellt einen starken Anreiz bei der Untersuchung möglicher neuer Raumdimensionen dar. Ende der sechziger Jahre, kurz vor der Anerkennung der Quarks als Grundeinheit der Materie, legte der italienische Physiker Gabriele Veneziano eine neue Theorie zur Erklärung des Verhaltens subatomarer Teilchen vor. Er drückte seine Ergebnisse in Gleichungen aus, die, so stellte sich heraus, mit den Gleichungen für schwingende Ströme übereinstimmten. Es schien also elastische Ströme zu geben, die den Kern zusammenhalten.

Mit der Entwicklung des Quarkkonzepts ergaben sich Widersprüche in Venezianos Theorie; sie wurde daher ad acta gelegt. Ihr Verdienst liegt in der Beschreibung der Gravitonen, der Austauschteilchen der Gravitation, so daß die Stringtheorie möglicherweise eine Gravitationstheorie darstellt.

Zu Beginn der siebziger Jahre kamen neue Theorien auf. Eine erklärte die Bindung von Quarks durch Austauschteilchen namens Gluonen, deren Existenz später nachgewiesen werden konnte. Bei diesen Theorien spielte die Symmetrie (S. 28) eine wichtige Rolle. Einer der dargestellten Symmetrietypen, die Supersymmetrie, vereinigt die beiden großen Teilchenfamilien: Bosonen (Teilchen mit ganzzahligem Spin wie Photonen) und Fermionen (Teilchen mit Bruchteilen von Spin, wie Protonen und Elektronen)

Die Supersymmetrie erfordert mehr als vier Dimensionen. Die Theorie der Supergravitation benötigt elf Dimensionen – zehn Raum- und eine Zeitdimension. Eine Weiterentwicklung der Stringtheorie, die sogenannte Superstringtheorie, trägt der Supersymmetrie Rechnung, sie ist das Ergebnis der Forschungen des amerikanischen Physikers John Schwarz und des Engländers Michael Green.

In der Superstringtheorie werden Teilchen mathematisch als Schwingungen offener oder bogenförmig geschlossener Strings erklärt. Die Größe offener Strings entspricht ungefähr der Planck-Länge, einer Entfernung von nur 10^{-32} Millimetern (dies entspricht dem Hundertmilliardenmilliardsten Teil des Durchmessers eines Atomkerns). Die Schwingungen eines offenen Strings bringen masselose Teilchen mit einem Spin von eins, zum Beispiel Photonen, hervor. Offene Strings können sich zu Bögen schließen und so eine andere Art von Teilchen, die masselosen Spin-2-Gravitonen, entstehen lassen. Sie müssen noch nachgewiesen werden.

Offene Strings und geschlossene Bögen werden in der heterogenen oder „überkreuzten" Superstringtheorie zusammengebracht. Nach dieser Theorie besitzen die Schwingungen, die sich im Uhrzeigersinn um den Bogen bewegen, zehn Dimensionen, während die anderen, die sich gegen den Uhrzeigersinn bewegen, 26 Dimensionen aufweisen.

In der Relativitätslehre heißen die Flugbahnen der Teilchen durch die Raumzeit Weltlinien (S. 62-65). Die Basisstrings und -bögen nehmen ihren Ursprung nach der Superstringtheorie in einer zweidimensionalen Ebene der Raumzeit, der sogenannten Weltebene, die etwa der Hülle einer Seifenblase entspricht. Die Beziehungen zwischen der schimmernden Oberfläche der Weltebene und den Strings erklärt das Quantenverhalten sowohl der subatomaren Teilchen als auch der Austauschteilchen.

Da die Superstringtheorie zehn Dimensionen erfordert, die Einsteinsche Raumzeit jedoch nur vier umfaßt, müßten die fehlenden sechs nach der Ansicht von Klein aufgerollt sein. Die Theorie erklärt jedoch noch nicht, warum das der Fall sein sollte. Möglicherweise waren in den ersten Augenblicken nach dem Urknall alle Dimensionen aufgerollt und gleich wichtig. Aus unbekannten Gründen entrollten sich dann nur drei der Raumdimensionen, die heute das Universum bilden.

Die aufgerollten Dimensionen sind extrem stark gekrümmt. Diese Krümmung, in Einheiten der Stringgröße gemessen, beträgt 10^{-32} Millimeter. Würde ein Teilchen mit Lichtgeschwindigkeit eine dieser Extradimensionen durchfliegen und zu seinem Ausgangs-

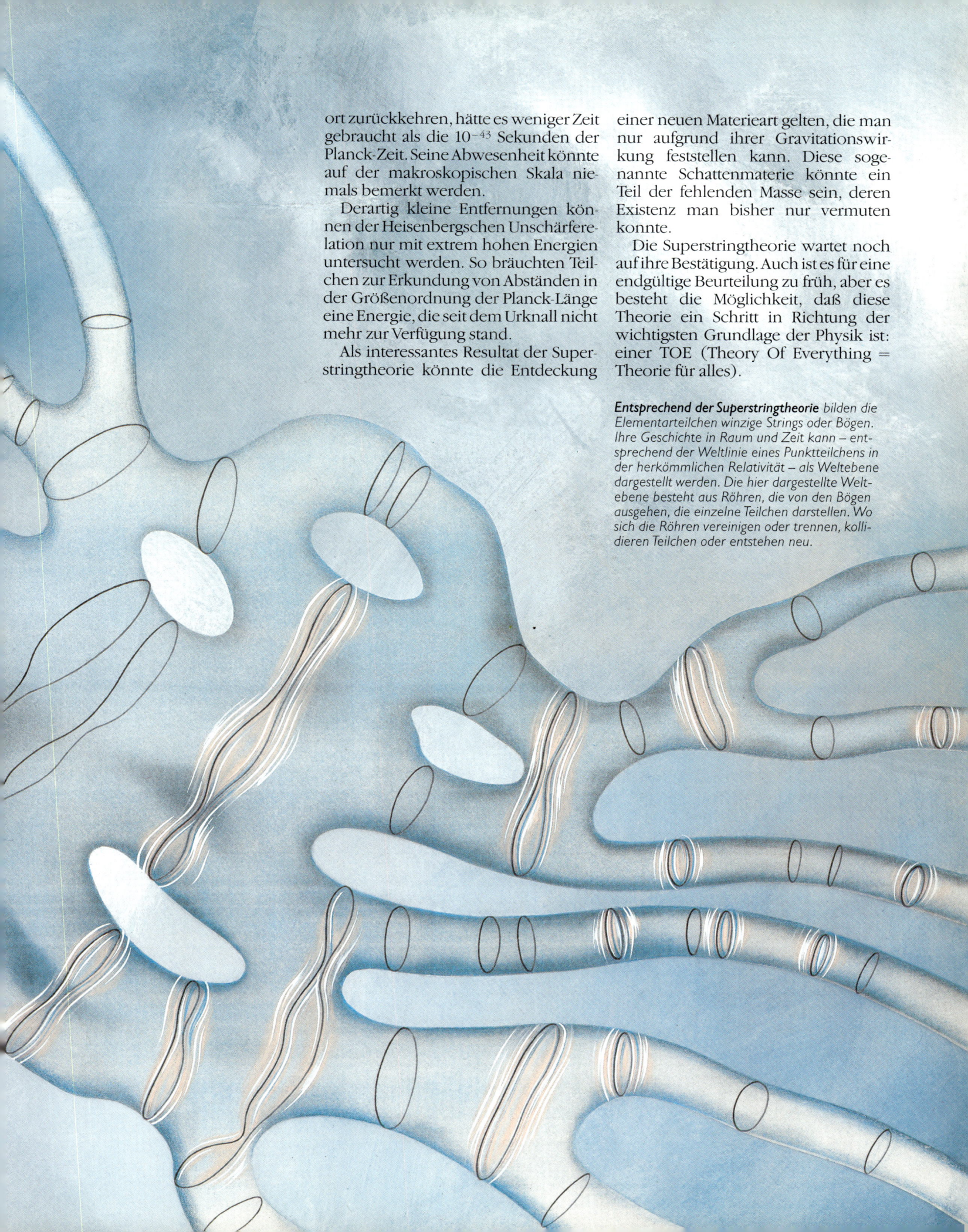

ort zurückkehren, hätte es weniger Zeit gebraucht als die 10^{-43} Sekunden der Planck-Zeit. Seine Abwesenheit könnte auf der makroskopischen Skala niemals bemerkt werden.

Derartig kleine Entfernungen können der Heisenbergschen Unschärferelation nur mit extrem hohen Energien untersucht werden. So bräuchten Teilchen zur Erkundung von Abständen in der Größenordnung der Planck-Länge eine Energie, die seit dem Urknall nicht mehr zur Verfügung stand.

Als interessantes Resultat der Superstringtheorie könnte die Entdeckung einer neuen Materieart gelten, die man nur aufgrund ihrer Gravitationswirkung feststellen kann. Diese sogenannte Schattenmaterie könnte ein Teil der fehlenden Masse sein, deren Existenz man bisher nur vermuten konnte.

Die Superstringtheorie wartet noch auf ihre Bestätigung. Auch ist es für eine endgültige Beurteilung zu früh, aber es besteht die Möglichkeit, daß diese Theorie ein Schritt in Richtung der wichtigsten Grundlage der Physik ist: einer TOE (Theory Of Everything = Theorie für alles).

Entsprechend der Superstringtheorie bilden die Elementarteilchen winzige Strings oder Bögen. Ihre Geschichte in Raum und Zeit kann – entsprechend der Weltlinie eines Punktteilchens in der herkömmlichen Relativität – als Weltebene dargestellt werden. Die hier dargestellte Weltebene besteht aus Röhren, die von den Bögen ausgehen, die einzelne Teilchen darstellen. Wo sich die Röhren vereinigen oder trennen, kollidieren Teilchen oder entstehen neu.

DER QUANTENRAUM

● *System einer mikroskopisch kleinen Welt*

Die moderne Wissenschaft stößt bei ihren Versuchen, zum Ereignis des Urknalls selbst – vor die Planck-Zeit von 10^{-43} Sekunden – zurückzugehen, an eine Grenze. Unsere physikalischen Gesetze versagen angesichts der extremen Bedingungen von Raum und Zeit, die zu diesem Zeitpunkt herrschten – sie werden unbrauchbar. Theoretiker versuchen daher, diese Gesetze auszuweiten oder andere zu entdecken.

Einen weiteren Ansatzpunkt bildet die Untersuchung der Gravitationsstrahlung. Während die Relativitätstheorie Gravitationswellen voraussagt, behauptet die Quantentheorie, sie träte unter bestimmten Bedingungen (wie jede andere Strahlung) in Gestalt von Teilchen, sogenannten Gravitonen, auf. Der experimentelle Nachweis von Gravitationswellen oder Gravitonen wäre ein bedeutsamer Schritt zur Vereinheitlichung der Gravitation mit den anderen Fundamentalkräften.

Seit den sechziger Jahren gab es mehrere Versuche, diese Strahlung nachzuweisen. Der bekannteste ist der des amerikanischen Physikers Joseph Weber, der einen riesigen, vier Tonnen schweren Aluminiumkern verwendete. Ein derartiger Metallklumpen wäre zu schwer, um merkbar auf übliche lokale Störungen (verkehrsbedingte Schwingungen oder seismisches Zittern) zu reagieren. Durchlaufende Gravitationswellen könnten ihn jedoch derart zusammenpressen und dehnen, daß er wie eine Glocke zu schwingen begänne – allerdings wäre das Ausmaß dieser Verzerrung geringer als die Größe eines Atomkerns.

Auf dem Metallkern brachte Weber empfindliche Sensoren an. Anfangs schien er ein positives Ergebnis zu erhalten, das sich jedoch später als Fehlalarm herausstellte. Die Physiker entwickelten daraufhin neue Methoden. Zum Beispiel werden zwei Laserstrahlen an einer drei Kilometer langen Edelstahlröhre entlanggeführt und an deren Ende von einem Spiegel reflektiert, der auf einem massiven Metallsockel (damit er möglichst ruhig steht) montiert ist. Insgesamt werden die Strahlen 50mal hin- und hergeworfen. Beide Strahlen legen also 150 Kilometer Weg zurück, auf dem sie sich wiederholt überkreuzen und ein Interferenzmuster bilden.

Eine Gravitationswelle verzerrt den Raum, den sie durchquert, und verändert damit die von den Lichtstrahlen zurückgelegte Entfernung. Das Interferenzmuster aus dunklen und hellen Linien wird kurzzeitig angehoben.

Es wurden bereits Beobachtungen gemacht, die auf eine Existenz von Gravitationswellen hinweisen. Der Pulsar PSR 1913 + 16 ist Teil eines Binärsystems – er umkreist in etwa 7 3/4 Stunden einen anderen Stern. Berechnungen zufolge müßte er durch Aussenden von Gravitationswellen Energie verlieren und damit bewirken, daß sich beide Sterne aufeinander zubewegen. 1974 entdeckte man eine Verlängerung der Umlaufzeit des Pulsars um 7,5 Millionstel Sekunden pro Jahr. Diese Energie war mit großer Wahrscheinlichkeit in Form der vorhergesagten Gravitationswellen verlorengegangen.

Sollte die Gravitation mit Hilfe von Austauschteilchen, den Gravitonen, wirken, gelten für sie dieselben Gesetze der Unschärferelation wie für alle anderen Teilchen (S. 25). Zeit und Ort ihres Verschwindens und Entstehens können nur mit einer gewissen Ungenauigkeit vorhergesagt werden. So wie die Gravitation den Raum verzerrt, krümmen auch die Gravitonen den Raum in ihrer Umgebung. Diese Krümmung ist infolge der Quantenunsicherheit verschieden: Die Gravitonen scheinen die Raumzeit zu riffeln. Diese Riffelung ist jedoch minimal, da die Gravitation im Vergleich zu Elektromagnetismus und Kernkraft als extrem schwach anzusehen ist. Selbst ein so massereicher Stern wie die Sonne lenkt das Sternenlicht nur in sehr geringem Ausmaß ab.

Das Unschärfeprinzip besagt auch, daß aufgespaltene Sekundärteilchen Energieanteile ausleihen können. Menge und Dauer der Energieübertragung hängen von der Kraft ab, die den Teilchen innewohnt. Bei Gravitonen mit sehr geringer Gravitationskraft findet

Der Gravitationswellendetektor wurde von John Weber, dem Pionier auf diesem Gebiet, entworfen. Das Gerät steht in der Universität von Westaustralien; es besteht aus einem Niobiumkern, der noch lange nach dem Durchgang einer Gravitationswelle wie eine Glocke schwingen würde. Die Ausdehnung dieser Schwingungen wäre zwar kleiner als ein Atomkern, dennoch könnte man sie vom Hintergrundrauschen mechanischer und thermischer Schwingungen unterscheiden. Es wird behauptet, man habe mit Balkenantennen dieser Art Gravitationswellen entdeckt, die im Februar 1987 von einer Supernova in der Großen Magellanschen Wolke ausgegangen seien.

die Übertragung nur für einen sehr kurzen Zeitraum statt – für nicht mehr als die Planck-Zeit von 10^{-43} Sekunden. In dieser Zeit kann ein Teilchen, auch wenn es sich mit Lichtgeschwindigkeit bewegt, nur eine Entfernung von 10^{-32} Millimetern, der Planck-Länge, zurück-

legen. Diese Entfernung ist damit noch kleiner als die sogenannten Rippen der Raumzeit. Diese Rippen lassen unsere heutigen Theorien für die allerersten Augenblicke nach dem Urknall unbrauchbar werden: Damals war das Universum noch selbst von nur mikro-skopischer Größe. Wenn wir die Physik eines Tages auf dieses bisher ausge-schlossene Gebiet ausweiten können, werden wir womöglich feststellen, daß der Raum selbst nicht mehr kontinuier-lich ist, sondern gequantelt, in elemen-tare Einheiten unterteilt. Er könnte zum Beispiel eine schwammartige Struktur ultramikroskopischer Art aufweisen. Nach der Theorie des amerikanischen Physikers John Wheeler wird man sogar „Wurmlöcher" (S. 186) finden, die verschiedene Teile des Raumes mitein-ander verbinden.

ZWEIFEL AM URKNALL

● *Kampfansage an die Lehrmeinung*

Die Probleme, die bei dem Versuch entstehen, die ersten Augenblicke des Universums zu rekonstruieren, ergeben sich aus der Urknalltheorie. Auch wenn diese sich mit der Kernphysik und dem Bild des Universums, wie es sich uns von der Erde aus darstellt, in Einklang bringen läßt, bezweifeln einige Wissenschaftler ihre Gültigkeit.

Ende der vierziger Jahre stellten der britische Astrophysiker Fred Hoyle und seine Mitarbeiter Hermann Bondi und Thomas Gold die sogenannte Steady-State-Theorie vor, die behauptet, das Universum, von welchem Zeitpunkt oder Ort aus man es auch betrachte, bleibe immer gleich. Zwar entständen neue Galaxien, die sich im Laufe ihrer Entwicklung voneinander entfernten, sie würden jedoch ständig durch neue Materie in Form von Wasserstoffgas ersetzt. Dasselbe geschehe mit den Sternen. Das Universum habe weder Anfang noch Ende.

Nach vielen Jahren, in denen die Steady-State-Theorie nicht mehr diskutiert worden war, stellt Hoyle seine kosmologischen Thesen abermals vor.

Eines der Hauptargumente für die Urknalltheorie ist die Mikrowellenhintergrundstrahlung. Man hält sie für ein Relikt des Urknalls selbst, einen kühlen Rest des Feuerballs, aus dem das Universum entstanden ist. Hoyle hingegen führt die Hintergrundstrahlung auf verhältnismäßig junge Ereignisse, die Supernovae, zurück. Astronomen stimmen darin überein, daß sich bei derartigen Explosionen die schwereren Elemente – besonders Eisen – bildeten. Gemäß Hoyles neuer Theorie entstehen aus diesen Eisenatomen lange, dünne „Haare".

Kühlen Metalldämpfe langsam ab, kristallisieren sie meist zu haarförmigen Gebilden, die in der Regel nicht dicker als zwei Millionstel Millimeter und höchstens einen Millimeter lang sind. Hoyle behauptet, daß „Eisenhaare" dieser Größe im interstellaren Raum infrarote und kurzwellige Radiostrahlung absorbieren und in Form von Hintergrundstrahlung wieder abgeben.

Bei Beobachtungen des Pulsars im Crabnebel, der 1054 bei der Explosion einer Supernova entstanden war, entdeckte man in einem Teil des Spektrums einen Strahlungsabfall, für den die Absorption durch Metallfilamente verantwortlich sein könnte. Als Ursache kämen nach Hoyle nur derartige Eisennadeln in Betracht.

Quasare stellen für die Steady-State-Theorie ein Problem dar. Bei der Beobachtung weit entfernter Objekte im Universum blicken Astronomen in die ferne Vergangenheit. Nach der Steady-State-Theorie sollen diese weit entfern-

Der Quasar Markarian 205, der auf diesem Bild grün erscheint, ist anscheinend mit der oberhalb liegenden Galaxie NGC 4319 durch eine schwache Gasbrücke verbunden. Das Spektrum von Markarian 205 zeigt jedoch eine zehnmal stärkere Rotverschiebung als die Galaxie; das deutet nach Ansicht der meisten Astronomen auf eine entsprechend größere Entfernung des Quasars hin. Gegner der Urknalltheorie nehmen dagegen an, das aktive Objekt sei von der Begleitgalaxie mit hoher Geschwindigkeit ausgeschleudert worden und zeige infolgedessen diese starke Rotverschiebung.

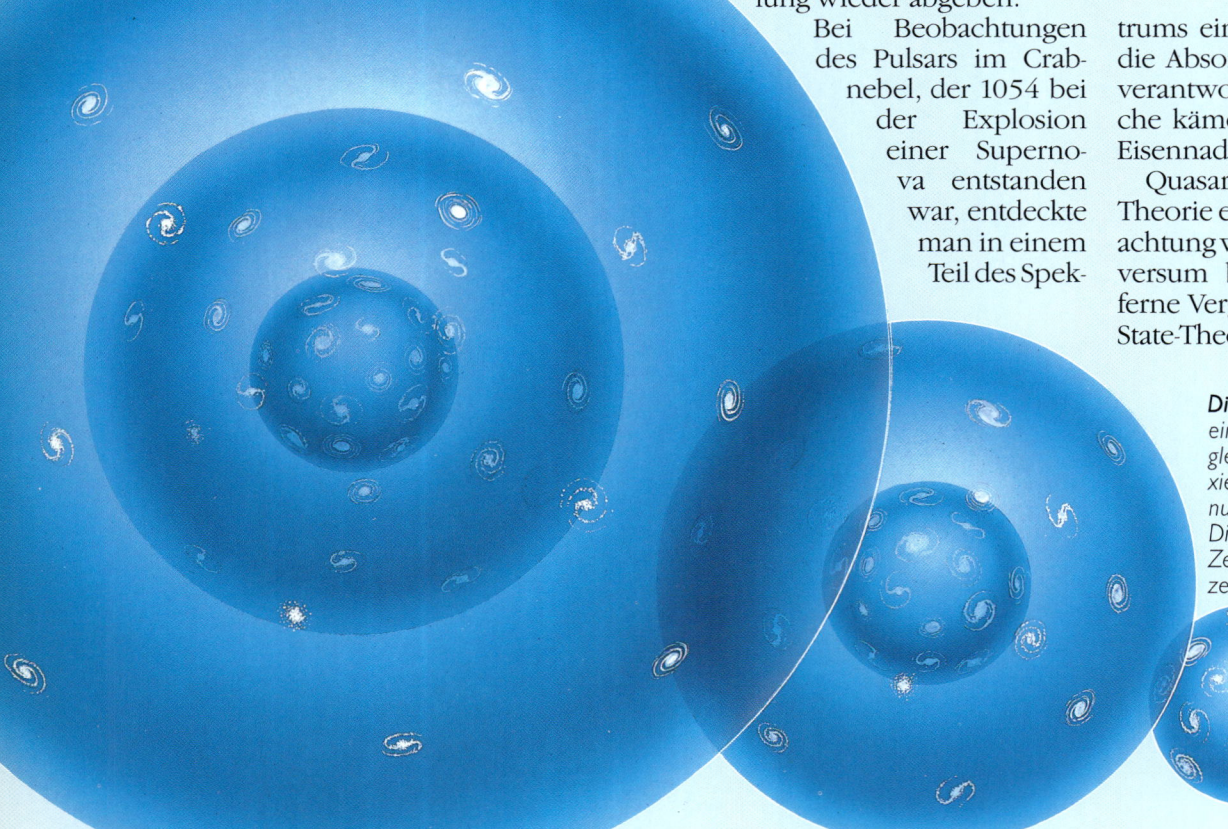

Die Steady-State-Theorie geht von einem Universum aus, das immer gleich aussieht. Während sich die Galaxien weiter entfernen, entsteht kontinuierlich neue Materie, so daß die Dichte des Universums im Laufe der Zeit nicht abnimmt. Die Zeichnung zeigt, wie ein Teil des Universums expandiert, während sich gleichzeitig im Inneren neue Materie bildet. So wird die mittlere Dichte konstant gehalten.

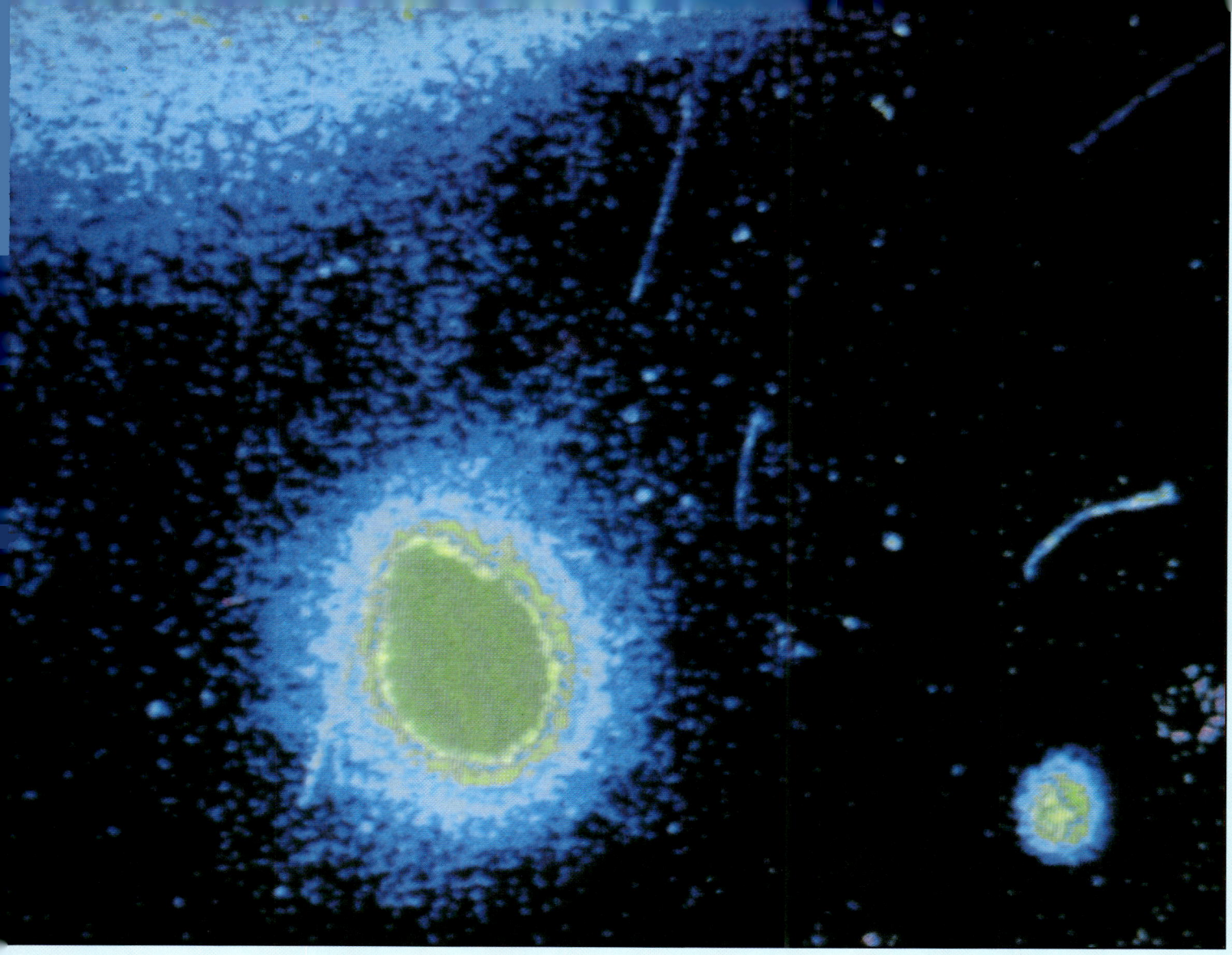

ten Gebiete jedoch genauso aussehen wie näher gelegene. Quasare scheinen aber in großen („kosmologischen") Entfernungen häufiger aufzutreten als in neuerer Zeit.

Zur Lösung dieses Problems stellt sich die Frage nach der Natur der Quasare. Hubbles Gesetz besagt, daß sich entfernte Objekte mit zunehmendem Abstand immer schneller von uns wegbewegen. Auch die Rotverschiebung der Quasare wird in der Regel so gedeutet. Dieser Ansicht widerspricht der amerikanische Astronom Halton Arp.

Arp weist auf Photographien näher gelegener Quasare hin, die offenbar jeweils eine Verbindung zu einer normalen Galaxie aufweisen. Bei diesen Begleitgalaxien ist jedoch die große Rotverschiebung, die sie aufweisen müßten, wenn sie sich in dem für die Quasare angenommenen Abstand befänden, nicht festzustellen. Arp hält Quasare daher für Materiewolken, die

von Galaxien mit hoher Geschwindigkeit ausgestoßen wurden. Diese Geschwindigkeit soll die große Rotverschiebung verursachen.

Die meisten Astronomen führen diese scheinbar nahen Gemeinschaften darauf zurück, daß Quasar und Galaxie zufällig beinahe in derselben Sichtlinie liegen. Nicht so die Urknallgegner, die eine so große Zahl von Zufällen nicht akzeptieren wollen.

Viele dieser Anordnungen auf einer Sichtlinie werden auch für optische Täuschungen gehalten, die durch Gravitationslinien entstehen. Die wenigen. Verfechter von Arps Theorie erwidern, in vielen Fällen seien die Quasare von den zugehörigen Galaxien zu weit entfernt, um ein solches Bild abzugeben. Zwar seien mit den meisten Galaxien Quasare verbunden (von denen man nur die wenigsten beobachten könne), Linseneffekte kämen dagegen sehr selten vor. Sie glauben, die sichtbaren

Quasare lägen relativ nahe. Demzufolge könnten sie – wie es die Steady-State-Theorie verlangt – gleichmäßig im Raum verteilt sein.

Da Quasare also nach Arps Theorie verhältnismäßig nahe stehen, muß ihre scheinbare Helligkeit nicht mehr als Zeichen für einen enormen Energieausstoß gelten. Demnach brauchte man auch an den speziellen Bedingungen der Galaxienentstehung, die einen wesentlichen Teil der Urknalltheorie ausmachen, nicht länger festzuhalten.

Dennoch erklärt die Theorie von Arp nicht die Rotverschiebung der Quasare. Bei Quasaren wurde noch keine Blauverschiebung (eine Bewegung auf die Erde zu) entdeckt, die – falls es sich um von Galaxien ausgestoßene Materie handelt – ebenso häufig auftreten müßte. Angesichts der Schwierigkeiten mit Arps Theorie und der Erfolge der Urknalltheorie halten die meisten Astronomen an letzterer fest.

DAS ANTHROPISCHE PRINZIP

● *Wurde das Universum für den Menschen gestaltet?*

In der Geschichte der Menschheit wurde die Erde meist als Zentrum des Weltalls angesehen. Diese Vorstellung war Teil einer Weltanschauung, die man in allen Kulturen antrifft; jede sah sich selbst als Mittelpunkt aller Dinge. Die alten Ägypter betrachteten ihr Land als Zentrum der Welt, das Universum stellten sie sich lang und schmal vor, wie Ägypten selbst. Für die Einwohner Mesopotamiens, deren Heimat sich über ein annähernd kreisförmiges Gebiet erstreckte, hatte der Himmel die Form einer Kuppel.

Mit der Entwicklung der griechischen Kultur entstanden rivalisierende kosmologische Theorien. Die dominierende Vorstellung war die eines kugelförmigen Universums, in dessen Mitte unverrückbar die ebenfalls kugelförmige Erde stand. Diese Weltsicht, verbunden mit einer auf die Erde bezogenen mathematischen Analyse der Planetenbewegung, erschien so unwiderlegbar, daß sie 1800 Jahre lang von allen Gelehrten akzeptiert wurde. So lebten die Völker lange Zeit in dem Bewußtsein, die Erde stelle den Mittelpunkt des Universums dar, und der Mensch, der *Homo sapiens*, sei die Krone der Schöpfung, der Herr eines anthropozentrischen Universums.

1543 stellte der polnische Kirchenbeamte Nikolaus Kopernikus ein neues mathematisches Modell des Universums vor, dessen Mittelpunkt nicht mehr die Erde, sondern die Sonne bildete – eine Weltanschauung, die spätere Untersuchungen von Kepler, Galilei und Newton bestätigten. Es dauerte also kaum länger als 100 Jahre, den Menschen seiner Vormachtstellung zu berauben und ihn zu einem Bewohner eines nicht besonders großen Planeten zu machen, der um einen, wie sich später herausstellen sollte, recht unbedeutenden Stern kreist.

Diese neue Weltsicht fiel in die Zeit einer intellektuellen Revolution. Es entstand eine moderne, auf Beobachtungen und Experimenten beruhende Wissenschaft, die von mathematischen Analysen, der Grundlage jeder Theorie, untermauert wurde. Die Degradierung des Menschen schien perfekt in dieses mechanistische Universum zu passen, das von kalten, unpersönlichen Gesetzen beherrscht wurde.

Im 20. Jahrhundert erlitten unsere physikalischen Gesetze mit der Quantentheorie einen schweren Schock. Kein Teilchen kann mehr mit genauer Position und Bewegung, sondern bestenfalls noch mit Wahrscheinlichkeiten beschrieben werden. Zusätzlich entdeckte man, daß selbst der Akt der Beobachtung schon Einfluß auf das Teilchen ausübt. So ist die Vorstellung

Unser Platz im Universum

Die alten Astronomen betrachteten das All von unserem Standpunkt aus – für sie lag die Erde naturgemäß im Zentrum. Auch die Religionen sahen die Menschheit als von Gott geschaffen im Mittelpunkt. Der griechische Astronom Aristarch hielt zwar eine Bewegung der Erde um die Sonne für möglich, seine Idee fand damals jedoch wenig Unterstützung.

Zu Beginn des 16. Jahrhunderts demonstrierte schließlich der polnische Astro-

Ein Planetarium aus dem 18. Jahrhundert (mechanisches Modell des Sonnensystems) *verkörpert ein Bild der neuen Welt, in deren Zentrum nicht mehr die Erde, sondern die Sonne steht.*

von einem mechanistischen Universum, die in den letzten Jahrhunderten herrschte, heute überholt – zumindest in der mikroskopisch kleinen Welt der subatomaren Teilchen. Wir leben in einem Universum, in dem der Zufall eine gewisse Rolle spielt.

Die Grundlage dieses neuen physikalischen und astronomischen Universums des 20. Jahrhunderts bilden die vier Grundkräfte und einige Basisein-

nom Nikolaus Kopernikus, daß ein System, in dessen Mittelpunkt sich die Sonne befindet, eine einfachere und einleuchtendere Erklärung der relativen Planetenbewegung ermöglichte. Wir wissen heute, daß sein Modell prinzipiell richtig war und die Erde ebensowenig im Zentrum unseres Planetensystems steht wie das Sonnensystem im Zentrum unserer Galaxis.

Doch die Vorstellung von einer besonderen Bedeutung der Erde findet heute wieder Anklang; einige Wissenschaftler glauben, die Gestalt des Universums begünstige die Entwicklung von Leben. Der einzige uns bekannte Ort, an dem Leben existiert, ist die Erde.

heiten, die mit ihnen zusammenhängen. Zu diesen Basiseinheiten gehören die Massen von Teilchen wie Proton und Elektron, ihre elektrische Ladung, die Stärke ihrer Gravitation und ihres Elektromagnetismus sowie die starken und schwachen Kernkräfte. Als weitere Bestandteile gelten die Plancksche Konstante, die die Skala der Quanteneffekte festlegt, sowie die sogenannte Feinstrukturkonstante, die das Verhalten eines Elektrons im elektrischen Feld beschreibt.

Der numerische Wert dieser Größen ist von der Wahl der Maßeinheit abhängig und daher unwesentlich; die reinen, von der Maßeinheit unabhängigen Werte erhält man aus ihrem Verhältnis zueinander.

Zu den überraschenden Ergebnissen gehören die sogenannten Zufälle der großen Zahlen: Die elektrische Kraft zwischen Proton und Elektron im Wasserstoffatom ist ungefähr 10^{39} mal stärker als ihre gegenseitige Gravitationskraft. Dieses Verhältnis entspricht fast genau dem zwischen der Größe des sichtbaren Universums und des Elektrons, das 10^{40} beträgt. Die Multiplikation von 10^{40} mit sich selbst ergibt mit 10^{80} die Größenordnung der Atomzahl

Mars scheint sich von der Erde aus gesehen gelegentlich rückwärts zu bewegen – *auf einer schleifenförmigen Bahn. Kopernikus führte diesen Effekt auf einen Vorübergang der Erde vor dem Mars zurück. Er nahm für beide Planeten relativ einfache Bahnen um die Sonne an.*

im sichtbaren Universum. Der britische Wissenschaftler Martin Rees fand zudem heraus, daß auch eine Relation besteht zwischen der Lebensdauer eines Sterns und der Zeit, die ein Photon für den Weg aus dem Inneren an die Oberfläche benötigt. Die Lebensdauer eines Sterns hängt von seiner Masse ab, diese bedingt wiederum die Gravitationskraft des Sterns und damit auch die Zeit, die ein Photon für die Durchquerung eines Atoms braucht. Der Zusammenhang dieser beiden Werte läßt sich, unabhängig von der Größe des Sterns, abermals mit 10^{39} angeben.

Diese Zahlen sind so groß, daß ihre wahren Werte weit streuen können – es könnte also auch Zufall sein, daß sie einander derartig ähnlich sind. Trotzdem scheinen sie für das Universum von grundlegender Bedeutung zu sein. Sie legen den Gedanken an eine Grundordnung des Universums nahe, die bisher noch kaum verstanden wird.

Zwischen den Basiseinheiten des Universums finden sich noch weitere zufällige Zusammenhänge, zum Beispiel die relative „Einstellung" der Fundamentalkräfte, die für unsere eigene Existenz entscheidend ist: Das Universum expandiert mit einer Geschwindigkeit, die durch den Urknall festgelegt wurde. Wäre seine Gravitationskraft nur wenig stärker, hätte sie schon früh die Oberhand gewonnen und das Universum kollabieren lassen; wäre sie dagegen nur geringfügig schwächer, hätten infolge einer zu schnellen Ausdehnung weder Galaxien noch Sterne Zeit zu ihrer Entstehung gefunden. In beiden Fällen wäre niemals eine Erde mit den Entwicklungsbedingungen für künftiges Leben entstanden.

Wären zum Beispiel die starken und schwachen Kernkräfte gegenüber dem Elektromagnetismus nur wenig stärker, gäbe es keinen Wasserstoff in seiner Grundform. Folglich hätten die schwereren Elemente wie Kohlenstoff und Sauerstoff – und damit auch die Lebewesen – nicht entstehen können.

Bei geringfügig anderer Stärke der schwachen Kernkräfte könnte es keine Supernovaexplosionen geben. Das Universum hätte so einige Quellen schwerer chemischer Elemente weniger: Sie entstehen bei Supernovaexplosionen, werden im Raum verteilt und gehen schließlich in Planetensysteme ein.

Die Stärke der Gravitationskraft ist noch auf andere Weise für das Leben im Universum entscheidend. Wäre sie schwächer, könnte sie bei einem Stern mit der Größe der Sonne die Materie nicht stark genug nach innen ziehen, um Kernreaktionen zu ermöglichen. Dann könnten nur noch sehr massereiche Sterne durch Kernfusion leuchten, deren Lebenserwartung aber wahrscheinlich zu gering wäre, um Leben entstehen zu lassen.

Diese Betrachtungen, die darauf hindeuten, daß das Universum für die Entstehung von Leben angelegt wurde, werden von manchen Wissenschaftlern sehr ernst genommen. Der bekannte Astronom Brandon Carter hält den Zeitraum von vier Milliarden Jahren, in dem sich der *Homo sapiens* aus den ersten Anzeichen von Leben auf der Erde entwickelte, für sehr kurz. Nach seiner Ansicht dauert eine derartige Entwicklung im Durchschnitt wesentlich länger als die zehn Milliarden Jahre, die ein sonnenähnlicher Stern im allgemeinen lebt, länger auch, als auf der Erde Bedingungen herrschen konnten, die die Entstehung des Lebens förderten.

Das Leben auf der Erde wäre demnach entgegen aller Wahrscheinlichkeit entstanden. Aus diesem Grund veröffentlichte Carter 1974 sein anthropisches Prinzip: Das Universum stellt die spezielle Sichtweise unserer eigenen Art dar. Diese knappe Aussage wurde ausgiebig untersucht und hatte viele verwandte Thesen zur Folge.

Nach dem schwachen anthropischen Prinzip sind die sichtbaren Erscheinungen des Universums durch zwei Voraussetzungen eingegrenzt: Es muß sich ein Leben auf Kohlenstoffbasis entwickeln können, und es muß genügend Zeit für diese Entwicklung zur Verfügung stehen.

Einige Wissenschaftler gehen weiter und behaupten, das Universum sei nur geschaffen worden, um Menschen hervorzubringen. Carter nannte diese Auffassung das strenge anthropische Prinzip, nach dem das Universum die Eigenschaften aufweisen muß, die die Entwicklung von intelligentem Leben „ermöglichen". Andere behaupten sogar, das Universum sei so gestaltet worden, daß intelligentes Leben entstehen „mußte".

Das Wort „muß" löste heftige Kontroversen aus, da dieses Prinzip nicht wissenschaftlich, sondern metaphysisch erscheine. Diese Idee wird jedoch von denjenigen bevorzugt, die die Existenz der Menschheit für eine Ausnahmeerscheinung halten.

Mit Sicherheit weist das Universum Eigenschaften auf, die die Entwicklung der Menschheit ermöglichten. Unter den gegebenen Umständen scheint die Entstehung von Leben ein vorgegebener Schluß zu sein.

Zudem besitzt der Mensch – im Unterschied zu den Tieren auf dieser Erde – die einzigartige Fähigkeit, die Gesetze der Physik zu formulieren und so die Natur des Universums zu verstehen. Entwickelte sich diese Fähigkeit durch einen phantastischen Zufall, oder hat sie einen tieferen Sinn?

Befinden wir uns als einzige in dieser privilegierten Lage, oder gibt es im Raum andere Wesen, die das Universum ebenfalls verstehen können? Wir wissen es nicht. Doch wie im Kapitel über die Versuche der Kommunikation mit außerirdischen intelligenten Wesen (S. 166-167) dargelegt wird, blie-

ben unsere Bemühungen bisher ohne Erfolg. Radio- und Fernsehsignale werden schon seit Jahren ins All gesandt, ohne daß wir bis jetzt eine Antwort erhalten hätten. Vielleicht ist die Zeitspanne auch nur zu kurz: Möglicherweise dauert es Jahrtausende, bis unsere Signale das nächste von intelligenten Wesen bewohnte System erreichen und beantwortet werden können.

Vielleicht kehren wir eines Tages zu dem Glauben an die einzigartige Stellung der Menschheit im gesamten Universum zurück. Er unterschiede sich allerdings vom alten Glauben insoweit, als er die Menschheit nicht mehr als physikalischen Mittelpunkt sähe, doch erhielte unsere Spezies damit ihren hervorragenden Platz in der Schöpfung zurück.

Diese Kinder sind ihrer Zeit um mehr als sechs Milliarden Jahre voraus, so jedenfalls sieht es Brandon Carter, ein Verfechter des anthropischen Prinzips. Ein derartiger Zeitraum wäre seiner Meinung nach nötig gewesen, um unsere Entwicklungsstufe zu erreichen. Er folgert daraus, daß das Universum bewußt für die Entwicklung von Leben gestaltet wurde. Einige Verfechter dieser Theorie nehmen sogar an, das Universum sei nur geschaffen worden, um das Entstehen einer Art zu ermöglichen – der des Menschen.

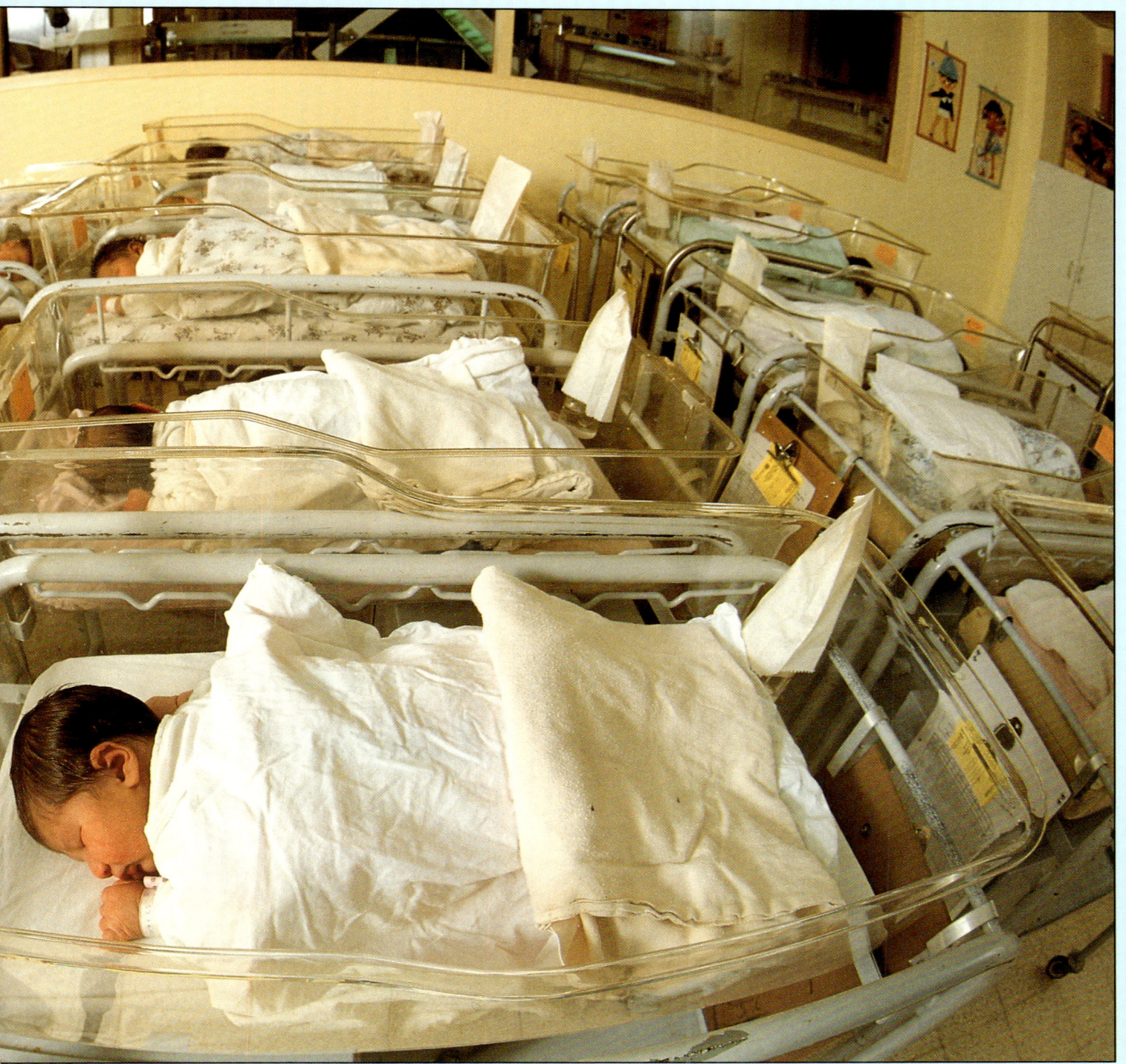

DIE ERSCHAFFUNG DES ALLS

- *Hängt die Realität vom Auge des Beobachters ab?*

Das anthropische Prinzip zwingt uns, über das Universum und unsere Stellung darin nachzudenken. Dem Universum wird heute nicht mehr nur eine rein mechanistische, sondern auch eine auf Zufällen beruhende Natur zugestanden. Man muß es sich sogar als verschwommenes Gebilde vorstellen, dessen Teilchen nicht Punkten, sondern eher Wellen oder Rippen ähneln. Auch die Menschheit scheint als Beobachter eine wichtigere Rolle zu spielen, als bisher angenommen.

Ein Wissenschaftler kann die Position eines Elektrons nur dann mit Sicherheit angeben, wenn es eine bestimmte Wirkung ausübt – zum Beispiel auf einen Fernsehschirm trifft und dort einen hellen Punkt erzeugt. Bis zum Eingriff des Beobachters kann nicht einmal die genaue Position des Teilchens angeben werden.

Diese Erkenntnis veranlaßte einige Physiker, Worte des Bischofs George Berkeley, eines jüngeren Zeitgenossen von Isaac Newton, erneut aufzugreifen: „All diese Körper, die den mächtigen Rahmen der Welt bilden... können ohne Gedanken nicht existieren."

Ein Physiker kann diesen Gedankengang durch folgendes Experiment weiterführen: Ein Photonenstrahl wird in zwei sich überlagernde Strahlen aufgespalten und dann wieder vereinigt. Treffen diese Strahlen auf einen Schirm, entsteht ein Interferenzmuster aus hellen und dunklen Linien. Die hellen Linien entstehen, wenn sich die Strahlen gegenseitig verstärken, die dunklen, wenn sie sich gegenseitig ausblenden.

Schwächt man den Ursprungsstrahl ab, bis die Photonen den Apparat schließlich nur noch einzeln durchlaufen, entsteht auch unter diesen Bedingungen ein Interferenzmuster. Obwohl niemand den Weg eines gegebenen Photons vorhersagen kann, ist es wahrscheinlicher, daß es dort auf den Schirm trifft, wo sich ein Lichtband befindet, als dort, wo das dunkle Band liegt. Bei einer großen Anzahl solcher Ereignisse baut sich ein Interferenzmuster auf. Auch wenn sich zu einem bestimmten Zeitpunkt nur ein Photon in dem Gerät befindet, scheint sich dieses mit sich selbst zu vermischen, als ob es sich gleichzeitig in beiden Strahlen befände.

Erweitern Physiker dieses Experiment durch den Einbau von Meßgeräten, dann können sie feststellen, welchen der beiden möglichen Wege das Photon genommen hat, jedoch nur um den Preis der Zerstörung des Interferenzmusters. Ihr Eindringen ändert die Dinge. Indem sie das Photon zwingen, sich wie ein Teilchen zu verhalten, verhindern sie sein Wellenverhalten. Anders gesagt: Nur wenn man das Teilchen entdeckt – beobachtet –, wird es ein vollkommenes Teilchen oder vollständig real. Aus diesem Grund glauben einige Physiker an eine Abhängigkeit des Universums von unseren Beobachtungen. Da alles, was wir beobachten, von Molekülen bis zu Galaxien, aus subatomaren Teilchen aufgebaut ist, muß dieses Argument für das gesamte Universum gelten.

In den dreißiger Jahren bemerkte der britische Astrophysiker Arthur Eddington, daß wir bei der Untersuchung des Universums Fußspuren finden, die sich bei näherem Hinsehen als die der Menschheit entpuppen: Unsere Theorien über das Universum zeigen Merkmale, die den Menschen als Urheber erkennen lassen.

Einige Quantenwissenschaftler gehen sogar soweit zu behaupten, das Universum existiere nur, weil wir es beobachten. Entsprechend dem stren-

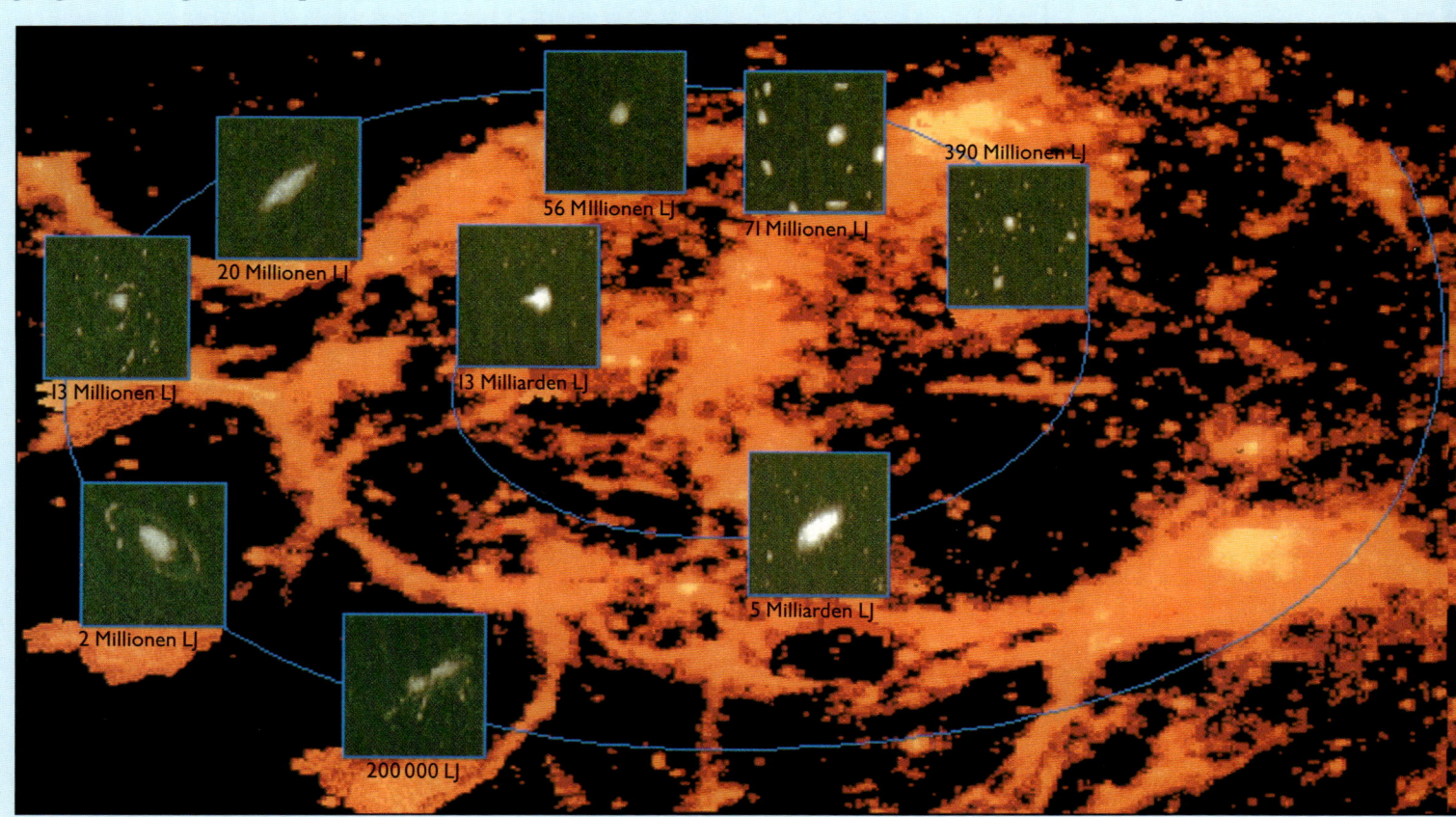

390 Millionen LJ

56 Millionen LJ

71 Millionen LJ

20 Millionen LJ

13 Millionen LJ

3 Milliarden LJ

5 Milliarden LJ

2 Millionen LJ

200 000 LJ

gen anthropischen Prinzip muß das Universum die Entstehung intelligenten Lebens ermöglichen; nach dem amerikanischen Physiker John Wheeler zeigt die Quantenphysik jedoch, daß es ohne den teilhabenden Beobachter kein Universum gäbe.

Ist dieses sogenannte teilnehmende anthropische Prinzip wahr, beeinflussen unsere Beobachtungen sowohl die Vergangenheit als auch die Zukunft. Beobachtet man zum Beispiel einen weit entfernten Quasar, werden seine Photonen im Moment des Erkennens in die volle Realität projiziert. In den vorangegangenen Jahrmilliarden war ihre Existenz ebensowenig vollkommen real wie die des Quasars – zumindest in bezug auf einige seiner Eigenschaften. Alles hängt im Universum von einer Intelligenz ab, die es versteht: Ohne sie gibt es nichts.

Unter diesem Gesichtspunkt stellt die Zukunft des Universums ein schwerwiegendes Problem dar, da die Menschheit nötig zu sein scheint, um seinen Fortbestand zu sichern. Diese Frage griff der amerikanische Physiker Frank Tipler auf. Er ist sich sicher, daß es außerhalb der Erde keine intelligenten Lebewesen gibt, und hält auch die Exi-

stenz der Menschheit zur Befriedigung des teilnehmenden anthropischen Prinzips nicht für nötig; erforderlich sei nur die ständige Anwesenheit einer hochentwickelten Intelligenz. Seine Lösung besteht daher in der Verteilung von Kopien menschlicher Intelligenz im gesamten Universum.

Nach Ansicht der meisten Wissenschaftler rückt das teilnehmende anthropische Prinzip die Menschheit zu sehr in den Mittelpunkt, da es sie nicht nur zum Zentrum aller Dinge, sondern zum Maß, ja sogar Schöpfer des Universums macht.

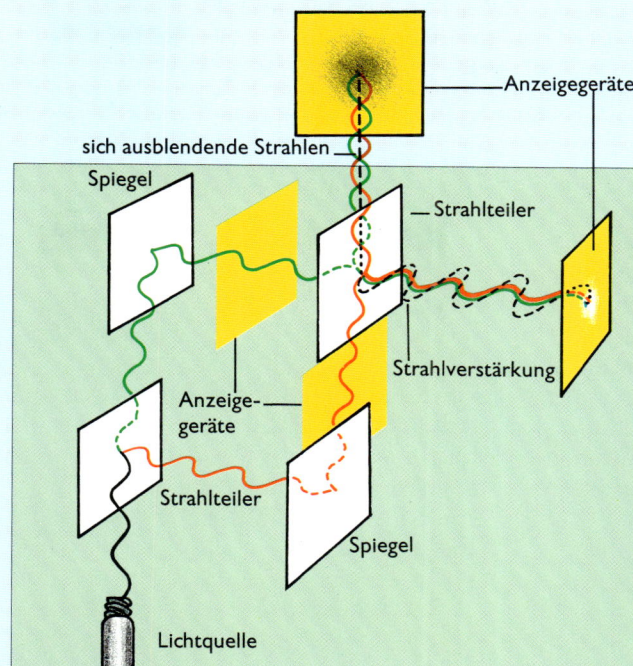

Ein Beobachter kann das Licht zwingen, sich wie ein Teilchen oder eine Welle zu verhalten. Ein Strahl, der erst aufgespalten, wieder vereinigt und dann beobachtet wird, überlagert sich selbst, so daß kein Licht auf dem oberen Anzeigegerät ankommt. Werden die Anzeigegeräte eingefügt, bevor die Überlagerung auftritt, zeigen sie den Weg jedes Photons an. Damit wird das Licht gezwungen, sich wie ein Teilchen zu verhalten, so daß die Effekte der Überlagerung verlorengehen.

Diagrammbeschriftungen: Anzeigegeräte · sich ausblendende Strahlen · Spiegel · Strahlteiler · Strahlverstärkung · Anzeigegeräte · Strahlteiler · Spiegel · Lichtquelle

Schaut man ins All (unten links), schaut man auch in die Vergangenheit (unten). Wir sehen die Kleine Magellansche Wolke, wie sie vor 200 000 Jahren war, als sich der Homo sapiens entwickelte; den Andromedanebel zu einer Zeit, als sich vor zwei Millionen Jahren der Mensch in einer früheren Entwicklungsstufe befand; die Galaxien der lokalen Gruppe zur Zeit der ersten Affen vor 13-20 Millionen Jahren. Das Licht der Galaxie M77 ist 56 Millionen Jahre alt, die Dinosaurier waren ausgestorben, während sie, als das Licht den Virgohaufen vor 71 Millionen Jahren verließ, die Erde beherrschten. Den Comahaufen sehen wir, wie er vor 390 Millionen Jahren aussah, als die Tiere noch im Meer lebten. Das Licht einiger Galaxien ist älter als fünf Milliarden Jahre, als es das Sonnensystem noch nicht gab, während das einiger Quasare 13 Milliarden Jahre alt ist – damals entstand unsere Galaxis.

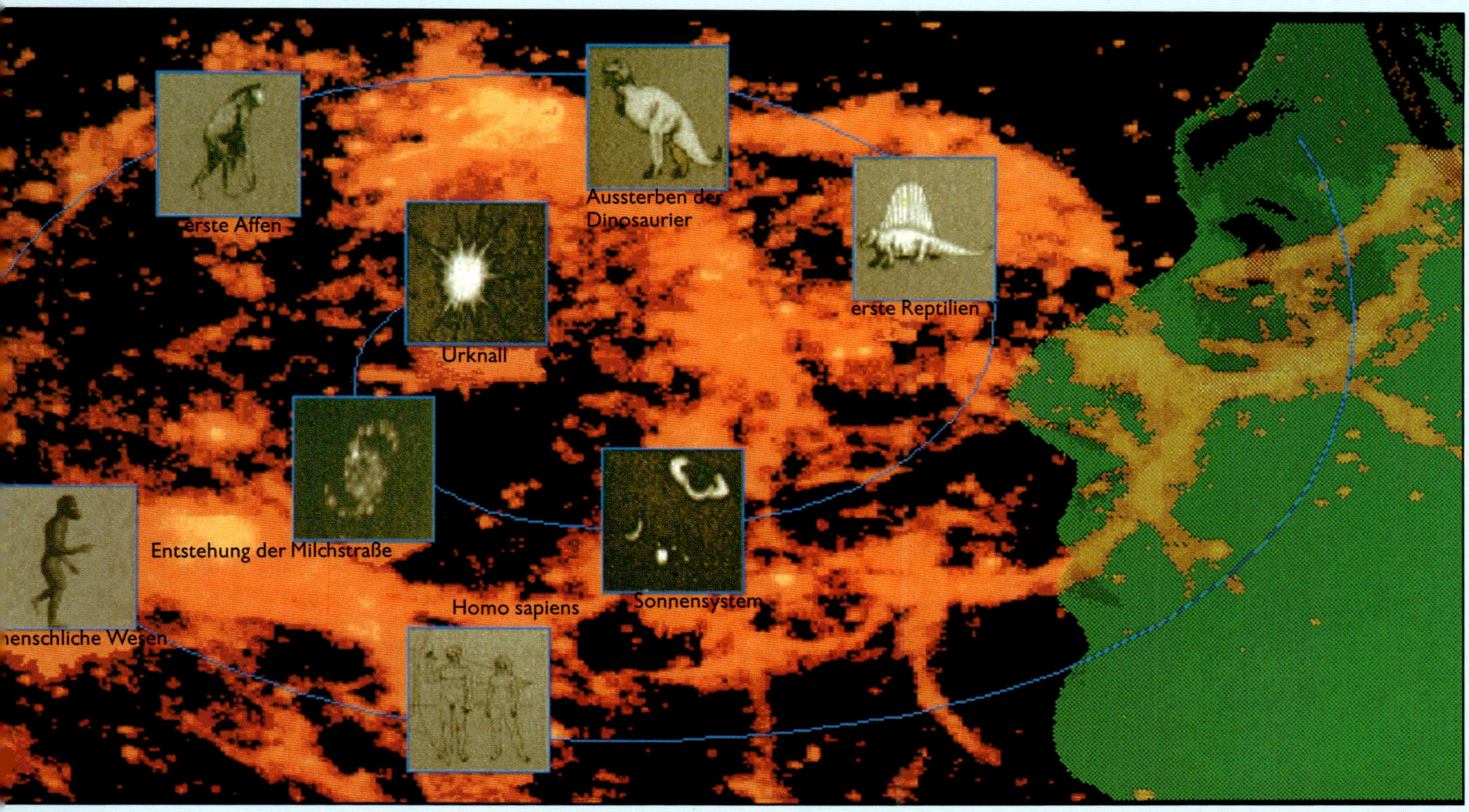

erste Affen · Aussterben der Dinosaurier · erste Reptilien · Urknall · Entstehung der Milchstraße · Homo sapiens · Sonnensystem · menschliche Wesen

ANFANG UND ENDE DER DINGE

● *Neue Universen entstehen aus der Asche der alten*

Die Geschichte der geistigen Eroberung des Universums ist die einer Erweiterung des menschlichen Horizonts. Heute überblicken wir ein Universum, das sich über enorme Entfernungen in den Raum und über Äonen in Vergangenheit und Zukunft erstreckt. Seine Komplexität übersteigt das Vorstellungsvermögen selbst der fortschrittlichsten griechischen Philosophen bei weitem. Könnte unser heutiges Weltbild dennoch ebenso beschränkt sein wie das früherer Kulturen? Wir haben eindrucksvolle Belege für ein Universum, das mit einem Urknall begann und sich seitdem ausdehnt – aber ist darin wirklich alles enthalten, was existiert?

Der indische Wissenschaftler Jayant Narlikar hält das Universum, das wir beobachten, nur für eines von vielen expandierenden Universen in einem wesentlich größeren Raum. Das Narlikar-Hyperuniversum ist einem riesigen Behälter vergleichbar, der mit einer Flüssigkeit gefüllt ist, in der sich Blasen befinden. Unser Universum stellt eine der Blasen dar, die anderen enthalten ebenfalls selbständige Universen.

Das ist jedoch nicht der einzige Entwurf eines großen, allumfassenden Universums, das die Ausmaße des unseren übertrifft. Andere halten sich an die Vorstellung, daß man beim Durchqueren eines schwarzen Lochs völlig andersartige Raumregionen erreichen könne. Die Mathematik zeigt, daß – zumindest theoretisch – ein schwarzes Loch über ein „Wurmloch" mit Gebieten völlig anderer Raumzeit verbunden sein könnte. Ein „Wurmloch" ist eine extrem dünne, gewinde- oder rohrartige Verbindung, die durch andere Dimensionen zu einem weißen Loch führt, das nicht Materie verschlingt, sondern ausspuckt.

Ein derartiges Wurmloch würde ebenso schnell zusammenfallen, wie es entsteht, es sei denn, eine spezielle Quantenbedingung – die Entstehung negativer Energie im Innern – überwiegt. Der englische Physiker Paul Dirac sagte in den zwanziger Jahren als erster die Existenz negativer Energie

voraus. Diese Idee erschien zunächst recht seltsam, war jedoch realistisch: Sie führte 1932 zur Entdeckung der Positronen; zudem ist sie eng mit der Existenz von Antiteilchen verknüpft. Wurmlöchern werden einige seltsame Eigenschaften zugeschrieben: Sie könnten unter bestimmten Umständen Objekte, die hineinfallen, in die Vergangenheit reisen lassen.

Der amerikanische Physiker Lee Smolin übertrug die Vorstellung von schwarzen und weißen Löchern auf die Frage nach Geburt und Tod des Universums. Man stellt sich vor, daß das Innere eines schwarzen Lochs vom Hauptteil der Raumzeit durch einen winzigen Hals, der einem Wurmloch gleicht, „abgekniffen" ist. Von innen sähe ein schwarzes Loch jedoch aus wie ein expandierender Raum – ein expandierendes Universum.

Nicht jedes schwarze Loch enthält ein langlebiges expandierendes Universum: Viele Löcher verschwinden in verhältnismäßig kurzer Zeit (S. 65). Smolin zeigte jedoch, daß ein ausreichend lange bestehendes schwarzes Loch immer ein expandierendes Universum hervorbringt.

Bei der Entstehung eines neuen Universums wirken gewaltige Kräfte, die auch die Veränderung einiger physikalischer Prozesse und Basis-„konstanten" verursachen können. Wie sich jede Generation von Lebewesen aufgrund zufälliger genetischer Veränderung der DNS innerhalb enger Grenzen von der vorherigen unterscheidet, wird auch die Physik neu entstandener Universen variieren. So könnten die Elektronen in den einzelnen Universen leicht unterschiedliche Massen aufweisen.

Bei einigen Universen könnten die Erfolge der Evolution zu einer langen Lebensdauer und damit zur Bildung vieler schwarzer Löcher führen – zum Beispiel durch den Tod massereicher Sterne oder die Verschmelzung von Sternen in den Kernen von Galaxien. Aus diesen schwarzen Löchern könnte wieder ein neues Universum entste-

Ein Wurmloch, das höhere Dimensionen durchläuft, könnte theoretisch verschiedene Gebiete der Raumzeit verbinden. Eine der Öffnungen des Wurmlochs wäre ein schwarzes Loch, in das Materie und Energie hineinfallen, während sich am anderen Ende ein weißes Loch befände, ein hypothetisches Gebilde, das Materie und Energie ausspuckt. Der Verbindungsraum, das Wurmloch, wäre vom äußeren Universum aus nicht zu sehen.

hen. Smolin berechnete, daß in jedem langlebigen Universum die Masse der Protonen und die der Neutronen einander ungefähr entsprechen müßten – wie es auch in unserem der Fall ist. Derartige Universen würden sich von unserem also nicht allzusehr unterscheiden.

Die vollständige Entwicklung bis zur Entstehung des Lebens und der Intelligenz müßte folglich auch dort möglich sein. Es sollte uns daher nicht überraschen, daß sich in unserem Universum, das an die Erfordernisse des Lebens angepaßt scheint, das anthropische Prinzip durchsetzt: Das ist nur das Ergebnis einer Selektion aus einer riesigen Anzahl von Universen, die zumeist erfolglos waren.

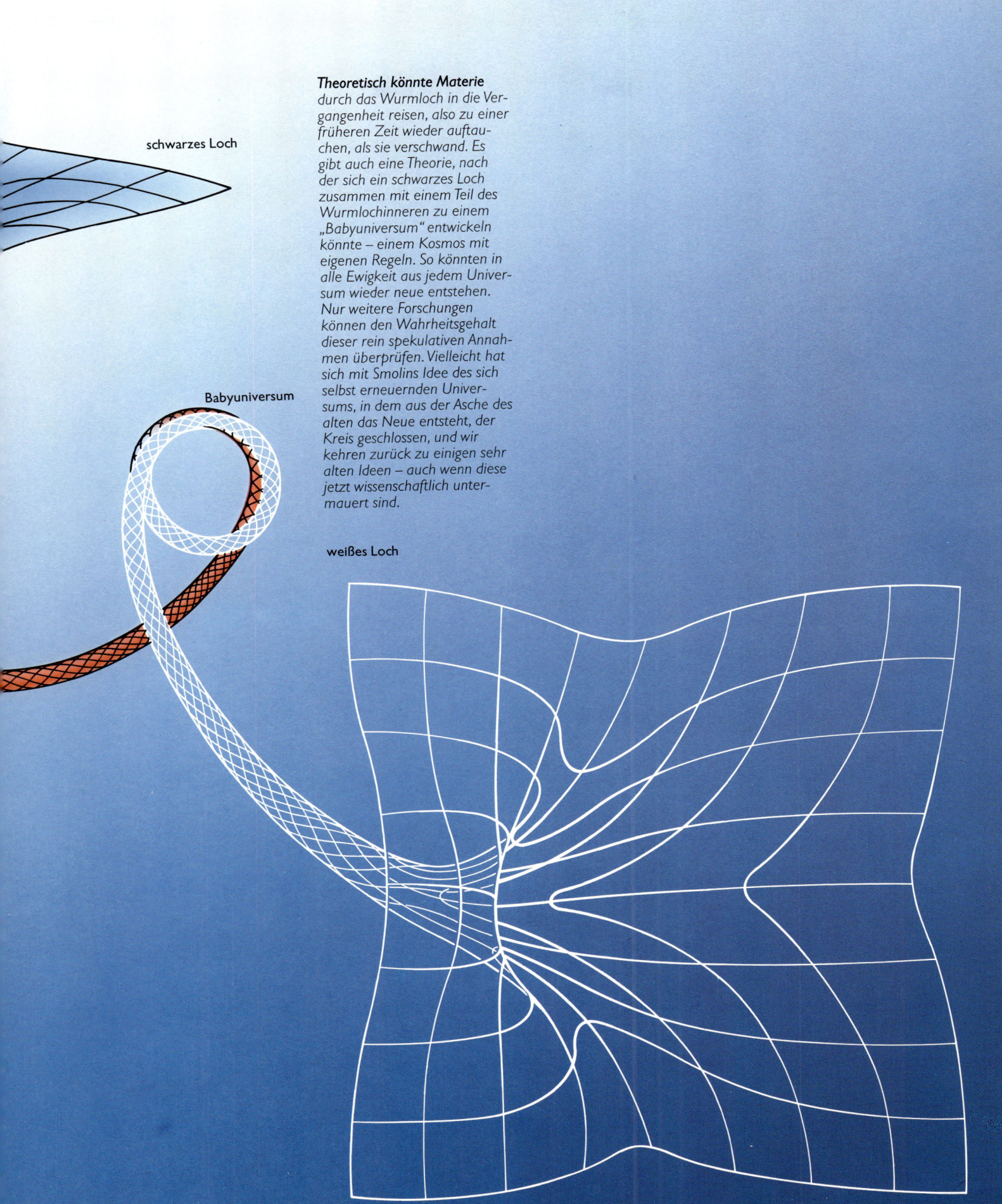

schwarzes Loch

Babyuniversum

weißes Loch

Theoretisch könnte Materie durch das Wurmloch in die Vergangenheit reisen, also zu einer früheren Zeit wieder auftauchen, als sie verschwand. Es gibt auch eine Theorie, nach der sich ein schwarzes Loch zusammen mit einem Teil des Wurmlochinneren zu einem „Babyuniversum" entwickeln könnte – einem Kosmos mit eigenen Regeln. So könnten in alle Ewigkeit aus jedem Universum wieder neue entstehen. Nur weitere Forschungen können den Wahrheitsgehalt dieser rein spekulativen Annahmen überprüfen. Vielleicht hat sich mit Smolins Idee des sich selbst erneuernden Universums, in dem aus der Asche des alten das Neue entsteht, der Kreis geschlossen, und wir kehren zurück zu einigen sehr alten Ideen – auch wenn diese jetzt wissenschaftlich untermauert sind.

STERNENKARTEN

Die Karten auf dieser und den folgenden Seiten zeigen Fixsterne bis einschließlich der fünften Magnitude. Die Karten 1 und 2 bilden die Polarregionen bis zu einer von den Polen aus gerechneten Deklination (Breitengrade am Himmel, die denen auf der Erde entsprechen) von 40 Grad ab. Die Karten 3 bis 8 stellen den Rest des Himmels dar. Entlang dem Himmelsäquator werden Entfernungen in Stunden, Minuten und Sekunden der Rektaszension (RA) gemessen. Sie entspricht den Längengraden auf der Erde. Jede der sechs Äquatorialkarten zeigt also ein Gebiet von vier Stunden in RA.

Die Sternbildnamen sind mit Großbuchstaben, ihre Grenzen, die von der Internationalen Astronomischen Union festgelegt wurden, mit gestrichelten Linien gekennzeichnet. Die Namen der wichtigsten Sterne erscheinen in Groß- und Kleinbuchstaben.

Das einzige bewegliche Objekt, das hier dargestellt wird, ist die Sonne. Sie scheint sich – gegenüber dem Hintergrund der Fixsterne – innerhalb eines Jahres entlang der sogenannten Ekliptik ostwärts über den Himmel zu bewegen. Im März, am sogenannten Frühlingspunkt, schneidet sie den Himmelsäquator von Süd nach Nord. Die Rektaszension dieses Punktes hat definitionsgemäß den Wert Null. Ihren nördlichsten Punkt erreicht die Sonne im Juni zur Zeit der Sonnwende. Im September kreuzt sie am Herbstpunkt (bei 12h RA) von Nord nach Süd abermals den Himmelsäquator, bis sie ihren südlichsten Bahnpunkt schließlich im Dezember erreicht.

Aus diesen Werten kann man die ungefähre Position der Sonne ableiten. Sie beträgt zum Beispiel im Mai 4h RA (im Taurus = Stier). Die zu dieser Zeit sichtbaren Sterne stehen auf der gegenüberliegenden Himmelshälfte bei einer RA von 16h.

Die Karten zeigen den gesamten Himmel. Die tatsächlich sichtbaren Gebiete hängen jedoch vom Breitengrad des Beobachtungsortes ab.

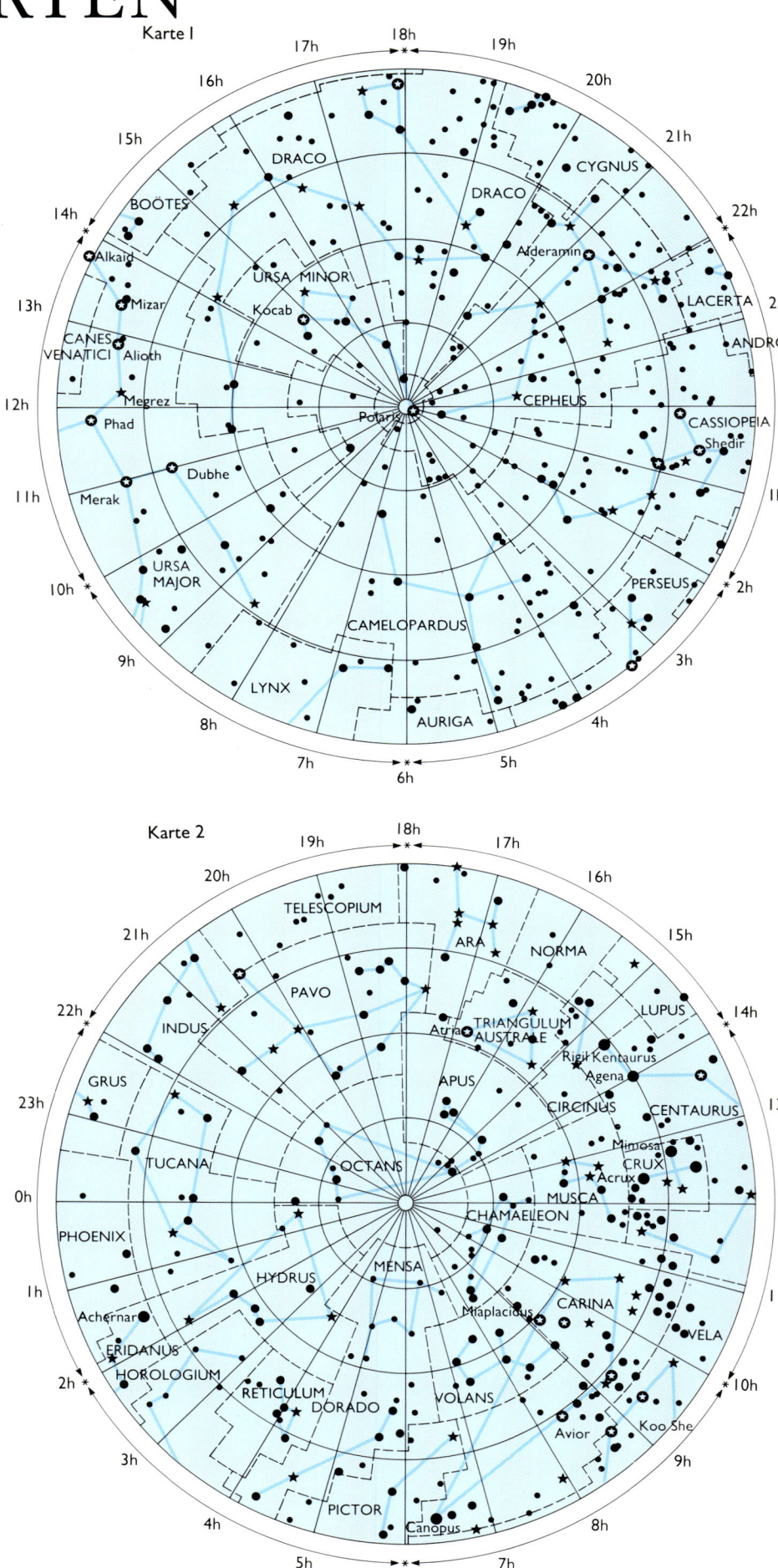

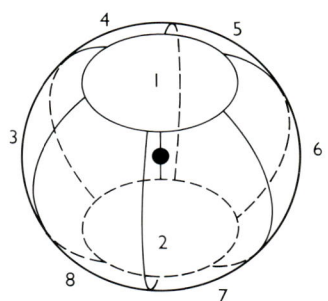

- 1. Größe
- 2. Größe
- 3. Größe
- 4. Größe
- 5. Größe

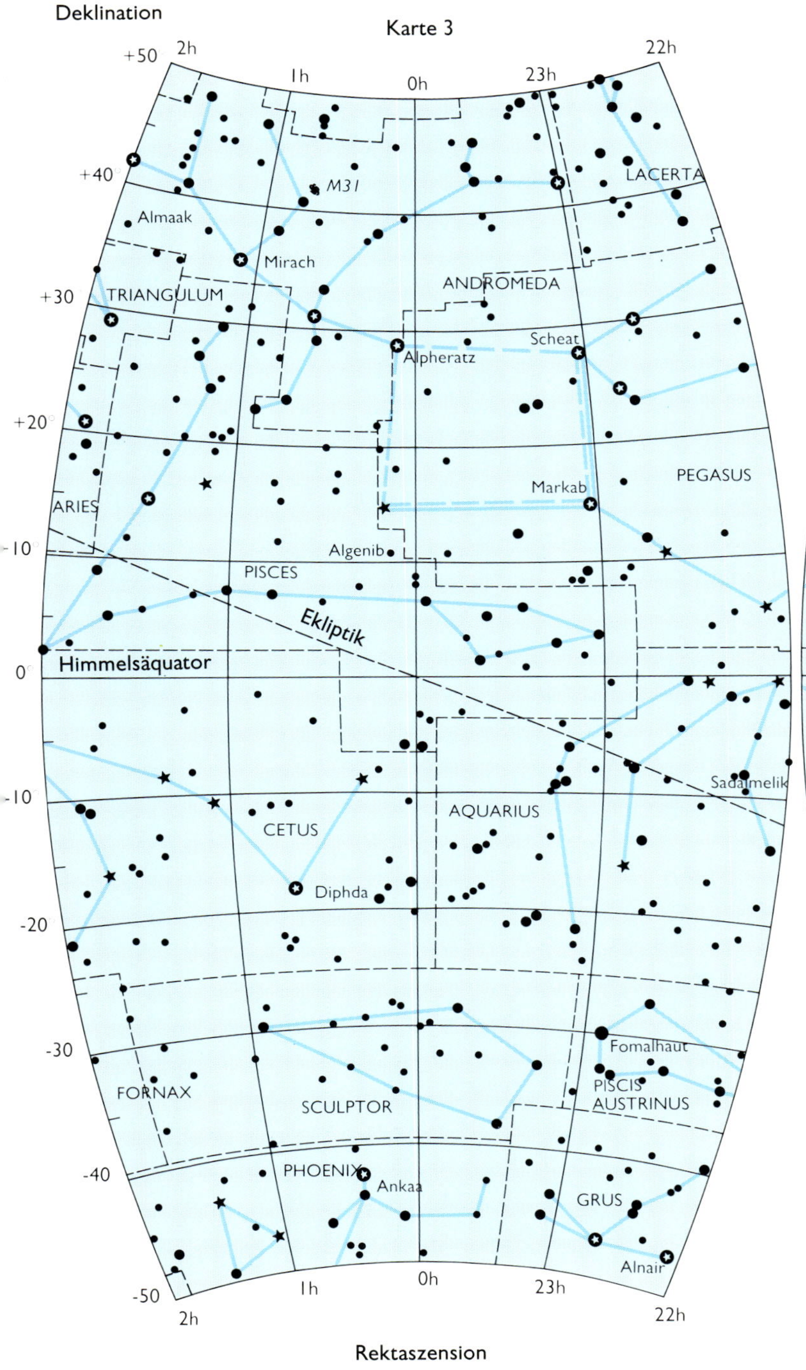

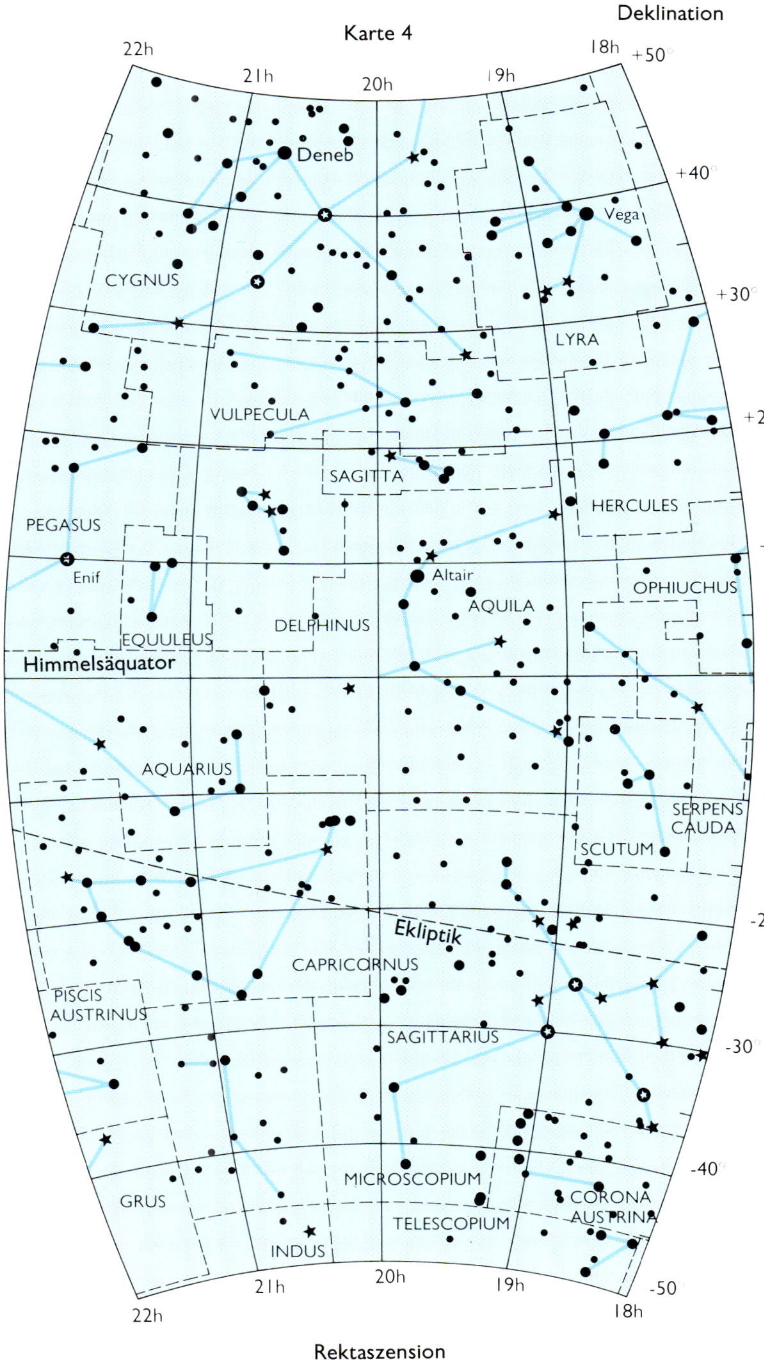

Deklination

Karte 3

Deklination

Karte 4

Himmelsäquator

Ekliptik

Himmelsäquator

Ekliptik

Rektaszension

Rektaszension

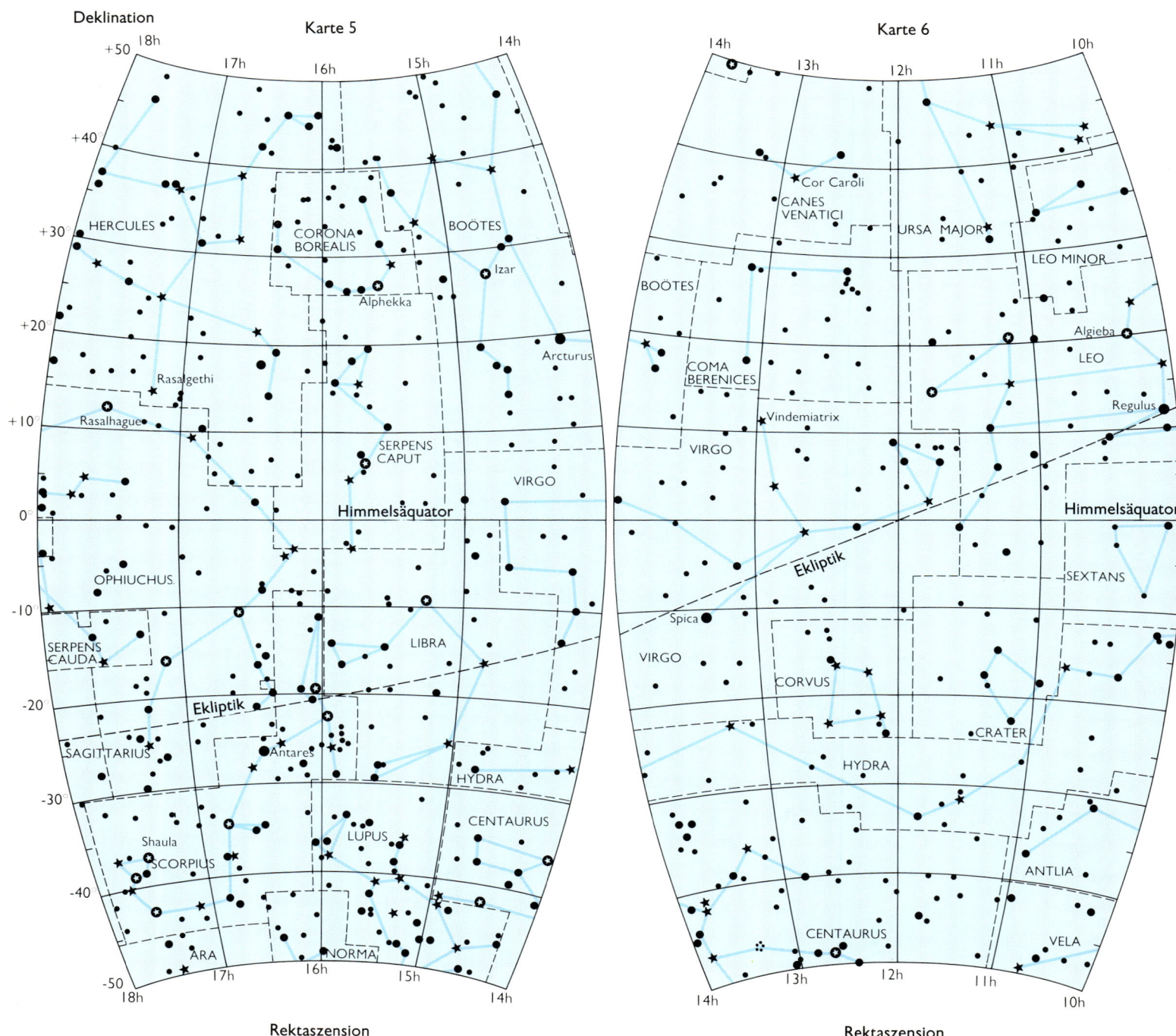

● 1. Größe
✪ 2. Größe
★ 3. Größe
● 4. Größe
● 5. Größe

Deklination   Karte 5   Karte 6

+50 18h 17h 16h 15h 14h   14h 13h 12h 11h 10h

+40

Cor Caroli

CANES
VENATICI   URSA MAJOR

+30 HERCULES   BOÖTES   LEO MINOR

CORONA
BOREALIS   Izar   BOÖTES

+20   Algieba

Alphekka   Arcturus   COMA   LEO

BERENICES

+10 Rasalgethi   Vindemiatrix   Regulus

Rasalhague   VIRGO

SERPENS
CAPUT

0°   Himmelsäquator   VIRGO   Himmelsäquator

Ekliptik

OPHIUCHUS   SEXTANS

-10 SERPENS   Spica

CAUDA   LIBRA   VIRGO

CORVUS

-20 Ekliptik   CRATER

Antares   HYDRA

SAGITTARIUS

HYDRA   CENTAURUS

-30   ANTLIA

Shaula   LUPUS   CENTAURUS

SCORPIUS

-40   CENTAURUS   VELA

ARA   NORMA

-50 18h 17h 16h 15h 14h   14h 13h 12h 11h 10h

Rektaszension   Rektaszension

190

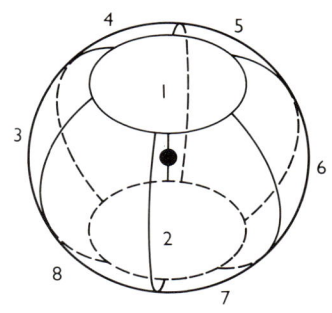

Karte 7

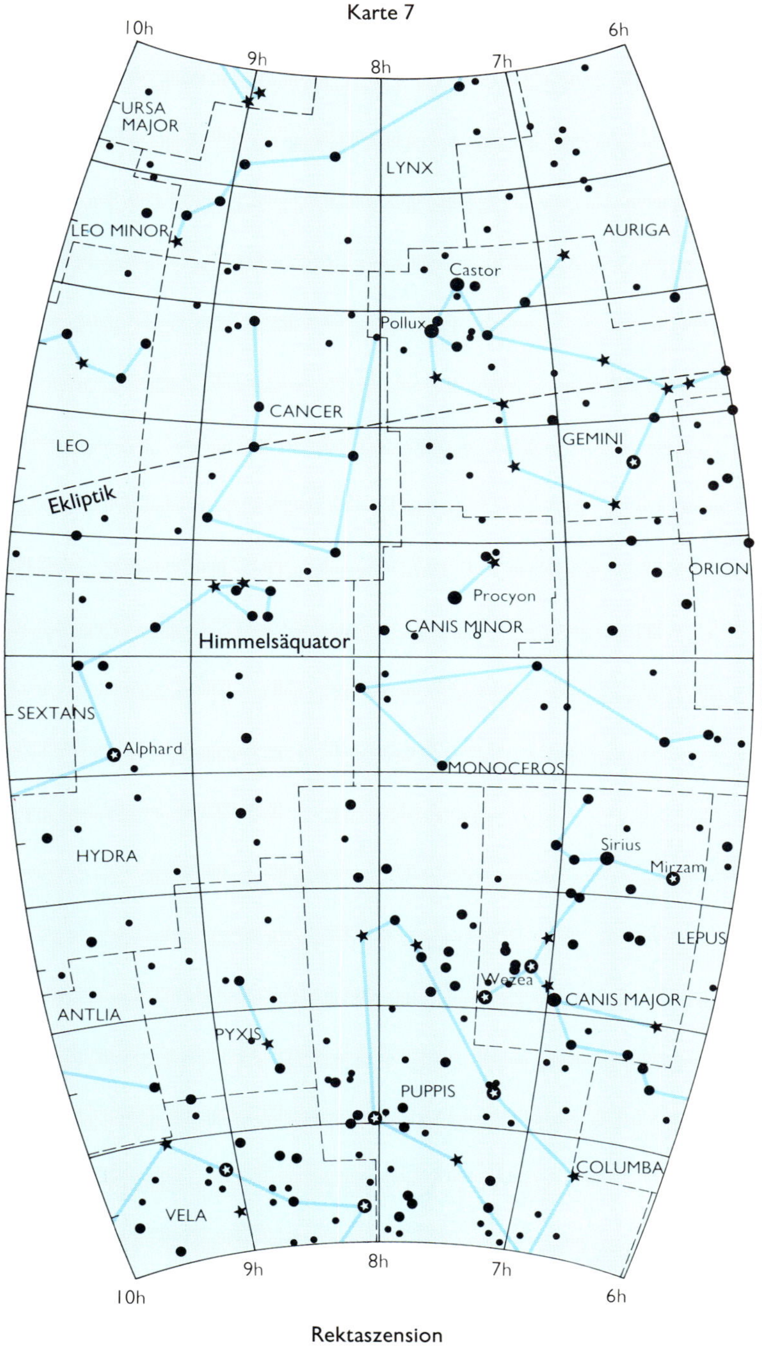

Deklination

10h 9h 8h 7h 6h

URSA MAJOR

LYNX

LEO MINOR

AURIGA

Castor

Pollux

CANCER

GEMINI

LEO

Ekliptik

ORION

Procyon

Himmelsäquator

CANIS MINOR

SEXTANS

Alphard

MONOCEROS

HYDRA

Sirius

Mirzam

LEPUS

ANTLIA

Wezea

CANIS MAJOR

PYXIS

PUPPIS

COLUMBA

VELA

10h 9h 8h 7h 6h

Rektaszension

Karte 8

6h 5h 4h 3h 2h +50

Capella

AURIGA

Mirphak

ANDROMEDA

Algol +40

PERSEUS

ARIES +30

Pleiades

+20

Aldebaran Hyades TAURUS

Ekliptik

+10

Beteigeuze

ORION

Menkar

CETUS

Himmelsäquator

0

Mira

Rigel

Saiph -10

ERIDANUS

Arneb

CETUS

Nihal -20

LEPUS

FORNAX

COLUMBA -30

CAELUM

Acamar -40

PICTOR

-50

6h 5h 4h 3h 2h

Rektaszension

191

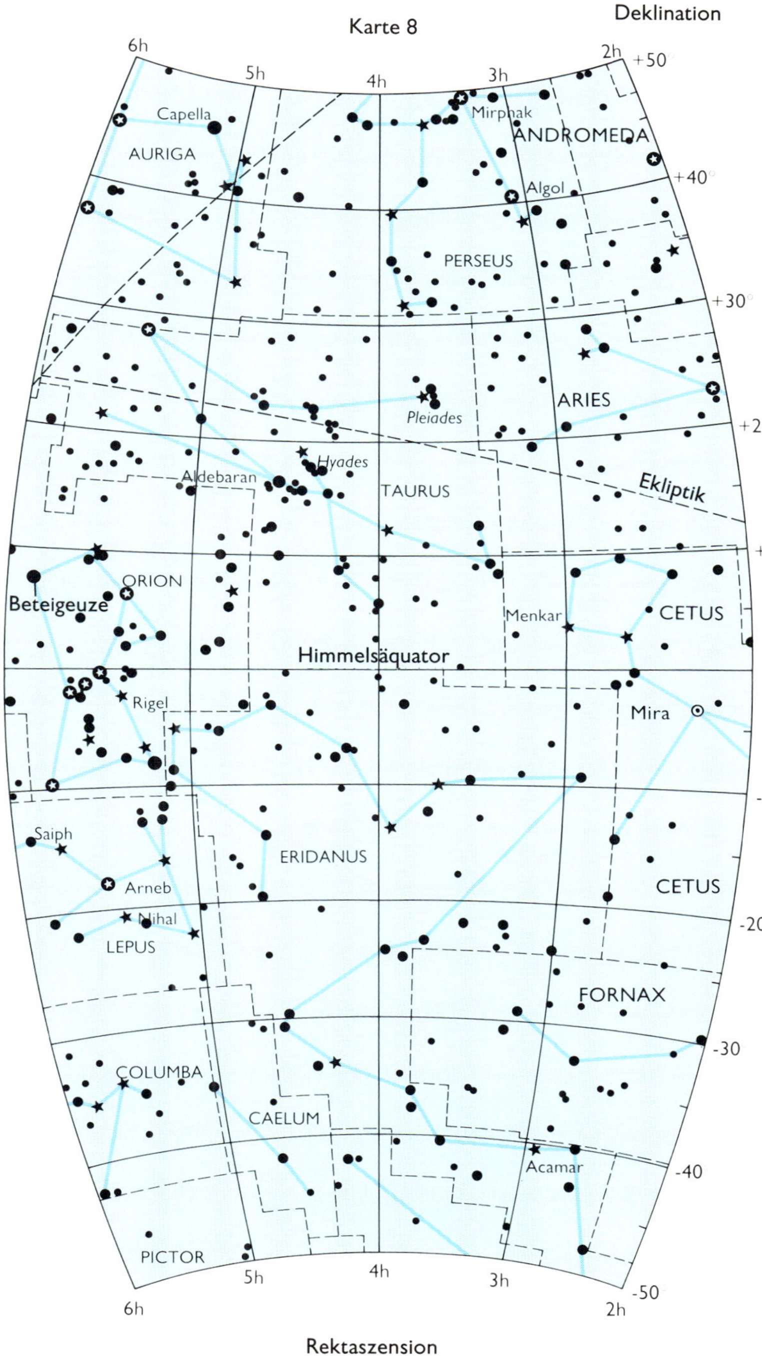

Glossar

Aberration des Lichtes:

scheinbare jährliche Verschiebung näherer Sterne gegenüber den weiter entfernten, die durch den Erdumlauf verursacht wird. Je nachdem, wie weit der Stern über- oder unterhalb der Erdbahnebene steht, zeigt diese Verschiebung die Form eines Kreises, einer Ellipse oder einer kurzen Linie.

absolute Helligkeit:

Helligkeit eines Körpers, der mit einem Abstand von 32,6 Lichtjahren (10 parsec) betrachtet wird. Sie erlaubt den direkten Helligkeitsvergleich verschiedener Körper.

Absorptionsspektrum:

von einer entfernten heißen Quelle verursachtes helles Spektrum, das von dunklen Linien, den Absorptionslinien, unterbrochen wird. Diese entstehen, wenn das Licht kühlere Gaswolken bestimmter chemischer Elemente durchläuft. Dient zur Bestimmung der Elemente der äußeren Sternschichten.

Akkretionsscheibe:

Materiescheibe, die sich im Umlauf um einen Himmelskörper, z.B. ein schwarzes Loch, befindet und dabei ständig weiter Materie aufnimmt. Diese wird später von der Scheibe zu dem Himmelskörper bzw. in das schwarze Loch gezogen.

Albedo:

Reflexionskraft eines nichtstrahlenden Himmelskörpers. Sie berechnet sich als Verhältnis der gesamten reflektierten zu der gesamten aufgenommenen Strahlung. Die Albedo des Mondes beträgt 0,07, die des Jupiters 0,43, die der strahlenden, wolkenverhangenen Venus sogar 0,76.

Antimaterie:

nukleare und atomare Elementarteilchen, die mit normaler Materie zwar massegleich, aber entgegengesetzt geladen sind. Bei Berührung vernichten sie sich gegenseitig.

Aphel:

Punkt der größten Sonnenferne in der Umlaufbahn eines Körpers, z.B. eines Planeten, Asteroiden, Kometen, Meteoriten oder eines künstlichen Satelliten.

Apogäum:

von der Erdmitte am weitesten entfernter Punkt auf der Umlaufbahn des Mondes oder eines künstlichen Satelliten.

äquatoriale Montierung:

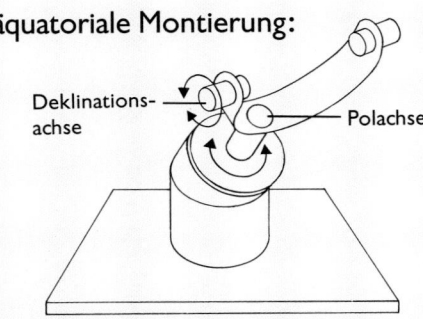

Teleskopmontierung, deren eine Drehachse parallel zur Erdachse ausgerichtet ist, während die andere auf dieser senkrecht steht. Dadurch kann der Beobachter die gekrümmte Bahn eines Objektes am Himmel mit nur einer Drehbewegung des Fernrohres verfolgen.

Äquivalenz, Prinzip der:

Prinzip in Albert Einsteins Relativitätstheorie, nach dem die Gravitationskraft eines Körpers und seine Masseträgheit (Widerstand zur Änderung der Geschwindigkeit) gleich sind. Bewegt sich ein Kasten im freien Fall durch ein Gravitationsfeld, verhalten sich die Objekte darin so, als wären sie fern eines sie anziehenden Körpers. Umgekehrt zeigen Körper in einem beschleunigten Kasten die gleichen Phänomene wie innerhalb eines Schwerefeldes.

Asteroiden:

die Sonne umkreisende kleine Planeten oder Planetoiden, deren Bahnen meist zwischen Mars und Jupiter in ungefähr einer Ebene mit der Erdbahn liegen. Ihre Durchmesser können zwischen weniger als 1 km und mehreren 100 km variieren.

astronomische Einheit:

mittlere Entfernung zwischen Erde und Sonne, die als Maßeinheit des Sonnensystems dient. Der zugrunde gelegte Wert beträgt 149 597 870 km.

Atom:

kleinste Einheit eines chemischen Elements, die ihre Eigenschaften bei der Beteiligung an chemischen Reaktionen erhalten kann.

Alle Atome besitzen einen Kern, der von einem oder mehreren Elektronen umkreist wird. Diese ordnen sich in Gruppen oder auf Schalen an. Kernreaktionen können eine Umwandlung eines Atoms in ein anderes bewirken. Normalerweise befinden sich im Kern gleich viele Elektronen und Protonen, die das Atom elektrisch neutral halten. Der größte Teil der Masse befindet sich im Kern.

Auflösungsvermögen:

Gütemerkmal eines Fernrohrs bezüglich der Detailerkennung; technisch der minimale Winkelabstand zweier Objekte, die noch unterschieden werden können. Es ist abhängig von der Öffnung der strahlungssammelnden Fläche (Spiegel, Linse usw.) sowie der Wellenlänge der Strahlung.

Ausschließlichkeitsprinzip:

Prinzip der Quantenmechanik, nach dem zwei Fermionen (Teilchen mit nicht ganzzahligem Spin, z.B. Elektron, Proton und Neutron) nie einen Zustand mit gleichen Quantenbedingungen (z.B.Spin) einnehmen können. Aufgrund dieses Prinzips bleiben nicht alle Elektronen eines Atoms auf der untersten Schale.

Azimut:

Winkel zwischen Nordpunkt und dem Ort am Horizont, der direkt unter einem Himmelsobjekt liegt. Das Azimut ist eine der beiden Koordinaten im Horizontkoordinatensystem. Die andere Koordinate ist die Höhe.

Bahnelemente:

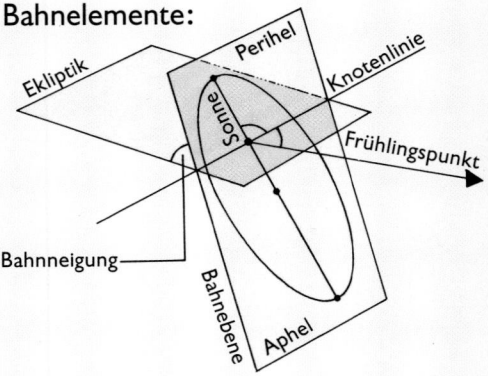

Satz von Parametern, die die Umlaufbahn eines Planeten genau beschreiben. Die Bahnneigung gibt den Winkel gegenüber der Ekliptik (Erdumlaufbahnebene) an, der zwischen der Knotenlinie (Verbindung der Schnittpunkte von Bahn und Ekliptik) und der Richtung zum Frühlingspunkt gemessen wird. Die Bahnform ergibt sich aus den Abständen von Perihel und Aphel gegenüber der Sonne.

Balkengalaxie:

Spiralnebel, in dessen Mittelregion die Materie eher stabförmig als rund oder kugelförmig angeordnet ist.

Bedeckung:

siehe Finsternisse und Bedeckungen

Beugung:

scheinbare Krümmung von Licht und Strahlung anderer Wellenlängen an der Kante eines Gegenstandes. Aufgrund der Wellennatur der Strahlung entstehen dabei helle und dunkle Streifen.

blaue Riesen:

sehr heiße, helleuchtende Sterne mit überwiegend kurzwelliger Strahlung. Derartige Sterne sind extrem energiereich und daher sehr hell; ihr Leben ist vergleichsweise kurz und beträgt eher Millionen als Milliarden von Jahren. Ihre Oberflächentemperatur ist 20 000- bis 30 000mal, ihre Leuchtkraft etwa 100 000mal höher als die unserer Sonne.

Blauverschiebung:

Verschiebung der Linien zum blauen Ende des Spektrums. Sie zeigt an, daß sich das strahlende Objekt auf uns zubewegt.

BL-Lacertae-Sterne:

ungeheuer dichte Sterne mit riesiger, aber variabler Strahlung. Heute kennt man etwa 50 dieser Objekte, die sich in weit entfernten Galaxien befinden und in mancher Beziehung den Quasaren ähneln.

Bok-Globule:

kleine, dunkle Materiewolke oder -kugel, die gegen den Hintergrund eines leuchtenden Nebels oder Sterns sichtbar wird und vermutlich aus Protomaterie, dem Entstehungsmaterial der Sterne, besteht. Ihren Durchmesser schätzt man auf das 10 000- bis 25 000fache der Entfernung Erde – Sonne.

bolometrische Helligkeit:

gesamte Strahlung eines Körpers, nicht nur die im sichtbaren Bereich.

Boson:

subatomares Teilchen mit ganzzahligem Spin (z.B. 0,1,2). Zu den Bosonen gehören sowohl Photonen, Mesonen und andere Austauschteilchen als auch die Atomkerne, in denen die Anzahl der Protonen und Neutronen gleich groß ist.

brauner Zwerg:

Stern, dessen Masse mit weniger als dem 0,08fachen der Sonnenmasse zu gering ist, um in seinem Inneren thermonukleare Reaktionen ablaufen zu lassen. Diese Sterne ziehen sich durch die Gravitationkraft zusammen; die dabei freiwerdende Energie läßt sie matt leuchten.

Cassegrain-Fokus:

Das einfallende Licht wird dabei so reflektiert, daß es durch ein Loch im Primärspiegel des Teleskops fällt und hinter dem Spiegel fokussiert wird.

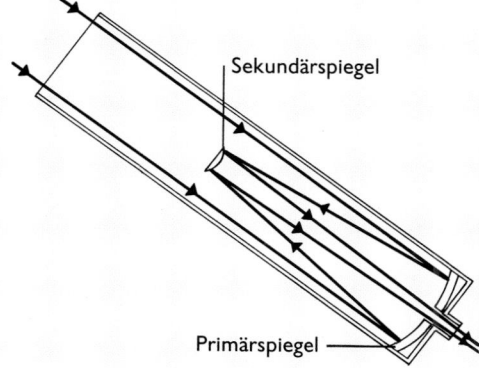

Sekundärspiegel

Primärspiegel

Cassinische Teilung:

mit einem Teleskop von der Erde aus sichtbare Unterteilung des Saturnrings.

Cepheiden:

Klasse veränderlicher Sterne, deren Prototyp, Delta Cephei, 1784 entdeckt wurde. Die Helligkeit dieser pulsierenden Sterne ändert sich periodisch zwischen einem und fünfzig Tagen.

Chandrasekhar-Grenze:

obere Grenze von 1,44 Sonnenmassen, bis zu der sich ein Stern noch zu einem weißen Zwerg entwickeln kann. Aus massereicheren Sternen entstehen Neutronensterne oder schwarze Löcher.

Cherenkov-Strahlung:

Strahlung, die von geladenen hochenergetischen Partikeln beim Durchdringen einer nichtleitenden Materie erzeugt wird. Die Geschwindigkeit der Teilchen muß in dieser Materie größer sein als die Geschwindigkeit, die das Licht beim Durchgang durch dieselbe Materie hätte.

Chromosphäre:

Schicht der Sonnenatmosphäre, die direkt über der Scheibe bzw. der Photosphäre liegt.

Coriolis-Kraft:

durch die Erdrotation bedingte Ablenkung eines Körpers, der sich über die Erde bewegt. Auf der nördlichen Halbkugel bewirkt die Rotation bei

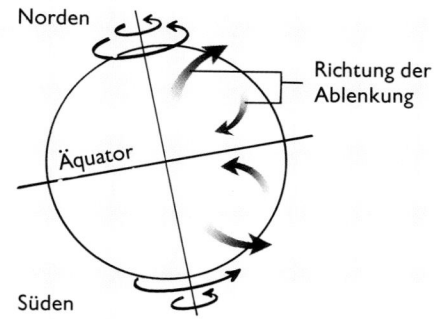

Norden

Richtung der Ablenkung

Äquator

Süden

Hochdruck eine Luftströmung im Uhrzeigersinn, bei Tiefdruck in entgegengesetzter Richtung. Auf der Südhalbkugel zeigt sich der umgekehrte Effekt.

Coudé-(Ellbogen-)Fokus:

Teleskop, aus dem das Licht so herausgeleitet wird, daß der Fokus immer stationär bleibt.

 D

Degeneration:

abnormer Zustand der Materie. Durch Druck und Hitze werden die Elektronen von den Atomen getrennt und bilden so ein Gas um die verbliebenen Atomkerne. Ihre Dichte kann viele Tonnen pro Kubikzentimeter betragen. Abnorme Materie kommt im Innern von weißen Zwergen und Neutronensternen vor.

Deklination:

von Nord nach Süd gemessener Winkel zwischen Himmelsäquator und Himmelskörper (*siehe* Himmelskugel).

Diamantringeffekt:

optischer Effekt gegen Ende einer totalen Sonnenfinsternis, wenn die Sonnenscheibe wieder hinter dem Mond hervorkommt. Sie hat dann das Aussehen eines strahlenden Diamanten auf einem Ring.

diffuser Nebel:

unregelmäßig geformter heller Nebel in unserer Galaxis; kein planetarischer Nebel.

Doppelstern, physikalischer:

zwei Sterne, die sich gegenseitig umkreisen.

Doppelstern, visueller:

Sterne, die scheinbar ein Paar bilden, da sie in der Sichtlinie nahe beieinander liegen.

Dopplereffekt:

durch Bewegung der Strahlungsquelle verursachte Verschiebung der Spektrallinien in Rich-

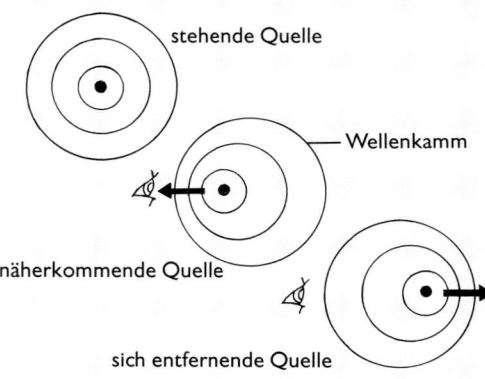

stehende Quelle

Wellenkamm

näherkommende Quelle

sich entfernende Quelle

tung Blau oder Rot. Bewegt sich die Quelle auf uns zu, erhöht sich die Frequenz der bei uns ankommenden Wellenkämme. Dabei entsteht eine scheinbare Verkürzung der Wellenlänge und somit eine Verschiebung ins Blaue. Bewegt sich das Objekt von uns fort, verzögern sich die auf uns zukommenden Wellenkämme und bewirken so eine Rotverschiebung.

drehbare Sternkarte:

flache (zweidimensionale) Karte einer Himmelsregion, deren Mittelpunkt einer der beiden Pole bildet. Mit Hilfe einer drehbaren Maske kann man für jeden Tag des Jahres die Sternbilder einstellen, die zur jeweiligen Nachtzeit am Himmel sichtbar sind.

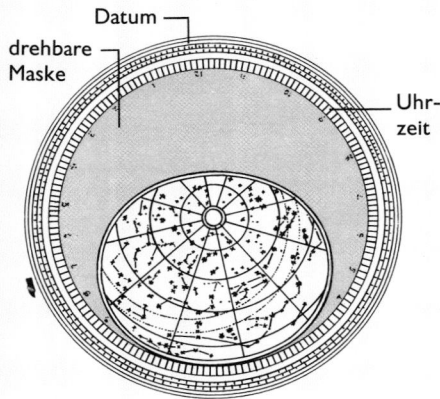

Dunkelnebel:

lichtabsorbierende Wolke aus Staub und Gas, die weiter entfernte Objekte ausblendet. Am Himmel erscheint sie als dunkler Fleck.

dunkle Materie:

optisch nicht sichtbare Materie. Sollte es sie geben, könnte sie die Masse des Universums so erhöhen, daß die jetzige Expansion in eine Kontraktion umschlüge.

einfache Montierung:

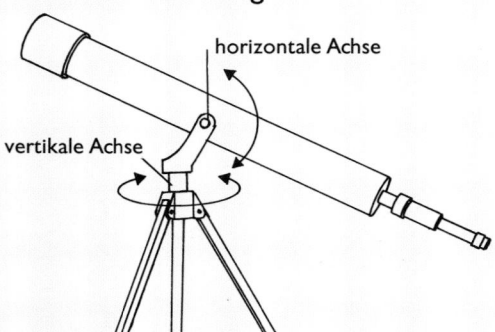

Teleskopmontierung mit einer vertikalen und einer horizontalen Achse. Das Instrument kann so nach oben und unten (Höhe) sowie kreisförmig (Azimut) bewegt werden. Verfolgt man jedoch die gekrümmte Bahn eines Sterns, erweist es sich als Nachteil, daß stets zwei Einstellbewegungen gleichzeitig (Azimut und Höhe) ausgeführt werden müssen.

Ekliptik:

die „Wanderstraße", die die Sonne scheinbar im Laufe eines Jahres an der Himmelssphäre beschreibt.

elektromagnetische Strahlung:

gesamtes Spektrum der Strahlung – von Radioüber Röntgen-, Infrarot- und sichtbare Strahlung bis zur Ultraviolett- und Gammastrahlung.

Elektron:

stabiles Elementarteilchen, das zur Klasse der Leptonen gehört. Seine Ladung ist negativ, seine Spinzahl 0,5 und seine Masse $9,1 \times 10^{-28}$ g. Sein Antiteilchen, das Positron, besitzt eine positive Ladung.

Ellipse:

geschlossene, langgezogene Kurve; Bahnform von Asteroiden, Planeten und Satelliten.

elliptische Galaxie:

elliptisch geformte Galaxie, die fast nur Sterne, kaum jedoch Gas und Staub enthält.

Emissionsnebel:

im sichtbaren Licht strahlender Nebel, der diffus oder kompakt sein kann.

Emissionsspektrum:

Spektrum eines glühenden Gases, z.B. eines Emissionsnebels. Charakteristisch sind die hellen Linien vor dunklem Hintergrund. Sie entstehen, da das Gas nur bei bestimmten Wellenlängen strahlt, die von seiner chemischen Zusammensetzung abhängen.

Enckesche Teilung:

schmale Unterteilung im Ringsystem des Saturns; eher ein Spalt als eine Lücke.

Entkopplung, Ära der:

Etwa 300 000 Jahre nach dem Urknall war die Temperatur auf 3 000 K gesunken, und aus Protonen und Elektronen entstanden strahlungsdurchlässige Wasserstoffatome, an denen die Strahlung nicht mehr gestreut wurde: Materie und Strahlung waren „entkoppelt".

Entropie:

Eigenschaft eines physikalischen Systems, die zusammen mit der Gesamtenergie seinen thermodynamischen Zustand beschreibt. Maß, um unter Erhaltung der Eigenschaften des Systems die Anzahl der möglichen Molekülpositionen und -geschwindigkeiten festzuhalten. Überläßt man ein System sich selbst, versucht es, diesen Wert zu maximieren, d.h. die Entropie steigt an.

(Ist kein Anstieg mehr möglich, befindet sich das System im Gleichgewicht.)

Da ein ungeordnetes System von Gegenständen prinzipiell manipuliert werden kann, ohne daß eine nennenswerte Veränderung entsteht, benutzt man die Entropie mitunter auch als Maß für Unordnung.

In einem größeren Raum haben Moleküle mehr Möglichkeiten, sich unterschiedlich anzuordnen, als in einem kleinen. Sie maximieren die Entropie, indem sie ihre Energie gleichmäßig im Gefäß verteilen. Auf diese Weise werden auch anfängliche Temperaturunterschiede ausgeglichen.

Da aus Dichte- oder Temperaturunterschieden stets Nutzarbeit gewonnen werden kann, leistet ein System mit einer bestimmten Menge Energie mehr Arbeit, wenn seine Entropie gering ist.

Ereignishorizont:

Rand eines schwarzen Lochs; Ereignisse, die in diesem Bereich stattfinden, sind vom Rest des Universums aus unsichtbar.

extragalaktische Systeme:

Sternsysteme außerhalb unseres Milchstraßensystems.

Exzentrizität:

Maß für die Abweichung einer elliptischen Umlaufbahn von einem Kreis. Für eine Kreisbahn ist die Exzentrizität e gleich Null; die maximale Exzentrizität ist immer kleiner als eins.

Fackeln:

helle aktive Flächen in der oberen Schicht der Sonnenphotosphäre, oft neben Sonnenflecken.

falsches Vakuum:

durch große Abstoßungskraft gekennzeichneter Quantenzustand des Vakuums, der in der inflationären Phase des Universums herrschte.

Fermion:

Klasse atomarer Teilchen, die einen nicht ganzzahligen Spin aufweisen. Zu ihnen gehören Protonen, Neutronen und Elektronen.

Finsternisse und Bedeckungen:

Finsternisse entstehen, wenn ein Himmelskörper in den Schatten eines anderen tritt, z.B. der Mond in den der Erde. Auch die Finsternisse der Jupitermonde sind von der Erde aus sichtbar.

Eine Sonnenfinsternis ist faktisch eine Bedekkung (ein Körper steht vor einem anderen), auch wenn dieser Ausdruck in der Astronomie für die Ausblendung eines Sterns oder Planeten durch einen Asteroiden oder Satelliten (z.B. den Mond) reserviert ist.

Flare:

plötzlicher Energieausstoß auf der Sonne; sichtbar als helles Licht. Diese Eruptionen dauern nur wenige Minuten und entstehen über den aktiven Regionen der Photosphäre, z.B. in der Chromosphäre oder im unteren Teil der Korona. Neben den sichtbaren Auswirkungen werden bei diesen Eruptionen auch Röntgenstrahlung, manchmal sogar Gammastrahlen und Radiowellen, frei.

Fluchtgeschwindigkeit:

Geschwindigkeit, die ein Körper erreichen muß, um einen Himmelskörper zu verlassen. Sie ist eine Funktion der Größe und Masse des Himmelskörpers und beträgt für die Erde 11,18 km/s, für die Sonne sogar 617,3 km/s.

Fraunhofersche Linien:

dunkle Absorptionslinien im hellen, kontinuierlichen Spektrum des Sonnenlichts; benannt nach dem deutschen Optiker und Astronomen Joseph Fraunhofer, der ihre Positionen 1814 das erste Mal genau erfaßte.

Frequenz:

Anzahl der Wellenkämme oder -täler elektromagnetischer Strahlung, die einen Beobachter pro Sekunde erreichen. Teilt man die Lichtgeschwindigkeit durch die Wellenlänge, erhält man die Frequenz.

galaktisch:

zur Galaxis gehörend.

Galaxie:

von griechisch galaxías = Milchstraße; Bezeichnung für extragalaktische Sternsysteme.

Galaxis:

von griechisch galaxías = Milchstraße; Bezeichnung für die Milchstraße – heute erweitert auf das Milchstraßensystem.

Gammastrahlung:

hochenergetische Strahlung mit Wellenlängen unter 10^{-8} (= 1 Hundertmillionstel) Millimetern.

geschlossenes Universum:

eine Lösung der Raum-Zeit-Gleichung, die ein kugelförmiges Universum ergibt; dieses fällt nach anfänglicher Expansion in sich zusammen.

Gluon:

Austauschteilchen, das die Quarks zusammenhält. Quarks sind die Grundbausteine des Atomkerns.

gravitationsbedingte Rotverschiebung:

Nach der Allgemeinen Relativitätstheorie verursacht die Masse eines Körpers, der Licht und Strahlung emittiert, eine Rotverschiebung der Spektrallinien.

Gravitationslinse:

Da Körper das Raum-Zeit-Gebilde verformen, kann ein massiver Körper Licht und andere Strahlung so ablenken, daß ein entferntes, normalerweise verdecktes Objekt von der Erde aus sichtbar wird. Der näherstehende Körper zeigt die Wirkung einer Linse. Aufgrund dieses Effektes kann es zur Verzerrung oder Vervielfachung der Abbilder weiter entfernter Körper kommen.

Graviton:

in der Theorie der Quantengravitation das Austauschteilchen der Gravitation.

Großer roter Fleck:

große ovale rote Fläche in der oberen Atmosphäre des Jupiters, die sich gegen den Uhrzeigersinn dreht.

Große vereinheitlichte Theorie (GUT – Grand Unified Theory):

Diese Theorie versucht die Grundkräfte der Natur zu vereinheitlichen, das heißt starke und schwache Kernkräfte, Elektromagnetismus und Gravitation auf einen Nenner zu bringen. In den ersten Augenblicken nach dem Urknall konnten diese Kräfte aufgrund der extrem hohen Temperatur nicht unterschieden werden.

HI- und HII-Regionen:

In HI-Regionen des interstellaren Raums, die aufgrund ihrer Strahlung im 21-cm-Bereich entdeckt wurden, befindet sich neutraler Wasserstoff. In HII-Regionen herrscht dagegen einfach ionisierter Wasserstoff vor. Beispiele sind die hell glühenden Nebel im Orion oder anderen Sternbildern.

Hadron:

subatomares Elementarteilchen, das der starken Kraft unterliegt. Zu den Hadronen gehören die jeweils aus zwei oder drei Quarks bestehenden Protonen, Neutronen und Mesonen.

Halo:

sichtbarer heller Ring um einen Himmelskörper. Das Halo um Sonne und Mond entsteht durch Brechung und Spiegelung des Lichts in der Erdatmosphäre. Auch die Materie, die unsere Galaxis kugelförmig umgibt, wird als Halo bezeichnet.

Hauptreihe:

das Gebiet des Hertzsprung-Russell-Diagramms, das die meisten Sterne enthält. Es erstreckt sich von rechts unten (kühle, schwache, rote Sterne) nach links oben, wo sich die heißen, hellen Sterne befinden.

Hertzsprung-Russell-Diagramm:

Schaubild, in dem die absolute Helligkeit sonnennaher Sterne zu ihrer Spektralklasse in Beziehung gesetzt wird. Es veranschaulicht den Zusammenhang beider Größen.

Higgssches Feld:

quantenmechanisches Feld, das auf seiner niedrigsten Energiestufe einen spontanen Bruch der Symmetrie verursacht. Es ist wichtig für Theorien, die die Fundamentalkräfte der Natur vereinheitlichen wollen. Die Higgsschen Teilchen verhalten sich im Higgsschen Feld wie Photonen in einem elektromagnetischen Feld.

Himmelskugel:

imaginäre Kugel, auf die der Sternenhimmel projiziert wird; eine nützliche Methode zur Bestimmung von Sternpositionen. Am Himmel verwendet man anstelle von Länge und Breite die auf den Himmelsäquator bezogenen Werte Rektaszension und Deklination. Länge und Breite beziehen sich am Himmel nicht auf den Äquator, sondern auf die Ekliptik, den scheinbaren Weg der Sonne am Himmel. Höhe und Azimut sind erdbezogene Koordinaten. Die Rektaszension (RA) mißt man in Stunden, Minuten und Sekunden, alle anderen Koordinaten dagegen werden in Grad gemessen. Eine RA von 24 Stunden entspricht 360 Grad, eine Stunde also 15 Grad. Eine Minute der Rektaszension ist gleichbedeutend mit 15 Bogenminuten, eine RA-Sekunde entspricht 15 Bogensekunden.

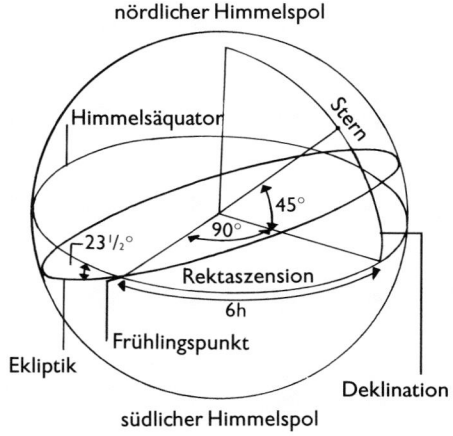

Höhe:

Winkel zwischen Himmelskörper und Horizont; eine der beiden Koordinaten im Horizontkoordinatensystem. Die andere Koordinate ist das Azimut.

Horizontdistanz:

maximale Entfernung, die das Licht seit dem Beginn des Universums hätte zurücklegen können.

Hubble-Konstante:

Rate, mit der die Fluchtgeschwindigkeit der Galaxien bei zunehmender Entfernung steigt. Zur Zeit gibt es Zweifel an ihrem Wert, der bei einer Million Lichtjahren zwischen 17 km/s und 30 km/s liegen soll.

Infrarotstrahlung:

Strahlung, die im Spektrum jenseits des roten Endes bei einer Wellenlänge zwischen 1 und 0,001 mm liegt. Sie wird oft als Wärmestrahlung bezeichnet und gut vom Wasserdampf unserer Atmosphäre absorbiert.

innerer Planet:

ein Planet, dessen Umlaufbahn innerhalb der Erdbahn liegt. Die beiden inneren Planeten heißen Merkur und Venus.

Interferenz:

(1) in der Radiotechnik die Qualitätseinbuße der Radiosignale durch unerwünschte andere Signale oder Geräusche; aus diesem Grund werden die Signale aus dem All digitalisiert; (2) in der Physik die Überlagerung zweier Wellen. Die resultierende Welle wird dabei stellenweise verstärkt bzw. abgeschwächt; es entsteht ein sogenanntes „Interferenzmuster", das optisch abwechselnd als helles und dunkles Band erscheint.

Interferometrie:

auf Interferenzen von Licht und Radiowellen beruhende Beobachtungen. In der optischen Astronomie wurde diese Methode erstmals 1920 von dem amerikanischen Physiker Albert Michelson angewendet, der mit ihrer Hilfe die Durchmesser von nahegelegenen großen Sternen bestimmte.

Ion:

Atom oder Molekül, das ein oder mehrere Elektronen aufgenommen oder auch abgegeben hat. Bei Elektronenabgabe wird es elektrisch positiv, bei Aufnahme eines Elektrons elektrisch negativ geladen.

Ionosphäre:

zwischen ca. 60 km und mehr als 500 km über dem Boden liegender Bereich der Erdatmosphäre, in dem die meisten Moleküle von der Sonneneinstrahlung ionisiert werden. Die Ionosphäre wird somit elektrisch geladen und wirkt am Himmel wie ein Spiegel für lange, mittlere und einige kurze Radiowellen, so daß auch eine Radio-Fernübertragung ohne Satelliten möglich ist. Stören jedoch magnetische Stürme auf der Sonne die Ionosphäre, kann das zum Schwinden der Radiosignale und zur Unterbrechung der Kommunikation führen.

irreguläre Galaxie:

eine Galaxie, die aufgrund ihrer unregelmäßigen Form weder zu den Spiralgalaxien, noch zu den elliptischen oder linsenförmigen Galaxien gehört.

Isotop:

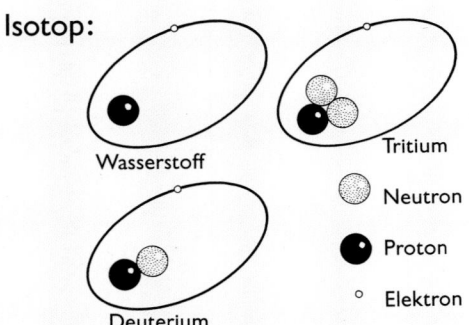

Wasserstoff — Tritium — Neutron — Proton — Elektron — Deuterium

Abart eines Elementes, das in seinem Kern die normale Anzahl Protonen, jedoch eine vom Standardelement abweichende Anzahl Neutronen aufweist. Isotope eines Elementes sind von diesem nicht chemisch, sondern nur in ihrem Verhalten in anderen Bereichen zu unterscheiden. Tritium etwa – eine Form des Wasserstoffs, dessen Kern neben dem Proton noch zwei Neutronen enthält – erweist sich als radioaktiv.

Kelvinsche Temperaturskala:

Temperaturskala, deren Einheit (Kelvin, Abkürzung K) mit der Celsiusskala übereinstimmt. Sie beginnt jedoch mit dem „absoluten Nullpunkt" von $-273,16\,°C$.

Keplersche Gesetze:

drei Gesetze über die Umlaufbewegung von Planeten. Sie lauten: (1) Die Planetenbahnen sind Ellipsen, in deren einem Brennpunkt die Sonne steht. (2) Die Verbindungsstrecke Sonne – Planet (Radiusvektor) überstreicht in gleichen Zeiträumen gleiche Flächen (im Diagramm Flächen 1 bis

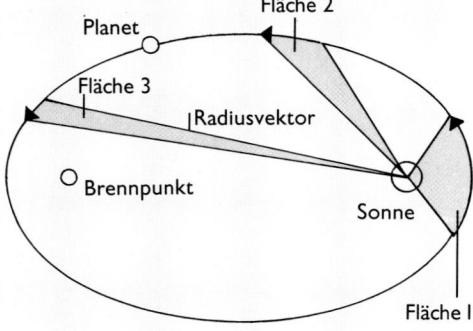

Planet — Fläche 2 — Fläche 3 — Radiusvektor — Brennpunkt — Sonne — Fläche 1

3); demzufolge nimmt die Geschwindigkeit eines Planeten in Sonnennähe zu. (3) Das Verhältnis aus den Quadraten der Umlaufzeiten ist gleich dem der Kuben der mittleren Abstände.

Kernverschmelzung:

Aufbau schwererer Atomkerne aus den Kernen leichterer Atome. Die nötigen Bedingungen liegen im Sterninneren vor, wo Wasserstoff in Helium – oder bei extrem massiven Sternen auch Helium über andere Elemente in Kohlenstoff – übergeführt wird. Während der Explosion einer Supernova liegen Bedingungen vor, unter denen auch die Kerne schwererer Elemente als Eisen entstehen können. Kernverschmelzung gab es auch bei der Entstehung des Universums durch den Urknall. Eine andere Bezeichnung für Kernverschmelzung ist Fusion.

Kirkwoodsche Lücken:

Regionen im Asteroidengürtel zwischen Mars und Jupiter, in denen sich aufgrund der Anziehungskraft des Jupiters weniger Asteroiden befinden. 1875 entdeckte sie der amerikanischen Mathematiker Daniel Kirkwood.

Kometen:

Eiskörper, die Steine, Metall und Kohlenstoff enthalten. Die meisten umkreisen die Sonne auf stark elliptischen Bahnen.

Konjunktion und Opposition:

Bahnpunkte von Planeten, Asteroiden und Kometen. Ein Körper befindet sich in Konjunktion, wenn er von der Erde aus direkt in Richtung Sonne steht. Vor seiner Konjunktion (1) erscheint ein Körper am Morgenhimmel, nachher dagegen (2) am Abendhimmel. Körper, deren Umlaufbahnen außerhalb der Erdbahn liegen, stehen in Opposition, wenn sie der Sonne von der Erde aus gesehen genau gegenüber stehen.

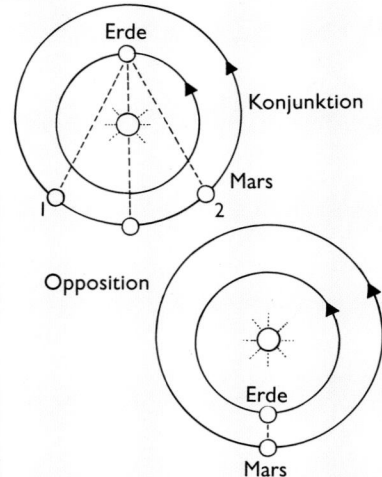

Erde — Konjunktion — Mars — Opposition — Erde — Mars

kontinuierliches Spektrum:

im sichtbaren Licht von Rot bis Violett reichendes fortlaufendes Farbband, das entweder von einem festen, glühenden oder einem sehr dichten Körper, z.B. einem Stern, ausgesandt wird. Das Spektrum geht an beiden Enden in nicht sichtbare Wellenlängenbereiche über (*siehe* Absorptions- und Emissionsspektrum).

Koordinaten:

mathematische Hilfsmittel zur Positionsbestimmung. Die kartesischen Koordinaten x, y und z beziehen sich auf ein rechtwinkliges System, während Polarkoordinaten aus zwei Winkeln und der radialen Distanz r bestehen. Auf der Himmelskugel gilt r = 1, so daß jede Position mit zwei Winkeln eindeutig bestimmt werden kann.

Korona:

äußere, aus hochenergetischen Elektronen bestehende Schicht der Sonnenatmosphäre, die etwa 10 000 km oberhalb der Photosphäre beginnt und nur während einer totalen Sonnenfinsternis oder mit speziellen Instrumenten sichtbar ist. Zwar erweist sich ihre Dichte mit etwa einem Billionstel der Erdatmosphäre als sehr gering, dennoch beträgt ihre Temperatur in 75 000 km Höhe zwei Millionen Grad. Sie emittiert unter anderem kurze UV- sowie Röntgenstrahlung.

kosmische Hintergrundstrahlung:

am gesamten Himmel mit gleicher Intensität meßbare Mikrowellenstrahlung, deren Maximum bei einer Wellenlänge von 1 mm liegt. Man hält sie für den abgekühlten Überrest des Urknalls.

kosmische Strahlung:

atomare, hochenergetische Teilchen, meist Protonen, die sich im All bewegen. Wenn sie auf die Lufthülle der Erde treffen, spalten sie deren Moleküle und lassen so eine Vielzahl anderer Atomteilchen entstehen.

kosmische Strings:

auf den Urknall zurückgehende dünne Streifen gespeicherter Energie mit einer für ihre Länge immensen Masse. In ihnen könnte die Entstehung von Galaxien und Sternhaufen begonnen haben.

Krater:

flache runde Vertiefung, die auf vielen Körpern des Sonnensystems vorkommt und wahrscheinlich auf Einschläge zurückgeht.

Kugelsternhaufen:

ein vergleichsweise dicht gepackter, kugelförmiger Sternhaufen. Diese Haufen können nur einige Zehntausend, aber auch über eine Million Sterne enthalten. Ein Großteil des Halos unserer Galaxis besteht aus Hunderten dieser Kugelsternhaufen.

Lagrangescher Punkt:

Position zwischen zwei einander umkreisenden Körpern, die einem kleineren dritten eine stabile Umlaufbahn ermöglicht. Es gibt fünf derartige Punkte, die von dem französischen Mathematiker Joseph Louis Lagrange entdeckt wurden.

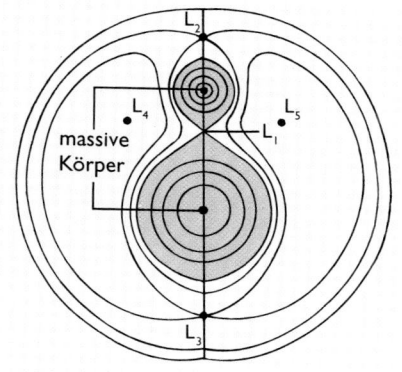

Lepton:

Teilchen, das nicht den starken Kernkräften unterliegt. Die bisher bekannten sind: Elektron, Myon, Neutrino und Tau-Teilchen.

Libration:

Schwankung der Mondbewegung, die auch einen geringen Teil seiner Rückseite enthüllt. Bei konstanter Drehbewegung kommt es zu Schwankungen der Umlaufgeschwindigkeit und damit zur „Längen-" Libration in Ost-West-Richtung, so daß von der Erde aus etwa 59 Prozent der Mondoberfläche sichtbar werden.

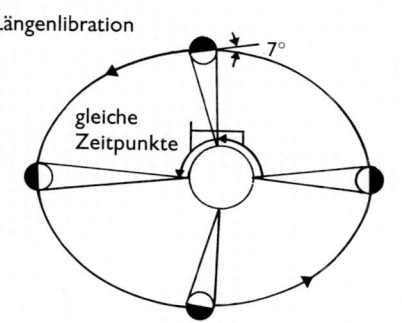

Lichtjahr:

Entfernungsmaß. Es entspricht der Distanz, die Licht oder andere elektromagnetische Strahlung in einem Jahr zurücklegt. Ihr Wert beträgt rund $9,4607 \times 10^{12}$ km.

Lichtkegel:

Möglichkeit, ein Ereignis der Raum-Zeit darzustellen. Man zeichnet einen Kegel, der den Raum abgrenzt, in dem sich das Licht im Laufe der Zeit ausbreitet.

linsenförmige Galaxie:

Galaxie, deren Form zwischen der elliptischen und der Spiralgalaxie liegt.

lokale Gruppe:

Galaxienhaufen, zu dem auch unsere Milchstraße und die Magellanschen Wolken gehören. Sein Radius beträgt etwa 2,5 Millionen Lichtjahre.

magnetischer Monopol:

isolierter einzelner Magnetpol, der in der normalen physikalischen Welt nicht vorkommt, da ein Magnet immer zwei Pole hat. Seine Existenz wurde bereits 1931 von dem englischen Physiker Paul Dirac vorausgesagt, konnte bisher jedoch noch nicht nachgewiesen werden. Dennoch könnte es in den ersten Augenblicken nach dem Urknall magnetische Monopole gegeben haben.

Magnetosphäre:

Bereich im Umkreis eines Planeten, in dem ionisierte Teilchen vom Magnetfeld des Planeten beeinflußt werden. Ihr Rand heißt Magnetopause.

Magnitude:

In der Astronomie ein Maß für die Helligkeit (Größenklasse) eines Himmelskörpers. In Anlehnung an das Helligkeitsempfinden des Menschen entspricht eine Größenklasse einem Helligkeitsfaktor von 2,512. Die Größenklasse steigt mit abnehmender Helligkeit, so daß ein Stern zweiter Größe um den Faktor 2,512 schwächer ist als ein Stern erster Größe. Bei Bedarf wird die Skala ins Negative erweitert.

Markarianische Galaxie:

helle Galaxie, die hauptsächlich im blauen Bereich des Spektrums strahlt. Sie wurde 1970 von dem russischen Astronomen B. E. Markarian katalogisiert.

Mehrfachstern:

Stern aus drei oder mehr Komponenten, die um ihren gemeinsamen Schwerpunkt rotieren.

Meridian:

gedachter Kreis um die Himmelskugel, der durch beide Pole und den Zenit verläuft. Seine Schnittpunkte mit dem Horizont liegen nördlich und südlich des Beobachters.

Meson:

Teilchen, das aus einem Quark und einem Antiquark besteht.

Meteor:

oft nur nur ein staubkorngroßes Stück Stein, Metall oder kohlenstoffhaltiges Material, das auf die Erde zufällt, um in ihrer Atmosphäre (in 70 bis 115 km Höhe) aufgrund der Reibung zu verglühen. Seine Geschwindigkeit liegt gewöhnlich zwischen 11 und 74 km/s, so daß er nur für Sekundenbruchteile als heller Strich am Himmel erscheint.

Meteorit:

Stück Stein, Metall oder auch eine Mischung aus beidem, das aufgrund seiner ursprünglichen Größe nicht vollständig in der Erdatmosphäre verglüht und daher auf der Erde einschlägt. Ist er groß genug, entsteht am Einschlagort ein Krater.

Milchstraße:

verschwommenes Lichterband, das sich über die nördliche und südliche Himmelshalbkugel erstreckt und nach seinem milchigen Aussehen benannt wurde; das Licht stammt jedoch von Myriaden von Sternen, Gas und Staub in der Zentralebene unserer Galaxis.

Molekül:

kleinste Einheit einer reinen Substanz, die ihre Zusammensetzung und damit auch ihre chemischen Eigenschaften behält. Es kann aus einem oder mehreren Atomen bestehen.

Multimirror-Teleskop:

Entwurf eines optischen Teleskops mit mehreren Hauptspiegeln, die ihr Licht in einem gemeinsamen Fokus vereinigen. Die Lichtstärke eines solchen Teleskops entspricht dann der eines größeren Spiegels. Das Multimirror-Teleskop auf dem Mt. Hopkins bei Tucson besitzt sechs Spiegel mit einem Durchmesser von je 183 cm; das entspricht einem Einzelspiegel mit 4,5 m Durchmesser. Diese relativ kleinen Spiegel verformen sich weniger unter ihrem Eigengewicht.

Myon:

Lepton mit der Ladung eines Elektrons, dessen Masse jedoch das 207fache beträgt.

Nadir:

Punkt auf der Himmelskugel, der direkt unterhalb des Beobachters und damit genau gegenüber dem Zenit liegt.

Nebel:

Staub- oder Gaswolke im All, die hell oder dunkel, diffus oder fest sein kann.

Nebensonne:

durch Brechung und Reflexion des Sonnenlichts entstehende helle Flecken. Sie sind in einem Winkelabstand von 22° auf beiden Seiten der Sonne sichtbar.

Neutrino:

Lepton ohne Ladung und Masse; es beteiligt sich nur an Reaktionen, die auf schwachen Kernkräften beruhen.

Neutron:

Fermion ohne Ladung, dessen Masse etwas größer ist als die eines Protons. Es kommt in fast allen Atomkernen vor.

Neutronenstern:

massiver sterbender Stern, dessen degenerierte Materie aus dichtgepackten Neutronen besteht. Er weist einen Durchmesser von etwa 20 km und eine enorme Masse auf, da seine Dichte 10^{15}mal größer ist als die des Wassers. Magnetische, rotierende Neutronensterne heißen „Pulsare", da sie pulsartig Strahlung emittieren. Auch ein Röntgendoppelstern enthält einen Neutronenstern, der Materie anzieht und so die Röntgenstrahlung entstehen läßt.

Nova:

Von lateinisch nova = neu; alternder Stern, der plötzlich bis zu 10 000mal heller und damit am Himmel sichtbar wird. Novae werden mit Doppelsternen in Verbindung gebracht, deren eine Komponente ein weißer Zwerg ist. Die Helligkeitszunahme führt man auf einen Materieübergang vom Begleitstern zum weißen Zwerg zurück.

Novae leuchten einige Tage bis Wochen auf, um dann wieder für Monate oder Jahre auf ihre anfängliche Helligkeit zurückzufallen.

offener Sternhaufen:

aus weniger als 100 weit voneinander entfernten Sternen bestehender Sternhaufen in unserer Galaxis. Bekannte Beispiele sind die Hyaden und die Plejaden.

offenes Universum:

endlos expandierendes Universum.

Öffnung:

Gesamtdurchmesser von Linse, Spiegel oder anderen lichtsammelnden Flächen eines Teleskops; bei Radioteleskopen auch Abstand der Antennen. Mit der Größe der Öffnung eines Teleskops steigt die Möglichkeit, Details zu erkennen oder zwei nahe beieinanderliegende Objekte zu unterscheiden.

Olberssches Paradoxon:

1826 von dem deutschen Amateurastronomen Heinrich Olbers erstmals diskutiertes Paradoxon, das aber schon früher bekannt war. Es behandelt die Frage, warum der Nachthimmel dunkel bleibt, obwohl er in einem statischen, unendlichen Universum, das gleichmäßig mit Sternen durchsetzt ist, eigentlich hell sein müßte. Heute weiß man, daß die Sterne nicht in einem statischen All gleichmäßig verteilt, sondern in sich voneinander entfernenden Galaxien angeordnet sind. Aus der Rotverschiebung der Galaxienstrahlung und der Kenntnis über das endliche Alter des Universums kann man schließen, daß das All nicht unendlich sein kann und erklären, warum der Himmel nachts schwarz ist.

Oortsche Wolke:

1950 behauptete der holländische Astronom Jan Oort, eine Wolke aus Kometenmaterie am Rande unseres Sonnensystems (in 0,47 bis 1,6 Lichtjahren Entfernung) könne der Ursprungsort der Kometen sein. Würden Kometen in dieser Wolke von einem vorbeiziehenden Stern gestört, könnten einige auf sonnennahe Bahnen abgelenkt werden. Käme ein solcher Komet dann noch in die Nähe eines schweren Planeten wie Jupiter, würde er auf eine kurzperiodische Umlaufbahn gebracht.

Opposition:

siehe Konjunktion und Opposition.

Ozonschicht:

12 bis 50 km über der Erdoberfläche liegende Schicht aus Ozon. Sie entsteht durch Einwirkung ultravioletter Sonnenstrahlung auf den Sauerstoff der Atmosphäre und ist von großer Bedeutung für unser Leben, da sie die schädliche UV-Strahlung absorbiert.

Parallaxe:

scheinbare Verschiebung naher Objekte gegenüber einem entfernteren Hintergrund. Methode zur Entfernungsmessung im All.

Parität, Nichterhaltung der:

Parität ist die Umwandlung eines Bildes in sein Spiegelbild. So ist z.B. das Spiegelbild der linken Hand die rechte Hand. In der Atomphysik entsteht die Parität durch mathematische Umformungen.

Früher dachte man, in einem System von Elementarteilchen bestehe immer Parität. Später zeigte sich jedoch, daß diese bei Reaktionen unter Einfluß der schwachen Kernkräfte verlorengeht. Es scheint daher ein links- bzw. rechtshändiges Universum zu geben. Heute weiß man jedoch, daß unter Berücksichtigung der Antiteilchen (d.h. Bindung der Ladungen) und der Umkehr des Ereignisablaufs (Zeitumkehr) eine weitere die Parität bestimmende Größe erhalten bleibt.

Parsec (Parallaxensekunde):

Entfernung, in der ein Körper eine jährliche Parallaxe von einer Bogensekunde hat; 1 parsec entspricht 3,26 Lichtjahren.

Perigäum:

Punkt auf der Umlaufbahn des Mondes oder eines künstlichen Satelliten, der der Erde am nächsten ist.

Perihel:

sonnennächster Punkt auf der Bahn eines Körpers um die Sonne.

Periode-Leuchtkraft-Beziehung:

1912 von der amerikanischen Astronomin Henrietta Swan Leavitt entdecktes Verhältnis von Schwankungsperiode und wahrer Helligkeit bei Cepheiden.

photoelektrischer Effekt:

von elektromagnetischer Strahlung verursachte Emission von Elektronen aus bestimmten Metallen, z.B. Selen. Die Zahl der ausgestoßenen Elektronen ist abhängig von der Stärke der einfallenden Strahlung, ihre Geschwindigkeit dagegen von deren Frequenz. Auf diesem Effekt beruht die 1905 von Albert Einstein vorgelegte Theorie, daß Licht und andere elektromagnetische Strahlung aus Teilchen bestehe, deren Verhalten dem von Wellen entspreche; damit schuf er einen Teil der Grundlagen der Quantentheorie.

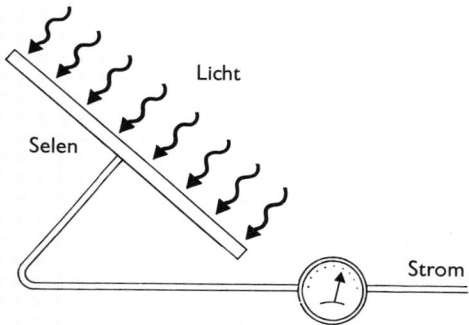

photographische Größe:

auf konventionellen, speziell für astronomische Zwecke aufbereiteten Photoplatten gemessene Helligkeit eines Objekts. Ihre höchste Empfindlichkeit weisen die Platten im blauen Teil des Spektrums auf.

Photon:

Quantenteilchen des Lichtes und Austauschteilchen elektromagnetischer Strahlung.

Photosphäre:

„Oberfläche" bzw. scheinbare Scheibe der Sonne sowie Quelle ihres Absorptionsspektrums; ihre Temperatur beträgt ca. 6000 K.

photovisuelle Größe:

mittels Photoplatten bestimmte Helligkeit eines Objekts, die durch Verwendung von Filtern der Empfindlichkeit des menschlichen Auges angepaßt wird.

Planet:

die Sonne umkreisender Körper, der nur durch reflektiertes Sonnenlicht leuchtet. Auch Bezeichnung für ähnliche Körper bei anderen Sternen.

planetarischer Nebel:

Nebel, der im Teleskop als grüne Scheibe, ähnlich einem fernen Planeten, erscheint. Heute weiß man, daß es sich hier um den kugelförmigen expandierenden Gasmantel eines sterbenden Sterns handelt.

Plasma:

ionisiertes, aus freibeweglichen Ionen und Elektronen bestehendes Gas, das von elektrischen und magnetischen Feldern beeinflußt wird. Man findet es sowohl in Sternen als auch im interstellaren Gas.

Polarisation:

Schwingungen einer Strahlung bilden zu ihrer Bewegungsrichtung in der Regel auf allen Ebenen einen rechten Winkel. Durch lineare Polarisation wird die Strahlung gezwungen, nur noch in einer Ebene zu schwingen. Diese Ebenen können sich auch drehen, man spricht dann von zirkularer Polarisation.

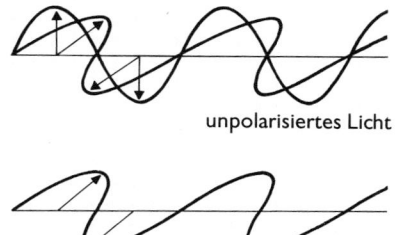

unpolarisiertes Licht

linear polarisiertes Licht

Polarlichter:

leuchtende Farberscheinung der Erdatmosphäre in etwa 100 km Höhe, die in Form von Vorhängen, Bögen oder Schalen auftritt. Polarlichter entstehen in einem Umkreis von etwa 20 Breitengraden um die magnetischen Pole, meist gleichzeitig auf der nördlichen und der südlichen Erdhalbkugel.

Population I und II:

Sterne der Population I sind jung und sowohl in der Ebene der Galaxis als auch in den Spiralarmen anzutreffen. Diese meist heißen und hellen Sterne haben gewöhnlich einen hohen Metallgehalt. Sterne der Population II sind älter, in der ganzen Galaxis verteilt und in deren Halo besonders gut sichtbar. In extragalaktischen Systemen, die wie unsere Milchstraße Spiralgalaxien sind, weisen Populationen weitgehend die gleiche Verteilung auf.

Präzession:

durch externe Gravitationskräfte hervorgerufene fortwährende Lageänderung der Rotationsachse eines Körpers. Auf der Erde hat sie eine Kreisbewegung der Pole auf der Himmelskugel zur Folge. Diese Bewegung ist rückwärts gerichtet (d.h. entgegen der Erddrehung, in Ost-West-Richtung). Folglich wandert die Tagundnachtgleiche entlang der Ekliptik nach Westen. Die Präzession verursacht eine dauernde Verschiebung von Rektaszension und Deklination und damit der Länge und Breite von Himmelsobjekten. Die Umlaufperiode der Pole – und damit auch die der Tag- und Nachtgleiche – beträgt 25 800 Jahre.

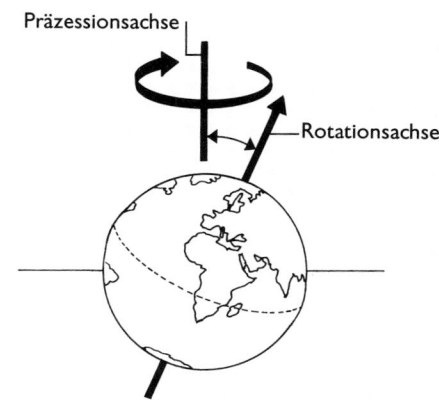

Primärfokus:

„Erster" Brennpunkt eines Fernrohrs, noch bevor das Licht von weiteren Spiegeln oder Linsen abgelenkt wird. Bei einem Reflektor liegt er am Tubusanfang, beim Refraktor in der Nähe des Auges.

Proton:

positiv geladenes Hadron im Kern eines Atoms. Es besteht aus drei Quarks und besitzt die 1 836-fache Masse eines Elektrons.

Protostern:

primitive Stufe der Sternentwicklung, die der Kondensation folgt. Während dieser Phase reicht die Dichte für den Ablauf der Kernreaktion und damit für die Produktion von Licht noch nicht aus.

Protuberanz:

in der oberen Chromosphäre oder der unteren Korona der Sonne liegende Gaswolken. Gegen einen dunklen Hintergrund, etwa bei totaler Sonnenfinsternis, erscheinen sie als helle Wolken oder Bögen; der Wasserstoff leuchtet dabei rötlich. Gegen die Sonnenscheibe bilden sie dagegen dunkle Filamente. Protuberanzen können entweder aktiv – d.h. sehr schnellen Änderungen unterworfen – oder aber ruhig, oft monatelang unverändert, sein. Wenige Jahre nach Durchlaufen eines Minimums der zyklischen Sonnenaktivität treten sie gehäuft auf.

Pulsar:

rotierender Neutronenstern, der regelmäßige Strahlungspulse ausstößt.

Quark:

Elementarteilchen, aus dem alle Hadronen aufgebaut sind, bzw. Teilchen, die der starken Kraft unterliegen. Man kennt sechs verschiedene Arten („Geschmacksrichtungen"): die „aufwärts", „oben" und „charmant" genannten Quarks mit einer Ladung von je +2/3 sowie die mit „abwärts", „unten" und „fremd" bezeichneten Quarks mit je –1/3 Ladung. Allen gemeinsam ist ein Spin von 1/2. Ein Neutron etwa besteht aus einem „aufwärts"- und zwei „abwärts"-Quarks (Ladungen +2/3, –1/3, –1/3), die ihm seine charakteristische, elektrisch neutrale Ladung verleihen.

Quasar:

Abkürzung für „QUAsi-StellAres Radioobjekt". Quasare haben das Aussehen von Sternen und zeigen eine enorme Rotverschiebung. Heute hält man sie für sehr weit entfernte Objekte, wahrscheinlich sind sie Kerne aktiver Galaxien.

Radioaktivität:

spontane Umwandlung von Isotopenkernen in Kerne anderer Atome, wobei Energie in Form atomarer Teilchen oder kurzwelliger Strahlung frei wird. Der Zeitraum, in dem die Hälfte dieser Atome zerfällt, wird „Halbwertszeit" genannt.

Radioteleskop:

Teleskop für Empfang und Abbildung von Radioquellen aus dem All. Seine Form kann zwischen Antennenanordnungen zur Interferometrie oder Antennenfeldern (VLAs) und einer Teleskopschüssel liegen, die den optischen Reflektoren gleicht. Diese Schüsseln lassen sich zu großen Interferometern zusammenschalten.

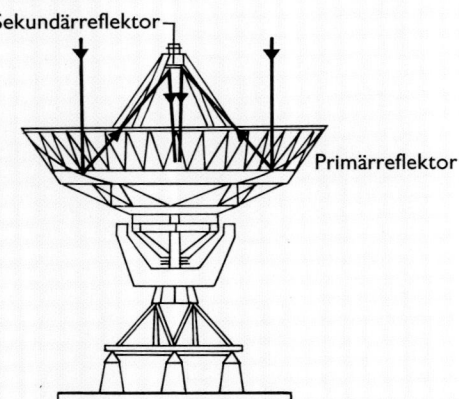

Sekundärreflektor

Primärreflektor

Raumzeit:

Kombination aus den drei räumlichen Dimensionen und der Zeit, die es ermöglicht, Vorgänge mit Hilfe von vier Dimensionen rein mathematisch zu beschreiben.

Reflektor:

optisches Teleskop, das Licht mit Hilfe eines gekrümmten Primärspiegels fokussiert.

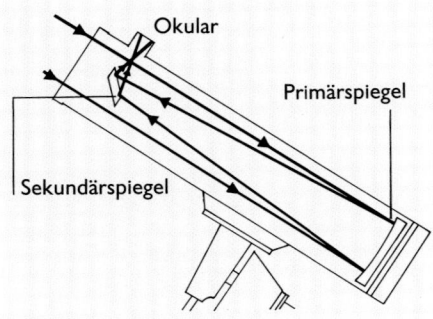

Okular

Primärspiegel

Sekundärspiegel

Reflexionsnebel:

glühende Gaswolke, deren Leuchtkraft auf die Streuung des Lichts eingebetteter Sterne zurückzuführen ist.

Refraktion:

Krümmung oder Beugung eines Strahls beim Übergang von einem Medium in ein anderes. Durch die unterschiedliche Dichte kommt es zu einer Geschwindigkeitsänderung der Welle, die die Strahlung verursacht.

Refraktor:

optisches Teleskop, in dem Licht mittels einer Linse gesammelt und fokussiert wird.

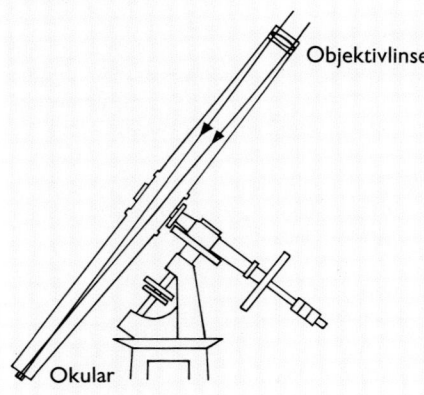

Objektivlinse

Okular

Rektaszension:

Winkel zwischen dem Meridian des Frühlingspunktes und dem des Himmelskörpers (siehe Himmelskugel).

Resonanz:

Resonanz entsteht beim Umlauf zweier benachbarter Körper, wenn die Umlaufzeit des größeren ein exaktes Vielfaches der des kleinen ist. Der große beeinflußt den kleinen durch eine Reihe von Kraftstößen, die etwa auch die Kirkwood-Lücken entstehen ließen.

retrograde Bewegung:

von der Erde gegenüber dem Sternenhimmel sichtbare Ost-West-Bewegung eines Planeten. Die Bezeichnung wird auch für alle Körper (Kometen, Asteroiden und Satelliten) verwendet, deren Bewegung von der nördlichen Halbkugel aus im Uhrzeigersinn verläuft oder die im Uhrzeigersinn rotieren.

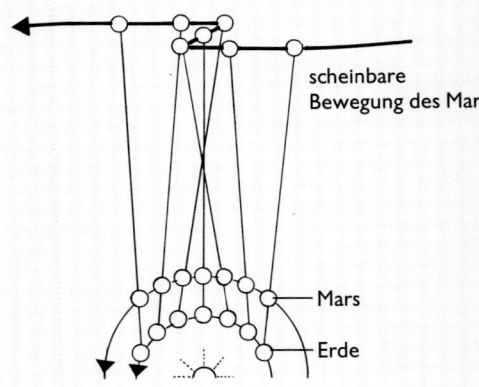

scheinbare Bewegung des Mars

Mars

Erde

Riesenstern:

Stern, der im Verhältnis zu anderen Mitgliedern seiner Spektralklasse besonders groß und hell ist, dessen Atmosphäre jedoch wesentlich dünner ist.

Röntgenstrahlung:

extrem kurzwellige elektromagnetische Strahlung, deren Wellenlängen zwischen 10^{-5} und 10^{-8} Millimetern liegen. Sie besitzen eine große Eindringtiefe. Die kosmische Röntgenstrahlung zeigt an, daß in einigen Himmelskörpern hochenergetische Reaktionen ablaufen.

rote Riesen und Superriesen:

helle, rote, große Sterne mit 10- bis 100fachem Sonnendurchmesser, die im Hertzsprung-Russell-Diagramm rechts oben liegen.

roter Zwerg:

schwacher roter Stern am unteren Ende der Hauptreihe. Seine Oberflächentemperatur liegt zwischen 2500 und 5000 K.

Rotverschiebung:

Verschiebung der Spektrallinien zum roten Ende des Spektrums, das heißt zu längeren Wellen. Sie deutet in der Regel auf zunehmende Entfernung der Quelle vom Beobachter, seltener auf ein Gravitationsfeld der Quelle hin.

RR-Lyrae-Sterne:

sehr alte Riesensterne, die sich zu Pulsationsveränderlichen entwickelten, die Ähnlichkeit mit den Cepheiden aufweisen. Ihre Periode liegt meist zwischen 9 und 29, meist jedoch bei 13 Stunden. Ihre absolute Helligkeit beträgt in der Regel +0,5. Von der heute bereits über 2 000 Mitglieder zählenden Gruppe befindet sich die Hälfte in Kugelsternhaufen. Ihr Name geht auf den Stern RR-Lyrae zurück. Diese Sterne dienen wie die Cepheiden zur Entfernungsmessung im All.

Satellit:

Körper, der einen anderen umkreist. In der Astronomie Bezeichnung für Planetenmonde und künstliche Satelliten. Letztere werden auf unterschiedliche Umlaufbahnen gebracht: z.B. 24-h äquatorial für Kommunikationszwecke, polar zur Flächendeckung oder geneigt für Kartographie und Überwachung.

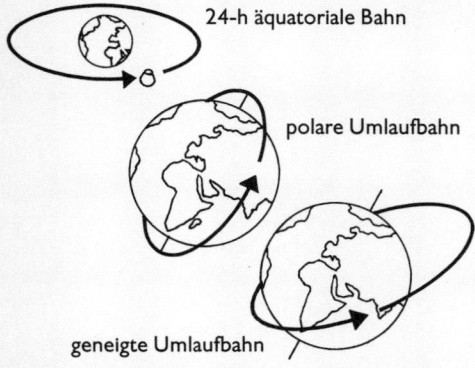

24-h äquatoriale Bahn

polare Umlaufbahn

geneigte Umlaufbahn

scheinbare Helligkeit:

Helligkeit eines Körpers, der von der Erde aus betrachtet wird. Sie hängt sowohl von seiner absoluten Helligkeit als auch von seiner Entfernung ab.

Schmetterlingsdiagramm:

Diagramm, das auf den englischen Astronomen E.W.Maunder zurückgeht. Es wurde erstmals 1904 erstellt und zeigt die während der elfjährigen Zykluszeit nach Breitengraden unterschiedliche Verteilung der Sonnenflecken. Die Sonnenflecken erscheinen zunächst bei etwa 35 Grad Breite auf beiden Seiten des Äquators, um sich dann – in steigender Zahl – auf diesen zuzubewegen. Die Diagramme haben das Aussehen von Schmetterlingsflügeln.

schwache Kraft:

Bei der Radioaktivität und einigen Neutrinoreaktionen wirkende Kernkraft. Sie ist 100 000mal schwächer als die starke Kernkraft und reicht über eine Entfernung von weniger als 10^{-14} Millimetern.

schwarzer Körper:

gedachter Körper, der die Gesamtstrahlung aller Wellenlängen vollständig absorbiert; das von ihm ausgesandte Licht weist ein charakteristisches Spektrum auf. Sterne besitzen einige Eigenschaften der schwarzen Körper, so daß Astrophysiker Zusammenhänge zwischen ihrer Farbe, Temperatur und Strahlung erklären können.

schwarzes Loch :

Ort der Raumzeit, dessen Massenkonzentration so hoch ist, daß sich die Raum-Zeit-Kurven überlappen und so das Entweichen von Materie und Energie verhindern.

Seyfert-Galaxien:

Spiralgalaxien mit sehr hellem Zentrum. Ihre Strahlung, die alle Frequenzen umfaßt, hält man weniger für eine stabile Erscheinung als vielmehr für eine Entwicklungsstufe. Sie weisen eine gewisse Ähnlichkeit mit Quasaren auf.

Solarkonstante:

Gesamte Strahlungsenergie der Sonne, die auf eine Flächeneinheit der Erde auftrifft. Die Solarkonstante wird oberhalb der Atmosphäre gemessen und beträgt 1,367 kw pro Quadratmeter.

Sonnenapex:

innerhalb unserer Galaxis liegender Punkt am Himmel, auf den sich die Sonne im Vergleich zu den Sternen mit einer Geschwindigkeit von 19,5 km/s zuzubewegen scheint. Er liegt im Sternbild des Herkules.

Sonnenflecken:

dunkle, auf der Photosphäre der Sonne sichtbare Flächen, deren Anzahl in einem elfjährigen Zyklus variiert. Jeder Fleck besitzt ein dunkles Zentrum, die Umbra, das von einem helleren Rand, der Penumbra, umgeben ist. Die Flecken entstehen durch Magnetfelder und stellen Gebiete dar, die kühler sind als ihre Umgebung. Ihre Größen reichen von sehr kleinen Gebieten bis zu Flächen von Milliarden Quadratkilometern. Ihre scheinbar dunkle Farbe entsteht nur durch den Kontrast zur Helligkeit der Photosphäre.

Sonnensystem:

System von Planeten mit natürlichen Monden, Asteroiden, Kometen und deren Bruchstücken, die sich in einer Umlaufbahn um die Sonne befinden. Die äußerste Grenze des Systems ist die Oortsche Wolke.

Sonnenwind:

Strom von Protonen, Elektronen und einigen Heliumkernen, der von der Korona in alle Richtungen des interplanetaren Raumes ausstrahlt.

Spektralklasse:

Klassifizierung der Sterne nach ihrem Spektrum, die anfangs – entsprechend der Typen – alphabetisch erfolgen sollte. Die heutige Reihenfolge entspricht dem Farb- und Temperaturübergang und lautet O, B, A, F, G, K, M. O-Sterne sind sehr heiß, hell und blauweiß, M-Sterne dagegen dunkler, kühl und rot.

Spektrallinie:

Helle oder dunkle Linie im Spektrum eines strahlenden Körpers.

Spektroskop:

Instrument zur Erstellung einer optischen Abbildung des Spektrums und seiner Spektrallinien.

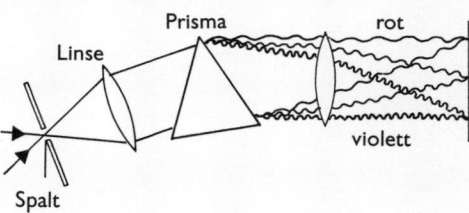

Linse

Prisma

rot

violett

Spalt

Spektrum:

Strahlungsband verschiedener Wellenlängen. Das optische Spektrum reicht von Violett bis Tiefrot; seine Wellenlängen liegen zwischen 380 und 750 Millionstel Millimetern.

Spinar:

hypothetisches massereiches Objekt, das sich im Zentrum einer Galaxie befindet und – ähnlich einem Pulsar – deren Energieemission bewirkt.

Spiralgalaxie:

Galaxie mit einer zentralen Verdickung und spiralförmigen Armen in ihrer Äquatorialebene. Sie besteht aus Staub, Gas und Sternen.

starke Kraft:

Kraft, die die Quarks mit Hilfe von Austauschteilchen, den Gluonen, zusammenhält.

Steady-State-Theorie:

1948 von Hermann Bondi, Fred Hoyle und Thomas Gould vorgestellte Theorie, nach der das Universum weder einen Anfang hatte noch ein Ende haben wird, sondern stets in einem stationären Zustand bleibt. Seit der Entdeckung der kosmischen Hintergrundstrahlung im Jahr 1965 wird jedoch die Theorie eines heißen Urknalls bevorzugt.

Stern:

selbstleuchtender Himmelskörper, dessen Energie in seinem Zentrum durch thermonukleare Prozesse erzeugt wird.

Sternbild (Konstellation):

ursprünglich nach Form oder Muster benannte Sterngruppe, deren Grenzen heute von der Internationalen Astronomischen Union durch Koordinaten festgelegt sind. Die Zusammenfassung zu Sternbildern beruht nicht auf einem physikalischen Zusammenhang zwischen den Einzelsternen.

Stundenwinkel:

Winkel, der zwischen dem Himmelskörper und dem Meridian des Beobachters auf der Himmelskugel liegt. Er wird am Himmelsäquator in westlicher Richtung in Stunden, Minuten und Sekunden gemessen.

Supercluster:

Haufen von Galaxienhaufen, deren Durchmesser teilweise bis zu 360 Millionen Lichtjahre betragen.

Supernova:

sterbender Stern, der explodiert und dabei einen Großteil seiner Masse ins All schleudert.

Superriese:

roter Riese, der noch größer und heller ist als andere Riesen. Zu dieser Gruppe gehören Sterne mit einer absoluten Helligkeit von −5 und −8, die mehr als 8 000mal heller sind als die Sonne.

Superstring-Theorie:

Theorie, nach der Atomteilchen vibrierende Bänder in einem zehn- oder elfdimensionalen Universum sind.

Symmetrie und Supersymmetrie:

Eine Theorie oder einen atomaren Prozeß nennt man symmetrisch, wenn durch bestimmte Operationen keine Veränderung eintritt. Geometrische Symmetrie besteht, wenn z.B. ein Kreis gespiegelt und gedreht wird, da seine Form trotz dieser Manipulationen erhalten bleibt. Maßstäbliche Symmetrie ist bei bestimmten mathematischen Operationen der Streckung dann vorhanden, wenn dadurch bestimmte Verhältnisse erhalten bleiben. Symmetriebruch hat stattgefunden, wenn der neue Symmetriezustand geringer ist als der vorherige. Supersymmetrie ist eine Erweiterung der Symmetrie, bei der Teilchen mit den Austauschteilchen (z.B. Fermionen und Bosonen), also Masse und Kraft vereinigt werden.

synchrone (gefangene) Rotation:

Sie tritt auf, wenn die Rotationszeit eines natürlichen Satelliten seiner Umlaufzeit um den Planeten entspricht. Das kann bei Satelliten der Fall sein, die wie unser Mond nicht weit vom Planeten entfernt kreisen.

Synchrotronstrahlung

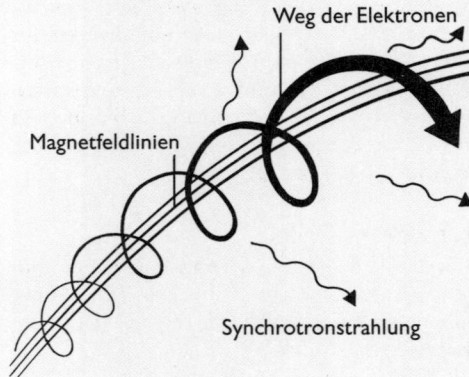

Weg der Elektronen

Magnetfeldlinien

Synchrotronstrahlung

Das Synchrotron ist eine Maschine, die Atomteilchen mit Hilfe eines geschlossenen Magnetfeldes auf hohe Geschwindigkeiten bringt. Diese beschleunigten Elektronen und anderen geladenen Teilchen emittieren Strahlung rechtwinklig zu ihrer Bewegungsrichtung. Die Wellenlänge dieser Synchrotronstrahlung hängt von den Massen, den Ladungen und den Geschwindigkeiten der beteiligten Teilchen ab.

synodische Periode:

die Zeit, die ein Himmelskörper braucht, um relativ zur Erde wieder seine ursprüngliche Position einzunehmen. Bei Planeten ist dies die Zeit zwischen zwei Konjunktionen oder Oppositionen.

Szintillation:

Funkeln bzw. rasche Strahlungsschwankung bei weit entfernten Quellen. Sie entsteht aufgrund der Lichtbrechung, die durch Bewegung in der Erdatmosphäre erzeugt wird. Bei Radioquellen entsteht die Szintillation durch Bewegung der interstellaren Materie, die sich zwischen Quelle und Erde befindet.

Tektit:

kleiner, rundlicher, glasartiger Körper, der meist knopfgroß und aerodynamisch geformt ist und hauptsächlich in vier größeren Gebieten gefunden wird. Ungeklärt ist bis heute jedoch, ob Tektite außerirdischen Ursprungs sind.

Terminator:

Licht-Schatten-Grenze bei Monden oder Planeten.

thermonukleare Reaktion:

Hochtemperaturreaktion von Atomkernen, die mittels Fusion schwerere Kerne erzeugt. Eine dieser Reaktionen, die Umformung von Wasserstoffkernen zu Heliumkernen, ist die Hauptenergiequelle der Sterne.

Titius-Bodesche Reihe:

arithmetische Beziehung, 1766 von dem deutschen Physiker Johann Titius (Tietz) entdeckt, die jedoch erst 1772 durch den deutschen Astronomen Johann Bode bekannt wurde.

Addiert man die Vier zu der Reihe 0, 3, 6, 12, 24, 48, 96, so erhält man 4, 7, 10, 16, 28, 52, 100. Bezeichnet man den Abstand Erde – Sonne mit 10, so entsprechen die anderen Zahlen etwa dem Abstand, den die größeren Planeten (einschließlich des Saturns) von der Sonne haben. Auch bei der Entdeckung des Uranus lieferte die Reihe noch den richtigen Wert, nicht mehr jedoch bei Neptun und Pluto.

Trägheit:

Tendenz eines Körpers, sich einer Änderung seiner Geschwindigkeit (Beschleunigung oder Verzögerung) zu widersetzen. Sie ist auch in die Newtonschen Gesetze eingegangen, die besagen, daß ein Körper im Zustand gleichförmiger geradliniger Bewegung verharrt, falls keine äußere Kraft auf ihn einwirkt. Die Masse, die bei Krafteinwirkung die Beschleunigung bestimmt, nennt man Trägheitsmasse.

Treibhauseffekt:

Die Infrarotstrahlung wird durch Absorption oder Reflexion daran gehindert, die Atmosphäre eines Planeten zu verlassen. Es kommt zu einem Anstieg der mittleren Temperatur des Planeten. Auf diesem Effekt beruht auch die sehr hohe Venustemperatur von 737 K.

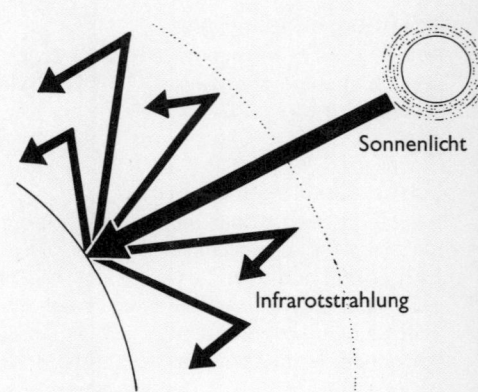

Sonnenlicht

Infrarotstrahlung

T-Tauri-Sterne:

sehr junge, schnell rotierende Sterne, die nach ihrem Prototyp T-Tauri benannt sind; wahrscheinlich letzte Stufe eines Protosterns vor dem Übergang in die Hauptreihe. Sie sind leichter als die Sonne und besitzen eine große, aktive Gasatmosphäre.

ultraviolette Strahlung:

Strahlung jenseits des violetten Endes des sichtbaren Spektrums. Ihre Wellenlänge liegt zwischen 380 und 25 Millionstel mm. Nur die längeren Wellen vermögen unsere Erdatmosphäre zu durchdringen.

Umbra und Penumbra:

Eine Umbra ist der dunkle Kern eines Schattens, eine Penumbra der hellere Rand. Die Begriffe werden auch zur Beschreibung von Finsternissen und Sonnenflecken verwendet.

Umlaufbahn:

Bahn eines Körpers um einen anderen, die in Abhängigkeit von der Geschwindigkeit des umlaufenden sowie der Masse des umkreisten Körpers elliptisch – und damit geschlossen – oder offen, d.h. parabel- oder hyperbelförmig sein kann. In diesem Fall macht der Körper nur einen Umlauf und kehrt dann nicht mehr zurück.

Unschärferelation:

1927 veröffentlichte der deutsche Physiker Werner Heisenberg das Unschärfe- bzw. das Unsicherheitsprinzip. Es folgte aus seinen mathematischen Arbeiten zur Quantentheorie und besagt, daß man Position und Impuls (das Produkt aus Masse und Geschwindigkeit) eines Teilchens nicht zum gleichen Zeitpunkt genau bestimmen kann. Beide sind durch eine Unsicherheit/Unschärfe gekennzeichnet; man kann Position und Bewegung eines Teilchens auch als statistische Größen bezeichnen.

Van-Allen-Gürtel:

zwei Regionen im Magnetfeld der Erde (der Magnetosphäre), in denen elektrisch geladene Atomteilchen festgehalten werden.

veränderlicher Stern:

Stern, dessen scheinbare Strahlungsintensität schwankt. Das kann auf eine Emissionsschwankung oder ein Doppelsternpaar zurückzuführen sein, das sich gegenseitig bedeckt. In diesem Falle spricht man von Bedeckungsveränderlichen.

Vorübergang:

Bewegung eines Himmelskörpers über den Meridian des Beobachters hinweg; auch Weg der inneren Planeten über die Sonnenscheibe. Vorübergänge sind selten: die des Merkurs wiederholen sich im Abstand von 3, 13 und 48 Jahren; die der Venus kommen in Abständen von über 100 Jahren jeweils paarweise mit nochmals 8 Jahren Zwischenraum vor.

wahre Bewegung:

scheinbare Bewegung eines Sterns am Himmel, die durch seine wahre Bewegung im All verursacht wird. Die Bewegung führt zu einer Veränderung seiner Koordinaten.

weißer Zwerg:

superdichter Zustand, den nur ein Stern mit höchstens 1,4 Sonnenmassen erreichen kann. Der größte Teil seiner Materie liegt in degenerierter Form vor.

Wellenlänge:

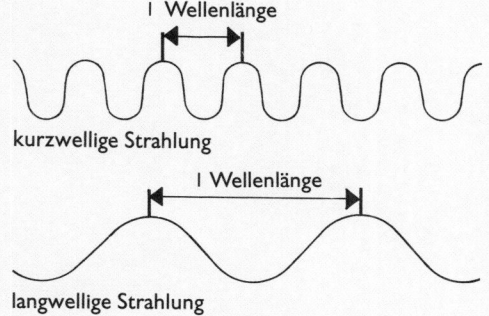

kurzwellige Strahlung

langwellige Strahlung

Abstand zwischen zwei aufeinanderfolgenden Kämmen oder Tälern einer Welle (meist elektromagnetischer Strahlung). Die Wellenlänge hängt mit der Frequenz zusammen.

Wolf-Rayet-Stern:

Sterne mit ausschließlich hellen Spektrallinien, die also nur Emissionslinien und keine Absorptionslinien besitzen. Es sind sehr heiße und helle Sterne mit Oberflächentemperaturen zwischen 25 000 und 50 000 Kelvin. Sie sind 100 000- bis 1 000 000mal heller als unsere Sonne und haben auch das zehn- bis fünfzigfache ihrer Masse.

Zeitdehnung:

Verlangsamung des Zeitflusses in Körpern, die sich relativ zum Beobachter bewegen.

Zenit:

der Punkt der Himmelskugel, der direkt über dem Beobachter liegt.

Zirkumpolarsterne:

Sterne, die nie untergehen, da sie stets oberhalb des Beobachterhorizonts stehen.

Zodiakallicht:

schwacher, bei guten Bedingungen im Westen nach Sonnenuntergang und im Osten vor Sonnenaufgang sichtbarer Schein, der durch die Reflexion des Sonnenlichts an der Staubschicht in der Ekliptik entsteht.

Zwergsterne (Zwerge):

Sterne mit relativ kleinem Durchmesser und daher geringer absoluter Helligkeit. Zwergsterne der Leuchtkraftklasse V, zu der auch unsere Sonne gehört, liegen im Hertzsprung-Russell-Diagramm auf der Hauptreihe und werden deshalb Hauptreihensterne genannt. Besondere Untergruppen bilden die weißen Zwerge, die schwarzen Zwerge und die roten Zwerge.

Biographien

Bohr, Niels Henrik David, 1885-1962:
dänischer Physiker, der zusammen mit Ernest Rutherford an der Universität von Manchester die Struktur der Atome studierte. 1913 stellte er ein neues Atommodell vor, in dem die Elektronen einen zentralen Kern umkreisen. Dieses brachte er mit der Quantentheorie in Einklang, die er auch weiterentwickelte. 1922 erhielt er den Nobelpreis für Physik.

Brahe, Tycho, 1546-1601:
dänischer Astronom, der auf der Insel Hven ein großes Observatorium baute und später nach Prag ging. Da er seine Instrumente selbst entwarf und dabei mögliche Fehler mitberücksichtigte – eine völlig neue Methode –, erzielte er eine bis dahin unerreichte Genauigkeit. Aus Brahes Beobachtungsergebnissen leitete Johannes Kepler die Gesetze der Planetenbewegung ab. Brahe entwickelte ein eigenes Modell des Sonnensystems, in dessen Zentrum die Erde stand, während sich die Planeten um die umlaufende Sonne bewegten.

Broglie, Louis de, 1892-1987:
französischer Aristokrat, der zunächst Geschichte studierte und sich nach dem ersten Weltkrieg der Physik zuwandte. Er folgte einer 20 Jahre alten Idee Einsteins und übertrug in einer 1924 veröffentlichten Theorie den Wellencharakter des Lichts auch auf alle anderen Atomteilchen. Diese Theorie belegte er mathematisch. 1927 wurde sie experimentell bestätigt. 1929 erhielt er den Nobelpreis für Physik.

Eddington, Arthur Stanley, 1882-1944:
englischer Astronom und Mathematiker, der die Relativitätstheorie vertrat, als Experte über Zusammensetzung, Masse und Leuchtkraft von Sternen galt und als erster behauptete, Spiralgalaxien seien unserer Milchstraße vergleichbare Objekte.

Einstein, Albert, 1879-1955:

deutscher Physiker, der zwischen 1905 und 1916 die Relativitätstheorie entwickelte und damit alle Lehren über Universum, Zeit und Gravitation revolutionierte. Seine Theorie der Äquivalenz von Masse und Energie wirkte sich auf die gesamte Astronomie und Physik aus. Die Idee der Dualität – Teilchen und Welle – des Lichtes und der elektromagnetischen Strahlung geht ebenso auf Einstein zurück wie einige Grundlagen der Quantentheorie – der er später jedoch wieder entgegentrat. 1933 floh er in die USA, wo er bis an sein Lebensende blieb.

Encke, Johann Franz, 1791-1865:
deutscher Astronom, der die Sonnenentfernung aus den Venusdurchgängen von 1761 und 1769 berechnete und die Teilungslinie auf dem äußeren Ring des Saturns entdeckte (Encke-Teilung).

Faraday, Michael, 1791-1876:
englischer Physiker und Chemiker, weitgehend Autodidakt, der den Zusammenhang von Elektrizität und Magnetismus erforschte. Er erfand Dynamo, Elektromotor und Transformator und untersuchte die Wirkung des Elektromagnetismus auf Licht. Faraday legte seine Resultate mit Hilfe des Begriffs der elektrischen und magnetischen Kraftlinien nieder und übte damit einen nachhaltigen Einfluß auf die spätere Physik und Astronomie aus.

Feynman, Richard Phillips, 1918-1988:

amerikanischer Physiker, der die Quantentheorie weiterentwickelte und einige ihrer Widersprüche beseitigte. Zusammen mit Murray Gell-Mann formulierte er eine Theorie, die die meisten Phänomene der schwachen Kernkraft erklärte. Feynman entwickelte auch einfache Diagramme zum Verständnis von Teilchenreaktionen. 1965 erhielt er mit Julian Schwinger und Schinitschiro Tomonaga für seine Korrekturen zur Quantenelektrodynamik (Reaktionen zwischen Photonen und elektrisch geladenen Teilchen wie Positronen und Elektronen) den Nobelpreis für Physik.

Galilei, Galileo, 1564-1642:

italienischer Physiker und Astronom, dessen Pionierarbeit mit astronomischen Teleskopen zum Beispiel zur Entdeckung der Mondberge, der vier größten Jupitermonde, der Sonnenflecken, der Phasen der Venus und des Aufbaus unserer Milchstraße führte. Da er sich öffentlich zur kopernikanischen Theorie, also zum heliozentrischen Weltbild, bekannte, geriet er in Konflikt mit der katholischen Kirche.

Gamow, George, 1904-1968:
russisch-amerikanischer Physiker, der an einer Theorie über den radioaktiven Zerfall mitarbeitete und sich später den Kernreaktionen der Sternentstehung zuwandte. Mit Ralph Alpher und Hans Bethe publizierte er 1948 eine Schrift über den Ursprung der chemischen Elemente in Sternen, in der er den heißen Urknall als Anfang des Universums beschrieb. Auf Gamow geht auch die Idee des genetischen Codes als Basis der DNS zurück.

Halley, Edmond, 1656-1742:
Englands zweiter königlicher Astronom, der die Sterne der südlichen Halbkugel kartographierte und unter anderem den kompletten 18jährigen Zyklus der Mondbewegung beobachtete. Er hielt die Nebel für gasförmige Materie im All, entdeckte die Eigenbewegung der Sterne und schlug vor, aus den Vorübergängen der Venus die Entfernung der Sonne zu bestimmen. Er hatte großen Einfluß auf Isaac Newton, den er zur Niederschrift der *Principia* bewog. Halley übertrug als erster die Newtonschen Formeln der Planetenbewegung auf bestimmte Kometen und leitete so die Rückkehr des Kometen von 1682 ab; dieser erschien, wie berechnet, 1758 und wird heute Halley-Komet genannt.

Heisenberg, Werner Karl, 1901-1976:
deutscher Physiker, Vater der Unschärferelation, nach der eine inhärente Ungenauigkeit bei Bestimmungen von Position und Impuls der Atomteilchen existiert. 1932 erhielt er den Nobelpreis für Physik.

Herschel, Wilhelm (William), 1738-1822:
aus Hannover stammender englischer Musiker und Astronom, der astronomische Instrumenten höchster Qualität baute, darunter 1785 das weltweit größte Teleskop. Er entdeckte den Uranus, katalogisierte viele Himmelskörper, besonders Nebel und Galaxien, und war der erste, der die Milchstraße für die Grenze einer Sterneninsel hielt. Herschel gilt als der größte beobachtende Astronom.

Hipparch, tätig 146-127 v. Chr.:
griechischer Astronom, der die Präzession entdeckte, die Länge des Jahres auf 61 1/2 Minuten genau berechnete und den ersten Sternenkatalog anfertigte. Er verbesserte die Kenntnis der Mondbewegung, bestimmte die Neigung der Ekliptik bis auf fünf Bogenminuten und berechnete den Abstand der Erde von Sonne und Mond, wenn auch, wie in der Antike üblich, viel zu klein. Trotzdem war Hipparch der wohl größte beobachtende Astronom des Altertums.

Hubble, Edwin Powell, 1889-1953:
amerikanischer Jurist, der durch epochale Arbeiten über Galaxien als Astronom bekannt wurde: Er entdeckte, daß Galaxien außerhalb unserer Milchstraße liegen und sich mit zunehmender Geschwindigkeit voneinander entfernen, das Universum also expandiert.

Jansky, Karl Guthe, 1905-1950:
amerikanischer Radioingenieur, der bei Bell Telephone Laboratories Radiointerferenzmessungen durchführte. 1931 entdeckte er zufällig Signale aus dem Weltraum. Im folgenden Jahr publizierte er seine Ergebnisse, doch verfolgte er das Thema nicht weiter. Seine Entdeckung bildet dennoch die Basis der modernen Radioastronomie.

Kepler, Johannes, 1571-1630:

deutscher Astronom und Mathematiker, der durch die Entdeckung der Beziehung zwischen Planetenabständen und den regelmäßigen Körpern der euklidischen Geometrie bekannt wurde. Einen Namen machte er sich vor allem mit der Entdeckung der drei Gesetze zur Planetenbewegung, die die alte Theorie von kreisförmigen Bahnen und gleichförmigen Geschwindigkeiten ablösten.

Kopernikus, Nikolaus, 1473-1543:
polnischer Astronom, der in Krakau, Bologna und Padua Griechisch, Kirchenrecht, Medizin sowie Mathematik und Astronomie studierte. Kopernikus ist heute wegen seines 1543 erschienenen Buches *De Revolutionibus Orbium Coelestium* (Über die Bewegungen der Himmelskörper) bekannt. Er stellte darin die Sonne als Zentrum des Universums und die Erde als einen ihrer Planeten dar und begründete so das heliozentrische Weltbild.

Leavitt, Henrietta Swan, 1868-1921:
amerikanische Astronomin, die 1908 den Zusammenhang zwischen Periode und Helligkeit von Cepheiden entdeckte. Zudem trug sie Grundlegendes zur Bestimmung der Größenklasse von Sternen bei.

Maxwell, James Clerk, 1841-1879:
schottischer Mathematiker und Physiker, der die Natur der Saturnringe erklärte. Als herausragende Leistung gilt seine Entdeckung der elektromagnetischen Strahlung.

Messier, Charles, 1730-1817:
französischer Astronom, der alle sichtbaren Nebel und Sternhaufen katalogisierte. Die 1771 veröffentlichte Liste konnte er bis 1784 auf 103 Objekte erweitern. Die Nummern dieser Messierobjekte sind noch heute gebräuchlich.

Michelson, Albert Abraham, 1852-1931:
amerikanischer Physiker, der nachweisen konnte (Michelson-Versuch), daß die Lichtgeschwindigkeit in einem ruhenden und einem gleichförmig bewegten Bezugssystem nach allen Richtungen gleich ist. Er entwickelte das Michelson-Interferometer und bestimmte den Wert für die Lichtgeschwindigkeit.

Newton, Isaac, 1643-1727:
englischer Mathematiker und Physiker, der an der Universität Cambridge 1669 den Lucaslehrstuhl für Mathematik erhielt. Er zerlegte weißes Licht in Spektralfarben, begründete die Teilchentheorie des Lichtes, baute das erste Spiegelfernrohr und entwickelte eigenständig die Differentialrechnung. Seine bekanntesten Werke, die er 1687 veröffentlichte, behandeln die Bewegungsgleichungen und die Theorie einer universellen Gravitation. Sie gehören zu den wichtigsten Schriften in der Entwicklung der modernen Wissenschaft.

Planck, Max, 1858-1947:
deutscher Physiker, der 1900 eine Theorie zur Erklärung der Wärmestrahlung eines Absorptionskörpers (schwarzen Körpers) veröffentlichte, nach der schwingende Atome Energie in diskreten Mengen (Quanten) aufnehmen und abgeben. Sie bildete die Grundlage der Quantentheorie, die zusammen mit der Relativitätstheorie die Physik revolutionierte.

Ptolemäus, Claudius, tätig 161-180:
griechischer Astronom, Geograph und Mathematiker, wahrscheinlich in Alexandrien tätig. Sein bekanntestes Werk, der *Almagest*, zeigte den Stand der griechischen mathematischen Astronomie und wurde für die nächsten 1500 Jahre zum Standardwerk. Ptolemäus war auch ein bekannter Geograph und einer der ersten echten Kartographen.

Rutherford, Ernest, 1871-1937:
neuseeländischer Physiker, der die Ionisation und Radioaktivität auf den plötzlichen Zerfall von Atomen zu einem anderen Element zurückführte. Für diese Arbeiten erhielt er 1908 den Nobelpreis für Chemie. Sein wichtigstes Werk ist die 1911 veröffentlichte Theorie, nach der ein Atom aus einem winzigen, von Elektronen umgebenen Kern besteht.

Schrödinger, Erwin, 1887-1961:
österreichischer Physiker, der eine Gleichung der Quantenmechanik aufstellte, die für die Atomtheorie ebenso grundlegend ist wie die Newtonschen Gesetze für die Planetenbewegung.

Wegener, Alfred Lothar, 1880-1930:
deutscher Geologe, Meteorologe und Forscher, der zwischen 1912 und 1915 seine Theorie der Kontinentalverschiebung publizierte. Studien aus den fünfziger Jahren über Magnetismus in Steinen führten zur allgemeinen Akzeptanz und Verfeinerung von Wegeners Theorie.

Index

Danksagungen

Der Autor dankt Dr. Peter Cattermole, Dr. Merton Davies, Professor Michael Green, Dr. David Malin, Dr. Patrick Moore und Sir Brian Pippard FRS für ihre unschätzbare Hilfe und Unterstützung; für etwaige Fehler oder Lücken sind sie nicht verantwortlich.

Nachweis der Illustrationen

Gary Thompson
S. 30/31, 38/39, 166/167, 170/171, 174/175.

David Fathers
S. 10 (Nukleon), 26/27 (Zellkern), 28/29, 34/35, 82/83.

Sue Sharples
S. 22/23, 24, 46/47, 53, 59, 64/65, 71 (graphische Darstellungen) 77, 78/79, 84/85, 86/87, 88, 90/91, 98, 100/101, 102/103, 110, 122 (Io), 152/153, 162/163.

Mainline Design
S. 17, 18/19, 20/21, 32/33, 36/37, 51, 56/57, 94/95, 106/107, 108-133, 143, 144, 172/173, 178, 186/187.

Die untere Zeichnung auf S. 133 beruht auf Arbeiten von Marc Buie (Space Telescop Science Institute, Baltimore) und David Tholen (Universität von Hawaii). Die Zeichnung auf S. 162-63 basiert auf der Arbeit von Walter M. Fish und Emanuel Margoliash (Northwestern University).

David Wood
S. 67, 68, 70/71, 92/93, 184/185.

Ed Stuart
S. 150, 154, 160/161.

Dave Ashby
S. 152/153, 158/159, 192-205.

Mark Iley
S. 108-135 (Planetenfriese).

Technical Art Services
S. 15, 43, 45, 105, 108, 135, 188-191.

Abbildungsnachweis

o = oben; m = Mitte; u = unten; r = rechts; l = links
1-3 David Malin/Anglo Australian Telescope Board; 4 NASA/ Science Photo Library; 5 Dr. Bradford A. Smith/National Space Science Data Center; 6-7 G. Deichmann/Planet Earth Pictures; 9 Patrice Loiez, CERN/Science Photo Library; 11o Cath Ellis, Dept. of Zoology, University of Hull/Science Photo Library; 11u Earth Satellite Corporation/Science Photo Library; 12o David Malin/Anglo-Australian Telescope Board; 12m Science Photo Library; 12u John Sandford/ Science Photo Library; 13o NASA/Science Photo Library; 13m-u David Malin/Royal Observatory Edinburgh & Anglo-Australian Telescope Board; 14-15 AEA Technology; 16-17o Gerolf Kalt/Zefa Picture Library; 16-17u Jean Pottier/Rapho; 25 Doris Haselhurst/The Dance Library; 26-27 David Parker/Science Photo Library; 36-37 Douglas Kirkland/Colorific!; 39 Adrian L. Melott, University of Pittsburgh; 40-41 Margaret J. Geller & John P. Huchra/Harvard-Smithonian Center for Astrophysics; 42-43o Smithsonian Institution/Science Photo Library; 42-43 Lund Observatory; 43 Max-Planck-Institut für Astronomie/Bildarchiv; 44 David Parker/Science Photo Library; 45 Peter Menzel/Science Photo Library; 46-47 National Optical Astronomy Observatories; 50l Royal Greenwich Observatory/Science Photo Library; 50r David Malin/Anglo-Australian Telescope Board; 54-55 Dr. Jean Lorre/Science Photo Library; 56-57 David Malin/Royal Observatory Edinburgh; 58 Royal Greenwich Observatory/Science Photo Library; 59 Dr. Marshall Joy (Marshall Space Flight Center), Victor Blanco (Cerro Tololo Interamerican Observatory) & Jim Higdon (University of Texas and Austin); 60-61 David Malin/Anglo-Australian Telescope Board; 67l Royal Greenwich Observatory/Science Photo Library; 67r The Observatories of the Carnegie Institution of Washington/Science Photo Library; 68 NRAO/AUI/Science Photo Library; 69 Dr. John Lorre/Science Photo Library; 71 X-Ray Astronomy Group Leicester University/ Science Photo Library; 72 Jean Arnaud/Observatoire de Midi-Pyrénées; 73 NRAO/AUI/Science Photo Library; 74-77 David Malin/Royal Observatory Edinburgh & Anglo-Australian Telescope Board; 79-80 David Malin/Anglo-Austra-lian Telescope Board; 81 David Malin/Royal Observatory Edinburgh; 87 Yerkes Observatory/University of Chicago; 89-91 David Malin/ Anglo Australian Telescope Board; 92 Harvard Smithsonian Center for Astrophysics; 93o Palomar Observatory, c C.I.T.; 93u Harvard-Smithsonian Center for Astrophysics; 96-97 NASA; 97 National Optical Astronomy Observatories; 98o NASA; 98u Royal Greenwich Observatory; 99 NASA; 100 S. Koutchmy et al./Mission de l'Institut d'Astrophysique (CNRS); 101 Jack Finch/Science Photo Library; 104 NASA/Science Photo Library; 109 NASA; 111 NASA/Science Photo Library; 112 NASA; 113-115 NASA/Science Photo Library; 116o U.S. Geological Survey/Science Photo Library; 116u NASA/Science Photo Library; 117 Dr. Jean Lorre/Science Photo Library; 118-119 NASA/ Science Photo Library; 120-123 NASA; 123 NRAO/AUI/Science Photo Library; 124-127 NASA; 127-129 NASA/Science Photo Library; 131-132 NASA; 134 Dr. Bradford A. Smith/ National Space Science Data Center; 136 Martin Dohrn/Science Photo Library; 137o NASA; 137u Don Davis/D.W. Wilhelms/Academic Press; 138o NASA; 138u NASA/Science Photo Library; 139 NASA; 140 NASA/Science Photo Library; 141 NASA; 142 NASA/Science Photo Library; 145o Fred Espenar/Science Photo Library; 145u NASA/Science Photo Library; 146-147 John Sandford/Science Photo Library; 149 NASA/Hansen Planetarium; 151 George I Bernhard/Oxford Scientific films; 155o-m Peter Gould/Oxford Scientific Films; 155u CNRI/Science Photo Library; 156-157 Jan Hinsch/Science Photo Library; 157 Robert Hessler/Planet Earth Pictures; 159o Bicompatibles Ltd.; 159u Royal Greenwich Observatory/Science Photo Library; 161 Carolina Biological Supply Co./Oxford Scientific Films; 163 Sinclair Stammers/ Science Photo Library; 164 Dr. Richard K. La Val/Animals Animals/ Oxford Scientific Films; 168-169 CERN/Science Photo Library; 176-177 Dr. David Blair/University of Western Australia; 178-179 Mauna Kea Observatory/ University of Hawaii/S. Wykoff & P. Wehinger/Science Photo Library; 180 Science Museum/Michael Holford; 181 Science Graphics Inc, Bend, Oregon, USA; 182-183 Zefa Picture Library.